高职高专建筑装饰技术类系列教材

建筑装饰计算机效果图制作

（第三版）

逯海勇　胡海燕　主编

科学出版社

北　京

内 容 简 介

本书根据作者多年教学经验编写，内容主要包括3ds Max 2012软件的基础知识、二维图形创建、标准基本体建模、扩展基本体建模、复合物体建模、放样建模、高级建模等。书中详细介绍了材质编辑器基础，讲解了基本材质的制作和参数调整，以及基本贴图纹理训练和制作复杂材质及其处理技巧；详细介绍了灯光、摄影机和渲染的设置与应用；翔实讲解了VRay渲染器基础知识、材质编辑器、灯光及渲染技巧等。此外，本书还以大量典型实例的方式向读者详尽展示建筑室内外效果图的全部制作过程，读者通过学习可以达到举一反三、事半功倍的效果。

本书配有教学光盘，收录了书中所有实例采用的素材和最终的源文件以及精品效果图欣赏，供读者参考。

本书既可作为全国高职高专艺术类、建筑装饰技术类和高等院校艺术类等在校师生的教学用书或参考书，也可以作为广大室内设计人员和建筑设计人员的自学用书。

图书在版编目(CIP)数据

建筑装饰计算机效果图制作/逯海勇，胡海燕主编. —3版. —北京：科学出版社，2013

高职高专建筑装饰技术类系列教材

ISBN 978-7-03-037492-9

Ⅰ. ①建… Ⅱ. ①逯… ②胡… Ⅲ. ①建筑装饰-计算机辅助设计-三维动画软件-高等职业教育-教材 Ⅳ. ①TU238-39

中国版本图书馆CIP数据核字（2013）第101819号

责任编辑：张雪梅 / 责任校对：王万红
责任印制：吕春珉 / 封面设计：耕者设计工作室

科学出版社 出版
北京东黄城根北街16号
邮政编码：100717
http://www.sciencep.com

北京九州迅驰传媒文化有限公司 印刷

科学出版社发行 各地新华书店经销

*

2006年8月第 一 版 开本：787×1092 1/16
2009年6月修 订 版 印张：21 1/4
2013年6月第 三 版 字数：475 000
2022年1月第四次印刷

定价：59.00元

（如有印装质量问题，我社负责调换〈九州迅驰〉）
销售部电话 010-62134988 编辑部电话 010-62135397-2021（VA03）

高职高专建筑装饰技术类系列教材

编　委　会

第三版前言

本书第一版《建筑装饰计算机效果图制作》于 2006 年出版以来，深受广大师生的欢迎。但由于计算机软件的不断更新，本书第一版所讲述的 3ds Max 7 软件版本过低，已不能适应高职高专或高校的教学需求，因此本书在继承了第一版编写的主要思路和特色的基础上，广泛征求院校师生和读者意见，于 2009 年进行修订，即对全书内容进行重新审核，对知识结构与内容选材做出一定调整，使之符合教学要求。由于计算机软件的快速发展，本书在 2009 年修订版的基础上，以 3ds Max 2012（中文版）为蓝本，除系统讲解 3ds Max 2012 软件的基础知识与基本操作外，又增加了高级建模和 VRay 渲染内容，补充了若干应用实例，所列插图均用 3ds Max 2012 绘制，使之更加符合教学要求。

本书与修订版相比有以下特色：①加强了以应用为主线的案例讲解，不泛泛介绍软件的基本使用，而是通过专题专门讨论效果图的制作技术；②在编写上突出实际操作技巧、具体的实践步骤和详细的技术资料，力求内容丰富、实用、可操作性强，从而使读者快速掌握建筑效果图的制作方法，逐步成为效果图的制作高手；③强调系统性，本书对效果图制作过程以及各个技术环节都进行了细致讲解，前期包括模型创建、材质调制、摄影机控制、创建灯光、VRay 渲染器、渲染与输出，后期包括图像大小调整、色彩调整、局部修改、配景及背景添加等，读者可以通过本书安排的学习顺序，系统、完整地掌握室内外效果图制作技术；④在每章后都安排了思考练习题，这些题覆盖了各章中的重点内容；⑤配有教学光盘，收录了书中所有实例采用的素材以及最终的源文件，读者可以作为自学资料。

全书共分 8 章，内容概括如下：第 1 章简单介绍制作建筑效果图的常用软件，渲染器基础知识，建筑效果图表现方法与制作流程；第 2 章介绍 3ds Max 2012 软件的基础知识，包括操作界面和操作方法，命令面板和视图控制，模型创建及参数调节，物体的复制，修改器的使用等；第 3 章详细讲解 3ds Max 2012 的建模技术，包括二维图形创建，标准基本体建模、扩展基本体建模、复合物体建模、放样建模、高级建模等；第 4 章主要介绍材质编辑器基础知识，讲解基本材质的制作和参数调整，以及基本贴图纹理训练和制作复杂材质及其处理技巧；第 5 章主要讲解灯光、摄像机和渲染的设置；第 6 章主要讲解标准间效果图的制作方法和技巧；第 7 章主要讲解卧室效果图的制作方法和技巧；第 8 章主要讲解某办公楼日景效果图的制作方法和技巧。

本书第 1 章、第 2 章、第 5 章、第 8 章由胡海燕编写；第 3 章、第 4 章、第 6 章、第 7 章由逯海勇编写，并完成了本书的部分插图工作。

由于时间仓促和作者水平有限，书中难免存在不足之处，望广大读者对本书提出宝贵意见。

修订版前言

《建筑装饰计算机效果图制作》自2006年8月出版以来，颇受读者欢迎，该书并于2007年度获山东省文化艺术科学优秀成果奖三等奖，借此机会，我们向多年来关心和支持《建筑装饰计算机效果图制作》的高校师生和广大读者表示衷心感谢。

由于计算机软件的不断更新，在本书第一版中讲述的3ds Max 7版本软件已不能完全适用于高职高专或高校的教学需求，本书修订版在继承了第一版编写的主要思路和特色的基础上，广泛征求院校师生和读者意见，对全书内容进行重新审核，对部分结构与内容选材作出一定调整，使之更加符合教学要求，以适应高职高专的教学改革及计算机科学之快速发展的需要。

为帮助广大读者快速入门，我们从专业设计角度出发，筛选了若干有代表性的工程项目，以案例方式教学，讲解如何将软件与实际制作相结合，运用简便、有效的方法制作出高品质的室内外建筑效果图。

本书是完全实例教程，与其他同类书籍相比，有两个显著特点：一是以实际工程为范例，书中的每一个范例都是实实在在的工程项目；二是以应用为主线，不泛泛介绍软件的基本使用，而是专门讨论室内外效果图的制作技术。在编写上本书突出实际操作技巧、具体的实践步骤和详细的技术资料，力求内容丰富+实用、具有可操作性，从而使读者快速掌握建筑效果图的制作方法，逐渐成为效果图制作高手。

本书的第1章、第7章由逯海勇编写，第2章由霍拥军编写，第3章、第4章由李凤伟编写，第5章由张恒飙编写，第6章由冯国营编写，第8章由苗蕾、姚志奇编写，第9章由雷文茂编写，第10章由陈爽、王小康编写。全书由逯海勇统稿。

本书内容涉及的光盘素材可以从网站www.abook.cn下载，如遇问题请与010-62132124联系。

由于时间仓促和作者水平有限，书中难免存在不足之处，望广大读者对本书提出宝贵意见。

第一版前言

3ds Max 和 Photoshop 是目前国内外使用最为广泛的建模、动画、图像处理的应用软件，也是建筑效果图制作中必不可少的软件工具。在学习这种软件的过程中，了解制作程序和牢固掌握各制作环节关键技术、技巧是两个重点；因此，本书在这两方面下了很大工夫，加强了内容的系统性、实用性及前瞻性，强调整体流程，分析各制作环节的技术、方法并加以归类细化。而事实上，这种详尽、系统总结性的内容在当前市面上的同类书籍中大多做得不够充分，结构松散，尤其是对重点内容的整合不够，缺乏实用性。

有鉴于此，本书在内容安排上加强了系统性，强调整个建筑效果图制作过程分为前期制作和后期处理的两大阶段，并分别总结了这两大阶段中的技术环节：效果图制作前期包括模型创建、材质调制、摄像机控制、创建灯光、光能传递、渲染与输出；后期包括图像大小调整、色彩调整、局部修改、配景及背景添加等。这样，读者就可以通过本书安排的学习顺序，系统、完整地掌握建筑装饰效果图制作技术。

总的说来，本书条理清楚、结构严谨、内容丰富、系统全面、实用性强，既有 3ds Max 和 Photoshop 的基础知识，又有优秀精品欣赏。为了方便教师教学以及学生课余的自学、复习，奉书严格按照建筑效果图的制作流程，系统地设置了各章节的各个环节，包含制作流程中的所有重要内容。本书案例是作者结合多年的教学和实践精心编写的，在编写上注意了易于学生掌握，在描述教学内容上提供了大量功能示例以及图示说明，并安排了室内、室外两部分完整案例，插图丰富，步骤详尽。此外，为便于复习、巩固，还在每章后面安排了思考题与练习题，这些题覆盖了各章中的重点内容。

本书的第 1 章、第 7 章、第 9 章由逯海勇编写，第 2 章由霍拥军编写，第 3 章、第 4 章由李凤伟编写，第 5 章由张恒飙编写，第 6 章由冯国营编写，第 8 章由苗蕾、姚志奇编写，第 10 章由陈爽、王小康编写。全书由逯海勇统编。

本书内容涉及的光盘素材可从网站 www.abook.cn 下载，如遇问题请与 kexue-jianzhu@126.com 联系。

山东轻工业学院设计学院王东辉教授对全书作了认真的审核，中央美术学院朱力博士对本书给予了大力指导与帮助，并提出了很多宝贵意见，特在此一并表示衷心感谢。

由于时间仓促和作者能力有限，书中的不足之处在所难免，望广大读者不吝指正。

目　录

第1章 计算机建筑效果图制作概述

1.1 建筑效果图常用软件综述

1.1.1 建模常用软件简介

建筑效果图必须借助相应制作工具的参与才能得以完成，而建筑效果图制作工具随着计算机技术与软件技术的进步也在不断发展变化。在如今的建筑效果图制作领域中，主流建模制作工具包括三维动画软件 3ds Max、3dsVIZ 以及 Rhion 等，此外还有一些辅助制作工具，如专业渲染软件 Lightscape，插件工具 Mentalray、VRay、Finalrender 等。本书将主要介绍 3ds Max 和 Photoshop 在建筑效果图制作中的应用技巧，目前流行的软件版本分别为 3ds Max 2012、Photoshop CS，当然书中介绍的相应功能对低版本软件同样适用。

3ds Max 是 Autodesk 公司的子公司 Discreet 公司开发的三维制作软件，可以创建精确的建筑模型，其功能强大，是一流的三维制作软件。3ds Max 与 AutoCAD 都是兼容的，可以将 AutoCAD 文件导入 3ds Max 中进行编辑，转化为三维模型进行高级渲染，本书主要采用光照贴图 VRay 渲染器和全局照明直接计算方式制作照片级的效果图。

1.1.2 图像处理常用软件

在使用计算机绘制建筑效果图的过程中，后期处理起着举足轻重的作用。前期的模型创建与材质灯光以及渲染只是为后期提供一张需要进一步修改的“草图”，在处理环境氛围和配景时三维软件显得力不从心，这就需要我们借助一些其他软件来完成建筑效果图的后期工作。在后期处理的领域中使用的软件较多，常见的有 Adobe Photoshop、Aldus Photo style、Aldus Gallery Effect、CorelDraw、Fractral Painter 等。

在上面所列举的后期软件中，首当其冲的是 Photoshop。Photoshop 是 Adobe 公司开发的功能强大的平面图像处理软件，在建筑设计、室内设计、规划设计、平面设计等领域应用得非常广泛，通常都使用这款软件进行设计或后期处理。Photoshop 不光是图像处理界的“专家”，而且在对建筑效果图进行后期处理时，它也是最合适的。

1.2 渲染器基础知识

一幅好的效果图，离不开一款合适的渲染软件，我们熟知的渲染器有 Mentalray、Renderman、Brazil、FinalRender、VRay 和 Lightscape 等，每个渲染器都有各自的优点与缺点，都是顶级的渲染器。本书将在介绍三维建模的基础上重点讲述 VRay 渲染器基础知识和实例应用。下面我们就来了解 VRay 渲染器、默认扫描线渲染器、Mental-ray 渲染器、Lightscape 渲染器这四款渲染器各自的特点。

1.2.1 VRay 渲染器

VRay 渲染器是内插安装在 3ds Max 中的，是目前业界最受欢迎的渲染引擎。基于 V-Ray 内核开发的有 VRay for 3ds Max、Maya、SketchUp、Rhino 等诸多软件，为不同领域优秀的三维建模软件提供了高质量的图片和动画渲染。除此之外，VRay 也可以提供单独的渲染程序，方便使用者渲染各种图片。

VRay 渲染器提供了一种特殊的材质——VRayMtl。在场景中使用该材质能够获得更加准确的物理照明（光能分布），更快的渲染速度，反射和折射参数调节也更方便，如图 1.1 所示。

图 1.1　VRay 渲染器渲染的效果

1.2.2 默认扫描线渲染器

3ds Max 6 以前的版本只具有单一的扫描线渲染器，很难掌握，尤其是光线，现在大多数的效果图的制作已经不再使用该普通渲染器了。

虽然默认扫描线渲染器渲染的图像效果不尽如人意，但结合 Advanced Lighting（高级照明）的应用也能获得精致的效果图，3ds Max 从 6.0 版本增加了光能传递系统，它是通过计算场景中物体之间光的相互作用，在渲染的画面中实现更真实的光照效果，属于一种全局光照明的渲染方式。3ds Max 提供了 Light Tracer（光跟踪器）和 Radiosity（光能传递）两种全局光照系统。前者主要应用于建筑外观日光渲染；后者主要应用于室内效果渲染。两种全局光照系统目前仍然使用。

Radiosity 是一种可以模拟自然光线在场景中各物体表面反射的全局光照明系统，它能够创建出更加真实的效果，并计算出精确的物理光照结果。Radiosity 系统中计算的是光线从模型表面反射的情况，为了得到正确的计算结果，模型表面会被分成小的三角面，光线从光源发出，照射到物体的小三角面后会被反射到场景中，经过多次反射，场景会变得更加明亮，如图 1.2 所示。

1.2.3　Mentalray 渲染器

Mentalray 是早期出现的一个重量级的渲染器之一，是德国 Mental Images 的产品。在刚推出的时候，该渲染器集成在著名的三维动画软件 Softima-ge3D 中，作为其内置的渲染引擎，Mentalray 高效的速度和质量就已很好地体现出来。

相对于另外一款高质量的渲染器 Renderman 来说，Mentalray 的操作比较简单且效率非常高。因为 Renderman 渲染系统需要使用编程技术来渲染场景，Mentalray 一般来说只需要在程序中设定好参数，然后就可智能地对需要渲染的场景进行计算，所以 Mentalray 渲染器又叫智能渲染器。

现在 Mentalray 渲染器已经集成在 3ds Max 中，与 Max 结合起来而无需另外安装。

1.2.4　Lightscape 渲染器

Lightscape 又名渲染巨匠，是目前世界上唯一同时拥有光影跟踪、光能传递和全息渲染三大技术的渲染软件，用该软件渲染的效果图逼真、细腻。

Lightscape 作为一款光能传输软件，所使用的 Radiosity 光能传输方式是最真实的光能传输方法，但其运算量也是惊人的。Lightscape 渲染的作品，光感细腻，材质表现准确精彩，图面清亮锐利，如图 1.3 所示。但不足的是，由于是独立于 Max 外的渲染器，Lightscape 模型的即时渲染的效果修改性不强，而且对建模要求较高，这款软件已基本被 VRay 渲染器替代。

图 1.2　光能传递渲染的效果

图 1.3　Lightscape 渲染的效果

1.3　3ds Max 2012 的特性和新增功能

1.3.1　3ds Max 2012 的特性

3ds Max 2012 软件提供了全新的创意工具集、增强型迭代工作流和加速图形核心，能够帮助用户显著提高整体工作效率。3ds Max 2012 版本可帮助设计师更好地解决交付期限紧张与客户质量预期不断提高之间的冲突。

从与分辨率无关的轻量级过程纹理、多线程刚体动力学、Mental Images 的精确“指点式” Iray 渲染器到 Nitrous 渲染质量加速视口，3ds Max 2012 提供了采用最新硬件技术的各种先进工具。此外，它与 Autodesk 3ds Max Entertainment Creation Suite 中的其他产品之间具备出色的一步式互操作性，并提供了面向 UVW 贴图的增强型处理方法，可让设计师有充足的时间制定更出色的创意决策。

1.3.2 3ds Max 2012 的新增功能

3ds Max 2012 增加了材质纹理预设、提升显示速度和简化批处理渲染等功能。

1. 增强的程序纹理

3ds Max 2012 预设了 Substance Procedural Textures（物质程序纹理功能），将 80 个程序纹理物理化，以丰富的参数生成并调节材质表面纹理，显示出非常真实的效果。

2. 全新图形核心提升速度

3ds Max 2012 采用 Nitrous 加速图形核心，在性能和视窗的可视化质量上进行了显著的提升，方便实时观察灯光、材质和贴图的效果。3ds Max 2012 同时大大改进了启动时间和电脑资源占用，使工具按需求更智能地被加载。

3. 更直观、更风格化的渲染

3ds Max 2012 的 IRay 渲染器，让你不必进行过多的渲染设置，就可获得逼真的效果。3ds Max 2012 的风格化渲染还可创建各种非真实（NPR）效果，如模仿手绘般的艺术效果，并可直接在视窗中显示风格化图片。3ds Max 2012 增强的 Autodesk 材质库，让你轻松使用从 AutoCAD 2012 中导入的材质。

4. 增强建模工具、提升 UVW 展开效率、更好地优化模型

在 3ds Max 2012 中，你可以在粗模建立时利用新的雕刻和绘制工具——笔刷 Conform、Transform 和 Constrain 更好地控制大体形态，而 3ds Max 2012 增强的 UVW 展开采用全新的映射方法，可以让你在更少的时间内创建出更好的 UVW 贴图。增强的 ProOptimizer 功能，可以更快、更高效地优化模型。

1.3.3 3ds Max 2012 可支持的文件格式

文件格式是指在计算机中表示存储数据信息的格式，针对不同的操作应选择不同的文件格式。文件格式在某种程度上将决定所设计创作的作品输出质量的优劣。

3ds Max 2012 支持十几种文件格式，下面就对日常所涉及的格式进行简单介绍。

1. 3ds Max 2012 支持的常用文件格式

1）MAX 格式

MAX 格式是 3ds Max 软件的默认存储格式，也是唯一支持所有模型模式的文件格式，其可以保存场景中的模型、材质和贴图等。

2）DRF 格式

DRF 格式是用于 VIZ Render 的文件格式，它是早期版本的 AutoCAD Architecture 附带的渲染工具。DRF 文件类似于 Autodesk VIZ 先前版本中的 MAX 文件。

3）DWG 格式

DWG 格式是 AutoCAD 默认的存储格式，用户可以将其导入 3ds Max 程序中用于建模。

4）3DS 格式

3DS 格式是一种带压缩的文件格式，其压缩率是目前各种模型文件格式中最高的，主要用于贴图归类。

2. 3ds Max 2012 支持的常用图像输出格式

1）BMP 格式

BMP 格式是微软公司 Paint 的自身格式，可以被多种 Windows 和 OS/2 应用程序所支持。在 Photoshop 中，最多可以使用 16 兆的色彩渲染 BMP 图像，因此 BMP 格式的图像可以具有极其丰富的色彩。

2）GIF 格式

GIF 格式是一种压缩的 8 位图像文件。正因为它是经过压缩的，而且又是 8 位的，所以这种格式的文件大多用在网络传输上，速度要比传输其他格式的图像文件快得多。

3）TGA 格式

TGA 格式支持 32 位图像，其中包括 8 位 Alpha 通道用于显示实况电视。此种格式已经广泛地应用于 PC 领域，而且该种格式的文件使 Windows 与 3ds Max 相互交换图像文件成为可能。可以在 3ds Max 中生成色彩丰富的 TGA 文件，然后在 Windows 的 Photoshop、Freehand、Painter 等应用程序中都可调出此种格式文件进行修改、渲染。

4）JPEG 格式

JPEG 格式是所有压缩格式中最卓越的。在压缩前，可以从对话框中选择所需图像的最终质量，这样就有效地控制了 JPEG 在压缩时的损失数据量，并且可以在保持图像质量不变的前提下产生惊人的压缩比率。在没有明显质量损失的情况下，它的体积能降到原 BMP 图片的 1/10。

5）TIFF 格式

TIFF 格式是桌面印刷系统的通用格式。文件占用空间较大，但图像质量非常好，主要用于分色印刷和打印输出等用途。在 Photoshop 中，TIFF 格式已支持到 24 个通道，它是除 Photoshop 自身格式外唯一能存储多于 4 个通道的文件格式。在 3ds Max 中可以渲染生成 TIFF 格式的文件，由于 TIFF 的诸多特性，尤其是它在压缩时绝不影响图像像素这一点，TIFF 文件多被用于存储一些色彩绚丽、构思奇妙的贴图文件。

6）PSD 文件

PSD 文件是 Adobe Photoshop 的专用格式，可以存储成 RGB 或 CMYK 模式，更能自定义颜色数目存储。可以将不同的物件以层级分离存储，以便于修改和制作各种特效。

7）AVI 格式

AVI 格式是 Windows 平台内置的支持视频文件的格式。AVI 支持灰度、8bit 彩色和插入声音，还支持与JPEG相似的变化压缩方法，是一种通过Internet传送多媒体图像和动画的常用格式。

1.4 建筑效果图表现方法与制作流程

建筑效果图的常规制作程序一般可分为两个阶段，即前期建模和后期处理，如图1.4所示。

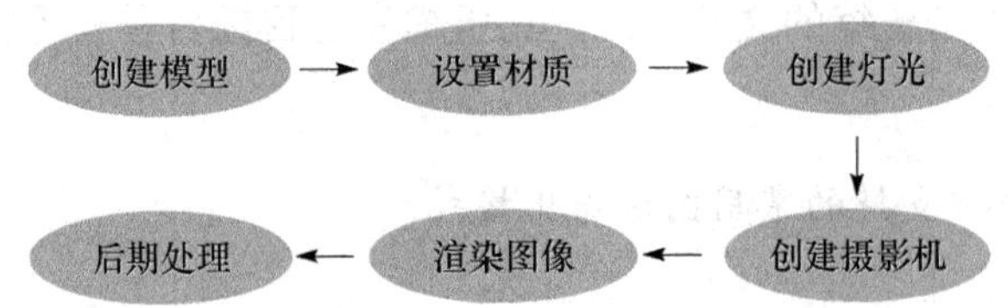

图1.4 建筑效果图的常规制作程序

其中，“创建模型”、“设置材质”、“创建灯光”、“创建摄影机”、“渲染图像”都是在3ds Max中实现的，而“后期处理”则是在Photoshop中实现的。

1.4.1 创建模型

设计师建模之前，首先要了解方案，要将设计上诸多的问题弄清楚，如功能、风格、材料、施工工艺等，然后构思方案草图。草图具有自由、快速、概括、简练的特点，能直观地表达设计师的意图及理念。很多初学者体会不到这一步的重要性，其实这是制作效果图之前很重要的一步工作，没有对方案的深入了解和草图构思，就不能做到胸中有数。

在3ds Max中，创建模型可以使用多种方法，制作出各种各样的模型。方法的使用要根据读者的习惯进行选择，但要把握下列原则：快捷、点面数少（因为在3ds Max中，模型都是由一定数量的点和面构成的，点面数太多会影响计算机的计算速度）。初学者可以选择使用3ds Max提供的标准几何体、扩展几何体进行创建，如长方体、球体、圆柱、倒角方体等；也可以使用二维图形画出基本的形状，然后通过挤出、放样等命令把它们转换成三维模型，一般使用这两种方法即可完成各种建筑效果图的制作。也可以从模型库中调用模型，这样可以有效地缩短建模的时间，提高作图速度。至于3ds Max中其他的几种建模方法，如NURBS建模方法和面片建模方法等，这两种方法一般用于制作不规则的模型，在室内设计效果图中一般很少用到。

1.4.2 设置材质

如果说模型是骨架，那么材质就是皮肤。当制作完模型后，需要为模型设计一个真实的材质并将其指定给模型，这样才能真实地表现模型外观。在3ds Max中可直接设置材质，并可进行编辑，设置好材质名称。还可以在材质编辑器中设置模型的材质类型、颜色、反射度等，最后将调制好的材质指定给模型。

1.4.3 创建灯光

如果没有光，再真实的模型外观我们也看不到，因此创建照明环境也是三维效果表现中不可缺少的部分。在 3ds Max 中，可以选择各种类型的灯光系统进行场景照明，不同的灯光系统表现不同的照明效果。本书中介绍的模型运用了不同的渲染方法进行渲染，所以需要掌握不同的布光技巧。在一般的室内模型中，一般只需要两种灯光，即主灯光和辅助灯光，通常只使用一盏主灯光，辅助灯光则需要多盏。

1.4.4 创建相机

相机的运用也是不容忽视的，在 3ds Max 中运用相机时可以像在真实场景中一样控制镜头长度、视野和运动控制（如平移、推拉镜头）以及观察角度等。建筑室内外效果图场景可以根据需要设置一架相机或多架相机。

1.4.5 渲染图像

在设置好材质、灯光和相机后，就可以对模型进行渲染了。渲染是使用材质、灯光等为模型进行着色，展现更逼真的模型效果。3ds Max 中的渲染器具有抗锯齿、运动模糊、体积照明和环境效果等功能。不管使用哪种渲染器，基本都能提供精确的灯光模拟，包括由于反射灯光带来的环境照明以及材质属性。在渲染完成后，可以把渲染的结果以 TIFF 格式、JPEG 格式或 TGA 格式进行保存。

1.4.6 后期处理

后期处理所使用的工具是 Photoshop CS，该软件是业内普遍使用的图像处理软件，它的功能非常强大，可以制作出各式各样的平面效果图。它在建筑效果图中起着重要的作用，可以用它来设置整幅效果图的亮度、色调，或者局部的亮度、色调，添加植物、人物、汽车和其他小饰品，去除一些阴影等，这在后面的范例中都将会介绍。

另外，设计制作效果图时，一般使用 AutoCAD 制作基本平面，在 3ds Max 中调取创建模型和图像渲染，而 Photoshop 则用于进行效果图的后期处理。在本书介绍的范例中，重点是使用 3ds Max 2012 和 Photoshop CS 这两种软件制作效果图，AutoCAD 软件不在本书的介绍范围内。

小　　结

本章主要介绍一些关于建筑效果图的基本知识，其中包括计算机建筑效果图常用软件、软件渲染器基础知识、3ds Max 2012 的特点和新增功能以及制作效果图的基本流程与原则。相信读者已经大致了解了效果图的制作思路与方式，以及应注意的问题。在后面的学习中将通过实践更多地了解通过 3ds Max 2012 进行效果图制作的方法与技巧，以及效果图后期处理带来的更加真实的效果。特别是 VRay 渲染器灯光的效果给人留下了很深的印象。正如 Discreet 公司的口号所说“释放你的创造力”，真正把大家从灯光的烦恼中解脱出来。

在后面的章节中将进行系列实例的制作，当读者完成每一步制作后，就会发现效果图的制作充满了乐趣。

思考练习题

1.1 计算机效果图制作的常用软件有哪些?

1.2 3ds Max 2012 的新增功能有哪些?

1.3 3ds Max 常用文件格式有哪些?

1.4 计算机效果图制作的基本程序有哪些?

第 2 章

3ds Max 2012 基本操作

2.1 3ds Max 2012 系统界面介绍

3ds Max 2012 在工作界面上做了很大改进，即首先将默认界面改为深灰色调，这有利于保护我们的眼睛；工具按钮布置方面也做了很多便于操作的调整。老用户可能对这些改变有些不适应，但熟悉以后会发现，这些改变有利于提高工作效率。

我们首先来认识一下它的操作界面，双击桌面 3ds Max 2012 快捷图标，就可以启动。启动后的 3ds Max 2012 界面如图 2.1 所示。

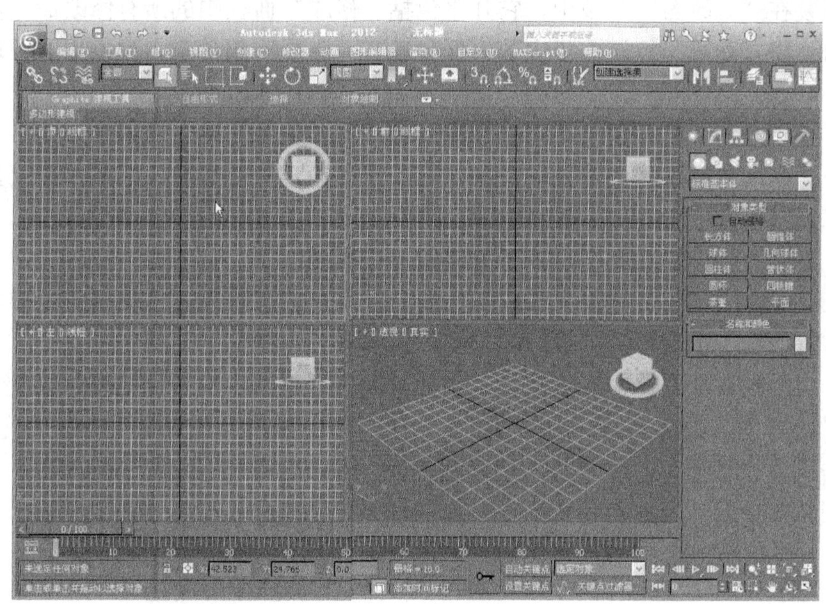

图 2.1　3ds Max 2012 界面

3ds Max 2012 虽然是一个复杂的三维动画制作软件，但其工作界面简洁、明了，主要有标题栏、菜单栏、工具栏、视图区、视图控制区、命令面板、提示行和状态栏等，具体内容分述如下。

2.1.1　标题栏

标题栏位于屏幕界面的最上方，包含正在使用的 3ds Max 的版本号、文件名称等提示信息。

2.1.2 菜单栏

用户界面的最上面是菜单栏。菜单栏由 12 个菜单项组成，如图 2.2 所示。

编辑(E) 工具(T) 组(G) 视图(V) 创建(C) 修改器 动画 图形编辑器 渲染(R) 自定义(U) MAXScript(M) 帮助(H)

图 2.2 菜单栏

编辑：用于对对象的删除、选定、临时保存等操作。

工具：提供一些可以对场景中对象进行操作和设置环境场景的工具。

组：将多个物体合为一个组，或者分解一个组为多个物体。

视图：对视图进行操作，但对对象不起作用。此外，还可以使用“调入背景图片”、“撤销视图修改”等只对视图起作用的命令。

创建：此菜单将控制面板中比较常用的创建对象封装在该菜单选项中，如标准和扩展对象以及灯光和粒子系统等，这些命令都可以在“创建”面板中找到。

修改器：和“创建”菜单一样，“修改器”菜单将控制面板中的几乎所有编辑“修改器”封装在“修改器”菜单中，它几乎包括“修改”面板中的所有修改命令。

动画：将“动画”控制面板中的组件封装在“动画”菜单中，可以更方便地进行动画制作。

图形编辑器：此菜单包括“轨迹视图”和“概要视图”两个子菜单。

渲染：此菜单提供着色渲染场景的功能，用于设定环境参数、添加渲染元素、设置高级灯光渲染以及使用 Video Post 视频后期处理程序来合成场景和图像。

自定义：方便用户按照自己的爱好设置操作界面。

MAXScript：该菜单提供与脚本相关的命令，用户可以通过编辑相应的脚本语言来实现一些难以实现的操作。

帮助：提供一些帮助命令，包括“在线帮助”、“系统中的插件信息”以及“版本信息”等。

单击菜单栏某项，凡菜单项右边带有小三角箭头按钮的表明该选项还有子菜单选项，如图 2.3 所示。

2.1.3 工具栏

菜单栏下面是工具栏，包括各种常用工具的快捷按钮，在 1280×1024 像素的分辨率下，工具按钮才能完全显示在工具栏中，如图 2.4 所示。

当显示器分辨率低于 1280×1024 像素时，可以通过以下两种方法显示工具栏中隐藏的工具按钮：

(1) 将鼠标指针移到工具栏空白处，当其变成小手标志时，按住鼠标左键并拖动，工具栏会跟随鼠标指针移动显示。

(2) 如果鼠标带有滚轮，可在工具栏任意位置按住鼠标滚轮，这时鼠标指针变为小手标志，拖动鼠标也能显示其他工具按钮。

主工具栏中主要按钮的功能如下。

图 2.3 子菜单选项

图 2.4 工具栏

选择并连接，在制作动画时用于将子物体与父物体连接。

断开父物体与子物体的连接。

将物体绑定到空间扭曲。

选择过滤器列表。

选择物体。

用物体的名字来选择物体。

区域选择，拖动鼠标框出矩形来选择物体。

区域选择，拖动鼠标框出圆形来选择物体。

区域选择，拖动鼠标框出任意多边形来选择物体。

窗口/交叉选择切换。

移动物体。

旋转物体。

沿 X、Y、Z 方向均匀缩放。

沿某一约束轴非均匀缩放。

挤压，在保证体积不变的条件下压扁物体。

把物体各自的轴点作为旋转、缩放等操作的中心。

把物体组的中心作为旋转、缩放等操作的中心。

把所在视图的原点作为旋转、缩放等操作的中心。

选择并操作。

键盘快捷键覆盖切换。

3D 捕捉。

2D 捕捉。

2.5D 捕捉。

角度捕捉切换。

百分比捕捉切换。

微调器捕捉切换。

对所选物体进行镜像翻转。

对齐物体。

打开材质编辑器。

渲染设置。

渲染帧窗口。

工具栏上的按钮非常多，要想了解某个按钮的功能，可以将鼠标指针移至按钮位置，其尾部就会出现该按钮的中文提示。另外，某些按钮的右下角带有小三角形符号的，表明该按钮还包含其他相关的多重按钮，在该小三角形处按住鼠标左键，展开其他按钮，拖动鼠标就可以选择它们，如图 2.5 所示。

2.1.4 视图区

视图是 3ds Max 2012 工作界面的主要部分，它是显示及查看操作对象的区域。视图的功能十分强大，并且用户可以对视图进行各种设置。启动 3ds Max 2012 后用户可以看到四个默认视图，分别是顶视图、前视图、左视图和透视图，如图 2.6 所示。

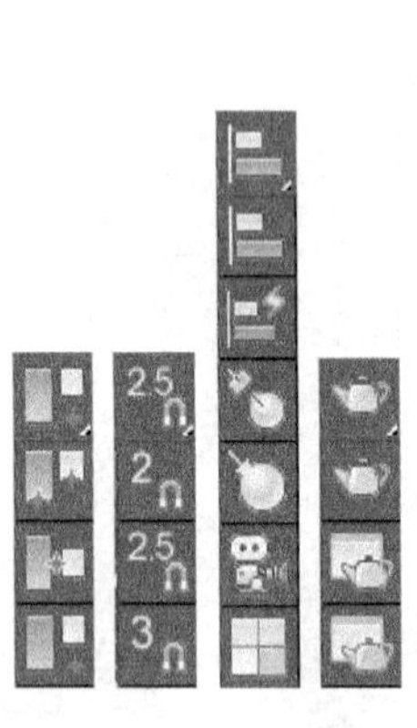

图 2.5 工具栏按钮

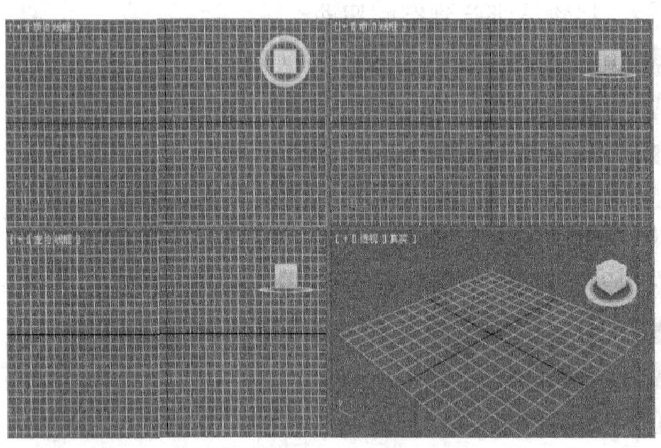

图 2.6 视图区

四个默认视图可以从不同视角查看物体。在 3ds Max 2012 中，视图的种类有很多，可以分为标准视图、摄影机视图、聚光灯视图、图解视图和实时渲染视图等，它们的作用与内容各不相同。要查看或显示 3ds Max 2012 中的其他视图，可以在视图名称上单击鼠标右键，在弹出的快捷菜单中选择要查看的视图，如图 2.7 所示。

在 3ds Max 中，可以使用键盘快捷键来迅速切换活动视图，快捷键包括 T（对应顶视图）、B（对应底视图）、F（对应前视图）、L（对应左视图）、C（对应摄影机视图）、S（对应聚光灯视图）、P（对应透视图）、U（对应用户视图）。

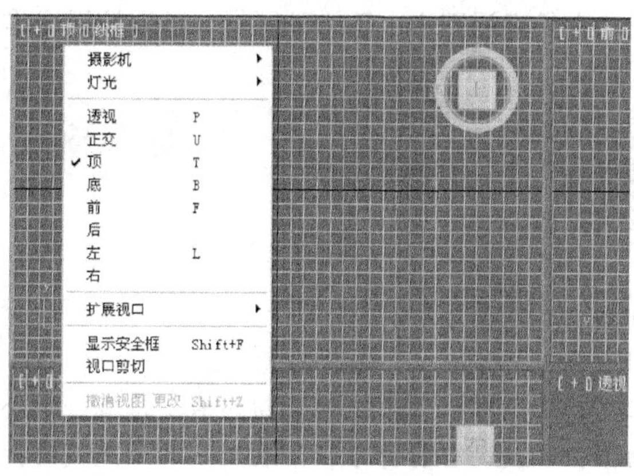

图 2.7　弹出的快捷菜单

执行菜单“视图/视口配置”命令，打开相应的对话框，选择“布局”标签，在要改变的视图中单击鼠标右键，弹出快捷菜单，从中选择要更改的视图命令，如图 2.8 所示。

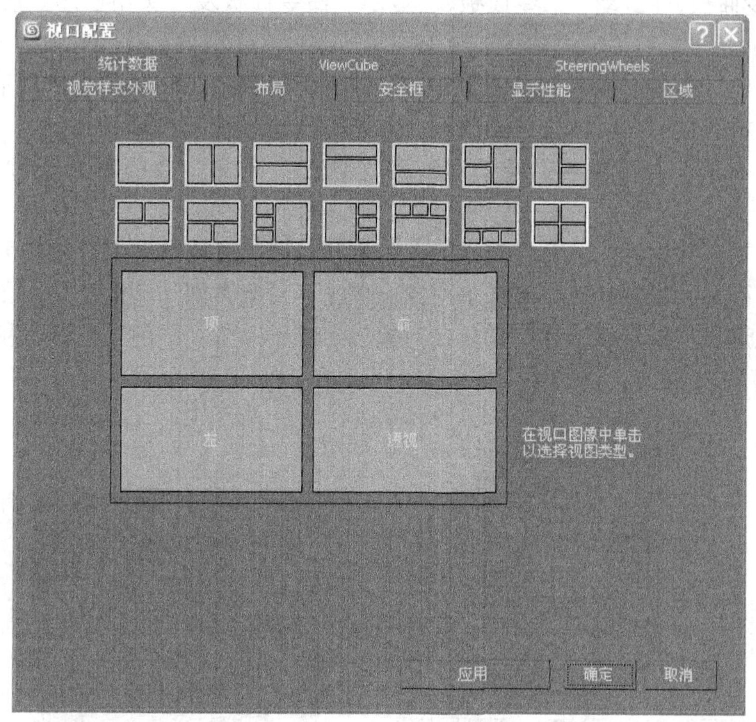

图 2.8　“视口配置”对话框

2.1.5　视图控制区

在系统界面的右下角为视图控制区，有八个控制视图的工具按钮（有些按钮中还包含多重按钮），用来提供对视图的各种操作。

单击该按钮，在任意视图中上下拖动鼠标，可以拉近或推远视图。

缩放所有视图。

最大化显示选定对象。

在所有视图中最大化显示选定对象。

缩放选择区域。

平移视图。

变换调节视图。

最大化视口切换。

温馨提示：在工具栏中，可以看到一些按钮的右下角有一个小三角，这种按钮称为下拉按钮，将此按钮按住不放，会打开下拉列表显示其中隐藏的按钮，如图 2.9 所示。

2.1.6 命令面板

命令面板是 3ds Max 界面的核心，位于系统界面的右侧，它集成了 3ds Max 中所使用的大多数功能与参数控制项目，也是结构最复杂、使用最频繁的组成部分。

命令面板由六个子命令面板组成，分别是“创建”命令面板、“修改”命令面板、“层次”命令面板、“运动”命令面板、“显示”命令面板及“实用程序”命令面板，如图 2.10 所示。

以“创建”命令面板为例，使用此命令面板可以创建 3ds Max 中的所有对象。“创建”命令面板包含“几何体”、“图形”、“灯光”、“摄影机”、“辅助对象”、“空间扭曲”和“系统”七个子命令面板，用户可以通过这七个子命令面板创造各种各样的变化形体。

例如，在“几何体”子命令面板的“基本几何体”对象类型中，用户可以创建长方体、球体、圆环、锥体和茶壶等基本对象。单击“对象类型”下拉按钮，在下拉列表中用户还可以选择“扩展基本体”、“复合对象”、“粒子系统”、“门”、“窗”和“楼梯”等选项，如图 2.11 所示，创建更加复杂的场景对象。

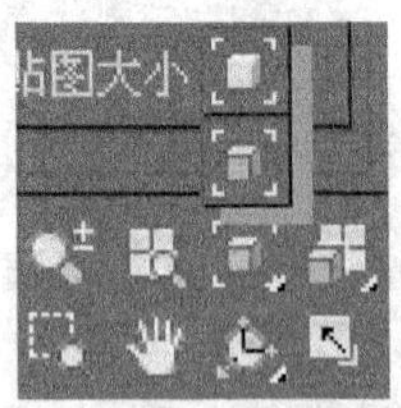

图 2.9 下拉按钮

图 2.10 六个子命令面板

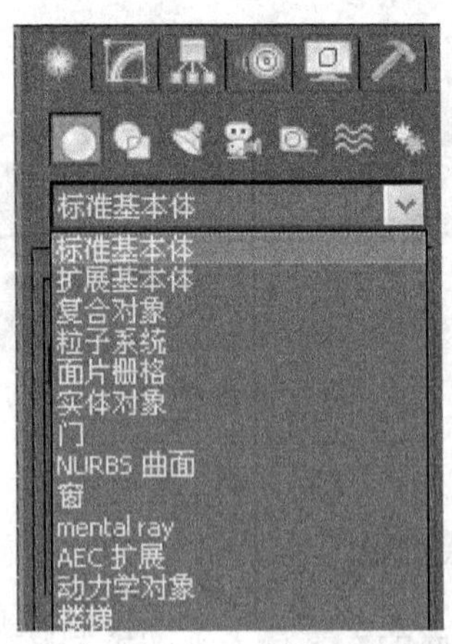

图 2.11 下拉列表

命令面板的控制参数很多，有时不能完全显示在屏幕中，用户可以单击卷展栏左侧的加号或减号（或直接单击某卷展栏）来展开或卷起该卷展栏；用户还可以将鼠标放到命令面板的空白区域，当鼠标变成小手形状时，按住鼠标上下拖动，显示其他的参数控制项。

2.1.7　提示栏和状态栏

提示栏和状态栏位于屏幕的最底端，这两行显示的是关于场景和活动命令的提示和信息，它们也包含控制选择和精度的系统切换以及显示属性，如图 2.12 所示。

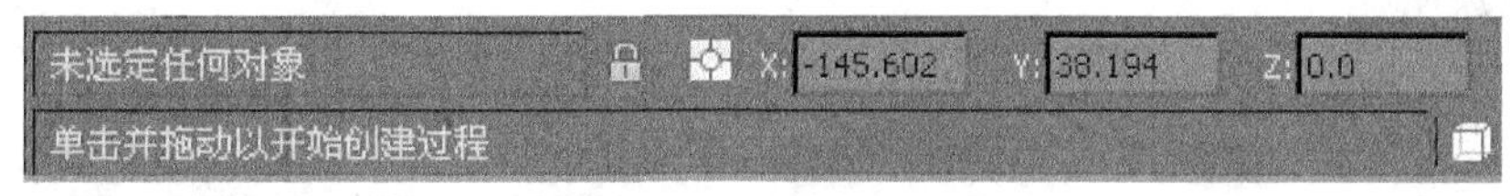

图 2.12　提示栏和状态栏

2.2　文件管理

2.2.1　新建文件

启动 3ds Max 2012 中，程序会自动打开一个新的场景，而用户可以在任何时候创建一个新场景，即新文件。3ds Max 一次只能打开一个场景，启动新场景就会删除当前场景。新建场景文件的具体操作步骤如下所述：

（1）启动 3ds Max 2012，选择菜单栏上的“新建场景”按钮，打开“新建场景”对话框，如图 2.13 所示。

（2）选中“新建全部”单选按钮，以默认设置清除场景中的所有对象。

（3）单击【确定】按钮，新建一个场景文件。

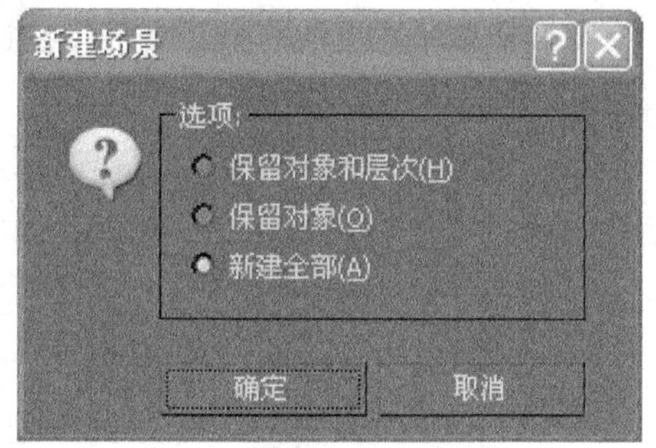

图 2.13　“新建场景”对话框

在“新建场景”对话框中有三个单选项，即“保留对象和层次”、“保留对象”和“新建全部”，如果选中“保留对象和层次”，则会保留场景中的所有模型对象和它们之间的链接关系，但动画设置将会被删除；如果选中“保留对象”，会保留场景中的所有模型对象。

2.2.2　重置场景

重置是指清除视图全部数据，使其恢复到初始状态，这包括视图划分的设置、捕捉设置、“材质编辑器”的设置、背景设置等。重置场景的操作非常简单，单击菜单栏按钮，执行“重置”命令，如图 2.14 所示，系统弹出重置文件提示信息对话框。

重置文件提示信息对话框中，单击【是】按钮，将弹出“保存文件”对话框，允许对场景进行保存；单击【否】按钮，再次弹出重置文件提示信息对话框问是否真的重置，单击【是】按钮，重置场景；单击【取消】按钮，取消重置操作，如图 2.15 所示。

图 2.14 重置

图 2.15 重置文件提示信息对话框

2.2.3 打开文件

文件保存后，如果再次使用该文件，首先要将其打开。

选择菜单栏上的“打开文件”按钮，出现“打开文件”对话框，如图 2.16 所示。

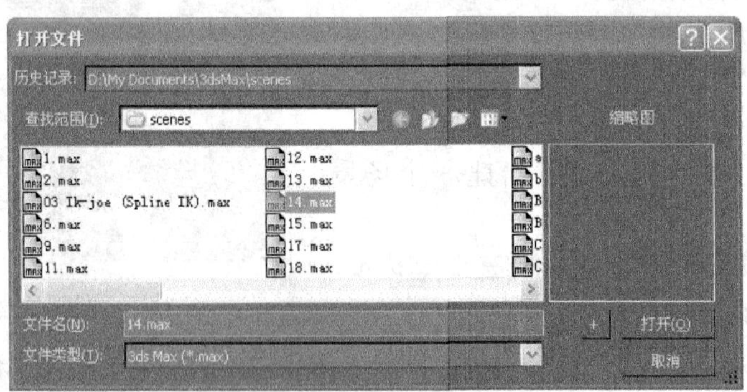

图 2.16 “打开文件”对话框

在“查找范围”下拉式列表中找到文件的位置，在中间的列表中选择要打开的文件，单击【打开】按钮即可。

2.2.4 保存文件

文件被保存以前，标题栏中显示“无标题”，保存文件之后，文件名称会出现在标题栏中。

保存文件的具体操作步骤如下所述。

(1) 单击菜单栏按钮，选择菜单中的“保存”命令，如果该场景还没有保存过，则会出现“文件另存为”对话框，如图 2.17 所示。用户还可以按【Ctrl+S】组合键，打开“文件另存为”对话框。

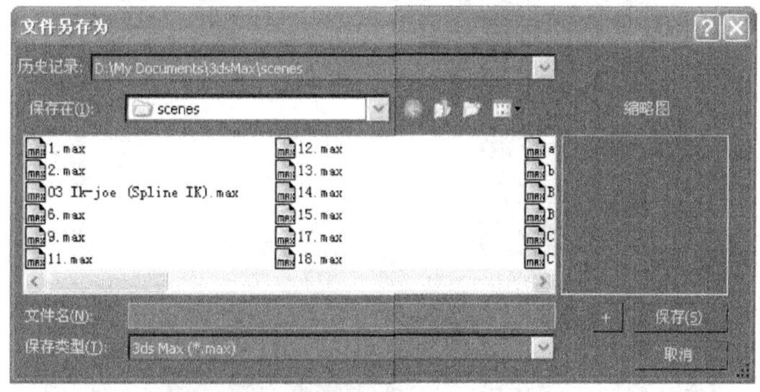

图 2.17 “文件另存为”对话框

(2) 在“保存在”下拉列表框中选择文件的保存位置。

(3) 在“文件名”文本框中输入文件名称；在“保存类型”下拉列表框选择文件类型。

3ds Max 支持的扩展名为“*.max”和“*.chr”，其中“.chr”扩展名用于字符文件。在各种不同的文件类型和格式中，“*.max”格式的使用频率最高。

(4) 单击【保存】按钮，即可将当前场景文件保存起来。

2.2.5 合并场景文件

在实际工作中，我们可以采用合并的方法将外部模型直接调入三维场景中，而不必再重新创建模型。合并文件的具体操作方法如下所述：

(1) 单击菜单栏按钮，选择菜单中的“导入”命令，单击后面的三角，执行“合并”命令，打开“合并文件”对话框，选择需要合并的模型文件，如图 2.18 和图 2.19 所示。

(2) 单击【打开】按钮，打开“合并”对话框。

(3) 在打开的对话框右侧的“列出类型”中，通常将“灯光”、“摄像机”的复选框去掉。单击下面的【全部】按钮，即可合并想要的模型，如图 2.20 所示。

在合并模型的过程中，如果系统打开如图 2.21 和图 2.22 所示的对话框，表示被合并的模型与当前场景中已存在的模型在对象名称或材质名称上相同，只需先选中“应用于所有重复情况”，然后单击【合并】按钮或【自动重命名合并材质】按钮即可。

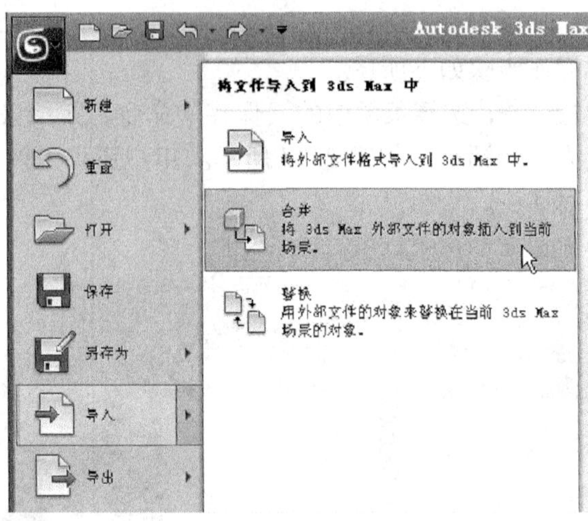

图 2.18　合并

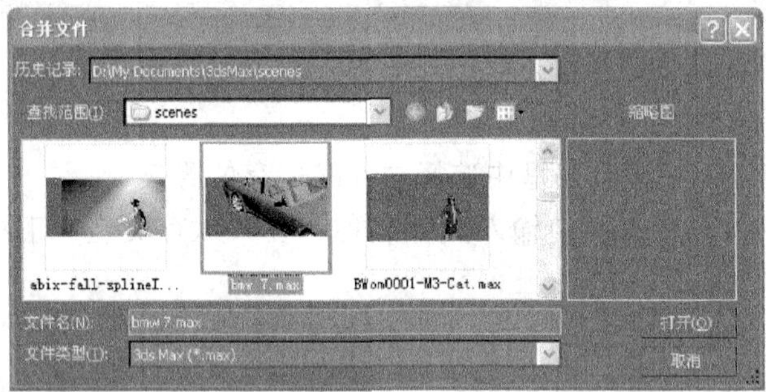

图 2.19　“合并文件”对话框

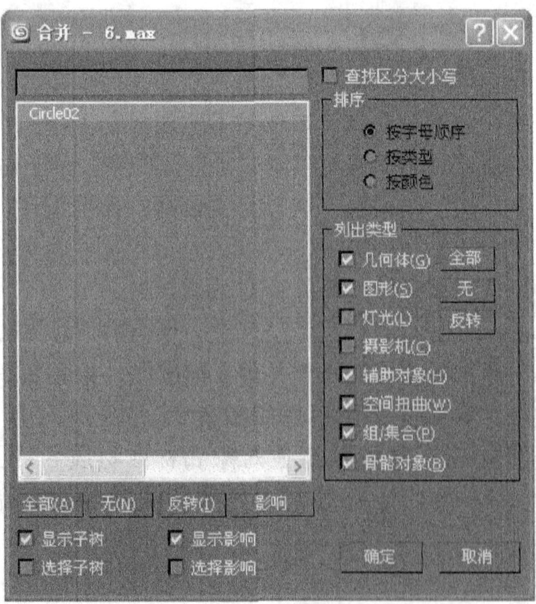

图 2.20　“合并”对话框

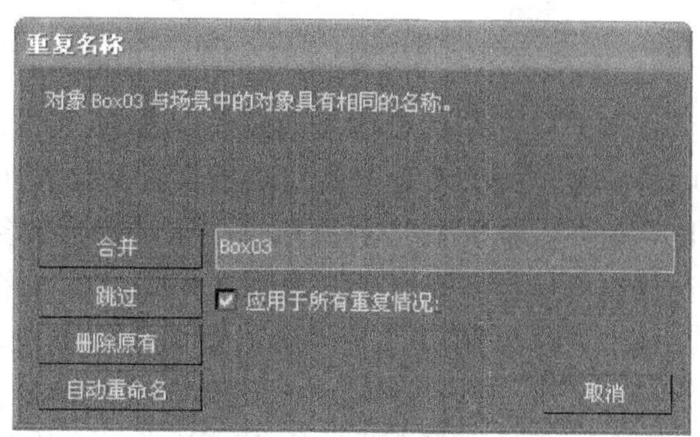

图 2.21　自动重命名

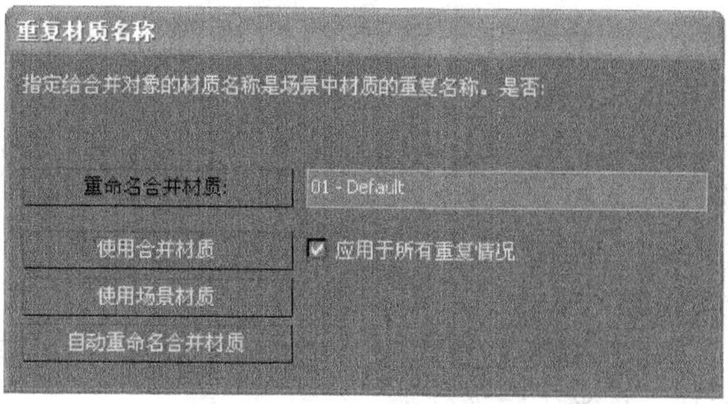

图 2.22　自动重命名合并材质

2.2.6　替换、导入、导出场景文件

使用“替换”命令可以替换场景中的一个或多个对象的几何体，方法是以复制名称合并对象。当要使用不复杂的几何体来设置场景和动画，然后在渲染前需要用更复杂的几何体替换时，就可以使用“替换”命令。在场景中替换对象时，替换其几何体及其修改器，但是不包括变换、空间扭曲、层次或材质。如果要替换对象的所有特性，可以使用“合并”命令。如果要替换的对象在场景中已有实例，那么所有实例都将被新对象替换。如果场景中所有的对象与传入对象的名称相同，则都将被新对象替换。如果场景中拥有一个以上的对象与传入对象同名，则所有这些对象都将被替换。

使用“导入”命令可以加载或合并不是 3ds Max 场景文件的几何体文件。这些几何体文件包括 3D Studio 网格（3DS）、3D Studio 项目（PIU）、3D Studio 图形（SHP）、Adobe Illustrator（AI）、AutoCAD（DWG）、Auto CAD（DXF）、Lightscape 解决方案（LS）、Lightscape 准备（LP）和 Lightscape 视图（VW）等。对于有些要导入的文件，将会弹出一个对话框，允许用户进行相关的设置。该操作简单，在此不再详述。

“导出”命令与“导入”命令的功能相反。“导出”命令可以将 3ds Max 格式的文件导出为其他格式的文件，这些格式包括 3D DWF、3D Studio（3DS）、Adobe Illustrator（AI）、AutoCAD（DWG）、AutoCAD（DXF）、Lightscape 材质（ATR）、Lightscape 块（BLK）、Lightscape 参数（DF）、Lightscape 层（LAY）、Lightscape 视图（VW）、Lightscape 准备文件（LP）等。该操作不常用，在此不作详细介绍。

2.2.7 文件归档

使用“归档”命令将创建列出场景位图及其路径名称的压缩存档文件或文本文件。3ds Max可自动查找场景中引用的文件，并在可执行文件的文件夹中创建存档文件。在存档处理时，将显示日志窗口。这样做的好处在于，无论在哪一台计算机中创建的三维场景，都可以在其他计算机中完整打开，而不会丢失场景文件中的材质、贴图等。

温馨提示：目前高版本的3ds Max文件在低版本的3ds Max软件中暂时还打不开，用户如果想打开，需要存为“＊.3DS”格式，但这样会丢失材质和部分文件。

单击菜单栏按钮，选择菜单“另存为”命令，单击后面的三角，执行“归档”命令，只要解压即可打开该压缩文件。该操作也很简单，在此不再详述。

2.3 系统单位设置

执行菜单栏“自定义/单位设置”命令，打开“单位设置”对话框，选中“公制”，在其下拉式列表中选择“毫米”，如图2.23所示。

“单位设置”对话框中包括“显示单位比例”和“光源单位”两个选项区域，其中“显示单位比例”选项区域中包括四个单选项，分别是：

“公制”单选项：当这一选项被选中时，该选项下面的下拉列表框会被激活。下拉列表框中包括四个选项：毫米、厘米、米、公里。

“美国标准”单选项：其中包括英寸等计量单位。

“自定义”单选项：在这一选项中可以对一个常用单位进行成比例设定。

“通用单位”单选项：这是默认选项（英寸），它等于软件使用的系统单位。

单击“单位设置”对话框中的“系统单位设置”按钮，将会弹出“系统单位设置”对话框，在该对话框中单击“系统单位比例”下三角按钮，在打开的下拉列表中选择“毫米”选项，单击【确定】按钮，如图2.24所示。

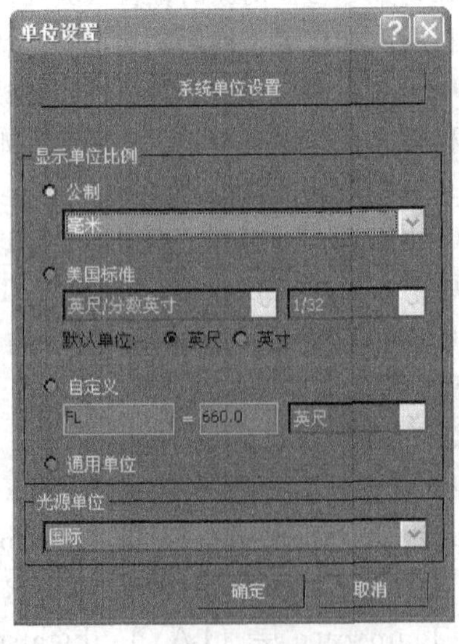

图2.23 “单位设置”对话框

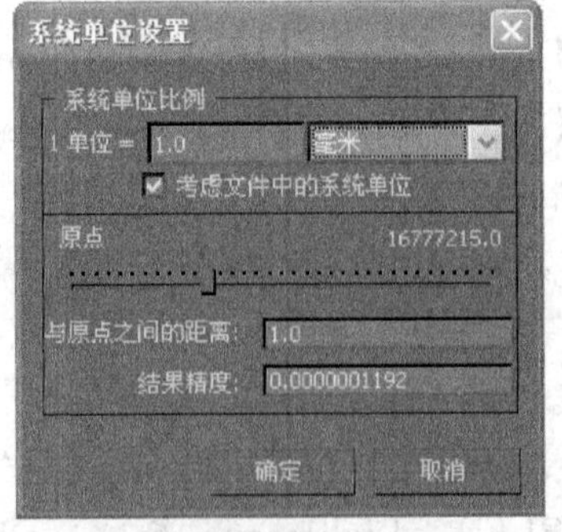

图2.24 “系统单位设置”对话框

2.4 对象的基本操作

3ds Max 2012 中的大多数操作都是针对场景中的选定对象进行的，对象的基本操作是建模和设置动画过程的基础，本节就从创建物体、选择对象、变换物体及物体群组等几个方面为用户介绍有关对象操作的基本知识。

2.4.1 创建物体

1. 创建造型物体的方法

1）使用“创建”命令面板

“创建”命令面板是为场景创建对象的地方，这些对象可以是类似球体、圆柱体和长方体的几何对象，也可以是类似灯光、摄影机和粒子系统等其他对象。

“创建”命令面板包含大量的对象。要创建一个对象，只需在“创建”命令面板中找到对应的对象工具按钮，单击该工具按钮，然后在选定的视图窗口中单击并拖拽鼠标即可。图 2.25 中就是通过使用命令面板中“扩展几何体”子类别的“异面体”按钮在视图窗口中创建的物体。

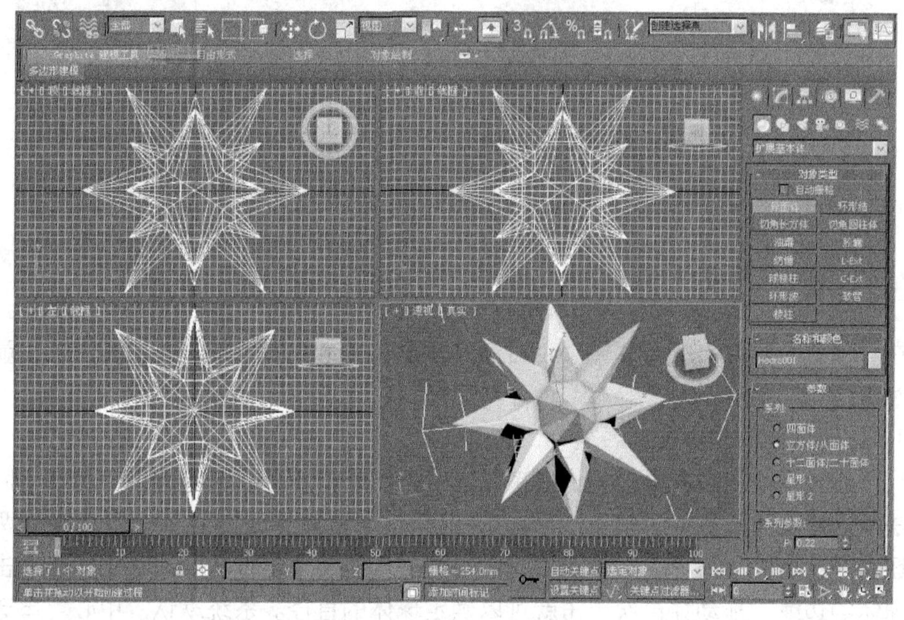

图 2.25 “创建”命令面板

当用户单击了一个工具按钮时，该按钮就会变成蓝色，这种颜色的变化用于提示用户现在处于创建模式，在任何视图窗口内单击都会另外创建一个造型对象。

当处于创建模式时，在任何一个视图内单击并拖拽几次，就可以创建多个造型对象。如果要退出创建模式，用户可以单击主工具栏上的任何一个变换按钮。

在命令面板的所有面板中，只有“创建”命令面板既包含类别也包含子类别。例如，在“创建”命令面板中单击“几何体”按钮，在对象类别下拉列表框中会列出几个子类别，其中第一个子类别是“标准基本体”。在选定的这个子类别下方会出现几个按钮，它们用于创建一些简单的基本造型对象。

2）使用“创建”菜单

“创建”命令面板创建的所有造型对象还可以通过“创建”菜单进行创建。从“创建”菜单中选择一个命令就会打开“创建”命令面板，并自动选定匹配的按钮。

例如，在“创建”菜单中选择“标准基本体”命令，在打开的子菜单中选择需要的菜单命令即可，如图 2.26 所示。

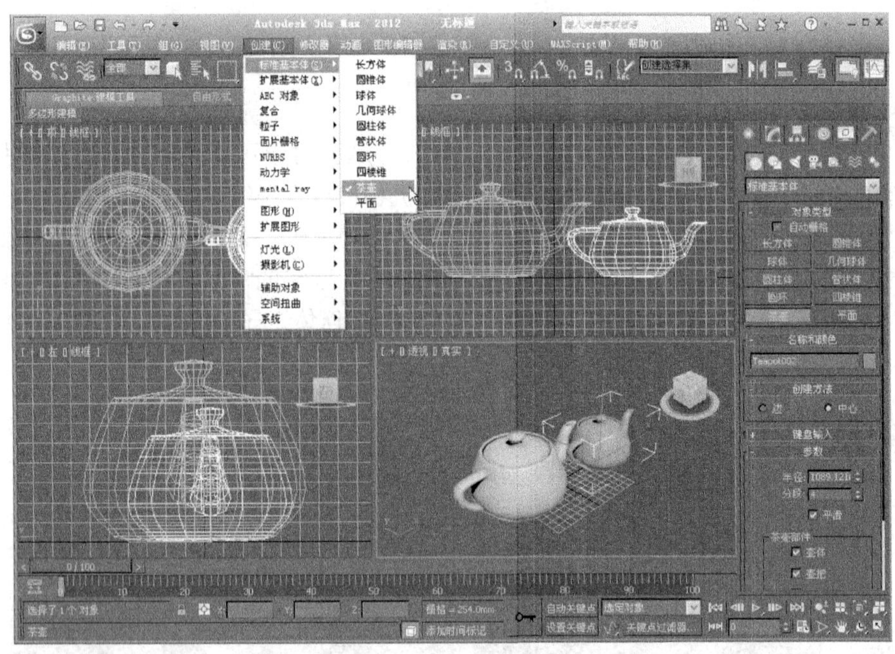

图 2.26　子菜单

在“创建”菜单中选择菜单命令后，只需要在一个视图中单击并拖拽鼠标，就可以创建对象。

3）使用其他的创建方法

除了通过在视图区中单击和拖拽来创建对象以外，还可以在卷展栏中选择不同的创建方法来创建对象。例如，单击“球体”按钮时，“创建方法”卷展栏中会出现两个单选按钮，即“边”和“中心”单选按钮。当选中“边”单选按钮时，在视图中单击鼠标确定球体的边缘，拖动并再次单击就可以确定球体的直径。系统默认“中心”单选按钮为选中状态，该创建方法通过指定球体的中心，拖拽鼠标确定球体的半径来创建球体。

除此之外，用户还可以在“键盘输入”卷展栏中通过输入精确的数据来创建需要的造型对象。

2. 对象的命令及颜色设置

场景中的每个对象都具有自己的名称和分配给它的颜色。首次创建时便给每个对象都指定了默认名字和随机的颜色。由于 3ds Max 2012 工作默认界面为深灰色，创建对象时最好给每个对象指定亮度高的颜色，以便于更好地识别这些对象。改变对象的名称和颜色可以通过命令面板的“名称和颜色”卷展栏下右边的色块按钮来执行。单击色块按钮，将打开“对象颜色”对话框，如图 2.27 所示，在该对话框中进行更改即可。

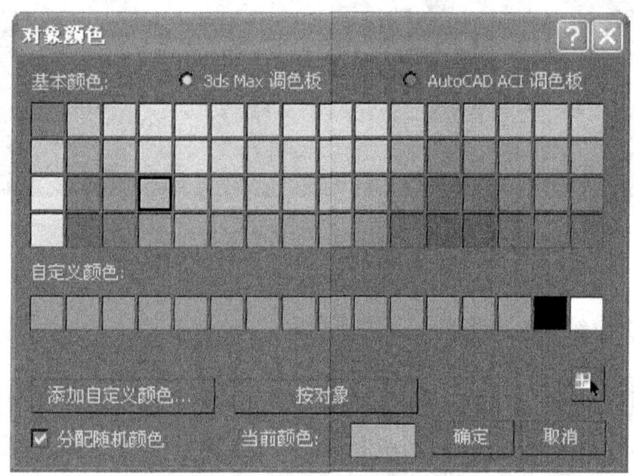

图 2.27 “对象颜色”对话框

如果要重命名对象，首先要使对象处于选中状态。默认情况下创建完对象后，对象处于选中状态，如果要重命名的对象没有处于选中状态，可以单击主工具栏中的“选择对象”按钮来进行选定操作。

除了可以使用卷展栏来改变对象的名称之外，用户还可以使用“工具”菜单。

使用“工具”菜单改变对象名称的具体操作方法如下所述：

(1) 选中造型对象，单击“工具”菜单，在打开的下拉菜单中选择“重命名对象”命令，打开“重命名对象”对话框，如图 2.28 所示。

(2) 设置基础名称、前缀和后缀等参数。

(3) 完成后单击【重命名】按钮即可。

在“重命名对象”对话框中选中“选取”单选按钮，将打开“选取待重命名的对象”对话框，这些新名称还可以应用于从该对话框中选取的特定对象，如图 2.29所示。

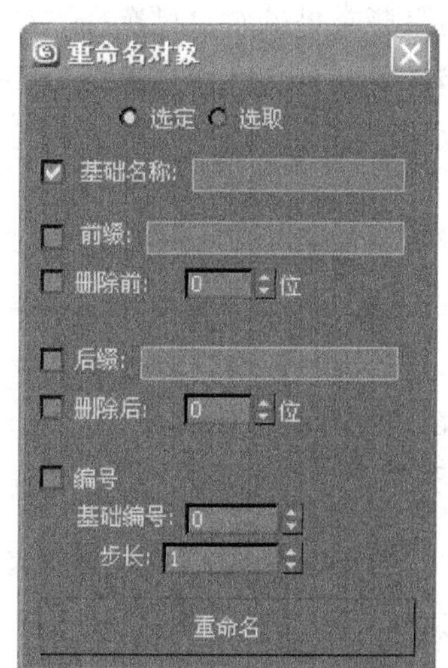

图 2.28 “重命名对象”对话框

2.4.2 选择对象

编辑对象的前提是选择对象，只有选择了对象才能对其应用各种修改命令。快捷有效地选择对象可以适当提高工作效率。

在 3ds Max 2012 中，选择对象的方式灵活多样，用户可以使用工具栏上的“选择对象”按钮进行选择，也可以使用“选择过滤器”功能来选择，还可以通过拖拽鼠标选择多个对象。

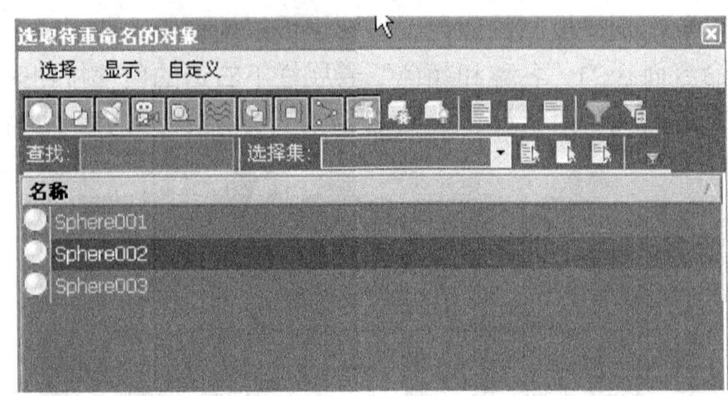

图 2.29 “选取待重命名的对象”对话框

1. 使用“选择对象”按钮

这是运用最频繁的选择方式，在主工具栏上单击“选择对象”按钮，然后在视图中将鼠标移动到要选择的对象上面，当鼠标指针变成十字光标时单击即可。在选择对象的过程中，按住【Ctrl】键不放，并连续单击不同的对象，可实现对象的叠加选择，按住【Alt】键不放，然后单击已选择的对象，可实现对象的减选。

2. 使用“选择过滤器”功能

在包含几何体、灯光、摄影机、形状等的复杂场景中，要准确地选择需要的对象是很困难的，为此，3ds Max 提供了“选择过滤器”功能。

通过“选择过滤器”功能可以指定选择哪些类型的对象。使用选择过滤器，使得只有某些类型的对象可选择。单击主工具栏上的“选择过滤器”下拉按钮，选择要过滤的命令，就可对操作对象进行选择，如图 2.30 所示。

3. 按名称选择对象

当场景中有多个对象时，可以通过名称进行对象选择，如果用户给对象重新命名的话，该选择方法使用起来将更加简便快捷。

按【H】快捷键或单击主工具栏上的【通过名称选择】按钮，将打开“从场景选择”对话框，如图 2.31 所示。在该对话框的列表中选择一个造型对象，如选择“Sphere001”对象，单击【确定】按钮即可选中对象，如图 2.32 所示。

4. 通过选择区域选择对象

所谓通过区域选择对象，就是在视图中单击并拖拽鼠标以创建一块选择区域，凡是在选择区域内的对象都将被选择。

3ds Max 2012 在主工具栏上提供了五种区域选择工具按钮，分别为“矩形选择区”工具按钮、“圆形选择区”工具按钮、“围栏选择区”工具按钮、“套索选择区”工具按钮和“绘制选择区”工具按钮。运用不同的区域选择工具创建的选择区域也不相同，用户可根据实现情况有选择性地使用它们，如图 2.33 所示。

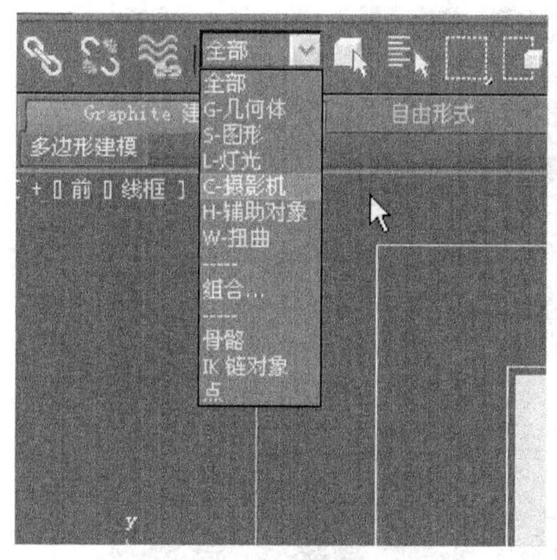

图 2.30　选择过滤器

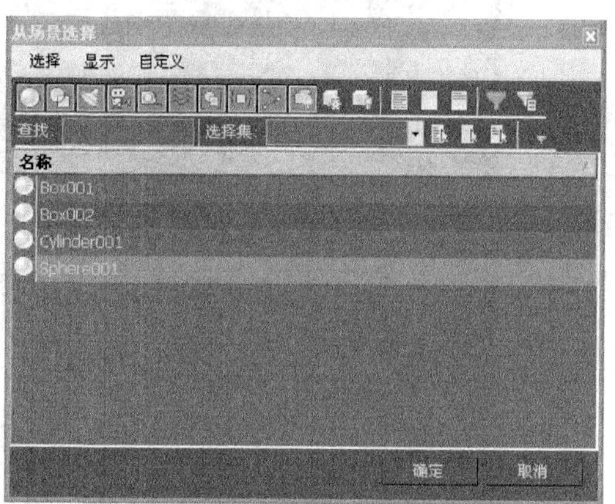

图 2.31　“从场景选择”对话框

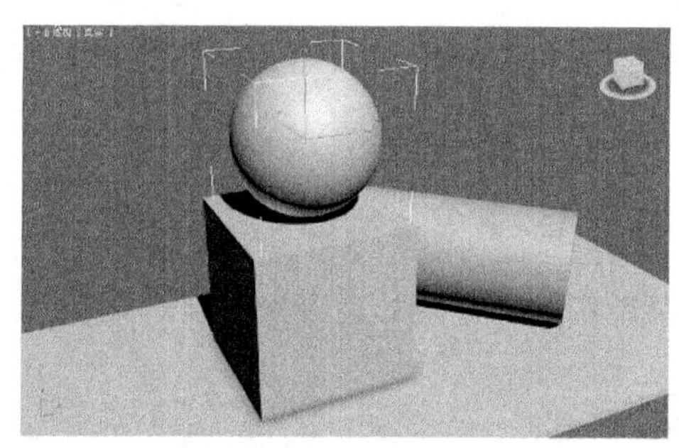

图 2.32　选择一个对象

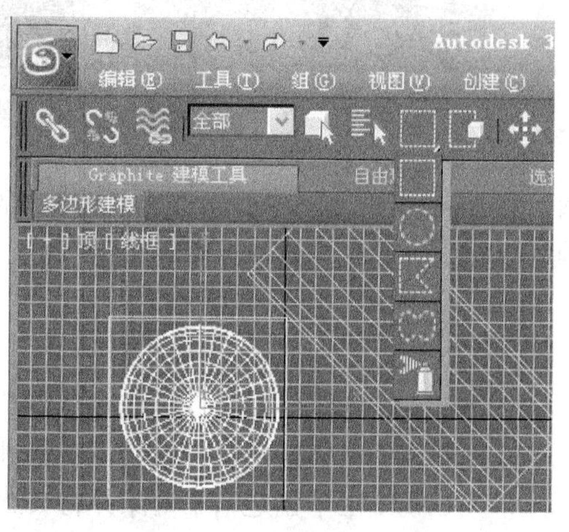

图 2.33　五种选择区域按钮

5. 使用“编辑”菜单

在“编辑”菜单中包含几个与选择相关的菜单命令，如“选择全部”命令、“全部不选”命令和“反选”命令等，用户可以根据自己的需要选择相应的菜单命令。

6. 使用“孤立当前选择”操作

在使用 3ds Max 2012 的实际操作过程中，用户可以通过“孤立当前选择”命令选择对象编辑物体。该物体一旦被选中，用户就可以单独对选择对象进行修改或编辑。

选择场景中物体，按【Alt+Q】快捷键或单击主菜单【工具】按钮，选择“孤立当前选择”命令，打开对话框，如图 2.34 所示。

2.4.3　复制对象

在三维设计过程中，有时只需创建一个对象，然后通过复制操作制作其他副本即

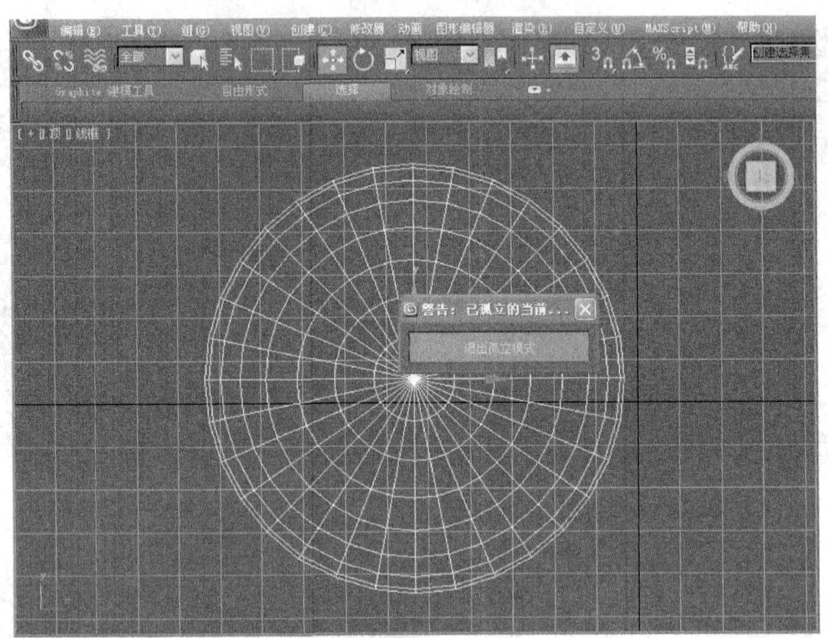

图 2.34 “孤立当前选择”对话框

可。在 3ds Max 2012 中包含克隆、镜像和阵列等多种复制方式，熟练掌握各种复制工具可以极大提高工作效率。

1. 克隆对象

在 3ds Max 2012 中，可以使用“编辑”菜单中的“克隆”命令来复制对象。

克隆对象的具体操作可参照以下步骤进行：

(1) 在视图区中创建一个对象并将其选中。

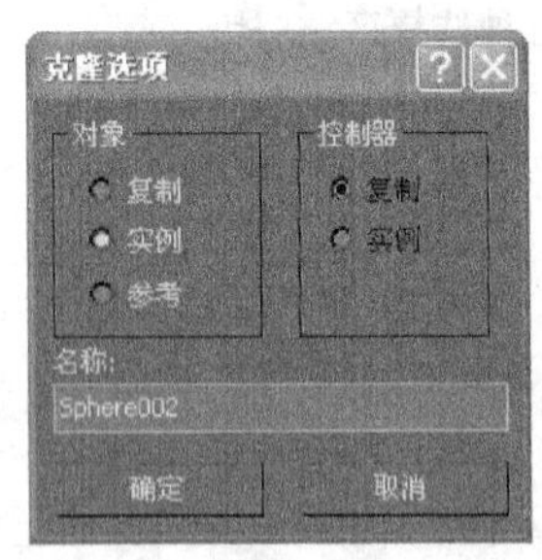

图 2.35 “克隆选项”对话框

(2) 选择“编辑”菜单中的“克隆”命令，将打开“克隆选项”对话框，如图 2.35所示。

(3) 在“名称”文本框中设置打算复制的对象名称。在“对象”区域中可以将克隆对象指定为复制、实例和参考三种方式。

(4) 单击【确定】按钮。克隆对象的位置与初始对象相同，使用移动工具将其移动到其他位置，即可看到克隆的对象。创建克隆对象快捷键是【Shift】键，按住【Shift】键将克隆对象并打开“克隆选项”对话框，在该对话框中用户可以设置对象复制的类型、复制数量及复制对象的名称，如图 2.36 所示。

2. 镜像对象

镜像操作就是利用对称性来复制对象，其原理就好像是在对象的一边放置一面镜子，镜子里显示出镜像后的目标对象。

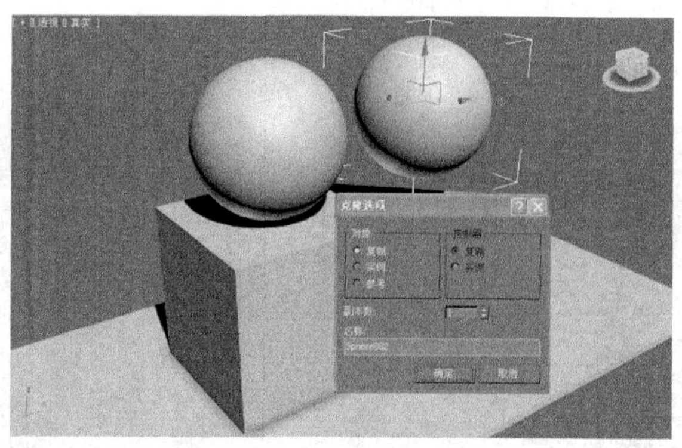

图 2.36　创建克隆对象

镜像对象的操作可参照以下步骤进行：

(1) 在视图区中创建一个对象并将其选中。

(2) 在主工具栏上单击【镜像】按钮，将打开如图 2.37 所示的对话框。

(3) 在“镜像轴”区域中指定对选定对象进行镜像操作所参照的轴或平面，还可以定义偏移量的值。

(4) 在该对话框中还可以指定复制出的对象与初始对象是副本、实例还是参考关系。最后单击【确定】按钮即可，如图 2.38 所示。

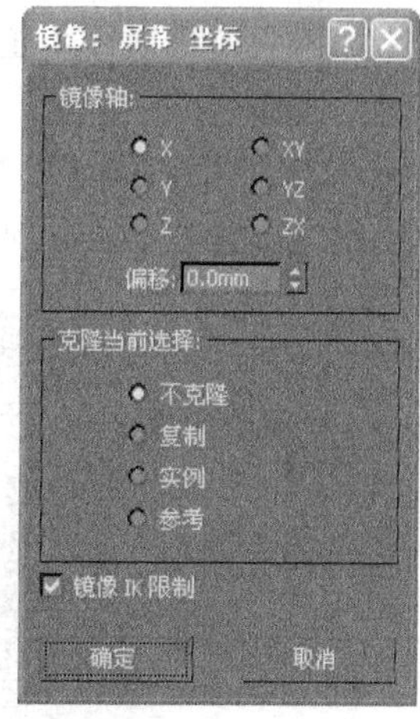

图 2.37　镜像

3. 阵列对象

3ds Max 2012 中设置的阵列工具可以对对象进行一维、二维和三维的复制，即可以按照行、列和层来创建对象的副本，但在阵列之前要选择物体作为操作的源对象。

在视图区中选择一个或几个对象作为源对象，在菜单栏上选择“工具”菜单，在打开的下拉菜单中选择“阵列”命令，将打开“阵列”对话框，如图 2.39 所示。

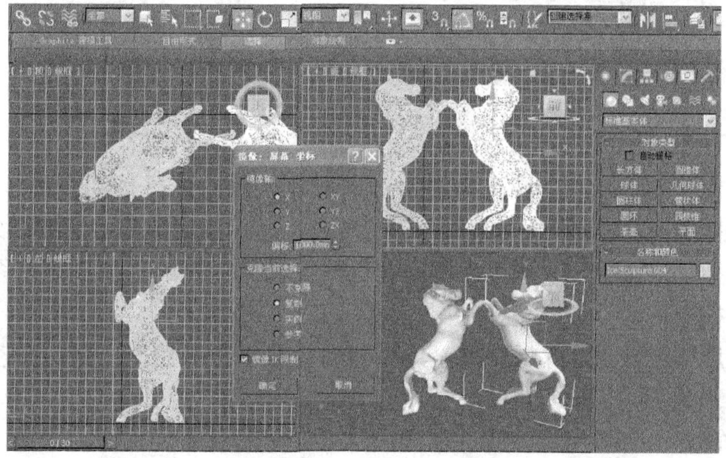

图 2.38　镜像复制

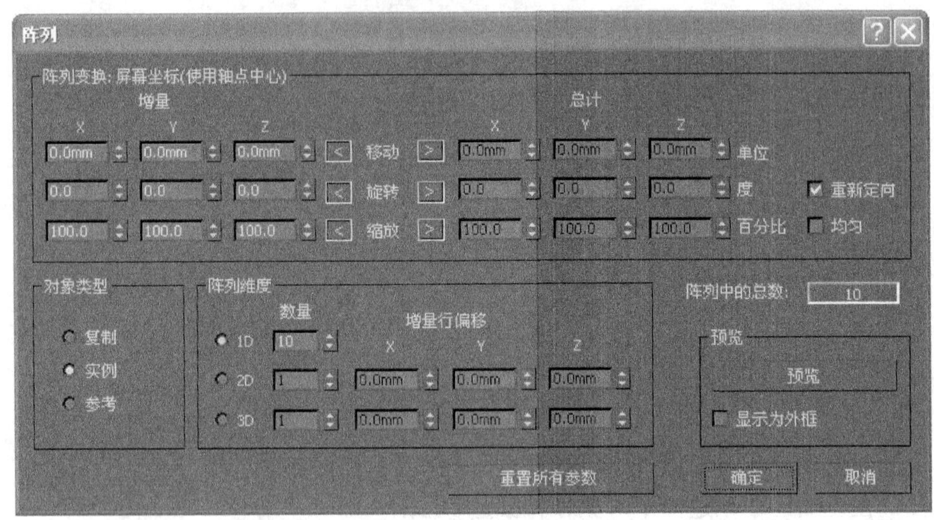

图 2.39 “阵列”对话框

用户还可以在主工具栏上单击鼠标右键，在弹出的快捷菜单中选择“附加”命令，然后在弹出的“附加”工具栏上单击按钮，也可以打开“阵列”对话框，如图 2.40 所示。在该对话框的“阵列变换”、“对象类型”和“阵列维度”区域中设置好参数后，单击【确定】按钮即可。

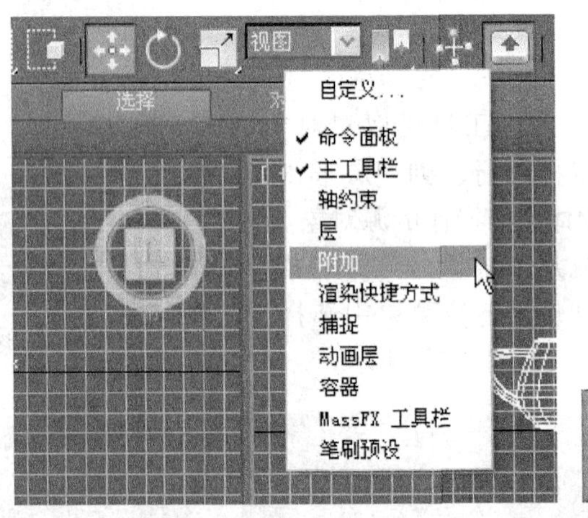

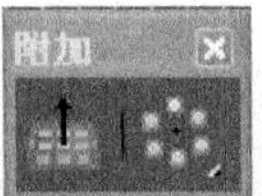

图 2.40 附加

“阵列变换”区域：该区域用来指定对象按什么轴向进行移动、旋转或缩放阵列，用户只需在轴向对应的数值框中输入移动的距离、旋转的度数和缩放的百分比等即可。

“对象类型”区域：该区域用来指定进行阵列操作创建的对象类型，系统默认选中“实例”单选按钮。

“阵列维度”区域：该区域用来设置阵列后生成对象在空间上的位置变化，“1D”、“2D”和“3D”单选按钮分别对应一维、二维和三维空间。

执行“阵列”命令，我们可以按照以下步骤进行：

(1) 在顶视图上创建一个物体，如图 2.41 所示。

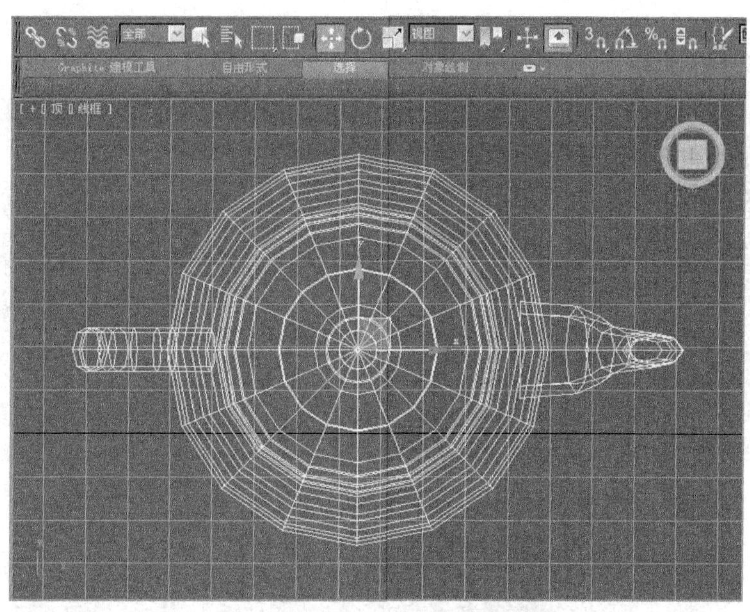

图 2.41 创建一个物体

(2) 在命令面板上打开“层级”面板，激活“仅影响轴”选项，在前视图中用鼠标拖动轴向左移动，如图 2.42 所示。

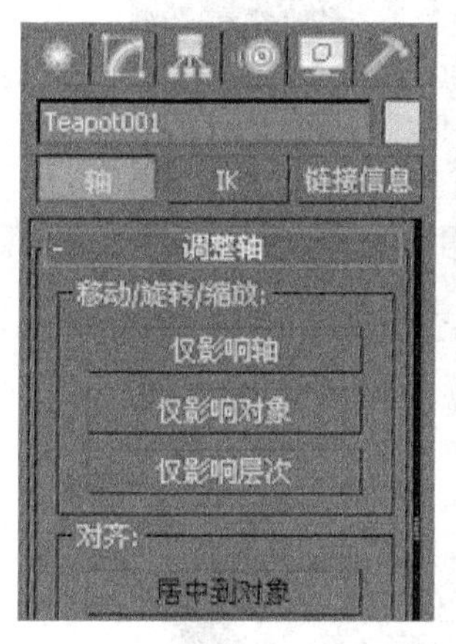

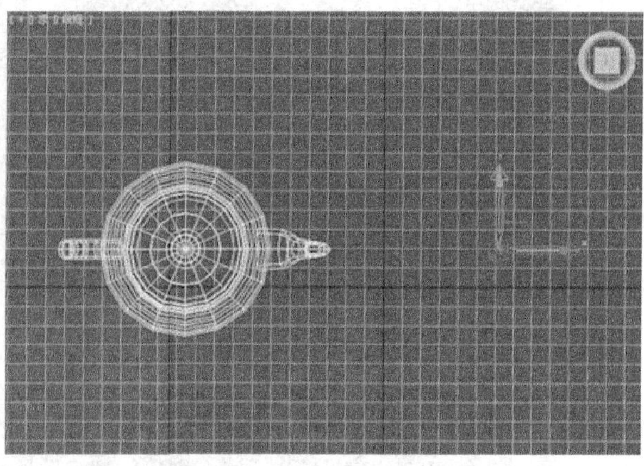

图 2.42 用鼠标拖动轴

(3) 在工具栏上单击鼠标右键，选择“附加”命令，然后在弹出的“附加”工具栏上单击按钮，打开“阵列”对话框，设置“总计”下的“旋转”数值为 360。在“阵列维度”下勾选“1D”，设置数量为 10，其他参数默认，如图 2.43 所示。

(4) 单击【预览】可以看到阵列的效果，如果满意可单击【确定】按钮，如果不满意可单击【重置所有参数】按钮，重新输入参数，如图 2.44 所示。

(5) 最终阵列效果如图 2.45 所示。

2.4.4 选择并移动对象

使用“选择并移动”按钮可以选择并移动对象。要移动单个对象，可单击该按钮

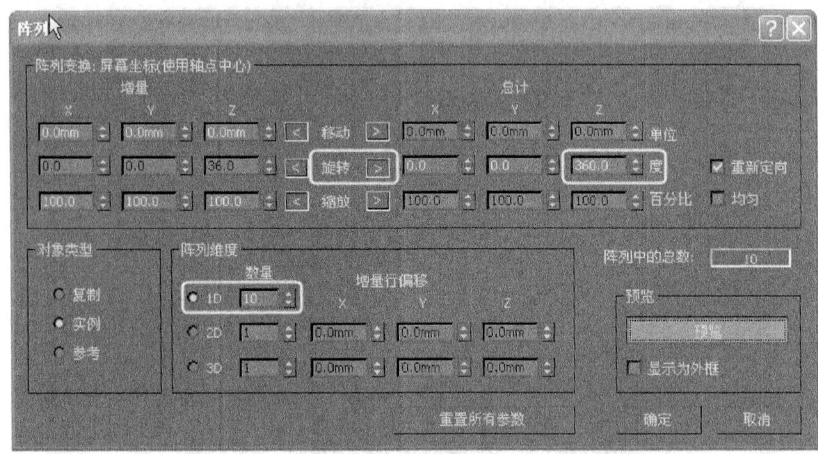

图 2.43　阵列参数设置

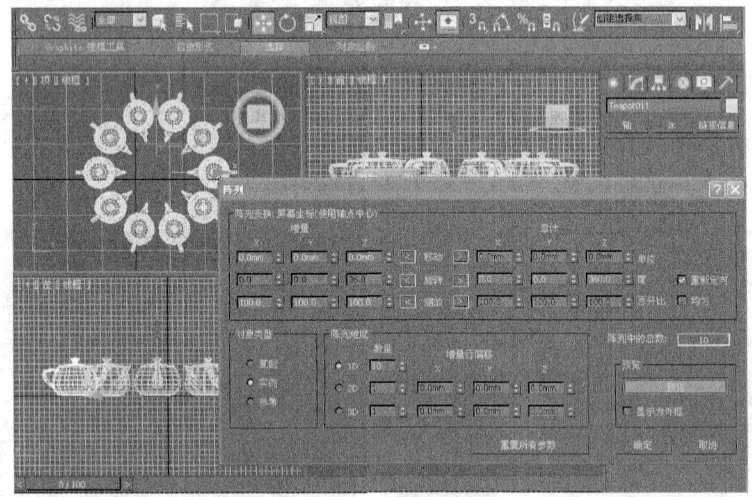

图 2.44　预览

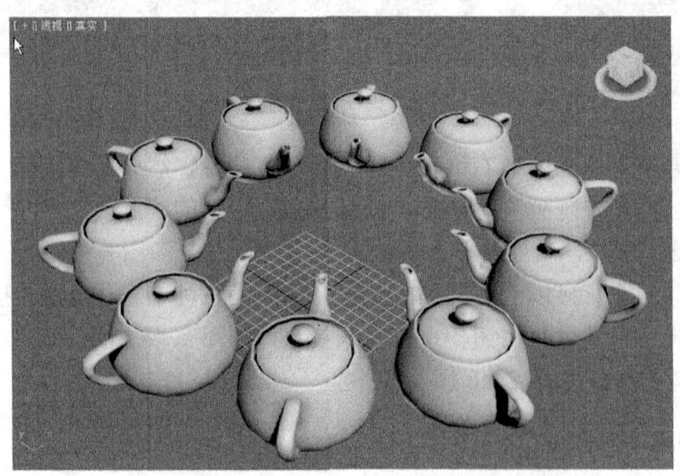

图 2.45　阵列效果

或按【W】键，使按钮处于活动状态，单击对象进行选择，并拖动鼠标以移动该对象。为了限制移动方向，系统提供了“轴约束”和“变换 Gizmo”工具，可以将对象的移动限制到 X 轴、Y 轴或 Z 轴或者任意两个轴。在工具栏单击右键，勾选轴约束，打开轴约束工具栏，如图 2.46 所示。轴的约束也可以采用快捷键，【F5】约束 X 轴，【F6】约束 Y 轴，【F7】约束 Z 轴，【F8】约束 XY 轴。

图 2.46　“轴约束”工具栏

使用“限制到 X、Y、Z 轴”可以将所有变换（移动、旋转、缩放）分别限制到 X、Y、Z 轴。

使用“限制到 XY、YZ、ZX 平面”可限制所有变换（移动、旋转和缩放）到 XY 平面、YZ 平面、ZX 平面。

另外，系统提供的“变换 Gizmo”工具，能更方便地把变换限制在某个轴或者坐标平面上。我们以在顶视图中的“变换 Gizmo”为例来说明其使用方法。在顶视图内，激活选择并移动工具，单击要移动的对象，出现“变换 Gizmo”，如“变换 Gizmo”不显示，可按【X】键，如图 2.47 所示。

当我们想把移动限制在 X 轴时，可把光标置于 X 轴上，X 轴变为黄色，此时对象只能在 X 轴方向移动。要在 XY 平面移动，只需把光标置于中心正方形的右上角，X 轴、Y 轴均变为黄色，此时对象可在 XY 平面移动。

要把对象精确移动到某一位置或者移动一个距离，可以用坐标输入的方法。选择对象后，右键单击按钮，会弹出“移动变换输入”对话框，如图 2.48 所示。左栏为对象当前的位置坐标，在右栏可输入对象相对于当前位置的 X、Y 和 Z 方向的偏移量。每次操作后，显示的偏移值还原为 0，0。

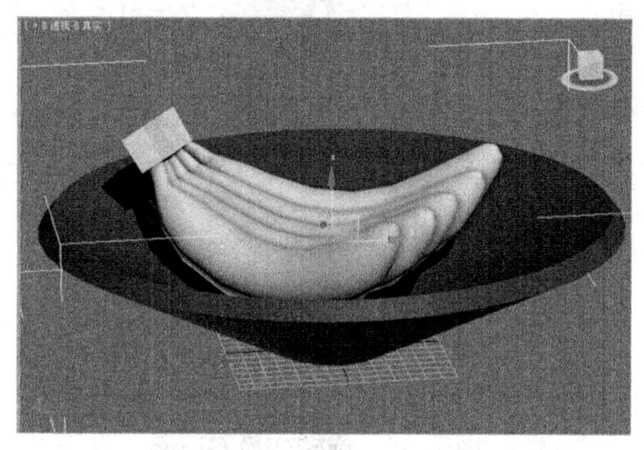

图 2.47　变换 Gizmo

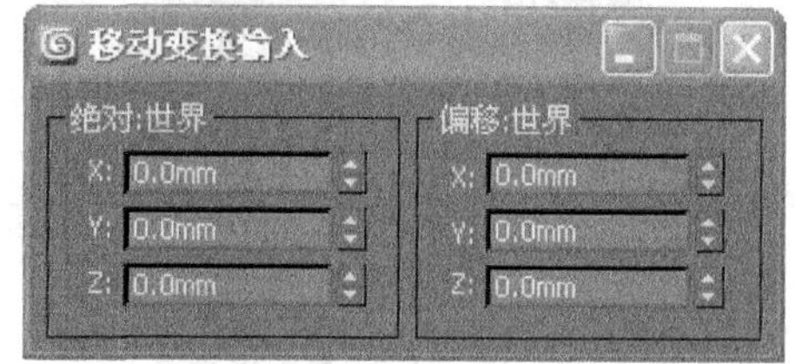

图 2.48　“移动变换输入”对话框

在状态栏中我们可以进行同样的操作。当状态栏显示为图 2.49 时，此时显示的是所选对象绝对坐标，我们可以通过输入一个新的绝对坐标来改变对象的位置，如图 2.49 所示。

在对象位置坐标显示区中的“X”、“Y”或“Z”文本框中输入要移动的距离值即可，如要将对象沿 X 轴移动 50 个单位距离，参数设置如图 2.50 所示。

图 2.49　状态栏显示

图 2.50　坐标参数设置

2.4.5　选择并旋转对象

使用“选择并旋转”按钮可以选择并旋转对象，快捷键为【E】。当该按钮处于活动状态时，单击对象进行选择，并拖动鼠标以旋转该对象。要想使对象绕着某个坐标轴旋转，可以使用轴约束工具和变换 Gizmo。我们还可以使用角度捕捉，使旋转的角度以设置的角度为基数进行旋转，如图 2.51 所示。另外，我们还可以像移动工具那样，用输入数值的方法，对物体进行精确的旋转操作。

执行“选择并旋转”命令时，主要和旋转变换 Gizmo 有关，在透视视口中旋转变换 Gizmo 是球形的，如图 2.52 所示，随着光标位置的不同，对象可绕着不同的坐标轴进行旋转。轴控制柄是围绕轨迹球的圆圈。在任一轴控制柄的任意位置拖动鼠标，可以围绕该轴旋转对象。当围绕 X 轴、Y 轴或 Z 轴旋转时，一个透明切片会以直观的方式说明旋转方向和旋转量。如果旋转大于 360°，则该切片会重叠，并且着色会变得越来越不透明。该软件还显示数字数据，以表示精确的旋转度量，如图 2.53 所示。除了绕 X 轴、Y 轴、Z 轴旋转，还可以使用自由旋转或视口控制柄来旋转对象。在旋转 Gizmo 内（或 Gizmo 的外边）拖动可执行自由旋转。旋转操作的执行应该就像实际旋转轨迹球一样。围绕旋转 Gizmo 的最外一层是“屏幕”控制柄，使用它可以在平行于视口的平面上旋转对象。

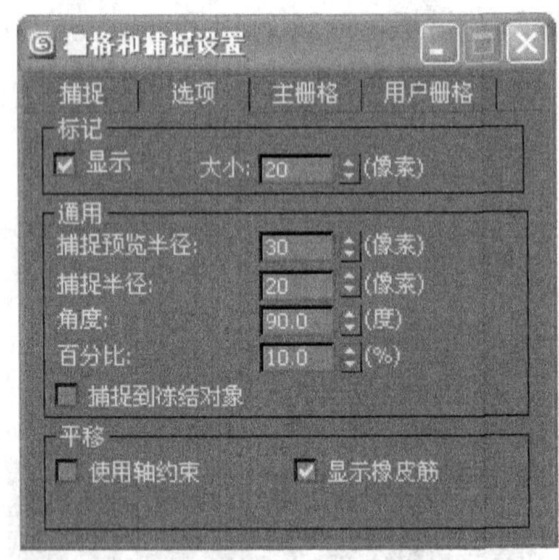

图 2.51　旋转角度设置

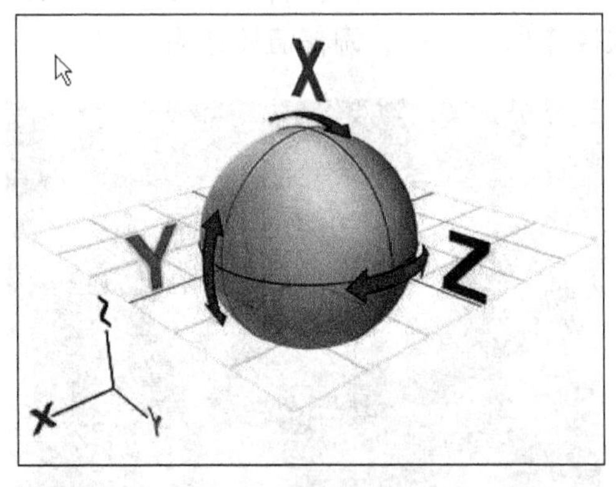

图 2.52　旋转变换 Gizmo

要把对象精确旋转某一角度，我们可以打开“旋转变换输入”对话框，在对话框中输入要旋转的角度，其操作与移动变换一致。在按钮上单击右键，弹出旋转变换输入对话框。同样，我们也可以在状态栏中输入旋转变换的绝对或相对数值。

在进行旋转变换时，还涉及一个“使用中心”工具，该工具在主工具栏上，有三种模式，即使用轴点中心、使用选择中心、使用变换坐标中心。根据选用的模式，在旋转变换中，对象会绕着相应的中心进行旋转。

使用轴点中心模式，可以围绕其各自的轴点旋转或缩放一个或多个对象，如图 2.54 所示。

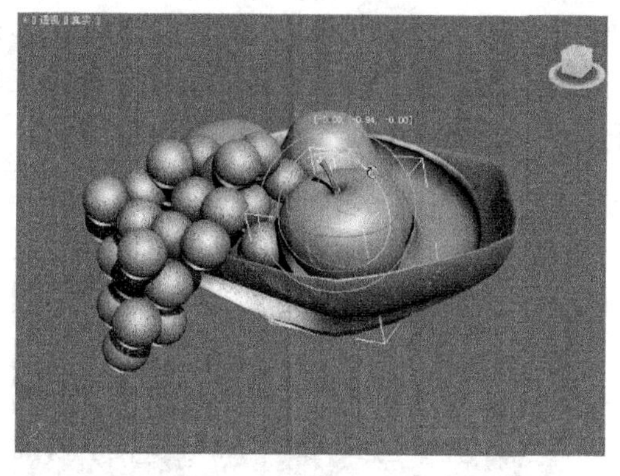

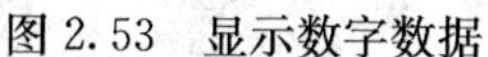

图 2.53　显示数字数据

图 2.54　使用轴点中心

使用选择中心模式，可以围绕其共同的几何中心旋转或缩放一个或多个对象，如图 2.55 所示。

使用变换坐标中心模式，可以围绕当前坐标系的中心旋转或缩放一个或多个对象。当使用“拾取”功能将其他对象指定为坐标系时，坐标中心是该对象轴的位置，用这种方法我们可以使对象绕着一个指定对象的轴旋转。如图 2.56 所示，拾取大球(Sphere02)的轴点为变换坐标系中心，使小球绕着大球的轴点进行旋转变换。

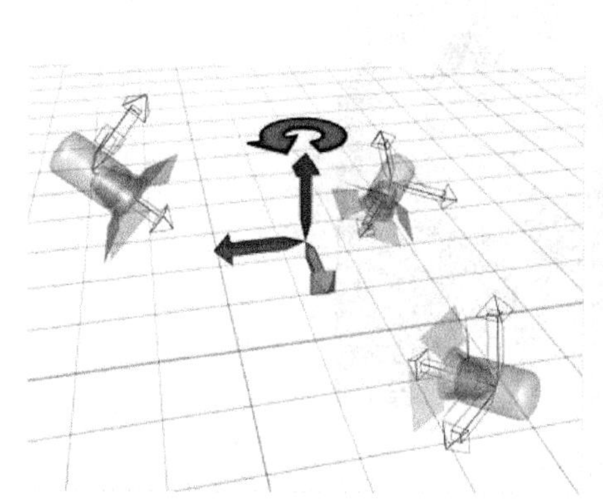

图 2.55　使用选择中心

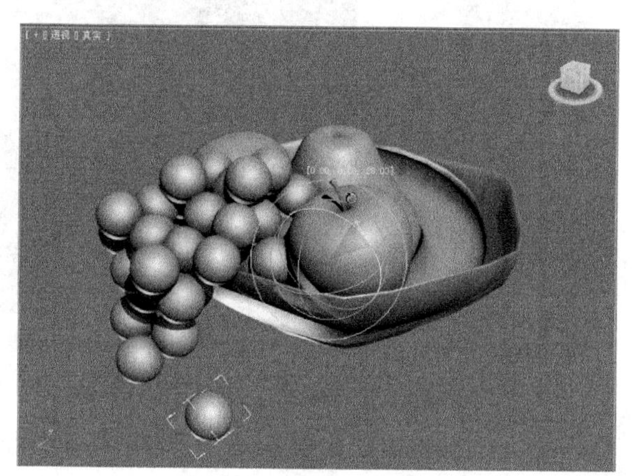

图 2.56　使用变换坐标中心

2.4.6　选择并缩放对象

“选择并缩放”弹出按钮提供了对用于更改对象大小的三种工具，分别如下：

选择并均匀缩放，可以沿所有三个轴以相同量缩放对象，同时保持对象的原始比例。

选择并非均匀缩放，可以根据活动轴约束以非均匀方式缩放对象。

选择并挤压，使用该工具，可以根据活动轴约束来缩放对象。挤压对象势必牵涉到在一个轴上按比例缩小，同时在另两个轴上均匀地按比例增大。

在 3ds Max 中，我们可以通过缩放 Gizmo 来进行均匀或非均匀缩放，而无需在主工具栏上更改选择。要执行“均匀缩放”，请在 Gizmo 中心处拖动，如图 2.57 所示。

如果要执行“非均匀缩放”，应拖动平面控制柄或在一个轴上拖动，如图 2.58 所示，对象分别在 *YZ* 平面上或在 *Y* 轴上进行非均匀缩放。而要执行挤压操作，必须选择主工具栏上的“选择并挤压”工具，并且同样可以使用缩放 Gizmo 来控制变形的方向，如图 2.59所示，其使用方法与缩放工具相同。

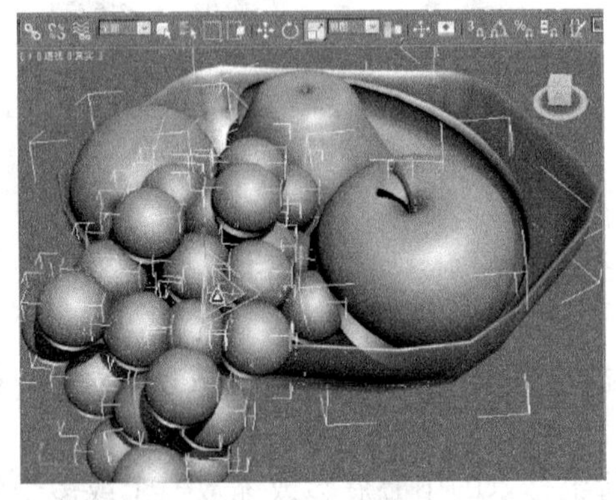

图 2.57 均匀缩放

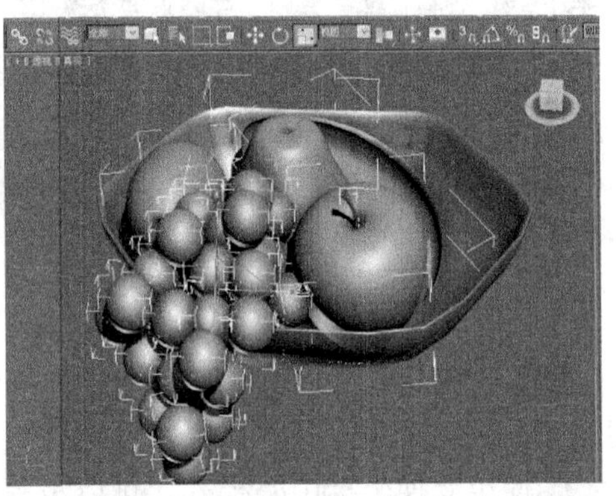

图 2.58 非均匀缩放

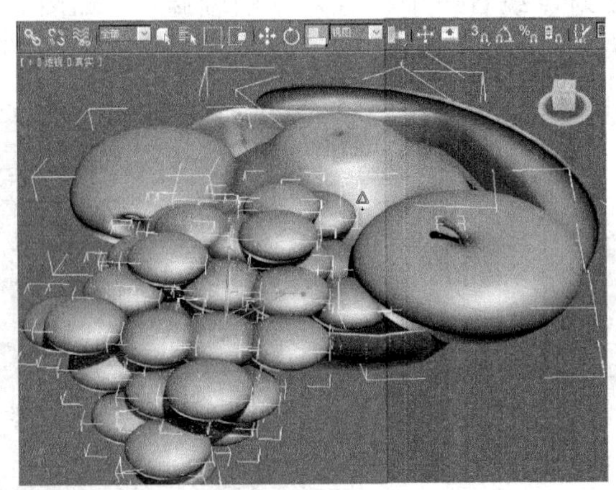

图 2.59 选择并挤压

2.4.7 对齐物体

使用对齐工具可以精确设置多个对象的相对位置，用户可以根据轴心点来对齐对象，也可以根据一定的范围来对齐对象。

单击主工具栏上的按钮，然后移动鼠标，在视图中单击一个被对齐的目标对象，打开“对齐当前选择”对话框，如图 2.60 所示。

利用该对话框中的“对齐位置（屏幕）”选项区域中的三个复选框，可确定源物体沿哪些轴移动，以便与目标物体对齐。

当前对象：指选择物体的对齐方式。

目标对象：设置目标物体的对齐方式。

对齐方向：指定对齐的方向。

匹配比例：把目标物体的缩放比例沿指定的坐标轴给予当前物体，三个复选框为对齐轴，可以任意选择。

最小：表示将源物体对齐轴（由上方各复选框设置哪些轴作为对齐轴）负方向的边框与目标物体中选定成分对齐。

中心：表示将源物体按几何中心与目标物体中选定成分对齐。

轴点：表示将源物体按轴点与目标物体中选定成分对齐。

最大：表示将源物体对齐轴正方向的边框与目标物体中选定成分对齐。

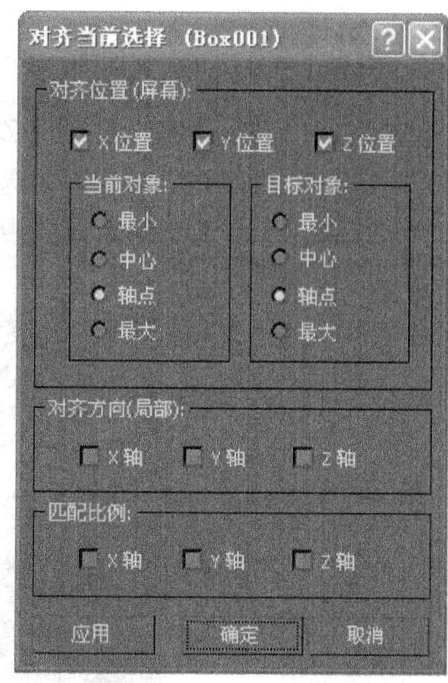

图 2.60 “对齐当前选择”对话框

可以发现【对齐】按钮右下角带有小三角形符号，表明该按钮还包含其他相关的多重按钮，按住鼠标左键，将展开其他按钮，移动鼠标指针并单击要选择的按钮即可。展开的按钮分别如下。

“快速对齐”按钮：单击该按钮可以快速地将两个物体的轴心点对齐。

“法线对齐”按钮：单击该按钮可将两个对象按各自的法线方向进行对齐。

“放置高光”按钮：通过对高光点的精确定位来进行对齐。

“对齐摄影机”按钮：将选择摄影机对齐目标对象所选择表面的法线，它的使用方法与“放置高光”类似。

“对齐视图”按钮：单击该按钮将所选对象自身的坐标轴与激活视图的坐标轴对齐。

对齐对象的具体操作实例如下所述：

(1) 随意创建一个长方体和茶壶体，如图 2.61 所示。

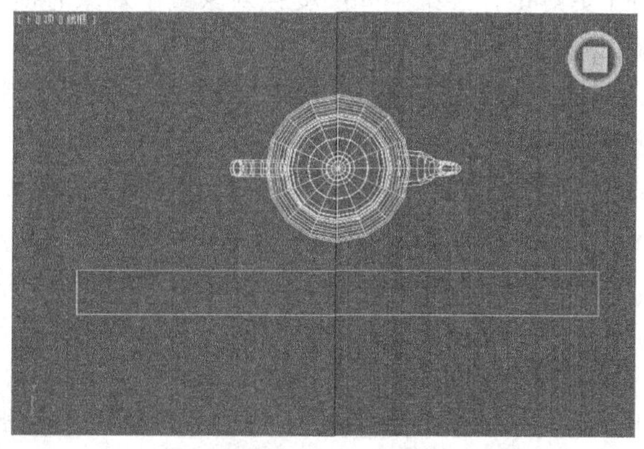
图 2.61 创建一个长方体和茶壶体

(2) 在前视图中选择长方体，并单击工具栏上的【对齐】按钮，然后单击茶壶体，会弹出“对齐”对话框。

(3) 设置“对齐当前选择”对话框中的参数，如图 2.62 所示。在“对齐位置”选项组中选中“X 位置”复选框，表示在 X 轴上进行对齐；选中“Y 位置”复选框，表示在 Y 轴上进行对齐；选中“Z 位置”复选框，表示在 Z 轴上进行对齐。在“当前对象”选项组中选中“中心”单选项，在“目标对象”选项组中选中“中心”单选项，表示长方体的中心点与茶壶体的中心点对齐。

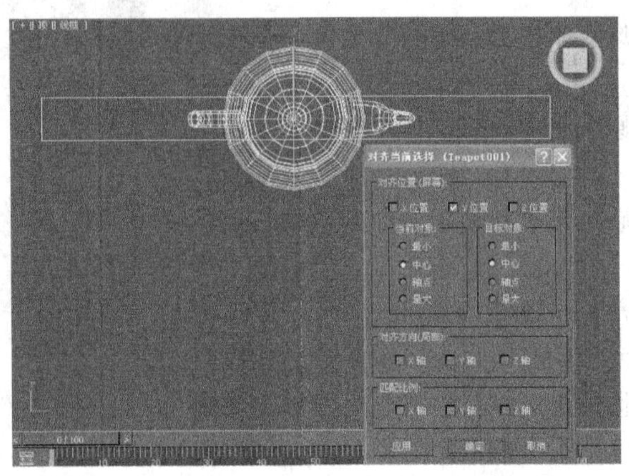

图 2.62 “对齐当前选择”对话框参数设置

温馨提示： 在系统默认的视图界面上，顶视图、前视图、左视图和透视图中的每个物体都有自己的坐标系，由 X 轴、Y 轴和 Z 轴组成，箭头指向处为轴的正方向，反向为负方向，坐标轴相交的地方为坐标原点。3ds Max 2012 系统始终认为物体每个轴正方向上的边大于负方向上的边，物体在轴正方向上最前面的边为最大，在负方向上最前面的边为最小。

2.4.8 捕捉物体

捕捉对象就是为了更好地在三维空间中变换对象或子对象时锁定需要的位置，以便进行选择、创建及编辑修改等操作。

3ds Max 2012 为对象上的各部分定义了很多属性，如切线、中心点和边等，捕捉操作就是用来捕捉这些属性的。

3ds Max 2012 提供了三种捕捉方式，分别为三维对象捕捉、二维对象捕捉和 2.5 维对象捕捉，分别对应主工具栏上的、、按钮。

启动该按钮，表示当前开启的是三维捕捉开关，这种捕捉一般在透视图中应用。

启动该按钮，表示当前开启的是二维捕捉开关，这种捕捉一般用在正交投影视图下，如顶视图、前视图和左视图等。

这是一个介于二维与三维空间的捕捉工具，它不但可以捕捉到三维视图中对象的特定部分，还可以捕捉到正交投影视图中对象的特定部分。

在捕捉对象的某些属性之前，应首先设置这些属性对捕捉有效。用户只需要在捕捉按钮上单击鼠标右键，就可以打开“栅格与捕捉设置”对话框，如图 2.63 所示。

设置好捕捉属性，单击工具栏上的【捕捉】按钮，然后将鼠标移动到被操作的对象上，当捕捉到需要的属性时，该属性处会显示出蓝色的捕捉图标，这时按住鼠标左键拖拽到另一个对象上，当另一个对象上出现需要的属性图标时，如图 2.64 所示，释放鼠标，即可完成捕捉移动。

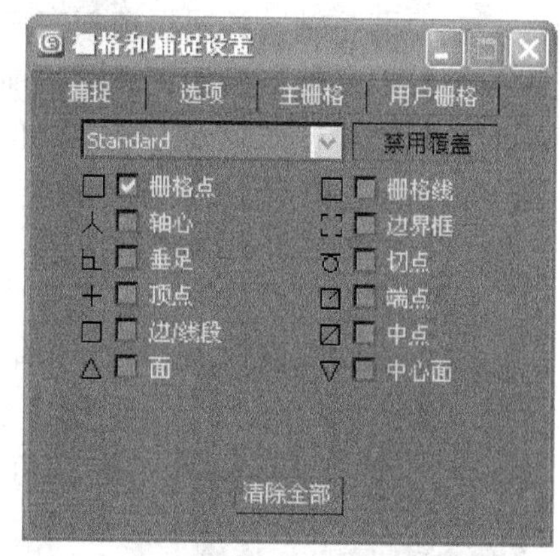

图 2.63 “栅格与捕捉设置”对话框

2.4.9 物体的轴心控制

在场景中对造型对象进行编辑修改时，需要参照一个中心点来进行。当变换一个对象时，使用不同的变换中心和坐标轴进行变换操作，会有不同的效果。

在主工具栏上有一个“使用对象轴心点”按钮，它是一个下拉按钮，单击此按钮不放，会看到“使用对象轴心点”按钮、“使用选定中心”按钮和“使用变换坐标中心”按钮，它们的功能分别为：使用对象的轴心点进行变换、使用选定对象或选择集的中心进行变换、使用当前坐标轴的中心进行变换。

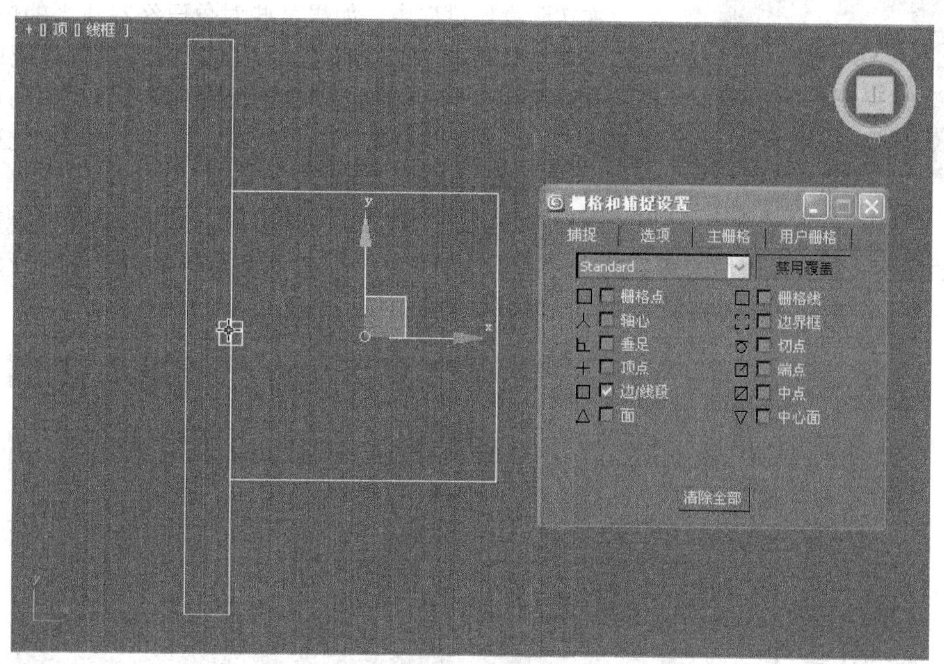

图 2.64　边线段捕捉

对象的基准点又称轴心，它是对象旋转和缩放时所参照的中心，并且也是大多数编辑修改器应用的中心。

所有的对象都有基准点，默认情况下基准点位于对象的中心，用户可以按以下操作定位基准点。

(1) 在视图中创建一个对象。

(2) 在命令面板中单击【层级】按钮，打开“层级”命令面板，单击【轴】按钮。在“调整轴”卷展栏顶部有三个按钮，每个按钮分别代表一种不同的模式。【仅影响轴】模式使变换按钮只对当前选定对象的基准点有影响，对象不会移动；【仅影响对象】模式使对象发生变换，但基准点不变；【仅影响层次】模式允许移动对象的链接。

(3) 单击【仅影响轴】按钮，按钮变成淡蓝色，并且激活“对齐”卷展栏中的按钮，如图 2.65 所示。

图 2.65 【仅影响轴】按钮

(4) 在“对齐”卷展栏中选择【居中到对象】、【对齐到对象】或【对齐到世界】中的一种对齐方式。【居中到对象】按钮用来移动对象或基准点，使其中心对齐；【对齐到对象】按钮用来旋转对象或基准点，直到对象的局部坐标系和基准点对齐；【对齐到世界】按钮则用于按世界坐标系旋转。

(5) 在视图中使用“移动对象”命令，可以看到对象的位置不变，只是改变了对象的基准点，如图 2.66 所示。

2.4.10 隐藏和冻结对象

在实际操作过程中，如果某些对象已经在适当的位置，用户不希望这些对象被意外移动，可以将该对象隐藏或冻结。在隐藏状态下，当前场景中设置的对象不可见，而且也不会被渲染。在冻结状态下，设置的对象不能被移动或进行变换操作，但仍然可以被渲染。

隐藏和冻结对象的方式有许多种。用户可以通过设置对象的属性来隐藏和冻结对象。选择“编辑”菜单，在打开的下拉菜单中选择“对象属性”命令，在打开的“对象属性”对话框中进行设置，如图 2.67 所示。

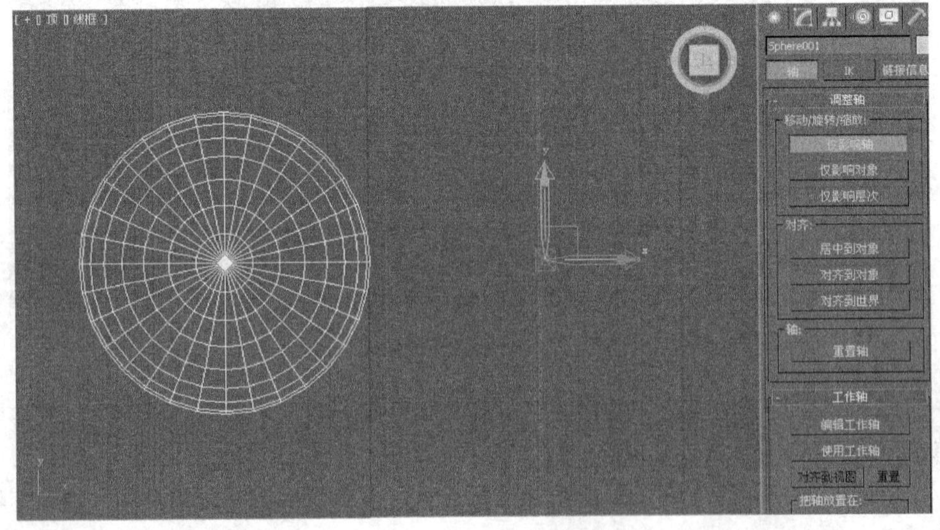

图 2.66 改变对象的基准点

用户还可以单击命令面板上的“显示”命令来冻结和隐藏对象，如图 2.68 所示。

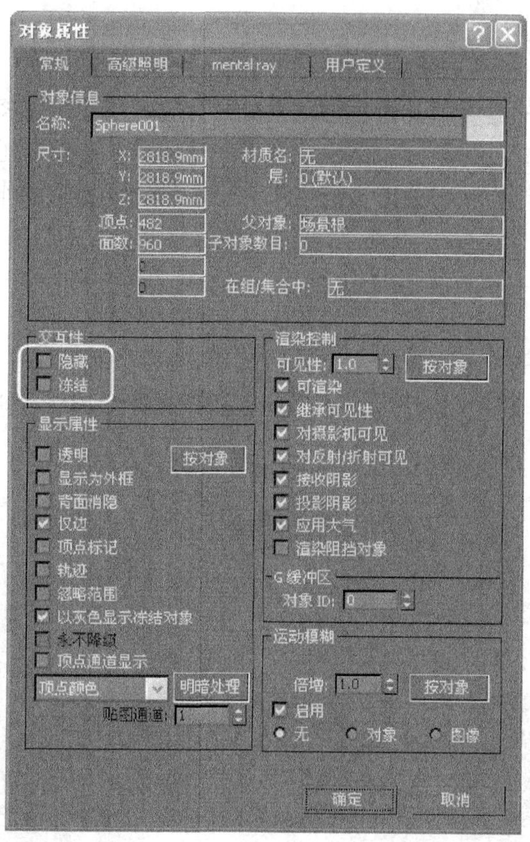

图 2.67 “对象属性”对话框

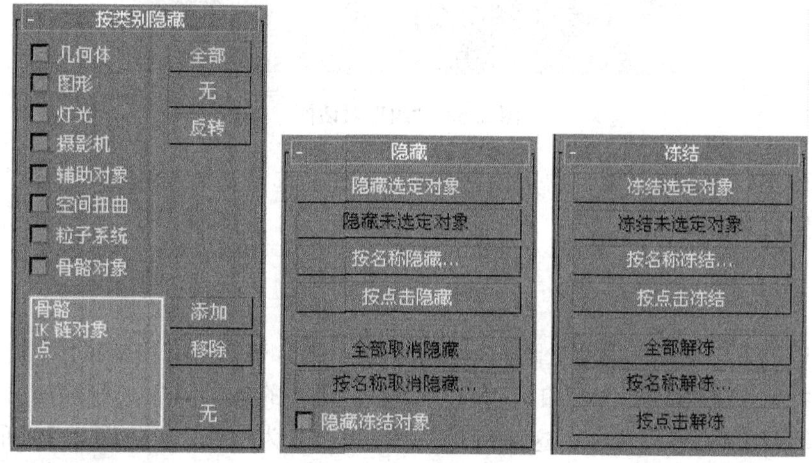

图 2.68 冻结和隐藏

除了上述两种方法之外，用户还可以通过快捷键隐藏具体的对象，这些快捷键是开关形式的，用于隐藏重新显示对象。可以使用快捷键隐藏的对象类型包括几何体（【Shift+G】）、图形（【Shift+S】）、摄影机（【Shift+C】）、栅格（【G】）、辅助对象（【Shift+H】）、灯光（【Shift+L】）、粒子系统（【Shift+P】）和空间扭曲（【Shift+W】）等。

2.4.11 组合操作

在创建三维场景的过程中，为了移动或变换方便，用户可以将具有相同属性或一个建筑结构群以组的形式进行集合。群组就像是一个对象，选定群组中的任何对象都将选定整个群组，在操作过程中将会把该群组作为一个物体。组的操作包括创建、解散、打开、关闭和附加等。

1. 创建和解除组

将视图区中创建的几个对象全选，然后选择“组”菜单，在打开的下拉菜单中选择“成组”命令，在打开的“组”对话框中输入组的名称，如图 2.69 所示，然后单击【确定】按钮即可。

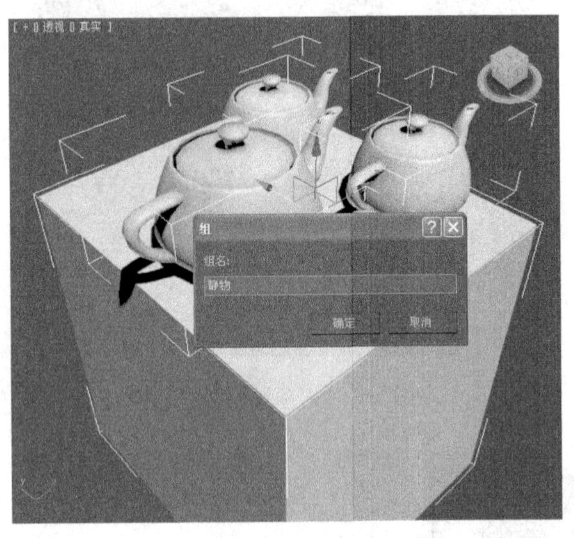

图 2.69 “组”对话框

解除群组的方法很简单，它是创建组的逆操作。选择要解除的组，选择“组”菜单中的“解组”命令即可。

2. 打开和关闭组

将选中的多个对象作为组处理后，当进行变换时，被组合的对象将作为一个整体进行移动、按比例变换和旋转。如果用户只需要对组内的某个对象进行编辑，可以选择“组”菜单中的“打开”命令，这时白色的限制框将变为粉红色，如图 2.70 所示，这时就可选择要编辑的对象了。

关闭组是打开组的逆操作，目的是关闭被打开的组，要先选择打开组内的任意一个对象，然后选择“组”菜单中的“关闭”命令即可。

3. 加入和分离组

在 3ds Max 2012 中，可以在不分解群组的情况下将一个或几个单独对象或组添加

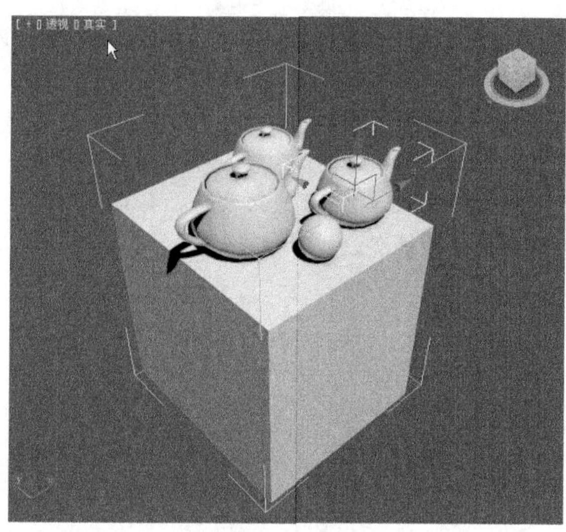

图 2.70　打开

到一个已存在的组中。选择需要加入群组的对象，选择“组”菜单中的“附加”命令，然后在视图中用鼠标单击要附加的组即可。

分离组就是将组中的某个对象或嵌套组从组内分离出来。在视图区中选择组，选择“组”菜单中的“打开”命令，将组打开，然后选择要进行分离的对象或嵌套组，再选择“组”菜单中的“分离”命令即可。

4. 炸开组

在视图区中选择一个组，然后选择“组”菜单中的“炸开”命令，这时组内的所有对象都被独立出来，包括组内的嵌套组内的所有对象。

小　　结

本章介绍了 3ds Max 2012 的界面和常用的基本操作。3ds Max 2012 在界面方面有较大的改进，提高了工作效率。变换是 3ds Max 最为基本的操作，本章介绍了变换操作的要点和各种方法。“复制”、“移动”、“旋转”、“缩放”、“镜像”、“阵列”、“对齐”和“捕捉”是建模过程中常用的命令，熟练运用这些命令能大大提高工作效率，本章均通过实例的形式对这些命令做了介绍。

思考练习题

2.1　简述视口控件及其快捷键的使用。

2.2　如何打开一个文件？如何保存一个文件？

2.3　如何合并场景文件？

2.4　文件归档有什么作用？在文件归档时应注意哪些地方？

2.5　如何设置系统单位及显示单位？

2.6　如何使用及设置对象捕捉功能？

2.7　如何进行精确的变换操作？

2.8 哪些命令可以复制对象？复制对象的三种模式（复制、实例、参考）有什么区别？

2.9 隐藏和冻结命令有什么作用？

2.10 如何指定变换中心？

2.11 练习启动与退出 3ds Max 2012 应用程序。

2.12 练习调整视图的显示状态。

第 3 章

3ds Max 2012 建模技术

3.1 二维图形创建与编辑

3.1.1 二维图形的创建

在 3ds Max 2012 的“创建”命令面板中，单击“图形”按钮，在样条线组中，提供了“线”、“矩形”、“圆”、“椭圆”、“弧”、“圆环”、“多边形”、“星形”、“文本”、“螺旋线”、“截面”十一个创建命令，如图 3.1 所示。各种样条线的创建参数不完全相同，但有一些是相同的。我们先介绍一下主面板上的公共参数。

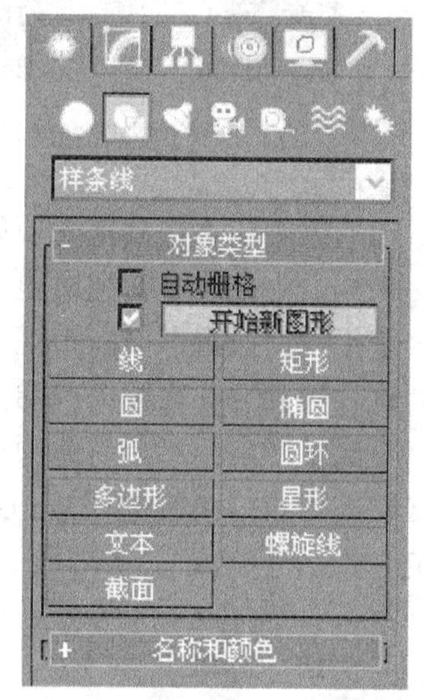

图 3.1 二维“创建”命令面板

1. 样条线的公共参数

自动栅格：通过基于单击的面的法线生成和激活一个临时构造平面，可以自动创建其他对象表面上的对象。

开始新图形：图形可以包含单条样条线，或者其可以是包含多条样条线的复合图形。使用【开始新图形】按钮以及“对象类型”卷展栏上的复选框可以控制图形中有多少样条线。【开始新图形】按钮旁边的复选框决定了何时创建新图形。当复选框处于启用状态时，程序会对创建的每条样条线都创建一个新图形。当复选框处于禁用状态时，样条线会添加到当前图形上，直到单击【开始新图形】按钮。

名称和颜色：可以为对象命名，并将视口颜色指定给它。

1）“渲染”卷展栏

可以启用和禁用样条线的渲染性，在渲染场景中指定其厚度并应用贴图坐标，如图 3.2 所示。还可以通过应用“编辑网格”修改器或转化为可编辑网格，将显示的网格转化为网格对象。如果检查了“使用视口设置”，系统将对该网格转化使用“视口”设置，否则将使用“渲染器”设置。这将提供最大的灵活性，并且始终使网格转化显示在视口中，如图 3.3 所示。

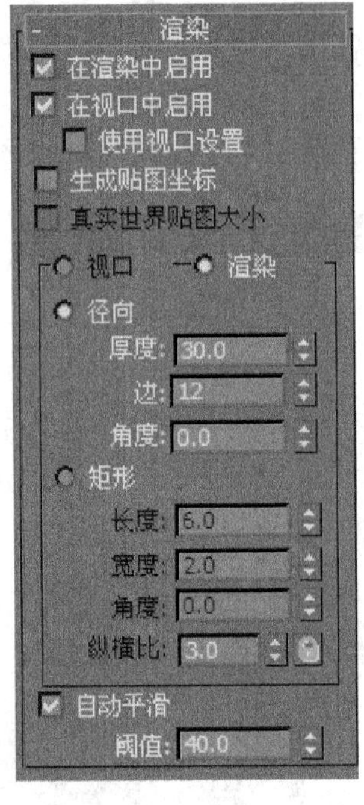

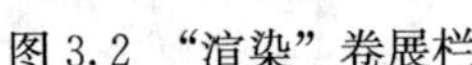
图 3.2 “渲染”卷展栏

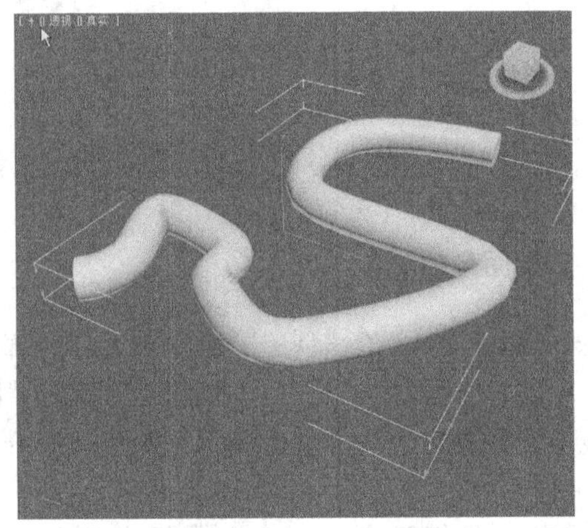
图 3.3 渲染显示效果

在渲染中启用：启用此项后，将使用指定的参数对图形进行渲染。

在视口中启用：在视口显示样条线生成的网格。

使用视口设置：可以为视口设置不同的渲染参数，并显示“视口”设置所生成的网格。只有当启用“在视口中启用”时，此选项才可用。

生成贴图坐标：启用此项可应用贴图坐标。U 坐标将围绕样条线的厚度包裹一次；V 坐标将沿着样条线的长度进行一次贴图；平铺是使用材质本身的“平铺”参数所获得的。

视口：选择此项来设置视口显示的厚度、边数和角度。只有启用“使用视口设置”时，此选项才可用。

渲染：选择此项来设置渲染时的厚度、边数和角度。

厚度：指定视口显示或渲染时样条线的直径，默认设置为 1.0，范围为 0.0～100 000 000.0。

边：在视口或渲染器中为样条线网格设置边数，例如值为 4 表示一个方形横截面。

角度：调整视口或渲染器中横截面的旋转位置。

2）“插值”卷展栏

该卷展栏设置可以控制样条线怎样生成，所有样条线曲线划分为近似真实曲线的较小直线，样条线上的每个顶点之间的划分数量称为步数，使用的步数越多，显示的曲线越平滑，如图 3.4 所示。

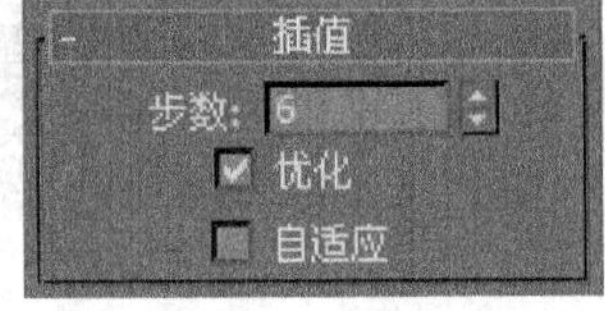

图 3.4 “插值”卷展栏

步数：样条线步数可以自适应，就是说，启用“自适应”自动设置，或者手动指定。当“自适应”处于禁用状态时，使用“步数”后面的微调器可以设置每个顶点之间划分的数目。带有急剧曲线的样条线需要较多步数才能显得平滑，而平缓曲线则需要较少的步数，范围为 0～100。

优化：启用此选项后，可以从样条线的直线线段中删除不需要的步数。启用“自适应”时，“优化”不可用。默认设置为启用。

自适应：禁用此选项后，可允许使用“优化”和“步数”进行手动插值控制。默认设置为禁用状态，启用此选项后，自适应设置每个样条线的步长数，以生成平滑曲线，直线线段始终接收 0 步长。

3）“创建方法”卷展栏

在此卷展栏上，可以确定通过中心点或者通过对角线来定义样条线，如图 3.5 所示。

图 3.5 “创建方法”卷展栏

边：第一次按鼠标会在图形的一边或一角定义一个点，然后拖动直径或对角线角点。

中心：第一次按鼠标会定义图形中心，然后拖动半径或角点。

“文本”和“星形”命令按钮没有创建方法卷展栏，“线形”和“弧形”命令按钮有独特的创建方法卷展栏，这些卷展栏会在各自的主题中介绍。

4）“键盘输入”卷展栏

该卷展栏主要功能是使用键盘输入来创建大多数样条线。此过程对所有样条线通常是相同的，参数可以在“键盘输入”卷展栏下找到，键盘输入的差别主要在于可选参数的数目不同。图 3.6 显示了“矩形”图形的示例“键盘输入”卷展栏。“键盘输入”卷展栏包含初始创建点的 X、Y 和 Z 坐标三个字段，还有可变数目的参数，来完成样条线，在每个字段中输入值，然后单击【创建】按钮，可以创建样条线。

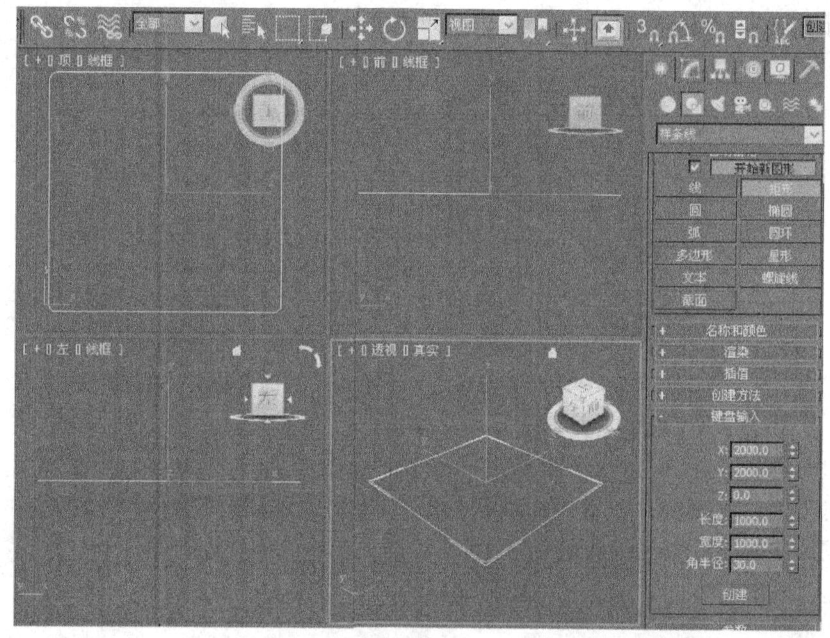

图 3.6 利用键盘输入得到的图形

2. “线”样条线的创建

使用“线”可创建多个分段组成的自由形式样条线。我们可以通过键盘输入的方式或者直接在视口内定点的方法来绘制，直接在视口内定点，结合捕捉功能，可以得到精确的位置。因为“线”工具在修改面板上没有携带尺寸参数，所以在将其从创建面板移至修改面板时，它会转化为可编辑样条线。线形样条线的公共参数前面我们已经介绍过了，下面我们介绍一下其特有的参数面板。图 3.7 是线形样条线创建方式的卷展栏，在这里指定单击和拖动鼠标时创建的点的性质。线的创建方法选项与其他样条线工具不同，单击或拖动顶点时，选择此选项可控制创建顶点的类型。在使用这些设置创建线期间，可以预设样条线顶点的默认类型。

1）“创建方法”卷展栏

(1) 初始类型：当单击顶点位置时设置所创建顶点的类型。

角点：产生一个尖端。样条线在顶点的任意一边都是线性的。

平滑：通过顶点产生一条平滑、不可调整的曲线，由顶点的间距来设置曲率的数量。

(2) 拖动类型：当拖动顶点位置时设置所创建顶点的类型，顶点位于第一次按下鼠标键的光标所在位置，拖动的方向和距离仅在创建 Bezier 顶点时产生作用。

角点：产生一个尖端、样条线在顶点的任意一边都是线性的。

平滑：通过顶点产生一条平滑、不可调整的曲线，由顶点的间距来设置曲率的数量。

Bezier：通过顶点产生一条平滑，可调整的曲线，通过在每个顶点拖动鼠标来设置曲率的值和曲线的方向。

2）“键盘输入”卷展栏

线的键盘输入与其他样条线的键盘输入不同，输入键盘值继续向现有的线添加顶点，直到单击【关闭】或【完成】按钮，如图 3.8 所示。

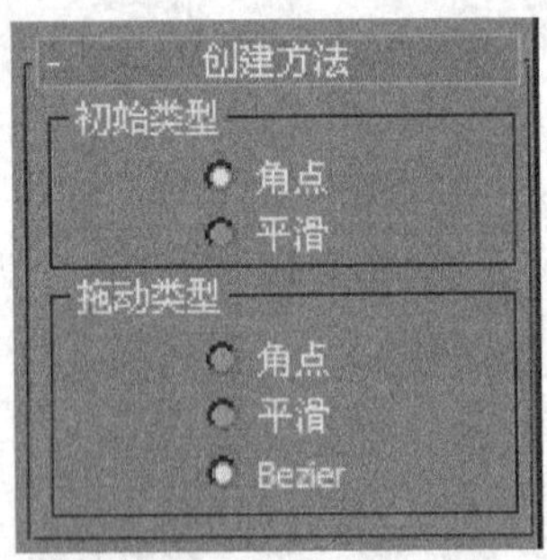

图 3.7 线形样条线“创建方法”卷展栏

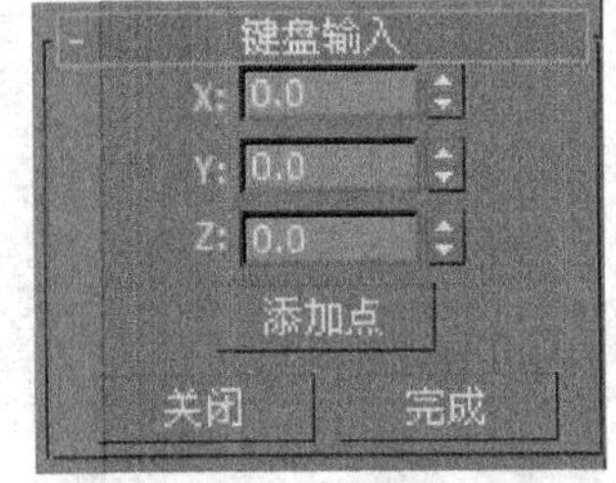

图 3.8 “键盘输入”卷展栏

添加点：在当前 $X\backslash Y\backslash Z$ 坐标上对线添加新的点。

关闭：使图形闭合，在最后和最初的顶点间添加一条最终的样条线线段。

完成：完成该样条线而不将它闭合。

3. “矩形”样条线的创建

使用“矩形”可以创建方形和矩形样条线。在视图中拖动可以创建矩形，按住【Ctrl】键，同时拖动，可以将样条线约束为正方形。矩形样条线特有的创建参数是“长度”、“宽度”和“角半径”，如图 3.9所示。创建矩形之后，可以使用以下参数进行更改。

长度：指定矩形沿着局部 Y 轴的大小。

宽度：指定矩形沿着局部 X 轴的大小。

角半径：创建圆角。设置为 0 时，矩形为 90°角。

图 3.9　矩形样条线的创建参数设置

4. “圆”样条线的创建

圆形的创建比较简单，可以通过键盘输入圆心位置坐标和半径创建，也可以在视口中创建后在参数面板中调整半径值。

5. “椭圆”样条线的创建

选择一个创建方法（边或者中心），在视口中拖动以绘制椭圆。按住【Ctrl】键，同时拖动，可以将样条线约束为圆，其创建参数为长度和宽度。创建椭圆之后，可以使用以下参数进行更改。

长度：指定矩形沿着局部 Y 轴的大小。

宽度：指定矩形沿着局部 X 轴的大小。

6. “弧”样条线的创建

使用弧形可以创建由四个顶点组成的打开或闭合的圆弧形。弧形的创建方式有两种，面板如图 3.10 所示，即“端点—端点—中央”和“中间—端点—端点”。下面我们分别介绍两种创建方式的步骤。

要采用“端点—端点—中央”方法创建弧形，应执行以下操作：激活绘制圆弧命令，在视口中拖动以设置弧形的两端，松开鼠标按钮，然后移动鼠标，并单击以指定两个端点之间弧形上的第三个点。

要采用“中间—端点—端点”方法创建弧形，应执行以下操作：激活绘制圆弧命令，按下鼠标按钮以定义弧形的圆心，拖动并释放鼠标按钮可定义弧形的起点，移动鼠标，并单击以指定弧形的另一个端点。下面我们来看一下圆弧的创建参数面板，如图 3.11 所示。

图 3.10　弧形的创建方式

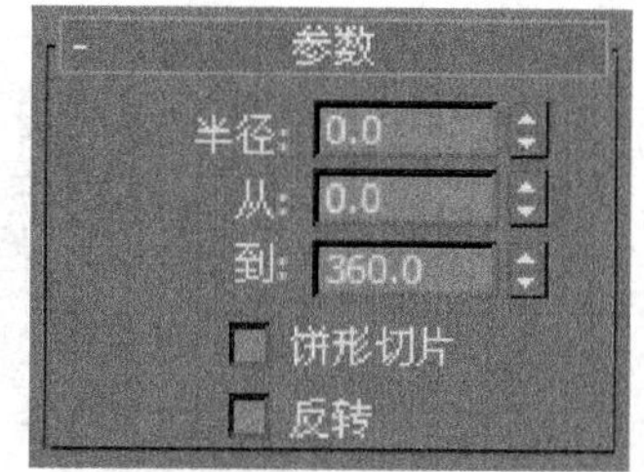

图 3.11　圆弧的创建参数面板

创建弧形之后，可以使用以下参数进行更改。

半径：指定弧形的半径。

从：在从局部正 X 轴测量角度时指定起点的位置。

到：在从局部正 X 轴测量角度时指定端点的位置。

饼形切片：启用此选项后，以扇形形式创建闭合样条线。起点和端点将中心与直分段连接起来。

反转：启用此选项后，反转弧形样条线的方向，并将第一个顶点放置在打开弧形的相反末端，只要该形状保持原始形状（不是可编辑的样条线），可以通过切换“反转”来切换其方向。如果弧形已转化为可编辑的样条线，可以使用“样条线”子对象层级上的“反转”来反转方向。

7. “圆环”样条线的创建

使用“圆环”可以通过两个同心圆创建封闭的形状，如图 3.12 所示。每个圆都由四个顶点组成，其创建步骤是：先选择一个创建方式（边或者中心），拖动并释放鼠标按钮可定义第一个圆环圆形，移动鼠标然后单击可定义第二个同心圆的半径，第二个圆形可能比第一个圆形大或小，参数就是两个半径，比较简单。

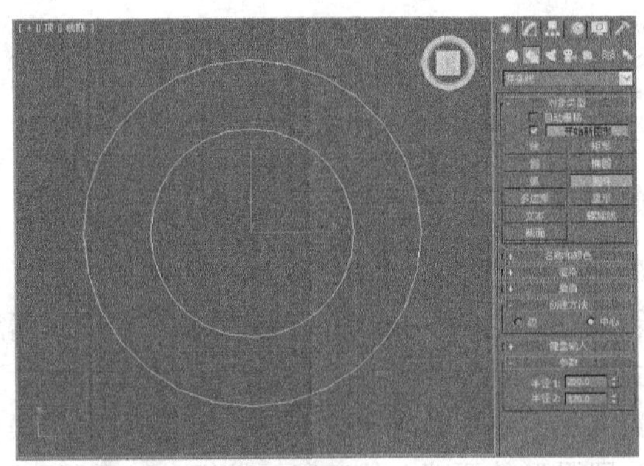

图 3.12 圆环样条线的创建

8. “多边形”样条线的创建

使用“多边形”可创建具有任意顶点数的闭合多边形样条线，创建方法就是先确定多边形的边数，然后指定半径。多边形的创建面板如图 3.13 所示，各参数意义如下。

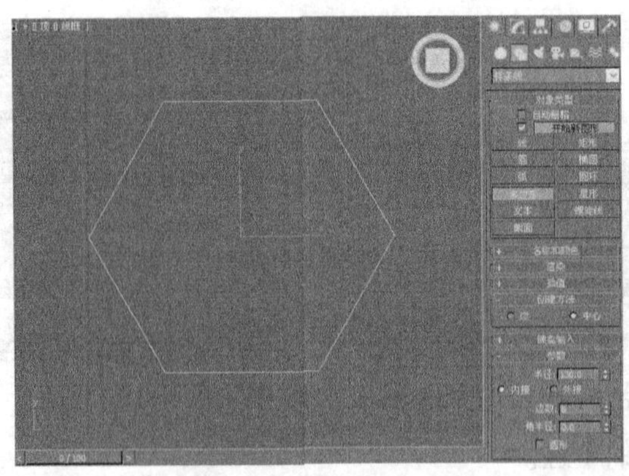

图 3.13 多边形样条线的创建

半径：指定多边形的半径。可使用“内接”、“外接”两种方法之一来指定半径。

内接：从中心到多边形各个顶点的半径。

外接：从中心到多边形各个边的半径。

边数：指定多边形使用的面数和顶点数，范围为 3～100。

角半径：指定应用于多边形角的圆角度数，设置为 0 时指定标准非圆角。

圆形：启用该选项之后，将指定多边形为圆形。

9. “星形”样条线的创建

使用“星形”可以创建具有很多点的闭合星形样条线，星形样条线使用两个半径来设置外点和内点之间的距离，还可以设定圆角半径对端点进行圆角。图 3.14 所示是“星形”命令可创建的形状示例。

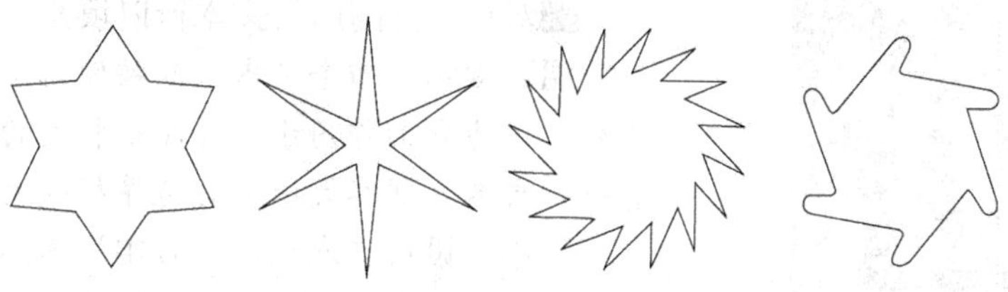

图 3.14 “星形”命令创建形状示例

星形的创建步骤是：拖动并释放鼠标按钮可定义星形的第一个半径，移动鼠标，最后单击可定义星形的第二个半径，最后在参数面板中对星形的各个参数进行修改，如图 3.15 所示。

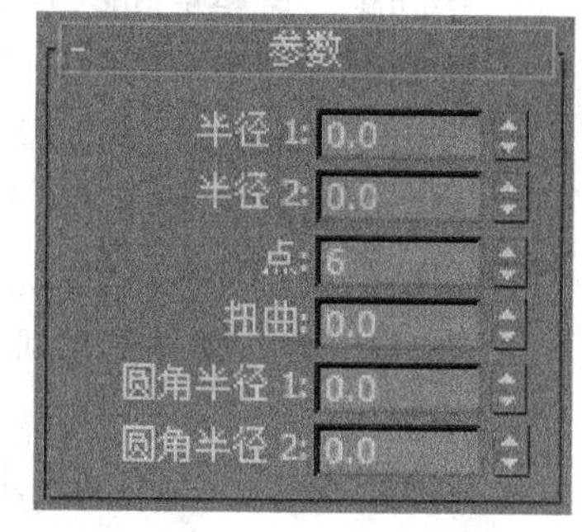

图 3.15 星形参数面板

半径 1：指定星形内部顶点内点的半径。

半径 2：指定星形外部顶点外点的半径。

点：指定星形上的点数，范围为 3～100。星形所拥有的顶点数是指顶点数的两倍，一半的顶点位于一个半径上，形成外点，其余的顶点位于另一个半径上，形成内点。

扭曲：围绕星形中心旋转顶点外点，从而生成锯齿形效果。

圆角半径 1：圆化星形的内部顶点内点。

圆角半径 2：圆化星形的外部顶点外点。

10. “文本”样条线的创建

使用“文本”可以创建文本图形的样条线。文本可以使用系统中安装的任意 Windows 字体，文本图形将文本保持为可编辑参数，可以随时更改文本。如果文本使用的字体已从系统中删除，则 3ds Max 仍然可以正确显示文本图形。然而，要在编辑框中编辑文本字符串，必须选择可用的字体。场景中的文本只是图形，在图形中的每个字母都是单独的样条线。

创建文本对象的步骤是：在文本框中输入文本。要定义插入点，可执行以下操作之一：在视口中单击，可以将文本放置在场景中或将文本拖动到位置，然后释放鼠标按钮。创建文本命令有与文字处理软件有相似的参数。图 3.16 所示是文本创建的参数面板。

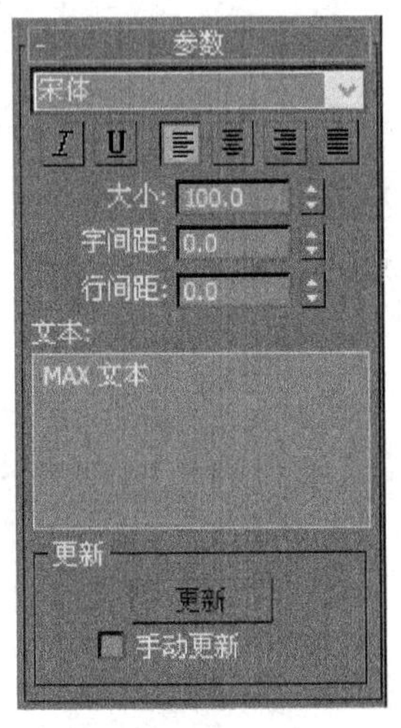

图 3.16　文本创建的参数面板

宋体 字体列表：可以从所有可用字体的列表中进行选择。

斜体按钮：切换斜体文本。

下划线按钮：切换下划线文本。

左侧对齐：将文本对齐到边界框左侧。

居中：将文本对齐到边界框的中心。

右侧对齐：将文本对齐到边界框右侧。

对正：分隔所有文本行以填充边界框的范围。

温馨提示：四个文本对齐按钮需要多行文本才能生效，因为它们作用于与边界框相关的文本。如果只有一行文本，则其大小与其边界框的大小相同。

大小：设置文本高度，其中测量高度的方法由活动字体定义，第一次输入文本时，默认尺寸是 100 单位。

字间距：调整字间距字母间的距离。

行间距：调整行间距行间的距离，只有图形中包含多行文本时这才起作用。

“文本”编辑框：可以输入多行文本，在每行文本之后按下 Enter 键可以开始下一行，初始的默认文本是“MAX 文本”，编辑框不支持自动换行，可以从“剪贴板”中剪切和粘贴单行和多行文本。

“更新”组：这些选项可以选择手动更新选项，用于文本图形太复杂，不能自动更新的情况。

更新：更新视口中的文本来匹配编辑框中的当前设置。仅当“手动更新”处于启用状态时，此按钮才可用。

手动更新：启用此选项后，键入编辑框中的文本未在视口中显示，直到单击【更新】按钮时才会显示。

11. “螺旋线”的创建

使用“螺旋线”可创建开口平面或 3D 螺旋形。其操作步骤如下：选择一个创建方法如“边”或者“中心”，按鼠标左键定义螺旋线起点圆的第一个点，拖动并释放鼠标按钮可定义螺旋线起点圆的第二个点，移动鼠标，然后单击可定义螺旋线的高度，移动鼠标，然后单击可定义螺旋线末端的半径。创建后可在参数面板中对其参数进行调整，如图 3.17 所示。

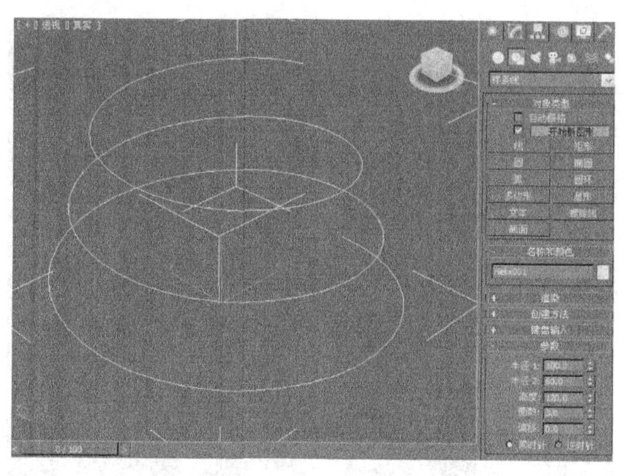

图 3.17　螺旋线的创建

半径 1：指定螺旋线起点的半径。

半径 2：指定螺旋线终点的半径。

高度：指定螺旋线的高度。

圈数：指定螺旋线起点和终点之间的圈数。

偏移：强制在螺旋线的一端累积圈数。高度为 0.0 时，偏移的影响不可见。偏移值为−1.0 时，将强制向着螺旋线的起点旋转；偏移值为 0.0 时，将在端点之间平均分配旋转；偏移值为 1.0 时，将强制向着螺旋线的终点旋转。

顺时针/逆时针：设置螺旋线的旋转是顺时针还是逆时针。

3.1.2　二维图形的编辑

图形创建以后，为了获得需要的形状，可以对图形进行修改。一种方法是把图形转化为“可编辑样条线”，但这种方法不能保留图形的创建参数；另一个方法是使用“编辑样条线”修改器，使用这种方法，可以保留图形的创建参数，在需要的时候可以对其初始参数进行修改。转化为可编辑样条线后的修改面板和编辑样条线修改器的参数基本相同。下面我们就介绍一下编辑样条线。

“编辑样条线”修改器为选定图形的不同层级（顶点、线段或者样条线）提供编辑工具。该修改器为我们提供了丰富的样条线编辑功能，它可以对对象的子物体层级（顶点、线段或者样条线）进行选择并进行相应的修改。按键盘数字键“1、2、3”可进入“顶点”、“线段”、“样条线”级子物体进行选择并修改，该卷展栏提供了对子物体的选择方式，不同层级的子物体具有相应的修改工具。

在顶视图中画出一条线，单击“修改”按钮，通过“配置修改器集”将修改器列表中常用的修改器配置到命令面板上，如图 3.18 所示。单击修改命令面板上编辑样条线按钮，如图 3.19 所示。

下面是一些常用的编辑功能。

1. “选择”卷展栏

该卷展栏可以对对象的子物体层级（顶点、线段或者样条线）进行选择并进行相应的修改，如图 3.20 所示。

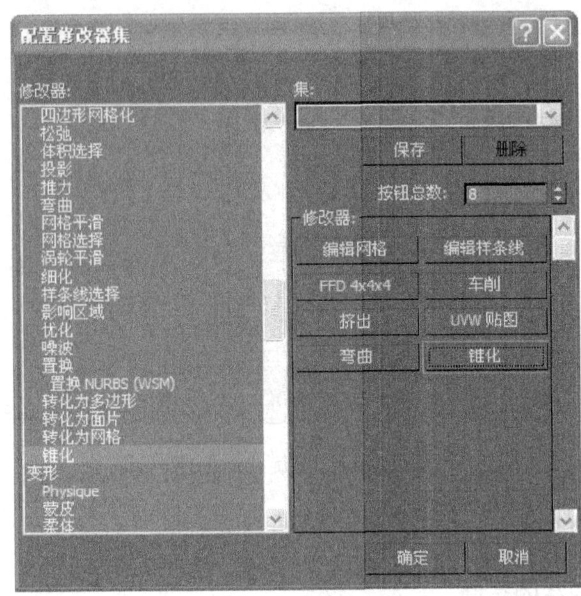

图 3.18 “配置修改器集”

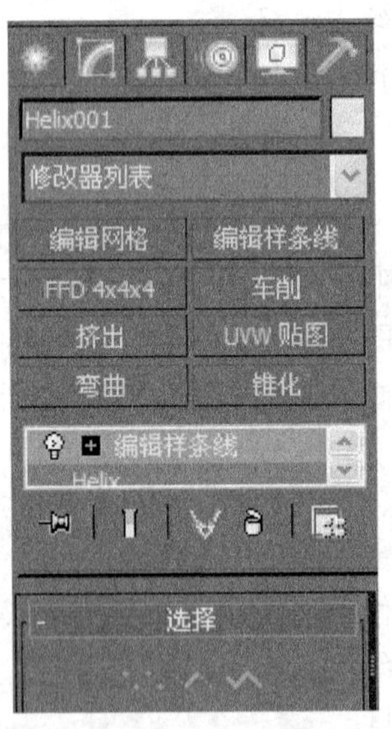

图 3.19 命令面板

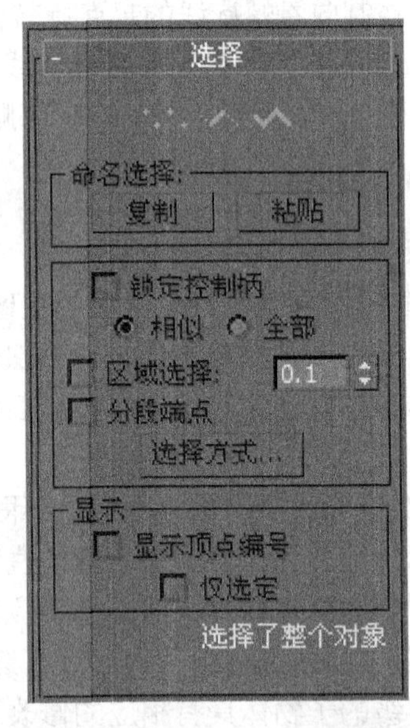

图 3.20 “选择”卷展栏

顶点：对对象的顶点进行选择并进行相应的修改。

线段：对对象的线段进行选择并进行相应的修改。

样条线：对对象样条线进行选择并进行相应的修改。

复制：将命名选择放置到复制缓冲区。

粘贴：从复制缓冲区中粘贴命名选择。

锁定控制柄：通常每次只能变换一个顶点的切线控制柄，即使选择了多个顶点，使用"锁定控制柄"控件可以同时变换多个 Bezier 和 Bezier 角点控制柄。

相似：拖动传入向量的控制柄时，所选顶点的所有传入向量将同时移动，同样，移动某个顶点上的传出切线控制柄将移动所有所选顶点的传出切线控制柄。

全部：移动的任何控制柄将影响选择中的所有控制柄，无论它们是否已断裂。处理单个 Bezier 角点顶点并且想要移动两个控制柄时，可以使用此选项。

区域选择：允许自动选择所单击顶点的特定半径中的所有顶点。在顶点子对象层级，启用"区域选择"，然后使用"区域选择"复选框右侧的微调器设置半径。移动已经使用"连接复制"或"横截面"按钮创建的顶点时，可以使用此按钮。

分段端点：通过单击线段选择顶点，在顶点子对象中，启用并选择接近要选择的顶点线段。如果有大量重叠的顶点且想要选择特定线段上的顶点时，可以使用此选项，经过线段时，光标会变成十字形状，通过按住【Ctrl】键，可以将所需对象添加到选择内容。

选择方式：选择所选样条线或线段上的顶点。首先在子对象样条线或线段中选择一个样条线或线段，然后启用顶点子对象，单击【选择方式】按钮，选择"样条线"或"线段"，将选择所选样条线或线段上的所有顶点，然后可以编辑这些顶点。

显示顶点编号：启用后，程序将在任何子对象层级的所选样条线的顶点旁边显示顶点编号。

仅选定：启用后，仅在所选顶点旁边显示顶点编号。

2. "几何体"卷展栏

在可编辑样条线对象层级（即没有子对象层级处于活动状态时）可用的功能也可以在所有子对象层级使用，并且在各个层级的作用方式完全相同。其面板如图 3.21 所示。

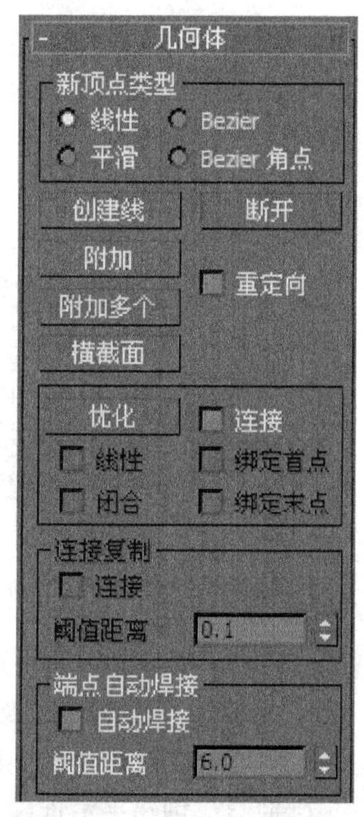

图 3.21 "几何体"卷展栏

新顶点类型：使用此组中的单选按钮可以确定使用【Shift】键复制线段或样条线时创建的新顶点的切线，这些按钮对使用【创建线】按钮创建的顶点的切线没有影响。

线性：启用此选项时，新顶点将具有线性切线。

平滑：启用此选项时，新顶点将具有平滑切线。

Bezier：启用此选项时，新顶点将具有 Bezier 切线。

Bezier 角点：启用此选项时，新顶点将具有 Bezier 角点切线。

创建线：将更多样条线添加到所选样条线，这些线是独立的样条线子对象；创建它们的方式与创建线形样条线的方式相同，要退出线的创建，可右键单击或单击以禁用"创建线"。

断开：在选定的一个或多个顶点拆分样条线，选择一个或多个顶点，然后单击【断开】按钮以创建拆分。对于创建的每一个样条线，目前有两个叠加的不相连顶点，允许曾经连接的线段端点向相互远离的方向移动。

附加：允许将场景中的另一个样条线附加到所选样条线，单击要附加到当前选定的样条线对象的对象，要附加到的对象也必须是样条线。

重定向：启用后，旋转附加的样条线，使它的创建局部坐标系与所选样条线的创建局部坐标系对齐。

附加多个：单击此按钮可以显示“附加多个”对话框，该框包含场景中的所有其他形状的列表。选择要附加到当前可编辑样条线的形状，然后单击【确定】按钮。

横截面：在横截面形状外面创建样条线框架。单击【横截面】按钮，选择一个形状，然后选择第二个形状，将创建连接这两个形状的样条线，继续单击形状将其添加到框架，此功能与“横截面”修改器相似，但可以在此确定横截面的顺序。可以通过在“新顶点类型”组中选择“线性”、Bezier、Bezier 角点或“平滑”来定义样条线框架切线。

自动焊接：启用“自动焊接”后，会自动焊接在与同一样条线的另一个端点的阈值距离内放置和移动的端点顶点，此功能可以在对象层级和所有子对象层级使用。

阈值距离：一个近似设置，用于控制在自动焊接顶点之前顶点可以与另一个顶点接近的程度，默认设置为 6.0。

3. “顶点”层级的编辑

在对顶点层级的子物体进行编辑之前，我们首先要知道顶点的四种形式。如要改变顶点的性质，先选择点，然后单击鼠标右键，在弹出的菜单中选择相应的点的模式即可，如图 3.22 所示。

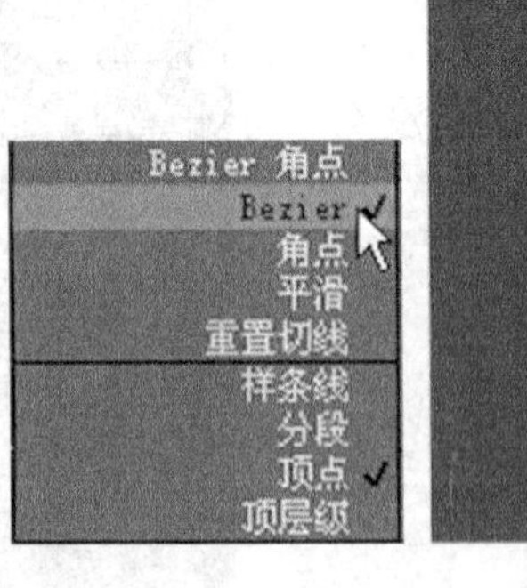

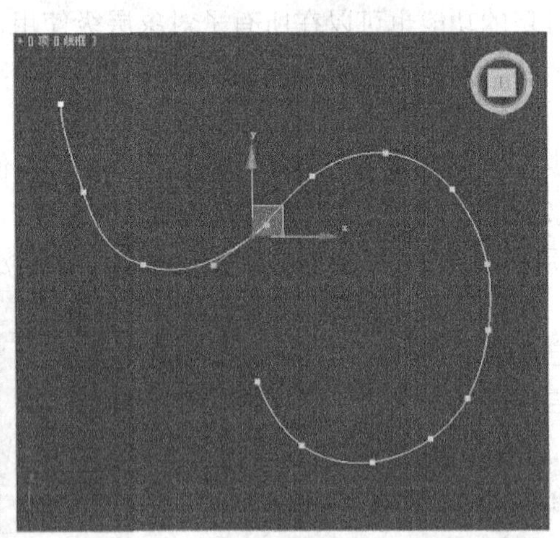

图 3.22　顶点层级的编辑

Bezier 角点：带有不连续的切线控制柄的不可调整的顶点，用于创建锐角转角。

Bezier：带有锁定连续切线控制柄的不可调解的顶点，用于创建平滑曲线。

角点：创建锐角转角的不可调整的顶点。

平滑：创建平滑连续曲线的不可调整的顶点。

下面我们介绍一下顶点子物体的常用编辑工具。

优化：允许添加顶点，而不更改样条线的曲率值。单击【优化】，然后选择每次单击时要添加顶点的任意数量的样条线线段（鼠标光标经过合格的线段时会变为一个连接符号）。要完成顶点的添加，请再次单击【优化】按钮，或在视口中右键单击。其面板如图 3.23所示。其效果如图 3.24 所示。

图 3.23 优化

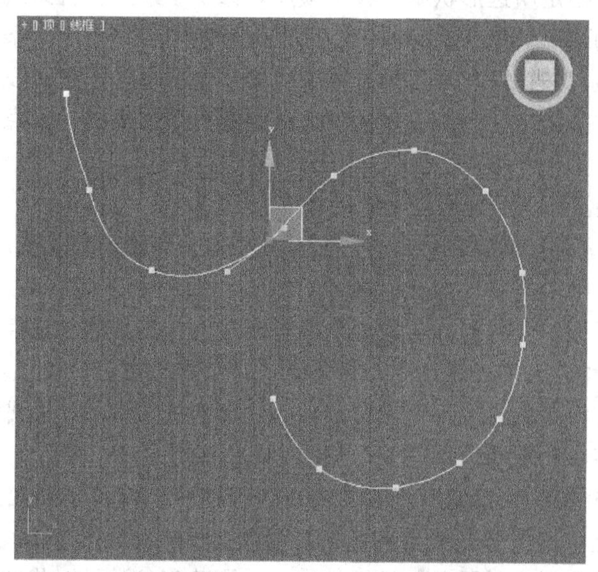

图 3.24 优化效果

连接：启用时，通过连接新顶点创建一个新的样条线子对象。

温馨提示：*要使连接起作用，必须在单击细化之前启用连接。*

在启用“连接”之后、开始细化进程之前，启用以下选项的任何组合。

线性：启用后，通过使用“角点”顶点使新样条直线中的所有线段成为线性。禁用“线性”时，用于创建新样条线的顶点是“平滑”类型的顶点。

绑定首点：将细化操作中创建的第一个顶点绑定到所选线段的中心。

闭合：启用后，连接新样条线中的第一个和最后一个顶点，创建一个闭合样条线。如果禁用“闭合”，“线性”将始终创建一个开口样条线。

绑定末点：将细化操作中创建的最后一个顶点绑定到所选线段的中心。

端点自动焊接：将两个端点顶点或同一样条线中的两个相邻顶点转化为一个顶点。

单击“自动焊接”左边的小框，将两个端点顶点或两个相邻顶点焊接为一个点。如果这两个顶点在由“阈值距离”微调器（按钮的右侧）设置的单位距离内，将转化为一个顶点。编辑后的样条线如果要使用“挤出”修改，点的焊接就显得非常重要，如果存在没有焊接的重复顶点，挤出的对象会出现端口无法封闭的现象。其面板如图 3.25 所示。

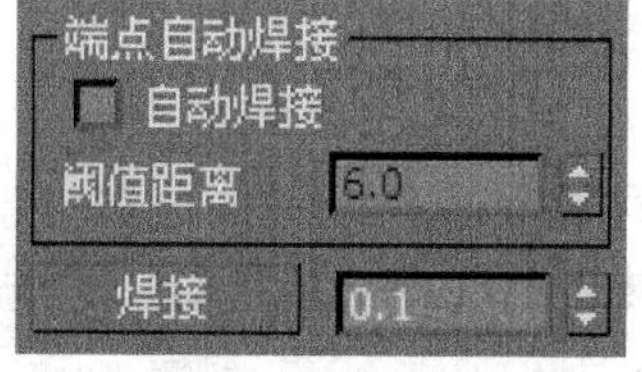

图 3.25 自动焊接面板

连接：连接两个端点顶点以生成一个线性线段，而无论端点顶点的切线值是多少。单击【连接】按钮，将鼠标光标移过某个端点顶点，直到光标变成一个十字形，然后从一个端点拖动到另一个端点。

插入：插入一个或多个顶点，以创建其他线段。单击线段中的任意某处可以插入顶点并将鼠标附加到样条线，然后可以选择性地移动鼠标，并单击以放置新顶点。继续移动鼠标，然后单击，以添加新顶点，单击一次可以插入一个角点顶点，而拖动则可以创建一个 Bezier 顶点。右键单击以完成操作并释放鼠标按键。

设为首顶点：指定所选形状中的哪个顶点是第一个顶点，样条线的第一个顶点指定为四周带有小框的顶点。选择要更改的当前已编辑的形状中每个样条线上的顶点，然后单击【设为首顶点】按钮。在开口样条线中，第一个顶点必须是还没有成为第一个顶点的端点，在闭合样条线中，它可以是还没有成为第一个顶点的任何点。单击【设为首顶点】按钮，将设置第一个顶点。

熔合：将所有选定顶点移至它们的平均中心位置。

温馨提示：【熔合】不会连接顶点；它只是将它们移至同一位置。

循环：选择连续的重叠顶点。

相交：在属于同一个样条线对象的两个样条线的相交处添加顶点。

温馨提示：【相交】不会连接两个样条线，而只是在它们的相交处添加顶点。

圆角：允许在线段会合的地方设置圆角，添加新的控制点。【圆角】会创建一个新的线段，此线段将指向原始顶点的两个线段上的新点连接在一起。

温馨提示：与"圆角/切角"修改器不同，可以将"圆角"功能应用于任意类型的顶点，而不仅仅是角点和 Bezier 角点顶点。同样，相邻线段不必是线性的。

圆角量：此微调器在【圆角】按钮的右侧，调整其参数可以将圆角效果应用于所选顶点。

切角：允许使用"切角"功能设置形状角部的倒角，可以交互式地（通过拖动顶点）或者在数字上（通过使用"切角"微调器）应用此效果。单击【切角】按钮，然后在活动对象中拖动顶点，"切角"微调器更新显示拖动的切角量。如果拖动一个或多个所选顶点，所有选定顶点将以同样的方式设置切角。"切角"操作会切除所选顶点，创建一个新线段，此线段将指向原始顶点的两条线段上的新点连接在一起。二维修改命令面板如图 3.26 所示。

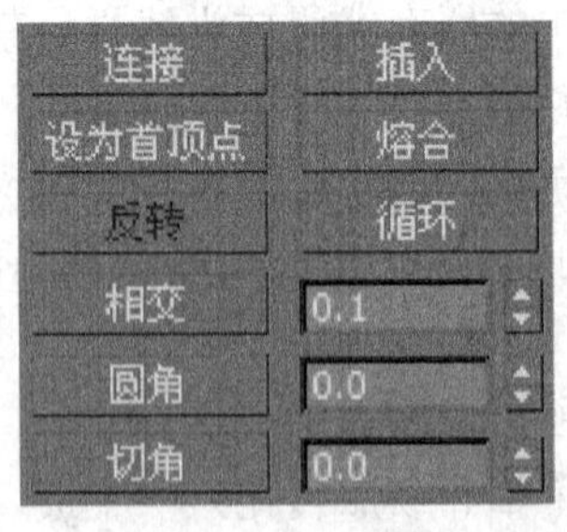

图 3.26 二维修改命令面板

温馨提示：与"圆角/切角"修改器不同，可以将"切角"功能应用于任意类型的顶点，而不仅仅是角点和 Bezier 角点顶点。同样，相邻线段不必是线性的。

4. "线段"层级子物体的编辑

线段是样条线曲线的一部分，在两个顶点之间。在"可编辑样条线（线段）"层级，可以选择一条或多条线段，并使用标准方法移动、旋转、缩放或克隆它们。对线段子物体的编辑工具较少，常用的有如图 3.27 所示的几个。

删除：删除当前形状中任何选定的线段。

拆分：通过添加由微调器指定的顶点数来细分所选线段。选择一个或多个线段，设置“拆分”微调器（在按钮的右侧），然后单击【拆分】。

分离：允许选择不同样条线中的几个线段，然后拆分（或复制）它们，以构成一个新图形。有以下三个可用选项。

图 3.27 常用的线段子物体的编辑工具

同一图形：启用后，将禁用“重定向”，并且“分离”操作将使分离的线段保留为形状的一部分（而不是生成一个新形状）。如果启用了“复制”，则可以结束在同一位置进行的线段的分离副本。

重定向：分离的线段复制源对象的创建局部坐标系的位置和方向。此时，将会移动和旋转新的分离对象，以便对局部坐标系进行定位，并使其与当前活动栅格的原点对齐。

复制：复制分离线段，而不是移动它。

5. 样条线级子物体的编辑

对样条线级子物体的修改我们在建模过程中用到的较多。下面我们对常用的修改工具进行逐一介绍。其修改面板如图 3.28 所示。

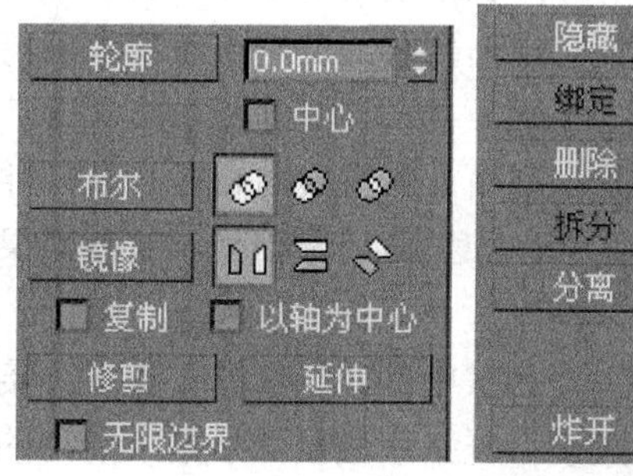

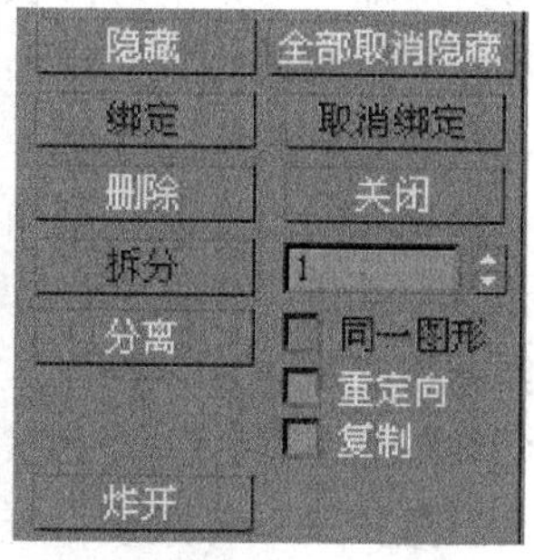

图 3.28 对样条线级子物体的修改面板

轮廓：制作样条线的副本，所有侧边上的距离偏移量由轮廓宽度微调器指定。选择一个或多个样条线，然后使用微调器动态地调整轮廓位置，或单击【轮廓】按钮然后拖动样条线。

中心：如果禁用默认设置，原始样条线将保持静止，而仅仅一侧的轮廓偏移到轮廓宽度指定的距离。如果启用了“中心”，原始样条线和轮廓将从一个不可见的中心线向外移动由轮廓宽度指定的距离。

温馨提示：通常，如果使用微调器，则必须在使用【轮廓】之前选择样条线。但是如果样条线对象仅包含一个样条线，则描绘轮廓的过程会自动选择它。

布尔：通过执行更改选择的第一个样条线并删除第二个样条线的 2D 布尔操作，将两个闭合多边形组合在一起。选择第一个样条线，单击【布尔】按钮和需要的操作，然后选择第二个样条线。

温馨提示：2D 布尔只能在同一平面中的 2D 样条线上使用。

有三种布尔操作，结果如图 3.29 所示。

并集：将两个重叠样条线组合成一个样条线，在该样条线中，重叠的部分被删

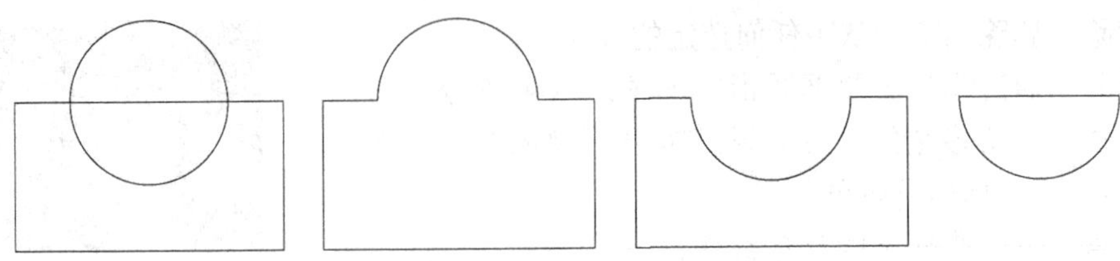

图 3.29 三种布尔操作结果

除，保留两个样条线不重叠的部分，构成一个样条线。

差集：从第一个样条线中减去与第二个样条线重叠的部分，并删除第二个样条线中剩余的部分。

相交：仅保留两个样条线的重叠部分，删除两者的不重叠部分。

镜像：沿长、宽或对角方向镜像样条线。首先单击以激活要镜像的方向，然后单击“镜像”。

复制：选择后，在镜像样条线时复制（而不是移动）样条线。

以轴为中心：启用后，以样条线对象的轴点为中心镜像样条线。禁用后，以它的几何体中心为中心镜像样条线。

修剪：使用“修剪”命令可以清理形状中的重叠部分，使端点接合在一个点上。

要执行修剪，需要将样条线相交。单击要移除的样条线部分，将在两个方向以及长度方向搜索样条线，直到找到相交样条线，并一直删除到相交位置。如果截面在两个点相交，将删除直到两个相交位置的整个截面。如果截面在一端开口并在另一端相交，将删除直到相交位置和开口端的整个截面。如果截面未相交，或者如果样条线是闭合的且只找到一个相交点，则不会发生任何操作。

延伸：使用“延伸”命令可以清理形状中的开口部分，使端点接合在一个点上。

要进行延伸，需要选择开口样条线，样条线最接近所拾取的点的一端进行延伸，直到到达相交样条线。如果没有相交样条线，则不进行任何处理。弯曲样条线以与样条线端点相切的方向进行延伸，如果样条线的端点正好在边界（相交样条线）上，则会寻找更远的相交点。

无限边界：为了计算相交，启用此选项将开口样条线视为无穷长。例如，此选项可允许相对于实际并不相交的另一条直线的扩展长度来修剪一个线性样条线。

隐藏：隐藏选定的样条线。选择一个或多个样条线，然后单击【隐藏】按钮。

全部取消隐藏：显示任意隐藏的子对象。

删除：删除选定的样条线。

关闭：通过将所选样条线的端点顶点与新线段相连来闭合该样条线。

分离：将所选样条线复制到新的样条线对象，并从当前所选样条线中删除复制的样条线。

重定向：移动并旋转要分离的样条线，使它的创建局部坐标系与所选样条线的创建局部坐标系对齐。

复制：选择后，在分离样条线时复制（而不是移动）样条线。

炸开：通过将每个线段转化为一个独立的样条线或对象来分裂任何所选样条线。这与样条线中的每个线段使用“分离”的效果相同，但更节约时间。

3.1.3　二维图形转化为三维模型

二维转换三维建模是在建模过程中应用最多的一种建模方法。在建模的过程中，除了将样条线的可渲染属性直接用于建模外，还可以对其加以修改器，使其转化为三维对象。常用修改命令有“挤出”命令、“车削”命令、“倒角”命令等。

1. **“挤出”命令**

挤出：可以为二维图形添加厚度，将其转换为三维造型。挤出修改器在效果图制作的建模过程中用得很多，如墙体、天花等都可以用挤出的方式来创建。图 3.30 是利用“挤出”功能创建的一面墙体。

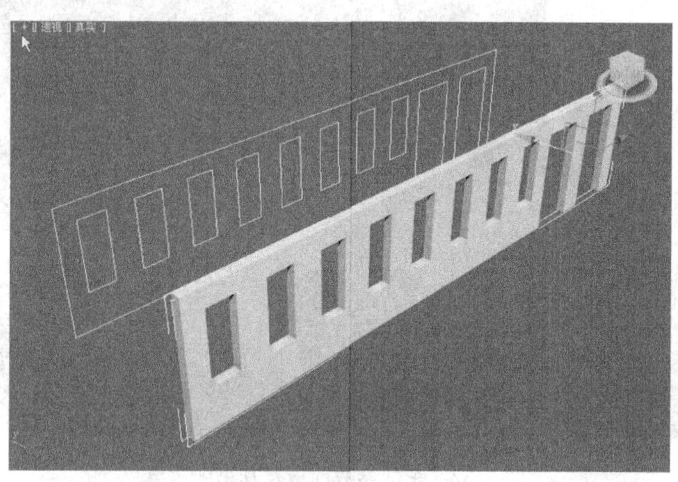

图 3.30　利用“挤出”功能创建的一面墙体

“挤出”命令的参数比较简单，其面板如图 3.31 所示。

数量：设置挤出的深度。

分段：指定将要在挤出对象中创建线段的数目。

封口始端：在挤出对象始端生成一个平面。

封口末端：在挤出对象末端生成一个平面。

变形：在一个可预测、可重复模式下安排封口面。这是创建渐进目标所必要的。

栅格：在图形边界上的方形修剪栅格中安排封口面。此方法产生尺寸均匀的曲面，使用其他修改器可很容易地将这些曲面变形。

面片：产生一个可以折叠到面片对象中的对象。

网格：产生一个可以折叠到网格对象中的对象。

NURBS：产生一个可以折叠到 NURBS 对象中的对象。

生成贴图坐标：将贴图坐标应用到挤出对象中，启用此选项时，“生成贴图坐标”将独立贴图坐标应用到末端封口

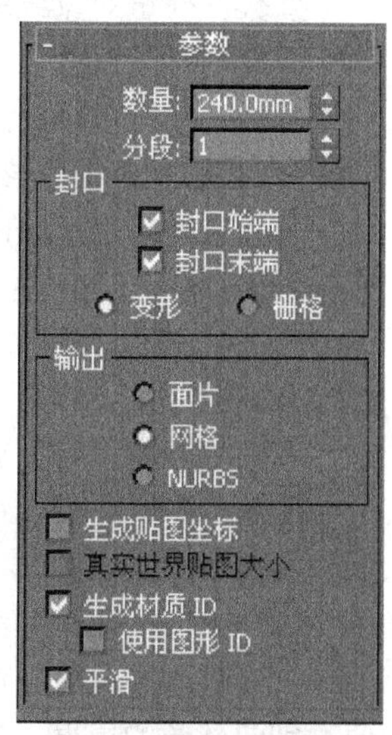

图 3.31　“挤出”命令的参数面板

中，并在每一封口上放置一个 1×1 的平铺图案。

生成材质 ID：将不同的材质 ID 指定给挤出对象侧面与封口，特别是侧面 ID 为 3，封口 ID 为 1 和 2。

使用图形 ID：使用挤出样条线中指定给线段的材质 ID 值。

平滑：将平滑应用于挤出图形。

2. “车削”命令

“车削”命令是通过绕轴旋转一个图形来创建 3D 对象。图 3.32 是车削命令创建的一个花瓶。下面我们对其参数面板进行简单介绍。

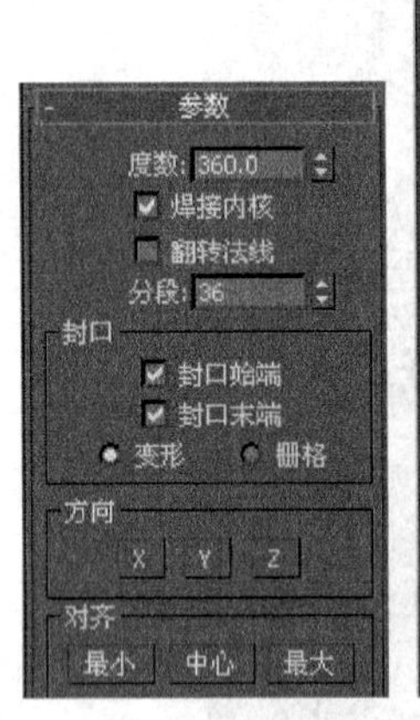

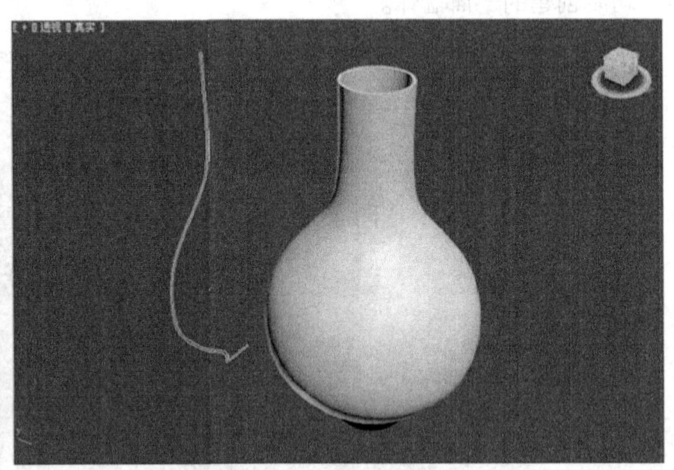

图 3.32　车削参数面板及其车削效果

度数：确定对象绕轴旋转多少度（范围 0～360，默认值是 360）。

焊接内核：通过将旋转轴中的顶点焊接来简化网格。

翻转法线：依赖图形上顶点的方向和旋转方向，旋转对象可能会内部外翻，切换“翻转法线”复选框来修正它。

分段：在起始点之间，确定在曲面上创建多少插值线段，此参数也可设置动画，默认值为 16。

“方向”组：$X/Y/Z$ 为相对对象轴点，设置轴的旋转方向。

“对齐”组：最小、中心、最大指定旋转轴与图形的最小、中心或最大范围对齐。

其他的参数和前面介绍的相同，不再赘述。

使用“车削”命令可以将一个二维图形旋转 0～360°。将其转换为三维模型，具体操作步骤如下：

(1) 在前视图中，绘制如图 3.33 所示的二维线形。

(2) 进入“修改”命令面板中的“样条曲线”次物体级，为其设置合适的“轮廓”值，创建杯子的厚度，如图 3.34 所示。

(3) 在修改器面板中选择“车削”命令，旋转后的效果如图 3.35 所示。

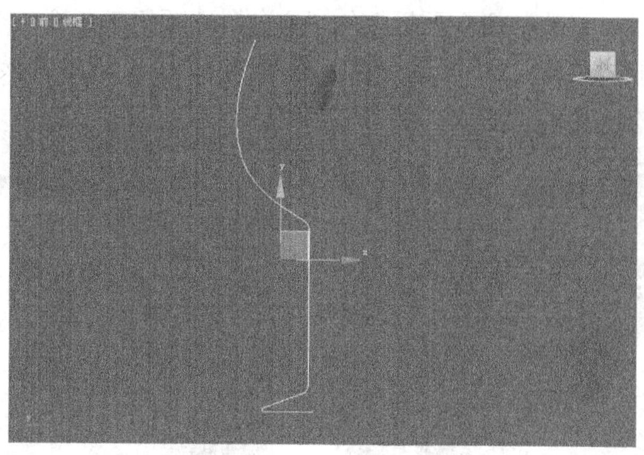

图 3.33　绘制二维线形

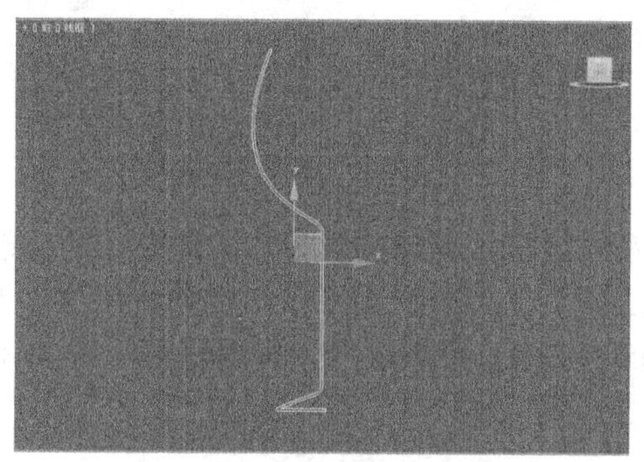

图 3.34　创建杯子的厚度

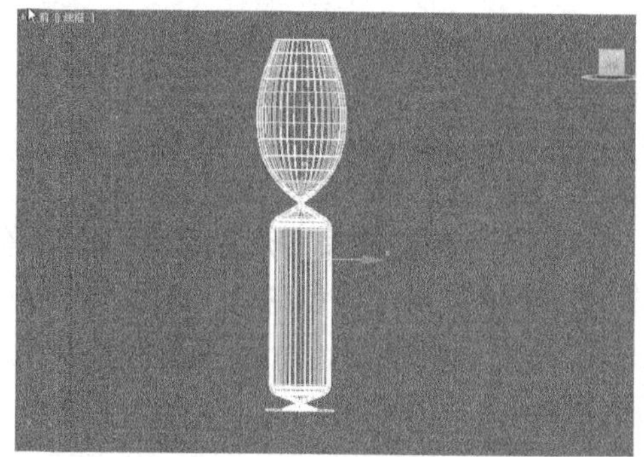

图 3.35　旋转后的效果

(4) 旋转后的造型如果不是理想的造型，需要对其进行调整。在“修改”命令面板的“参数”卷展栏中调整“对齐”选项组的设置，使其适应杯子的形状，同时调整“分段”值，使杯子的表面圆滑，如图 3.36 所示。

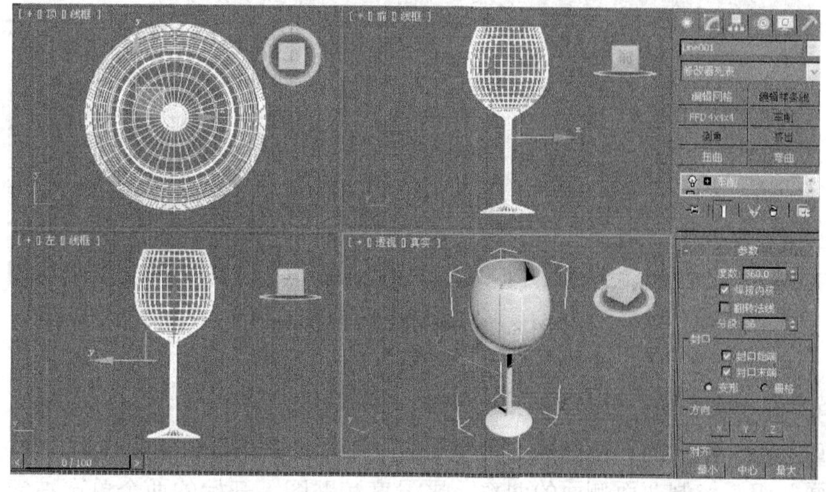

图 3.36　调整车削参数

“车削”命令的“修改”命令面板中的“方向”选项组下包含三个轴向，即 X、Y、Z，选择不同的轴向将会对应不同的形状，选择 X 轴和 Z 轴的旋转效果如图 3.37 和图 3.38 所示。

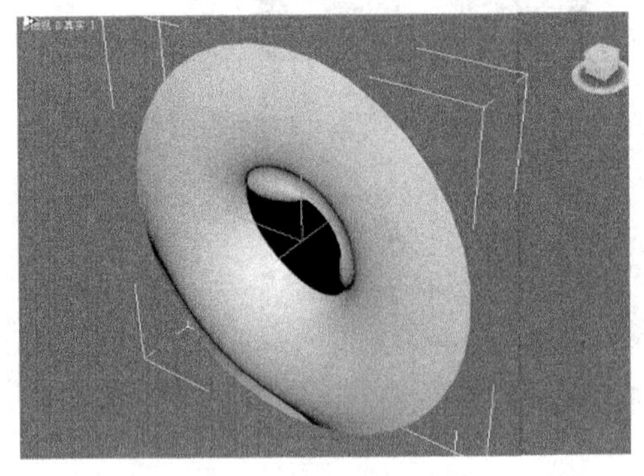

图 3.37 X 轴旋转效果

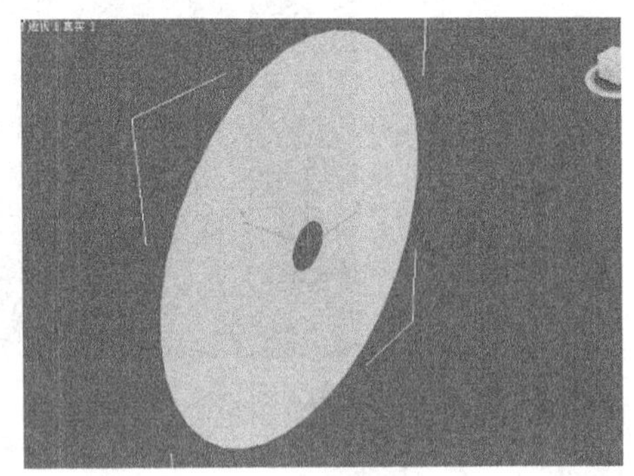

图 3.38 Z 轴旋转效果

3. “倒角”命令

“倒角”修改器将图形挤出为 3D 对象并在边缘应用线形或圆弧形的倒角，此修改器的一个常规用法是创建 3D 文本和徽标，而且可以应用于任意图形，倒角将图形作为一个 3D 对象的基部，然后将图形挤出为四个层次并对每个层次指定轮廓量。图 3.39 是徽标倒角后的效果。

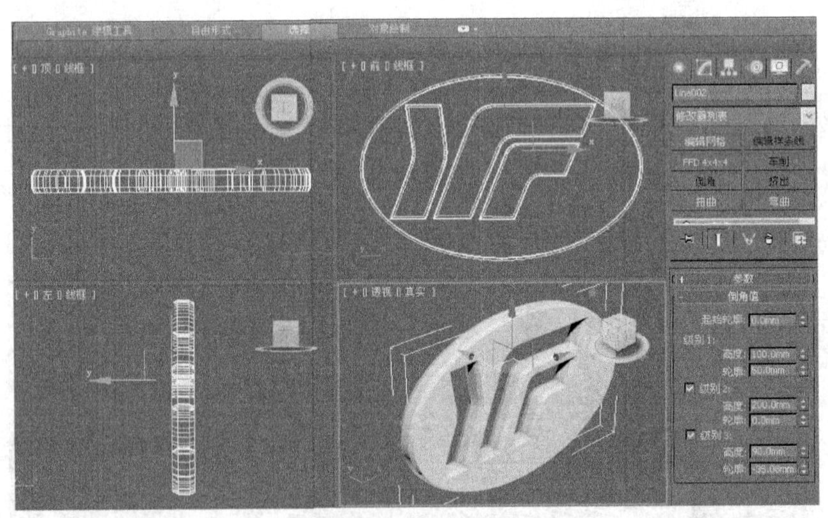

图 3.39 徽标倒角后的效果

倒角的修改器面板命令如图 3.40 所示。

“封口”组：组中的复选框确定倒角对象是否要在开始端或结束端封口。

“曲面”组：控制曲面侧面的曲率、平滑度和贴图，开始的两个单选按钮设置级别之间使用的插值方法即线性侧面或者曲线侧面。

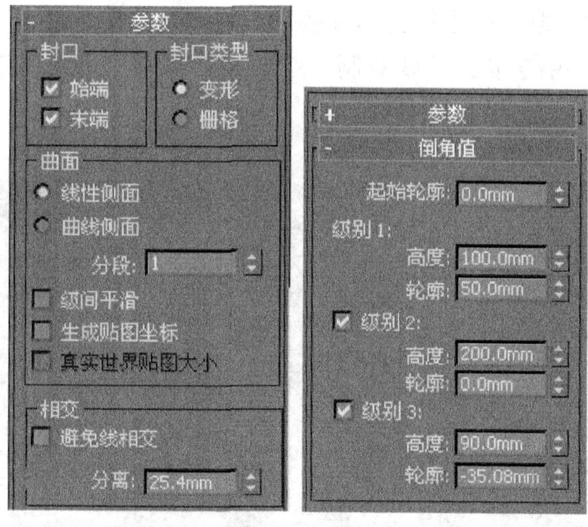

图 3.40　倒角的修改器命令面板

线性侧面：激活此项后，级别之间会沿着一条直线进行分段插值。

曲线侧面：激活此项后，级别之间会沿着一条 Bezier 曲线进行分段插值。

分段：在每个级别之间设置分段的数量。

级间平滑：控制是否将平滑组应用于倒角对象侧面，封口会使用与侧面不同的平滑组。启用此项后，对侧面应用平滑组，侧面显示为弧状；禁用此项后不应用平滑组，侧面显示为平面倒角。

生成贴图坐标：启用此项后，将贴图坐标应用于倒角对象。

“相交”组：防止从重叠的临近边产生锐角，倒角操作最适合弧状图形或图形的角大于 90°，锐角（小于 90°）会产生极化倒角，常常会与邻边重合。

避免线相交：防止轮廓彼此相交，它通过在轮廓中插入额外的顶点并用一条平直的线段覆盖锐角来实现。

分离：设置边之间所保持的距离，最小值为 0.01。

倒角值：卷展栏包含设置高度和四个级别的倒角量的参数。倒角对象需要两个级别的最小值——起始值和结束值，可以添加更多的级别来改变倒角从开始到结束的量和方向，最后级别始终位于对象的上部，必须始终设置级别 1 的参数。

起始轮廓：设置轮廓从原始图形的偏移距离，非零设置会改变原始图形的大小，正值会使轮廓变大，负值会使轮廓变小。

3.1.4　中式花格的制作实例

实例目的：本例通过制作一个中式图案造型来熟悉线的绘制、修改及参数的调整。

知识要点：用“线”命令绘制出图案的大体形态，用“可渲染”命令显示物体，用“镜像”命令复制，最后使用“保存”命令将文件存盘。

操作步骤：

（1）启动中文版 3ds Max 2012，单击左上角的按钮，执行“重置”命令，进行系统重新设定，将系统显示单位设置为毫米。

(2) 在前视图中绘制一个半径为 400 的圆，将“渲染”卷展栏下的厚度参数设置为 40，按住【Shift】键用缩放工具复制一个，将“厚度”参数设置为 35，如图 3.41 所示。

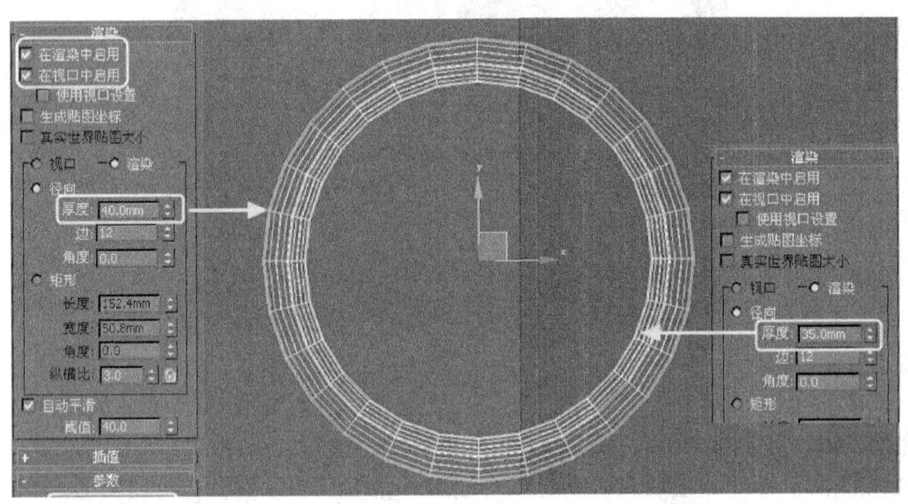

图 3.41 厚度参数设置

(3) 用线绘制并进行修改，得到如图 3.42 所示的线形，将“渲染”卷展栏下的“厚度”参数设置为 40。

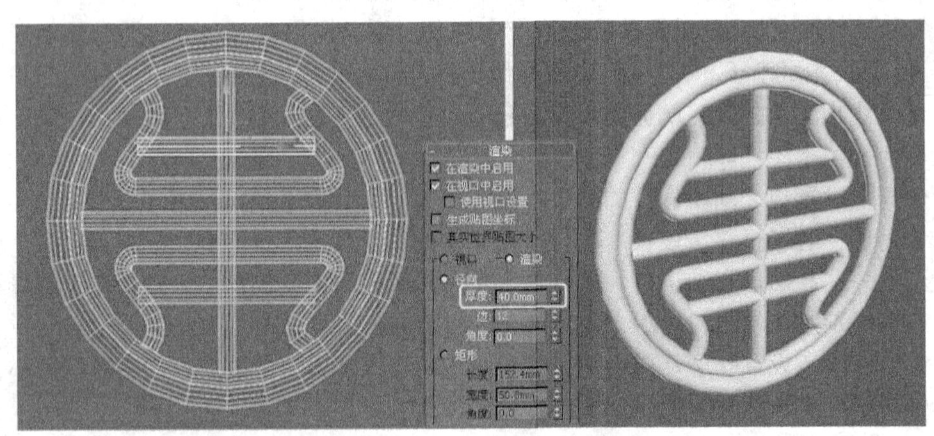

图 3.42 绘制线形并设置厚度参数

(4) 用“线”命令绘制卷草花纹造型并进行修改，将“渲染”卷展栏下的“厚度”参数设置为 35；用同样的方法绘制出四周的角花，具体造型如图 3.43 所示。

(5) 在前视图中将卷草花纹造型全选，按住【Shift】键用移动工具复制，具体设置如图 3.44 所示；用镜像移动镜像卷草花纹，如图 3.45 所示。

图 3.43　绘制四周的角花

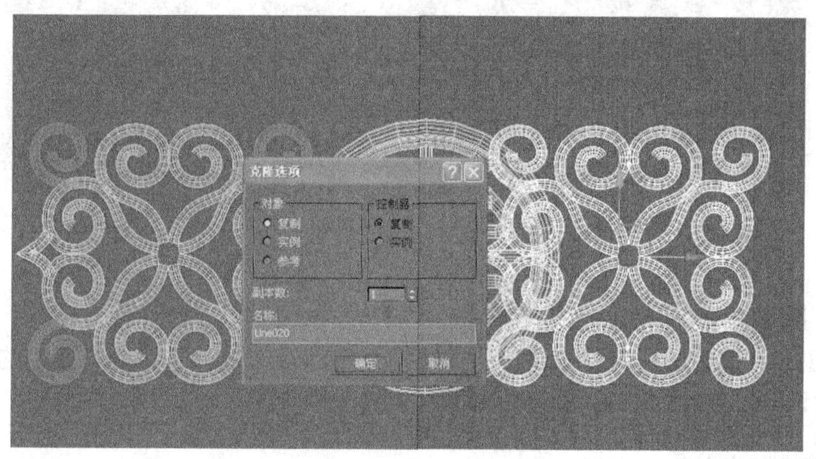

图 3.44　复制

图 3.45　镜像效果

（6）在前视图中创建半径为 50 的球体，进行复制并移动到适当位置。在前视图绘制 850×2580、角半径为 150 的矩形，将“渲染”卷展栏下的“厚度”设置为 35，调整其位置如图 3.46 所示。按【F9】键进行快速渲染，最终效果如图 3.47 所示。

图 3.46 绘制矩形

图 3.47 最终效果

(7) 按【Ctrl+S】组合键，将模型起名为“中式花格”进行保存。

实例总结：本例通过制作一个中式花格造型掌握线形的基本绘制与修改的技巧，重点掌握“渲染”卷展栏下各项参数的功能。

3.1.5 异形天花的制作实例

实例目的：本例通过制作一个异形天花造型学习“车削”命令的使用与修改。

知识要点：绘制异形天花的剖面线；使用“车削”命令进行修改。

操作步骤：

(1) 单击屏幕左上角的按钮，执行“重置”命令，进行系统重新设定，将系统显示单位设置为毫米。

(2) 用“线”命令在前视图中绘制出异形天花的截面，高度为 80，长度为 220，并进行修改，形态如图 3.48 所示。

温馨提示：在绘制有数值的线形时，可先在视图中绘制一个矩形作参照，绘制完线形后将矩形删除，这样就不会出现比例失调的现象。

(3) 确认绘制的线形处于选择状态，在修改器列表下选择“车削”命令，在堆栈器中将车削前面的点开，激活轴，在顶视图中沿 X 轴向右移动鼠标，调整出异形天花的形态及大小，然后将“分段”参数设置为 4，将“平滑”选项取消，如图 3.49 所示。

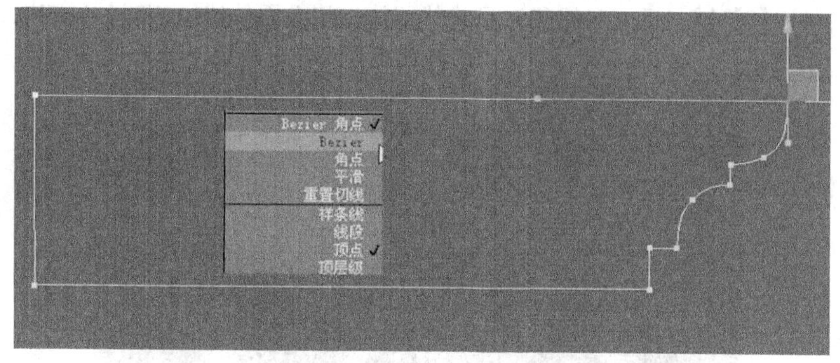

图 3.48　绘制异形天花的截面

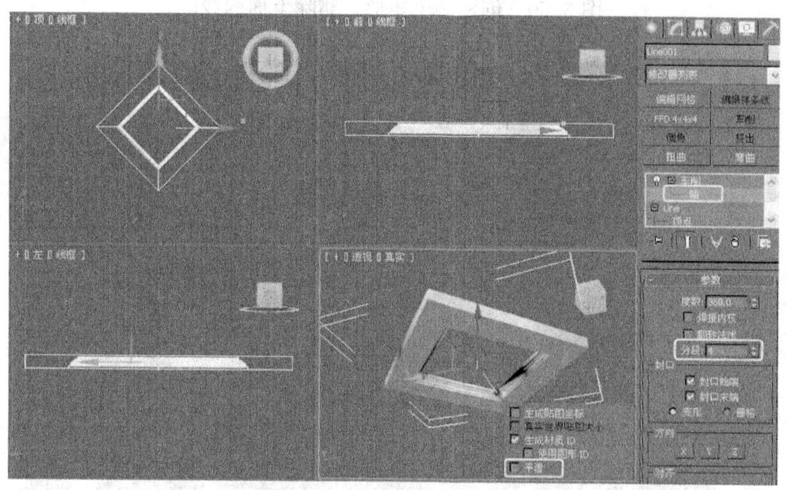

图 3.49　调整出异形天花的形态及大小

温馨提示： 移动“轴”可以改变天花的大小。一定要在旋转天花之前调整好天花的大小，如果旋转之后再调整轴向，将会出现错误的造型。

(4) 将文件进行保存，命名为“异形天花”。

实例总结： 本例通过制作一个异形天花造型，主要学习了“车削”命令的使用，在“参数”卷展栏下用到了“分段”以及“平滑”两个选项，通过移动轴来改变天花的形态。

3.1.6　倒角吧台的制作实例

实例目的： 本例通过制作吧台造型来学习使用“倒角剖面”命令制作前厅接待吧台的造型。

知识要点： 在顶视图中创建矩形并进行修改后作为路径；在前视图中绘制线形作为剖面线；使用“倒角剖面”命令生成吧台造型。

操作步骤：

(1) 启动 3ds Max 2012 中文版，将单位设置为毫米。

(2) 在顶视图中创建一个 1000×1800 的矩形，作为“路径”，然后执行“编辑样条线”命令，按【2】键，进入（线段）子物体层级，将上面的线段删除，如图 3.50 所示。

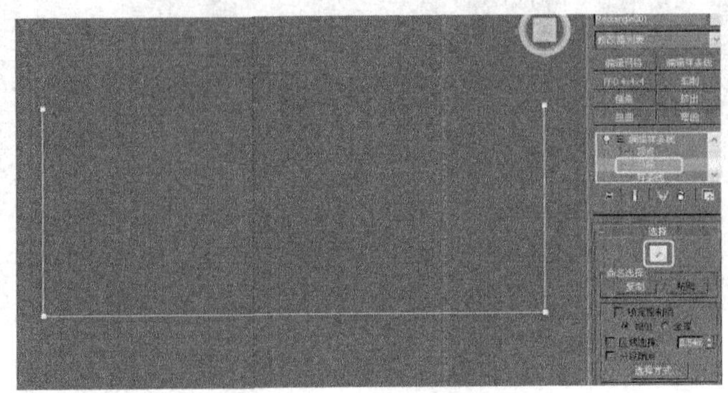

图 3.50 创建一个矩形，删除上面的线段

(3) 按【1】键，激活顶点子物体层级，调整下面两个顶点的形态，如图 3.51 所示。

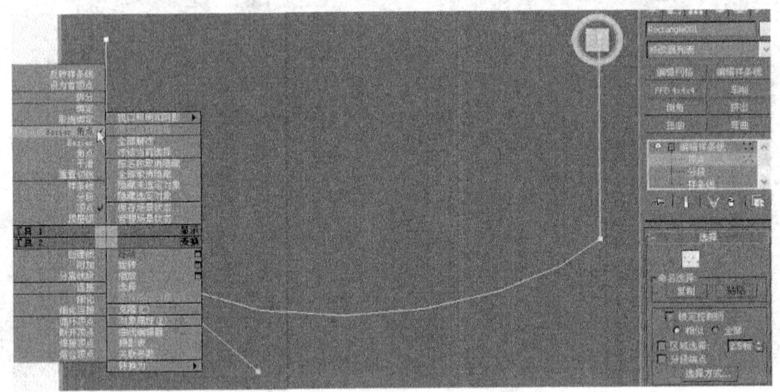

图 3.51 调整下面两个顶点

(4) 在前视图中绘制一个封闭线形，作为吧台的剖面线，如图 3.52 所示。

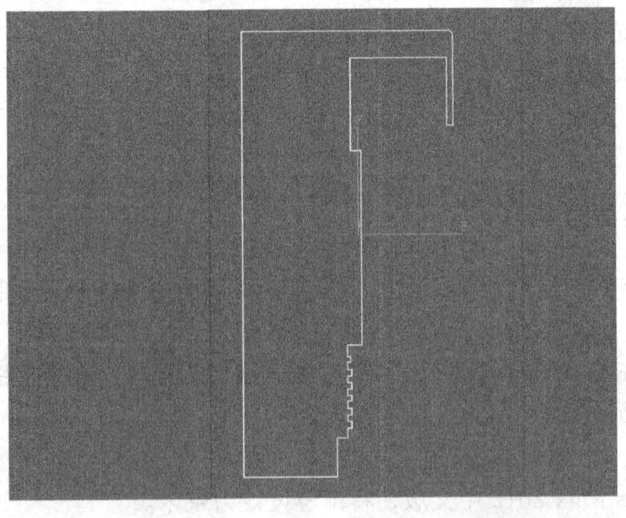

图 3.52 绘制一个封闭线形，作为吧台的剖面线

温馨提示：在绘制有数值的线形时，可先在视图中绘制一个矩形作参照，绘制完线形后将矩形删除，这样就不会出现比例失调的现象。

(5) 在顶视图中选择绘制的矩形的路径，在修改面板中执行“倒角剖面”命令，单击 拾取剖面 按钮，在前视图中单击绘制的“剖面线”，效果如图 3.53 所示。

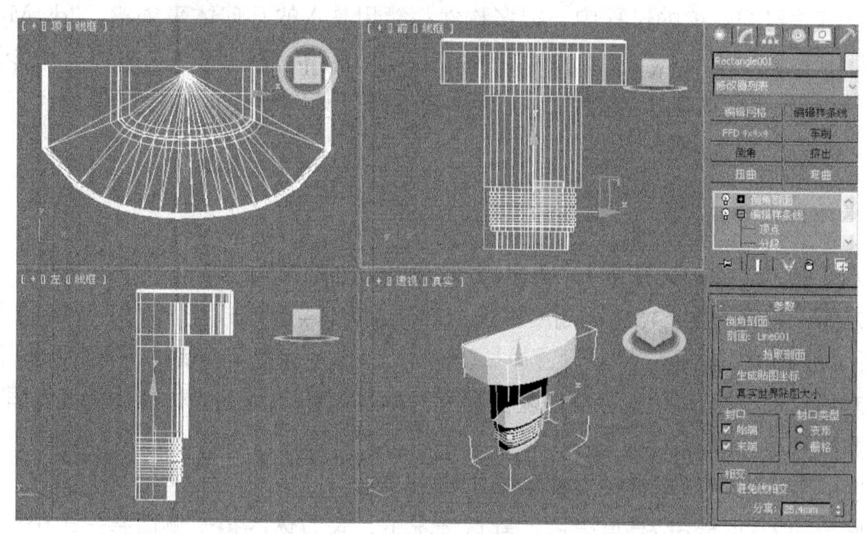

图 3.53　倒角剖面后的效果

(6) 在堆栈器中将“倒角剖面”前面的■点开，激活剖面轴，在顶视图中沿 X 轴向右移动鼠标，调整出倒角吧台的形态及大小，如图 3.54 所示。

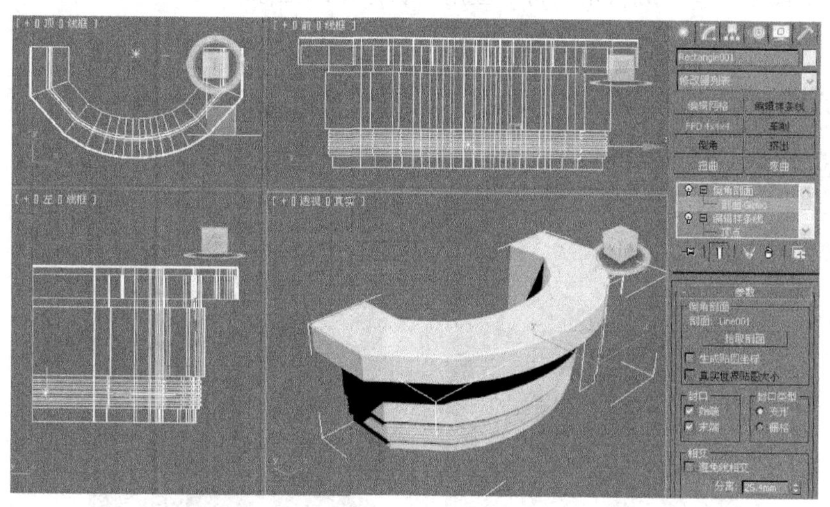

图 3.54　调整出倒角吧台的形态及大小

(7) 将文件进行保存，命名为“倒角吧台”。

实例总结：本例制作了一个简单的吧台，主要掌握“矩形”的修改和“倒角剖面”命令的使用。如果在制作效果图的过程中需要的形状接近矩形时，可以先绘制一个矩形，然后使用“编辑样条线”命令调整至合适的形状。

3.2 三维模型的创建与编辑

3.2.1 三维模型的创建

在建筑效果图建模的过程中，很多构件都能用基本的几何体来创建。3ds Max 提供了十种标准基本体的创建工具，可以在视口中通过鼠标轻松创建基本体。命令面板如图 3.55 所示。标准基本体的创建比较简单，下面以其中的长方体和球体为例，来介绍它们的一些公共参数。

1. 长方体的创建

长方体的创建参数如图 3.56 所示。各参数的意义如下。

立方体：约束长度、宽度和高度相等，创建立方体的方法是按住【Shift+Ctrl】组合键，在视口中由立方体中心拖动设置边长，也可以更改“参数”卷展栏中立方体各个边长。

长方体：从一个角到斜对角创建标准长方体基本体，创建的标准体具有不同设置的长度、宽度和高度。

长度/宽度/高度：指定长方体的长、宽高参数。

长度分段/宽度分段/高度分段：默认情况下，长方体的每个侧面是一单个分段。分段的数量会影响到模型面的多少，在建模中，要在保证满足形状要求的前提下，尽可能减少面的数量。但是有些修改器的作用必须在一定的分段前提下才能正确执行，如弯曲、锥化等。

生成贴图坐标：生成将贴图材质应用于长方体的坐标。

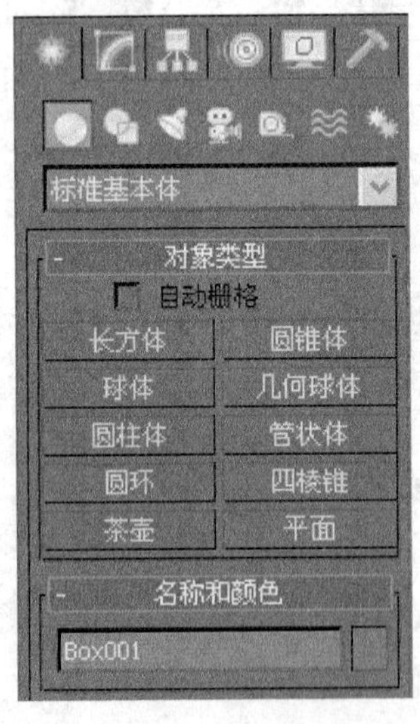

图 3.55 三维命令面板

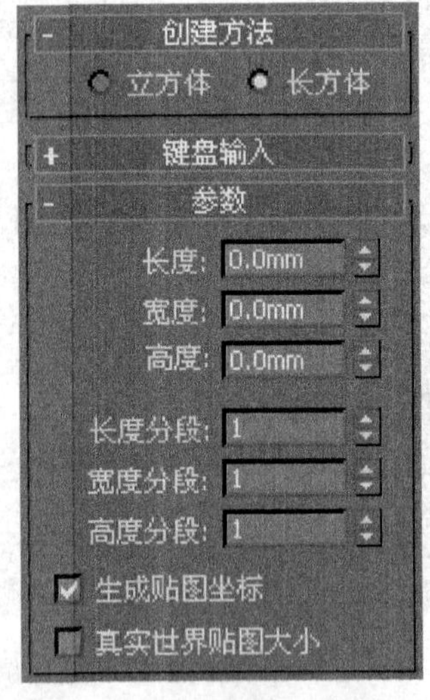

图 3.56 长方体的创建参数

2. 球体的创建

球体的创建参数如图 3.57 所示。各参数意义如下。

1）“创建方法”卷展栏

边：按照边来绘制球体，即制定的点在球体的边上，通过移动鼠标可以更改中心位置。

中心：从中心开始绘制球体，即指定的点是球心的位置。

2）“参数”卷展栏

半径：指定球体的半径。

分段：设置球体多边形分段的数目。

平滑：混合球体的面，从而在渲染视图中创建平滑的外观。

半球：使该值过大将从底部“切断”球体，以创建部分球体，值的范围可以从 0.0 至 1.0，默认值是 0.0，可以生成完整的球体，设置为 0.5 可以生成半球，设置为 1.0 会使球体消失。

切除：通过在半球断开时将球体中的顶点数和面数切除来减少它们的数量，默认设置为启用。

图 3.57 球体的创建参数

挤压：保持原始球体中的顶点数和面数，将几何体向着球体的顶部“挤压”为越来越小的体积。

启用切片：使用“切片起始位置”和“切片结束位置”切换可创建部分球体，效果与将半圆形车削超过 360°类似。

切片起始位置：设置起始角度。

切片结束位置：设置停止角度。

轴心在底部：将球体沿着其局部 Z 轴向上移动，以便轴点位于其底部。如果禁用此选项，轴点将位于球体中心的构造平面上。默认设置为禁用状态。

在球体创建过程中，设置不同的参数，会产生不同的形状。图 3.58 就是设置不同参数值的结果。球体的某些参数和其他的一些标准几何体是相同的，如分段、切片、平滑等。

另外在建模时，最好对创建的对象进行命名，这样在以后的修改中可以利用按名称选择方式对所需对象进行快速选择。

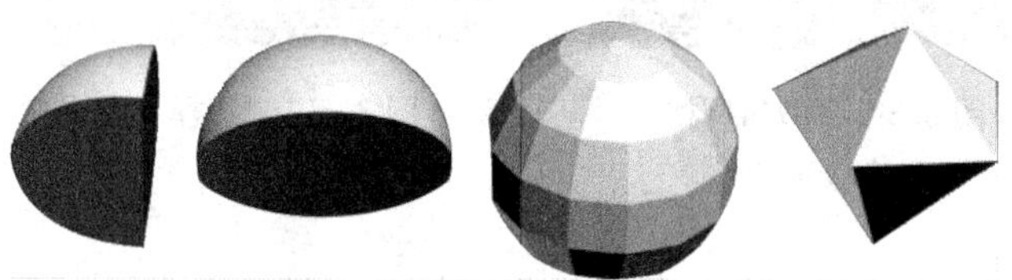

图 3.58 不同参数的设置显示的球体效果

3.2.2 三维模型的编辑

对基本对象的编辑除了在修改面板中对创建对象的参数进行修改外，就是利用修改器下的“编辑网格”命令对三维几何体进行编辑修改，此命令可以制作出很多复杂的模型。下面就来介绍“编辑网格”命令的参数和应用。

在视图中创建一个三维几何体，单击按钮，然后单击“修改”命令面板，从中选择“编辑网格”命令，命令面板中会显示其命令参数，如图 3.59 所示。

1）“选择”卷展栏

该卷展栏是与选择次对象有关的应用工具，可利用它们来对网格对象的点级、边级、面级、多边形级和元素级层级进行选择，卷展栏中的选项按钮是与修改命令堆栈相对应的，如图 3.60 所示。

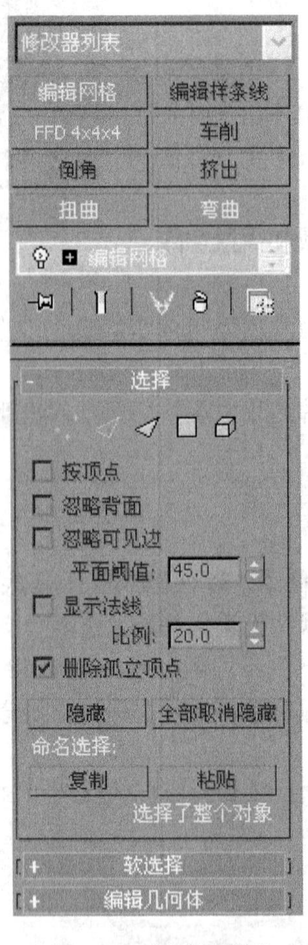

图 3.59 “编辑网格”命令面板

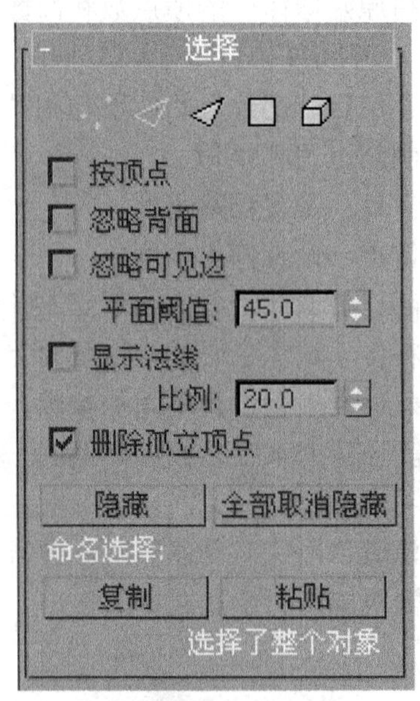

图 3.60 “选择”卷展栏

顶点：以对象的顶点为最小单位进行选择，也可用框选的方式选中多个点。

边：以面或多边形的边为最小单位进行选择，可用框选的方式选中多条边。

面：以三角面为最小单位进行选择，也可用框选的方式选中多个面。

多边形：以所有共面的三角面所组成的多边形为最小单位进行选择，也可用框选的方式选中多个多边形。一般情况下，多边形就是可见的线框边界所组成的那部分区域。

元素：以所有相邻的面组成的元素为最小单位进行选择。

按顶点：当选择除点级的其他层级时，该选项可用。可通过对对象表面顶点的选取来选择其周围的次对象。

忽略背面：启用该复选框，则选择时只能选择面向视图方向的次对象。

忽略可见边：只有选择多边形级次对象时，该选项才可用。启用该复选框，当单击一个面时，将会根据此选项下方的“平面阈值”来决定向周围辐射多远的选择范围，这在选择曲面时非常有用。

2）“编辑几何体”卷展栏

该卷展栏提供了一组用于转换网格对象次对象的工具数面板，如图 3.61 所示。

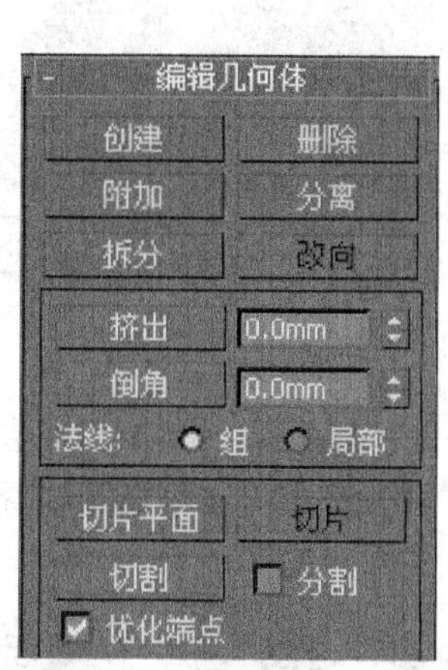

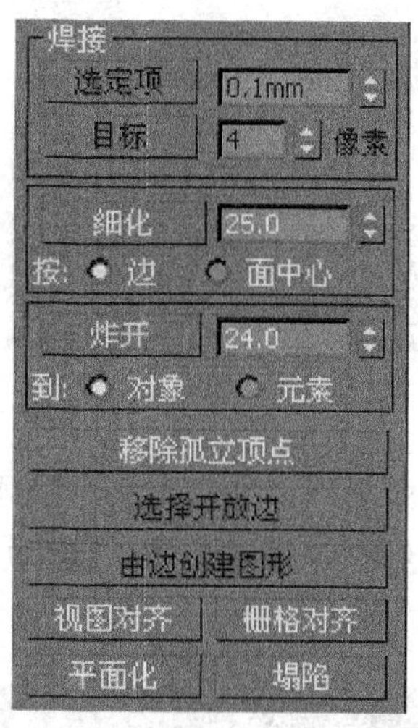

图 3.61　编辑几何体卷展栏

“编辑几何体”卷展栏中的参数分别对应不同的层级对象，选择不同的子层级，会有相应的命令被激活，本节将介绍命令面板中比较重要的参数。

删除：用于删除当前所选中的网格对象。

附加：单击该按钮，在视图中单击其他的对象，可以将其合并入当前对象。主要用于修改和编辑网格物体。

断开：在“点”层级会显示为【断开】按钮，可以将节点间的光滑连续性打断，从而影响点对象定义的面的光滑连续性。在其他子层级中会显示为【拆分】按钮，用于在鼠标的单击处对网格对象的边和面次对象进行分割。

挤出：可以对选择的边、面或多边形次对象进行挤压操作。它将为当前选择的边或面加入一个厚度，使它凸出或凹入表面，从而增加更多的面来增加几何体复杂程度。其右侧的数值框可用于控制挤压效果的长度，如图 3.62 所示。

切角：该按钮对“点”和“边”层级都有效。使用此功能，选定的顶点或边界对象创建为一个斜面。进入物体的点层级或边层级，选择节点或边，调整“切角”右侧数值框的数值，节点或边对象就会产生斜面，如图 3.63 所示。

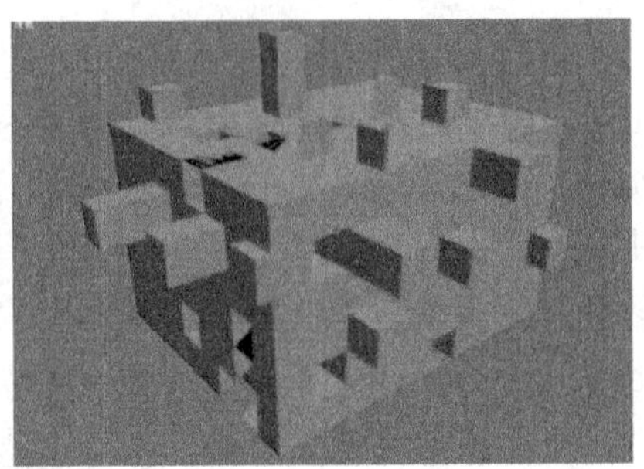

图 3.62　挤出

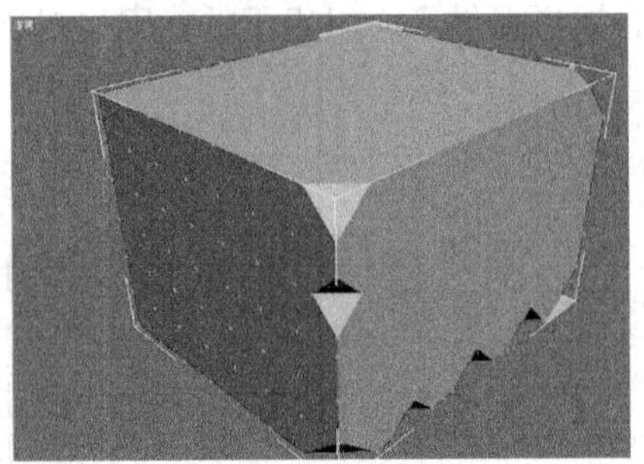

图 3.63　切角

倒角：该按钮对除“点”和“边”以外的层级有效，被启用时会出现在【切角】按钮的位置上。用时结合“挤出”或“缩放”命令缩小或增大所选择的面，如图 3.64 所示。

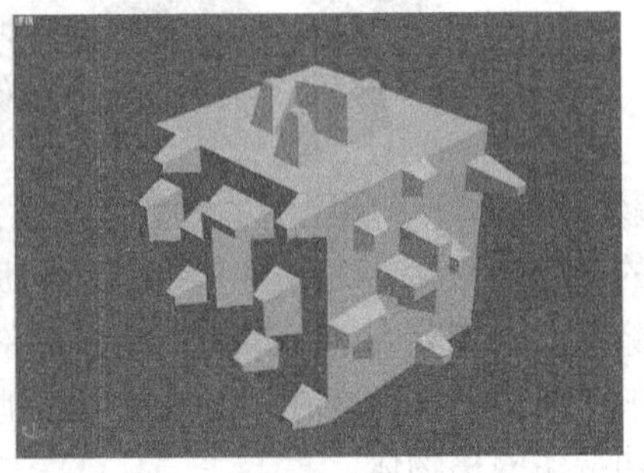

图 3.64　倒角

切片平面：单击此按钮可以在网格对象的中间放置一个黄色的剪切平面，同时激活其右侧的【切片】按钮。剪切平面可以利用移动、旋转和缩放工具进行调整。

切割：单击该按钮可以在各个连续的表面上绘制新的边。用户可以在边界上的任意位置切割边，以产生多条新边。

分割：选择该复选框，则在“切片”和“分割”时都将在边的分割处产生双重顶点。

选定项：用于将选择范围内的多个节点焊接在一起。选择需要焊接的节点，在其右边的数值框中输入数值，用于决定节点的阈值范围，单击【选定项】按钮，若一个节点进入另一节点的阈值范围，则两节点就被焊接在一起，如图 3.65 所示。

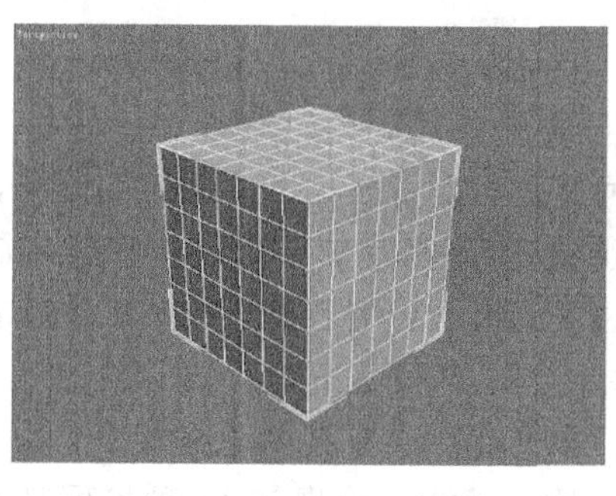
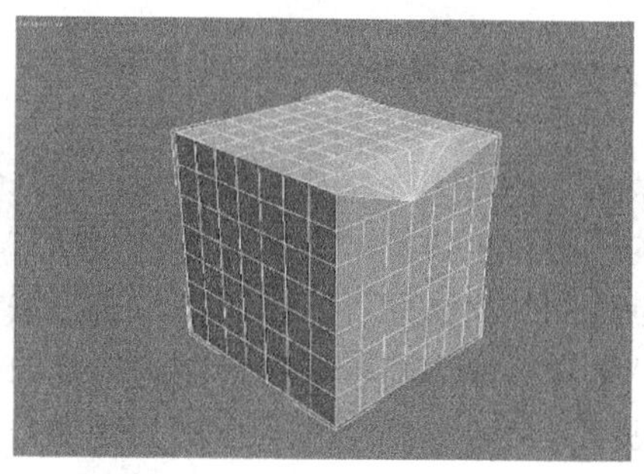

图 3.65　节点焊接

目标：用于将一个或多个节点焊接到一个目标节点上。单击一个节点将其选中，单击【目标】按钮，使用移动工具将所选的节点拖到目标节点上，松开鼠标，则所选节点将与目标节点焊接为一个节点，如图 3.66 所示。

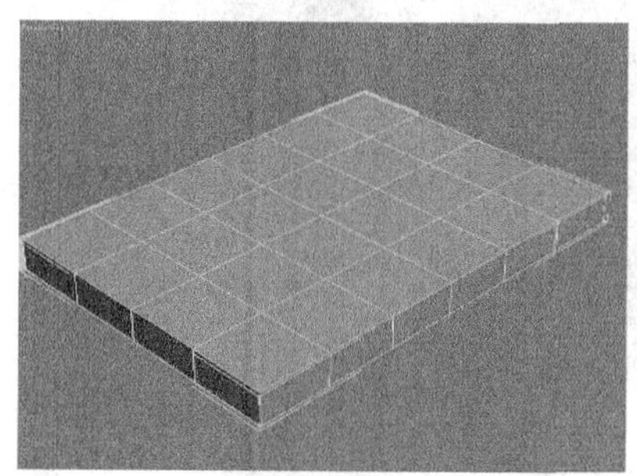
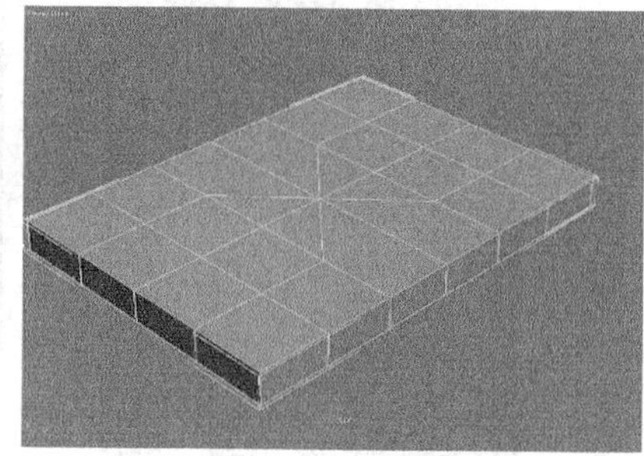

图 3.66　目标节点

平面化：单击此按钮，可将节点、边、面或多边形次对象沿其选择集的 X 轴、Y 轴塌陷成一个平面，也就是将所有选择的次对象强制压成一个平面，注意它们并不是进行合成，而只是同处于一个平面上。

塌陷：在“点”层级中，单击该按钮，所选择的节点将被合并成一个公共的节点，且新节点的位置是所有被选节点位置的平均值，如图 3.67 所示。

图 3.67　塌陷

3.2.3 扩展基本体建模

扩展基本体是比标准几何体更复杂的几何体，可以说是标准几何体的延伸，具有更多奇异的形态。创建扩展基本体可以选择“创建/扩展基本体”命令，在弹出的菜单中选择要创建的几何体即可。也可以单击按钮，选择下拉列表框中的“扩展基本体”选项，在“创建”命令面板中选择创建的几何体即可，如图 3.68 所示。

扩展基本体在建模过程中也被频繁使用，用于建造更复杂的三维模型。扩展基本体包括异面体、环形结、切角长方体、切角圆柱体、油罐、胶囊等 13 种扩展基本体，其创建命令面板如图 3.69 所示。下面介绍几个常用的扩展基本体建模命令。

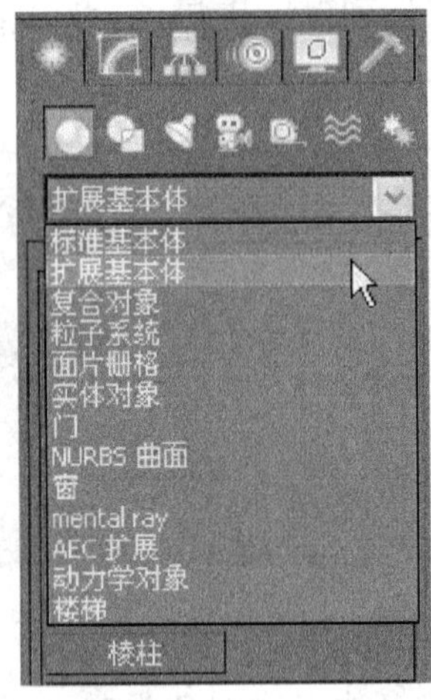

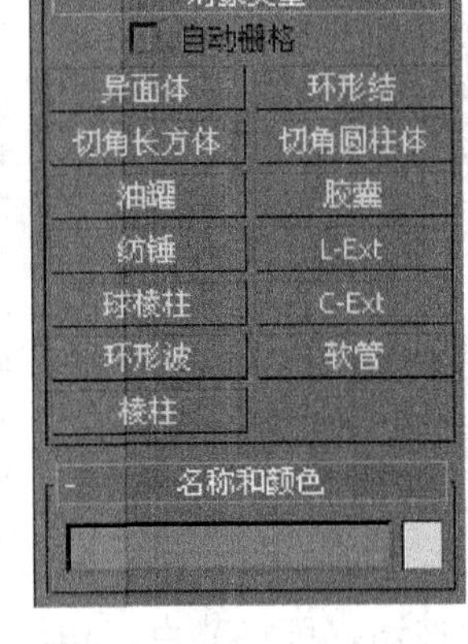

图 3.68 下拉列表框　　图 3.69 扩展基本体创建命令面板

1. 异面体

异面体用于创建各种具备奇特表面的多面体，下面就来介绍异面体的创建方法以及参数的设置和修改。

异面体的创建方法和球体相似，操作步骤如下：

(1) 单击 异面体 按钮。

(2) 将鼠标指针移到视图中单击并按住鼠标左键不放进行拖拽，视图中生成一个异面体，上下移动光标调整多面体的大小，在适当的位置单击，异面体创建完成，单击“修改器”面板调整其修改参数，效果如图 3.70 所示。

异面体的具体参数如下：

单击异面体将其选中，然后单击按钮，在“修改”命令面板中会显示异面体的参数，如图 3.71 所示。

图 3.70　异面体

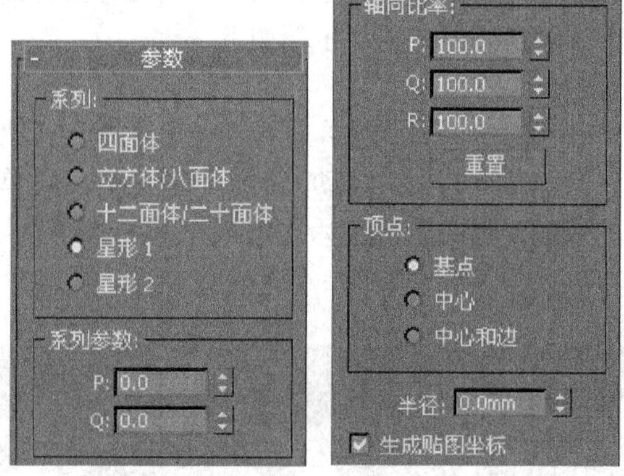

图 3.71　异面体命令面板

系列：该组参数中提供了 5 种基本形体方式供选择，它们都是常见的异面体，如图 3.72 所示，图中从左至右依次为四面体、立方体/八面体、十二面体/二十面体、星形 1、星形 2。其他许多复杂的异面体都可以由它们通过修改参数变形得到。

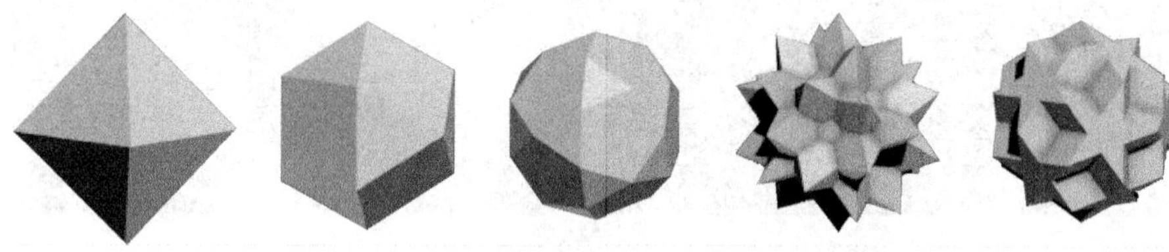

图 3.72　常见的异面体

系列参数：利用“P”、“Q”选项，可以通过两种途径分别对异面体的顶点和面进行双向调整，从而产生不同的造型。

轴向比率：异面体的表面都是由三种类型的平面图形拼接而成，包括三角形、矩形和五边形。这里的三个调节器“P”、“Q”、“R”是分别调节各自比例的。【重置】按钮可使数值回复到默认值（系统默认值为 100）。

顶点：用于确定异面体内部顶点的创建方式，作用是决定异面体的内部结构，其中“基点”参数确定使用基点的方式，使用“中心”或“中心和边”方式则产生较少的顶点，且得到的异面体也比较简单。

半径：用于设置异面体的大小。

2. 切角长方体和切角圆柱体

切角长方体和切角圆柱体用于直接产生带导角的立方体和圆柱体，下面就来介绍切角长方体和切角圆柱体的创建方法以及参数的设置和修改。

1）创建切角长方体和切角圆柱体

切角长方体和切角圆柱体的创建方法是相同的，两者都具有圆角的特性，这里以切角长方体为例对创建方法进行介绍，操作步骤如下：

（1）单击 切角长方体 按钮。

（2）将鼠标指针移到视图中单击并按住鼠标左键不放进行拖拽，视图中生成一个方形平面，在适当的位置松开鼠标并上下移动光标，调整其高度，单击鼠标后再次上下移动光标，调整其圆角的系数，再次单击鼠标，切角方体创建完成。

（3）单击修改器面板调整其修改参数，效果如图 3.73 所示。

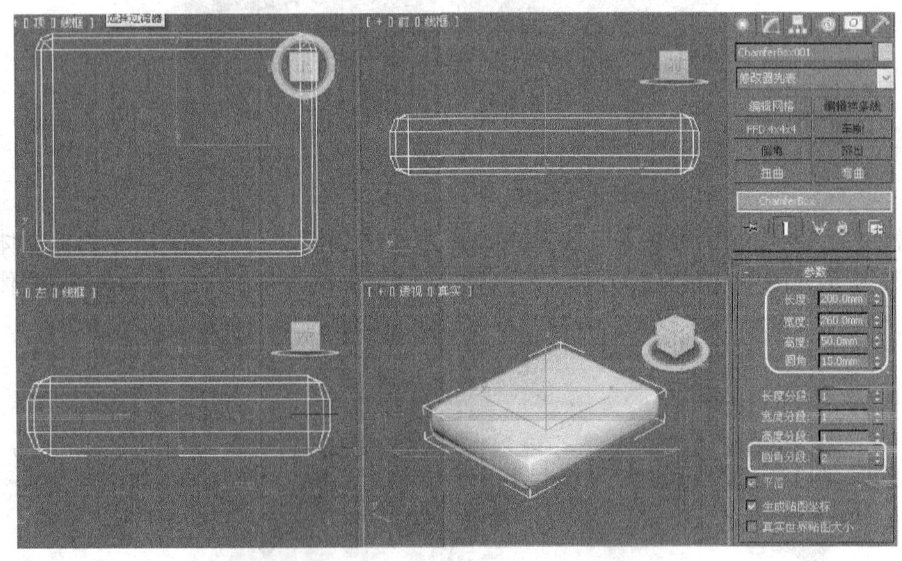

图 3.73 创建切角长方体并调整其参数

2）切角长方体和切角圆柱体的参数

单击切角长方体或切角圆柱体将其选中，然后单击按钮，在“修改”命令面板中会显示切角长方体或切角圆柱体的参数，如图 3.74 所示，切角长方体或切角圆柱体的参数大部分都是相同的。

圆角：设置切角长方体（切角圆柱体）的圆角半径，确定圆角的大小。

圆角分段：设置圆角的段数，值越高，导角越圆滑。

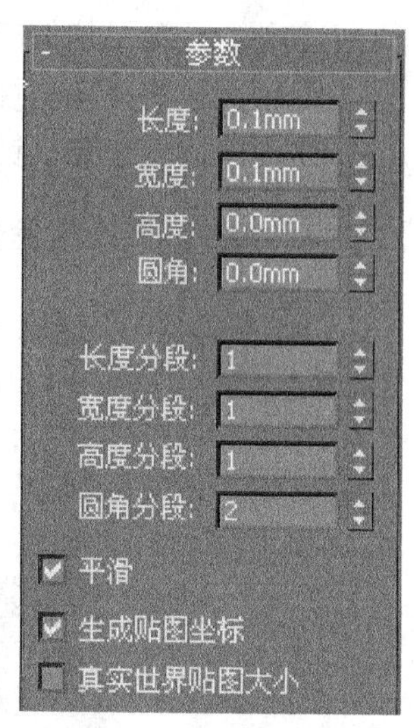

图 3.74 切角长方体和切角圆柱体的参数

3. 油罐和胶囊

油罐和胶囊这两个几何体都具有圆滑的特性，创建方法和参数也有相似之处，下面就来介绍油罐和胶囊的创建方法以及参数的设置和修改。

1）创建油桶和胶囊

油罐和胶囊的创建方法相似，以油罐为例来介绍这两个几何体的创建方法，操作步骤如下：

（1）单击 油罐 按钮。

（2）将鼠标指针移到视图中单击并按住鼠标左键不放进行拖拽，视图中生成油罐的底部，在适当的位置松开鼠标并移动光标，调整油罐的高度，单击鼠标，移动光标调整导角的系数，油罐几何体创建完成。

（3）单击修改器面板调整其修改参数，效果如图 3.75 所示。

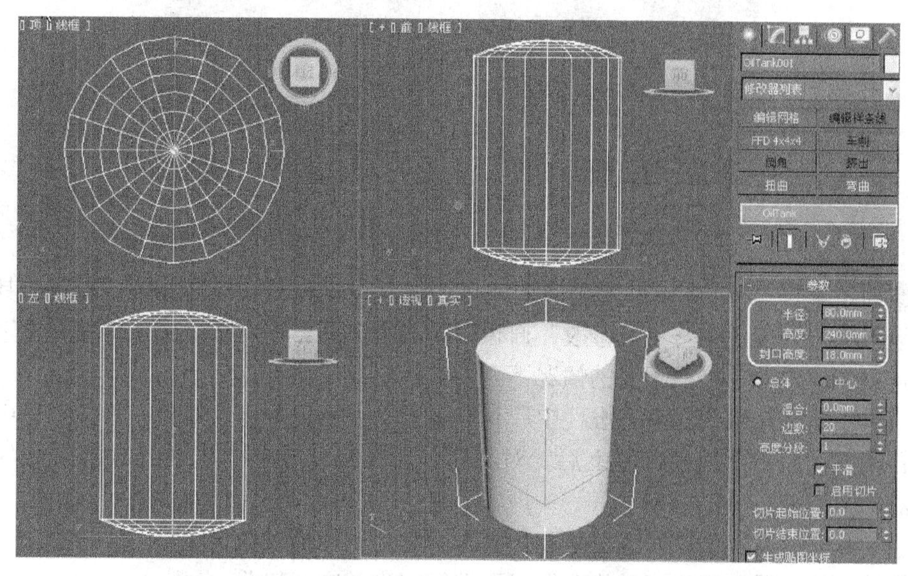

图 3.75 油罐和胶囊的创建及修改

2）油桶和胶囊的参数

单击油罐或胶囊将其选中，然后单击按钮，在“修改”命令面板中会显示其参数，如图 3.76 所示，这两个几何体的参数大部分都很相似。

封口高度：设置两端凸面顶盖的高度。

总体：测量几何体的全部高度。

中心：只测量柱体部分的高度，不包括顶盖高度。

混合：设置顶盖与柱体边界产生的圆角大小，圆滑顶盖的柱体边缘。

高度分段：设置圆锥顶盖的段数。

3.2.4 常见的几个三维修改器

3ds Max 2012 提供了丰富的修改器，常用的效果图制作中修改器命令有“弯曲”、“扭曲”、“锥化”、“FFD4×4×4”和“晶格”等。

在学习修改器之前，先看一下修改器堆栈。在堆栈中详细保存了对对象的修改，我们可以方便地返回到任一修改器，并对其参数进行调整，如图 3.77 所示。

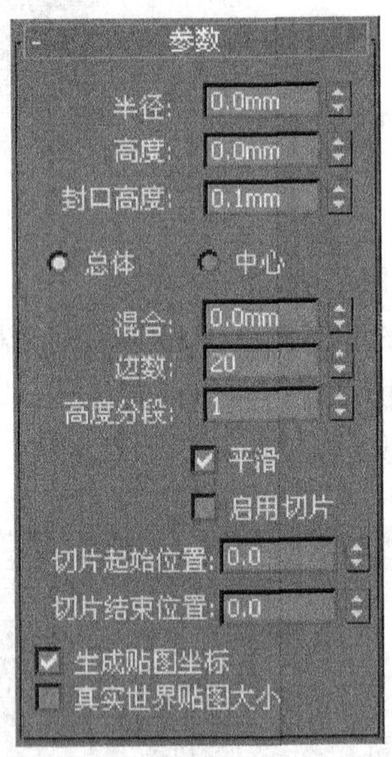

图 3.76 油桶和胶囊的参数

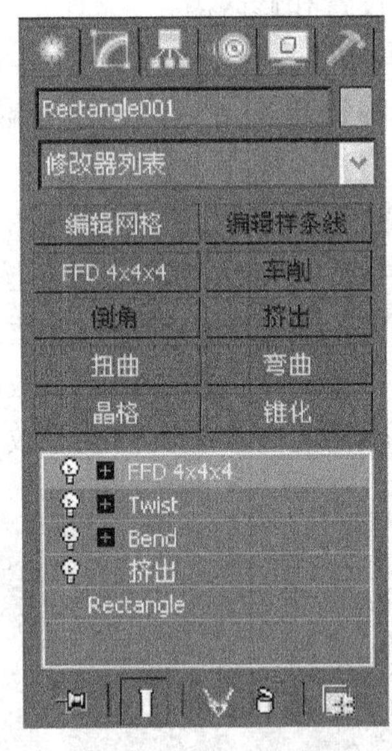

图 3.77 修改堆栈器

锁定堆栈：将堆栈锁定到当前选中的对象，从而无论后续选择如何更改，其都可以与该对象一同保留，整个“修改”面板同时将锁定到当前对象。锁定堆栈非常适用于在保持已修改对象的堆栈不变的情况下变换其他对象。

显示最终结果：显示在堆栈中所有修改完毕后出现的选定对象，与在堆栈中的当前位置无关，禁用此切换选项之后，对象将显示为对堆栈中的当前修改器所做的最新修改。

使唯一：将实例化修改器转化为副本，它对于当前对象是唯一的。

移除修改器：删除当前修改器或取消绑定当前空间扭曲。

配置修改器集：使用此按钮可设置菜单，该菜单提供用于管理和自定义应用修改器的快捷键按钮的选项。

1. “弯曲”修改器

“弯曲”修改器允许将当前选中对象围绕单独轴弯曲 360°，在对象几何体中产生均匀弯曲，可以在任意三个轴上控制弯曲的角度和方向，也可以对几何体的一段限制弯曲。其操作步骤如下：

(1) 在视窗选中一个对象并应用“弯曲”修改器。

(2) 在“参数”卷展栏上，将弯曲的轴设为 X、Y、Z，这是弯曲 Gizmo 的轴而不是选中对象的轴，可以随意在轴之间切换，但是修改器只支持一个轴的设置。

(3) 设置沿着选中轴弯曲的角度，对象以此角度进行弯曲。

(4) 设置弯曲的方向，对象绕着轴旋转，如图 3.78 所示。

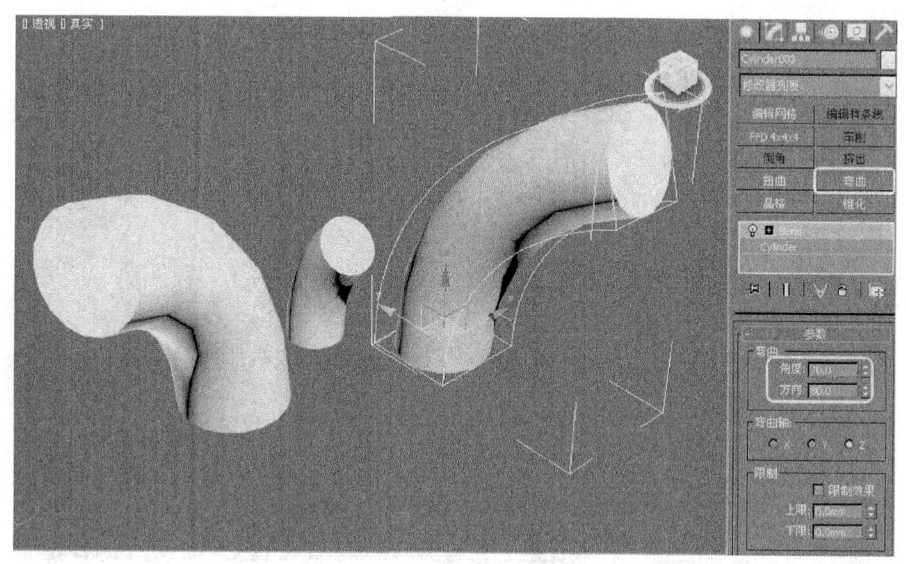

图 3.78　设置弯曲的方向

通过将正值改为负值可以翻转角度和方向。

下面介绍弯曲的参数面板，如图 3.79 所示。

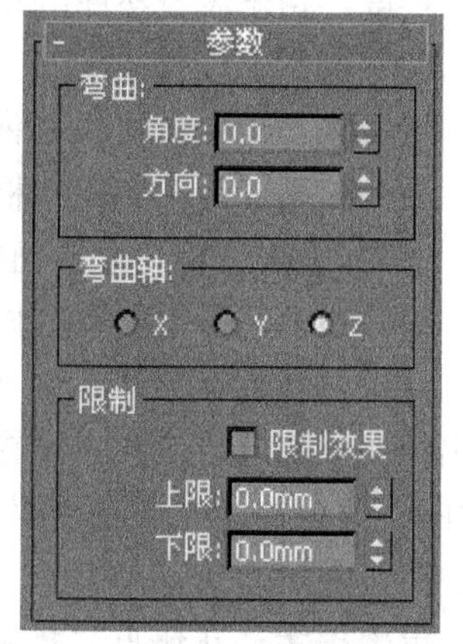

图 3.79　弯曲的参数面板

角度：从顶点平面设置要弯曲的角度，范围为 −999,999.0～999,999.0。

方向：设置弯曲相对于水平面的方向，范围为 −999,999.0～999,999.0。

弯曲轴：X/Y/Z 是指定要弯曲的轴。注意，此轴位于弯曲 Gizmo 并与选择项不相关。

限制效果：将限制约束应用于弯曲效果，默认设置为禁用状态。

上限：以世界单位设置上部边界，此边界位于弯曲中心点上方，超出此边界弯曲不再影响几何体，默认设置为 0，范围为 0～999,999.0。

下限：以世界单位设置下部边界，此边界位于弯曲中心点下方，超出此边界弯曲不再影响几何体，默认设置为 0，范围为 −999,999.0～0。

2. “扭曲”修改器

“扭曲”修改器主要用于对物体进行扭曲处理，通过调整扭曲的角度和偏移值，可以得到各种扭曲效果，同时还可以通过限制参数的设置，使扭曲效果限定在固定的区域内。

1）“扭曲”命令的参数

单击 / / 四棱锥 按钮，在透视图中创建一个棱锥体，并添加复杂度，然后单击 按钮，在“修改”命令面板中选择【扭曲】按钮，透视图中棱锥体周围会出现“扭曲”命令的套框，在“角度”微调器中输入参数 240，效果如图 3.80 所示。

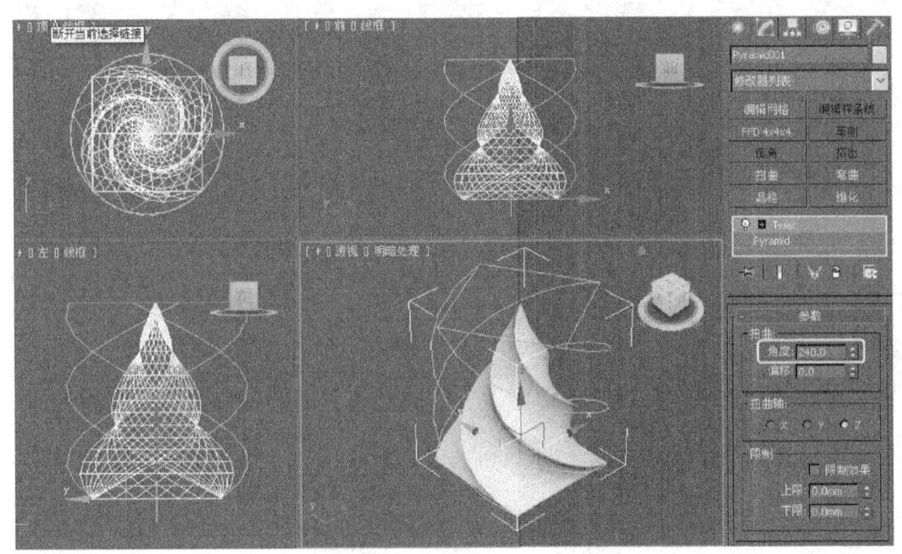

图 3.80 “扭曲”命令的参数

角度：用于设置扭曲的角度大小。

偏移：用于设置扭曲向上或向下的偏向度。

扭曲轴：用于设置扭曲依据的坐标轴向。

限制效果：选中该复选框，打开限制影响。

上限/下限：用于设置扭曲限制的区域。

2）“扭曲”命令参数的修改

对象的参数在默认设置下各个方向上的段数都为“1”，所以这时设置扭曲的参数是不出扭曲效果的，应该先设置对象的段数，各方向上的段数都增加复杂度。这时再调整“扭曲”命令的参数，就可以看到对象发生的扭曲效果。还可以选中“限制效果”复选框，打开限制影响，如图 3.81 所示。

温馨提示：在使用“扭曲”命令时，应对物体设定合适的段数，即对象的复杂度。灵活运用限制参数也能很好地达到扭曲效果。

3. “锥化”修改器的参数

“锥化”修改器通过缩放对象几何体的两端产生锥化轮廓，一段放大而另一端缩小，可以在两端轴上控制锥化的量和曲线，也可使用该修改器的限制功能以对几何体的一段实行锥化，效果如图 3.82 所示。

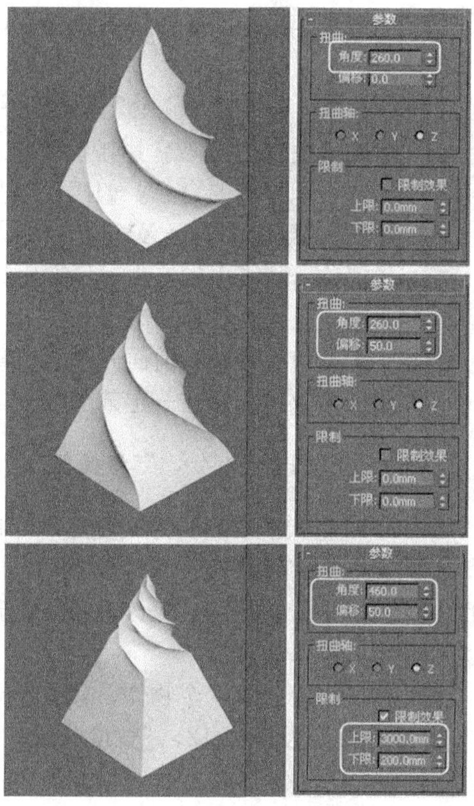

图 3.81　“扭曲”命令参数的修改

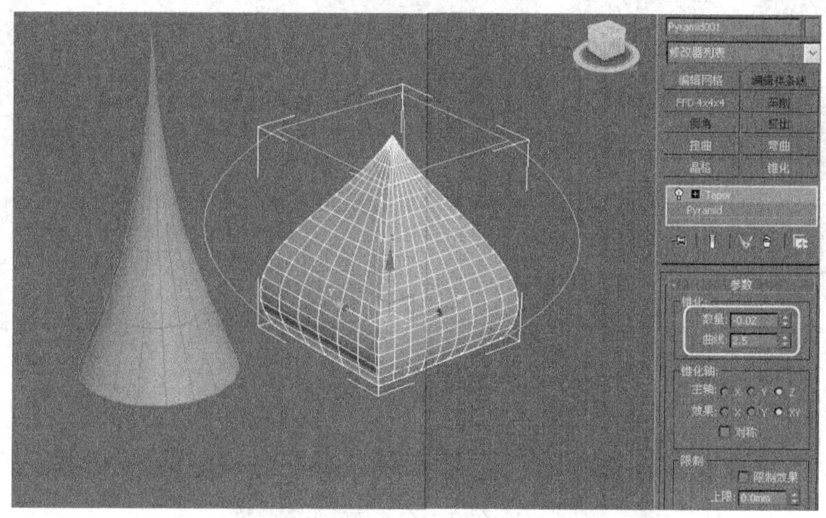

图 3.82　“锥化”修改器的参数

“锥化” 修改器的参数面板如图 3.83 所示。

数量：缩放扩展的末端，这个量是一个相对值，最大为 10。

曲线：对锥化 Gizmo 的侧面应用曲率，因此影响锥化对象的图形，正值会沿着锥化侧面产生向外的曲线，负值产生向内的曲线，值为 0 时侧面不变，默认值为 0。

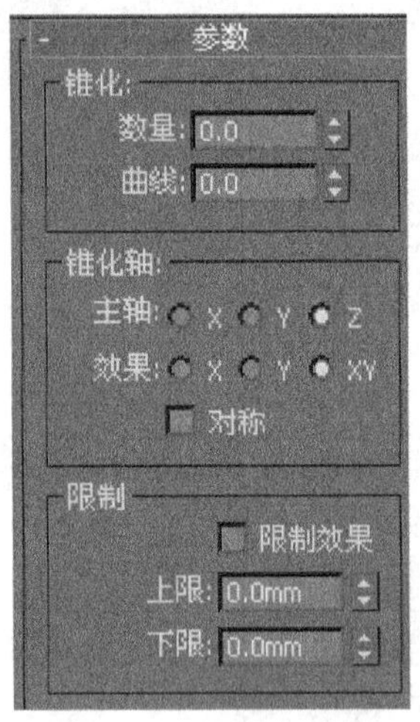

图 3.83 锥化修改器的参数面板

主轴：锥化的中心样条线或中心轴 X、Y 或 Z，默认设置为 Z。

效果：用于表示主轴上的锥化方向的轴或轴对，可用选项取决于主轴的选取，影响轴可以是剩下两个轴的任意一个，或者是它们的合集。如果主轴是 X，影响轴可以是 Y、Z 或 YZ，默认设置为 XY。

对称：围绕主轴产生对称锥化，锥化始终围绕影响轴对称，默认设置为禁用状态。

限制组的参数和前面介绍的“弯曲”修改器一致，可把修改器的效果限制在一定范围内。

4. “FFD 4×4×4”修改器

FFD 代表“自由形式变形”，FFD 修改器使用晶格框包围选中几何体，通过调整晶格的控制点，可以改变封闭几何体的形状。我们在效果图制作建模中，主要用该修改器的“控制点”，对物体进行变形修改，下面以制作书本为例介绍其操作步骤。

(1) 在顶视图中用“长方体”命令建立一个物体，其参数“长度”为 300，“宽度”为 200，“高度”为 40，“长度分段”设置为 12，“宽度分段”设置为 13，“高度分段”设置为 5，如图 3.84 所示。

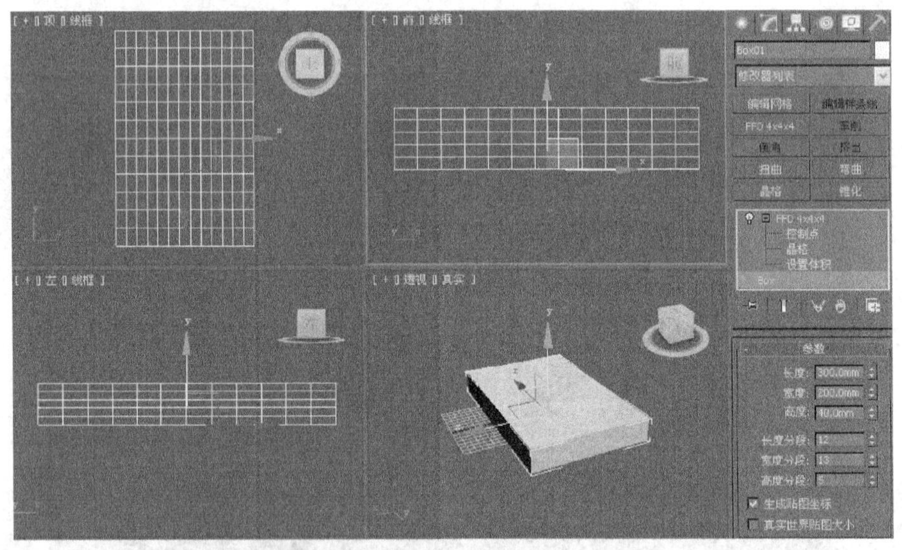

图 3.84 建立一个物体并设置参数

(2) 从修改器列表中选中“FFD 4×4×4”修改器，在堆栈器中将“FFD 4×4×4”修改器展开，用“控制点”命令调整视窗物体的节点，调整效果如图 3.85 所示。

(3) 单击工具栏上的镜像工具按钮，将“镜像轴”设为 X 轴，将“克隆当前选择”设为“复制”，再将“偏移”设置为 250。用移动工具调整到合适位置，调整效果如图 3.86 所示。

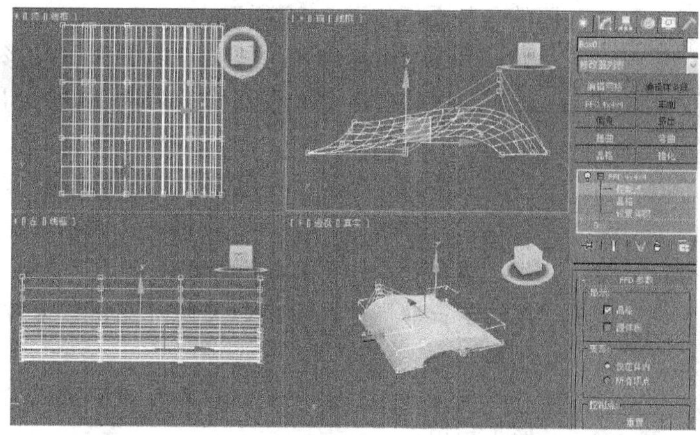

图 3.85　用“FFD 4×4×4”修改器进行修改

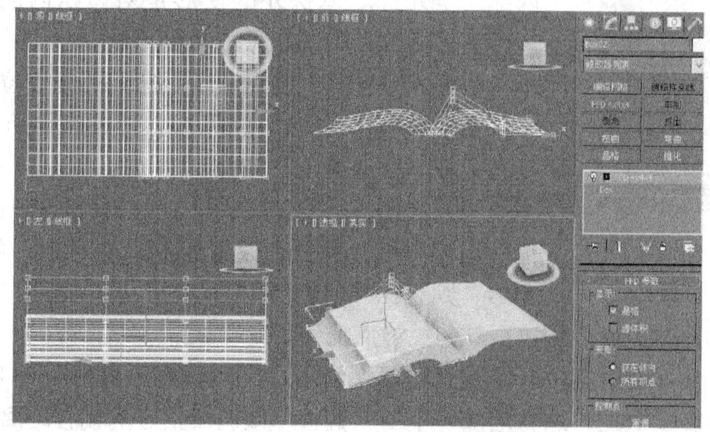

图 3.86　调整后的效果

（4）按快捷键【F9】进行快速渲染，书本渲染效果如图 3.87 所示。

图 3.87　渲染效果

“FFD 4×4×4”修改器的参数面板如图 3.88 所示。

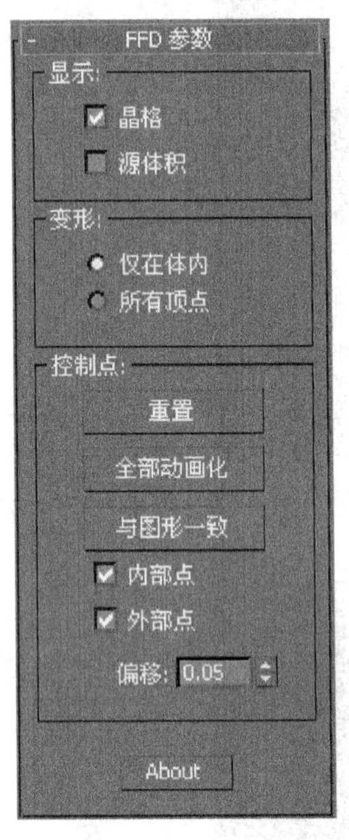

图 3.88 “FFD 4×4×4”修改器的参数面板

晶格：将绘制连接控制点的线条，以形成栅格。虽然绘制的线条有时会使视口显得混乱，但它们可以使晶格形象化。

源体积：控制点和晶格会以未修改的状态显示。当在“晶格”选择级别上，将帮助摆放源体积位置。

温馨提示：要查看位于源体积（可能会变形）中的点，通过单击堆栈中显示出的关闭灯泡图标来暂时取消激活修改器。

仅在体内：只有位于源体积内的顶点会变形。默认设置为启用。

所有顶点：将所有顶点变形，不管它们位于源体积的内部还是外部。体积外的变形是对体积内的变形的延续，远离源晶格的点的变形可能会很严重。

重置：将所有控制点返回到它们的原始位置。

全部动画化：将“点 3”控制器指定给所有控制点，这样它们在“轨迹视图”中立即可见。默认情况下，FFD 晶格控制点将不在“轨迹视图”中显示出来，因为没有给它们指定控制器，但是在设置控制点动画时，给它指定了控制器，则它在“轨迹视图”中可见。使用“全部动画化”也可以添加和删除关键点和执行其他关键点操作。

与图形一致：在对象中心控制点位置之间沿直线延长线，将每一个 FFD 控制点移到修改对象的交叉点上，这将增加一个由“偏移”微调器指定的偏移距离。

温馨提示：将“与图形一致”应用到规则图形效果很好，如基本体。它对退化（长、窄）面或锐角效果不佳。这些图形不可使用这些控件，因为它们没有相交的面。

内部点：仅控制受“与图形一致”影响的对象内部点。

外部点：仅控制受“与图形一致”影响的对象外部点。

偏移：受“与图形一致”影响的控制点偏移对象曲面的距离。

About：显示版权和许可信息对话框。

5. “晶格”修改器

“晶格”修改器是将图形的线段或边转化为圆柱形结构，并在顶点上产生可选的关节多面体，使用它基于网格拓扑创建可渲染的几何体结构，或作为获得线框渲染效果的另一种方法。可以用该修改器来制作网架结构或者是分隔。图 3.89 是球体晶格化后的效果。

“晶格”的参数面板如图 3.90 所示。

应用于整个对象：将“晶格”应用到对象的所有边或线段上，禁用时，仅将“晶格”应用到传送到堆栈中的选中子对象。

仅来自顶点的节点：仅显示由原始网格顶点产生的关节（多面体）。

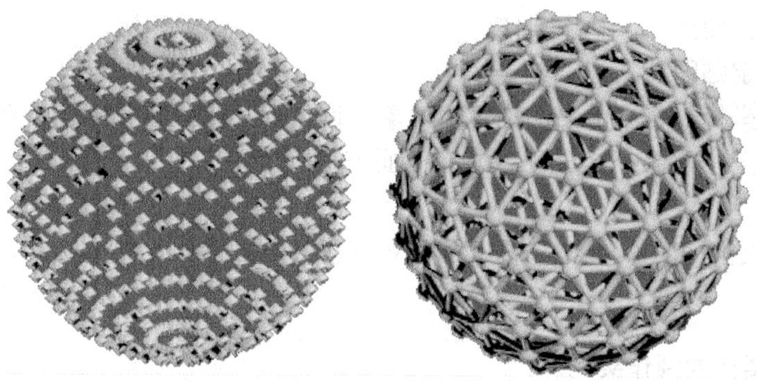

图 3.89　球体晶格化后的效果

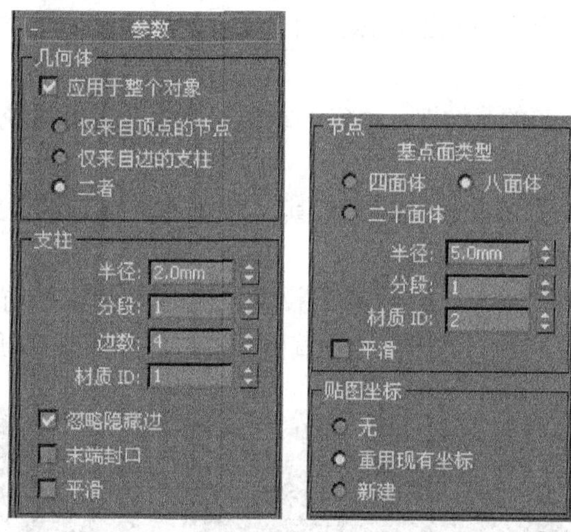

图 3.90　“晶格”的参数面板

仅来自边的支柱：仅显示由原始网格线段产生的关节（多面体)。

二者：显示结构和关节。

半径：指定结构半径。

分段：指定沿结构的分段数目。当需要使用后续修改器将结构或变形或扭曲时，增加此值。

边数：指定结构周界的边数目。

材质 ID：指定用于结构的材质 ID，使结构和关节具有不同的材质 ID，这会很容易地将它们指定给不同的材质，结构默认 ID#1。

忽略隐藏边：仅生成可视边的结构，禁用时将生成所有边的结构，包括不可见边。

末端封口：将末端封口应用于结构。

平滑：将平滑应用于结构。

基点面类型：指定用于关节的多面体类型。

四面体：使用一个四面体。

八面体：使用一个八面体。

二十面体：使用一个二十面体。

无：不指定贴图。

重用现有坐标：将当前贴图指定给对象，这可能是由生成贴图坐标在创建参数中或前一个指定贴图修改器指定的贴图。使用此选项时，每个关节将继承它所包围顶点的贴图。

新建：将贴图用于“晶格”修改器，将圆柱形贴图应用于每个结构，圆形贴图应用于每个关节。

3.2.5 旋转楼梯的制作实例

实例目的： 本例通过制作旋转楼梯来学习“弯曲”命令的使用。

知识要点： 用“线”命令绘制楼梯的截面线；用线段子物体层级下“拆分”命令添加顶点；用“挤出”命令生成三维物体；用“弯曲”命令生成旋转楼梯。

操作步骤：

(1) 单击屏幕左上角的按钮，执行“重置”命令，进行系统重新设定，并将系统显示单位设置为毫米。

(2) 单击工具栏中的捕捉按钮，在其上面单击鼠标右键，弹出“栅格和捕捉设置”对话框，勾选“栅格点”选项。

(3) 将前视图最大化显示。单击 / / 线 按钮，在前视图中绘制线形，控制踏步的宽度和高度为水平三个栅格、垂直两个栅格，如图 3.91 所示。

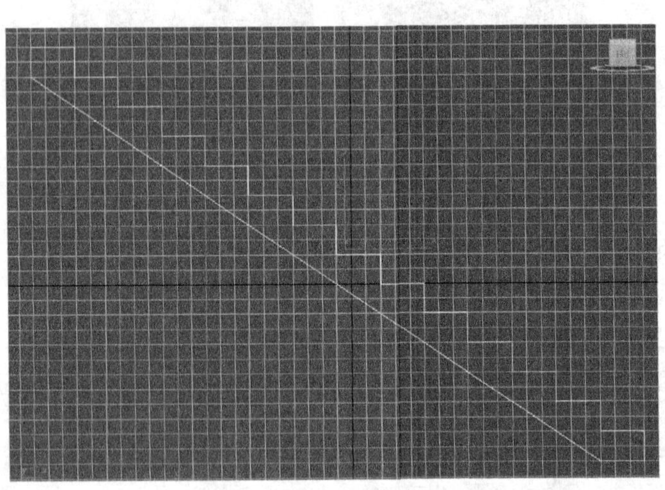

图 3.91 在前视图中绘制线形

(4) 按【2】键，进入线段子物体层级，在前视图中选择下面的线段，然后在“拆分”右侧的窗口中输入 12，再单击 拆分 按钮，此时选择的线段增加了 10 个顶点，如图 3.92 所示。

温馨提示： 在线段进行“拆分”的过程中，顶点的类型必须是“角点”方式，否则它会产生不等分的现象。为线段增加顶点的目的是使后面进行“弯曲”时达到好的效果，如果不增加顶点，就不能进行弯曲。

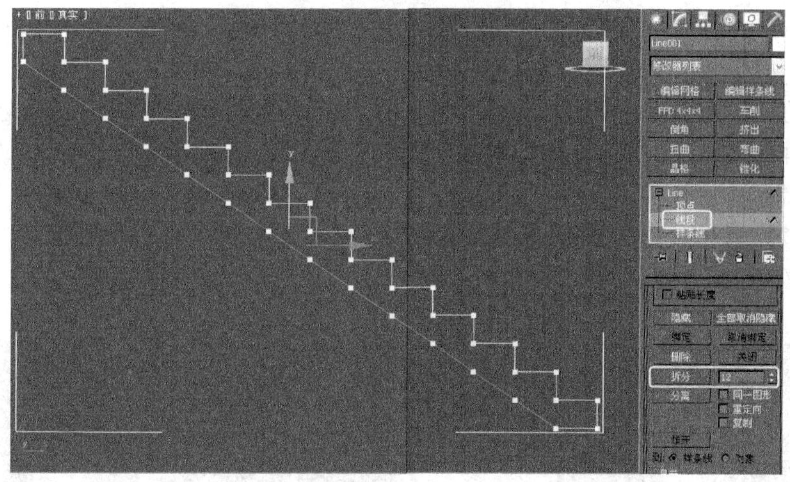

图 3.92 用“拆分”命令在线段上增加顶点

(5) 为绘制的线形添加“挤出”命令，数量设置为 150，如图 3.93 所示。用同样的方法在前视图中绘制出楼梯挡板的截面，然后为绘制的楼梯挡板增加顶点数，效果如图 3.94 所示。

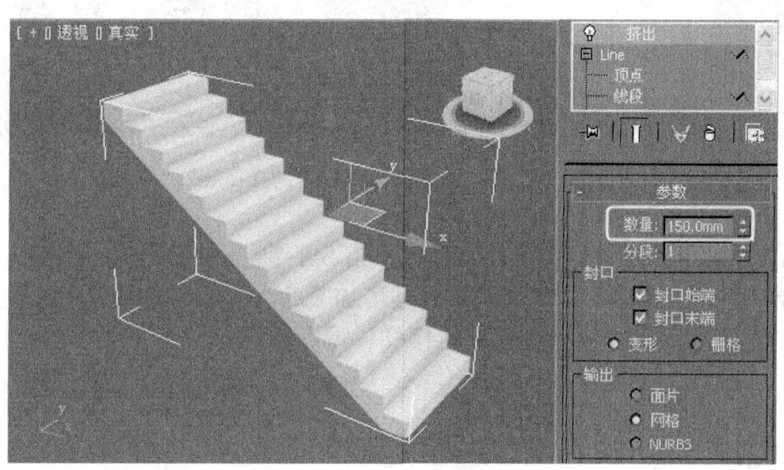

图 3.93 为线形添加“挤出”命令

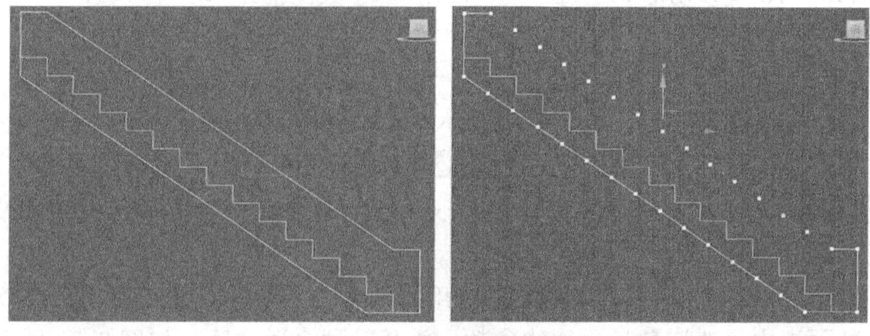

图 3.94 绘制出楼梯挡板的截面并添加节点

(6) 在“修改”命令面板中执行“挤出”命令，数量设置为 2。在顶视图中沿 Y 轴往下复制一个，用“对齐”命令进行对齐。

(7) 在修改器列表中选择“弯曲”命令，将“角度”和“方向”设置为 90，勾选 X 轴，效果如图 3.95 所示。将文件进行保存，命名为“旋转楼梯”。

温馨提示： 在使用“弯曲”命令时，可以勾选“限制效果”，然后调整“上限”的参数，在修改器列表中打开■，激活子物体层级，然后用工具栏中的■移动工具改变弯曲的位置。

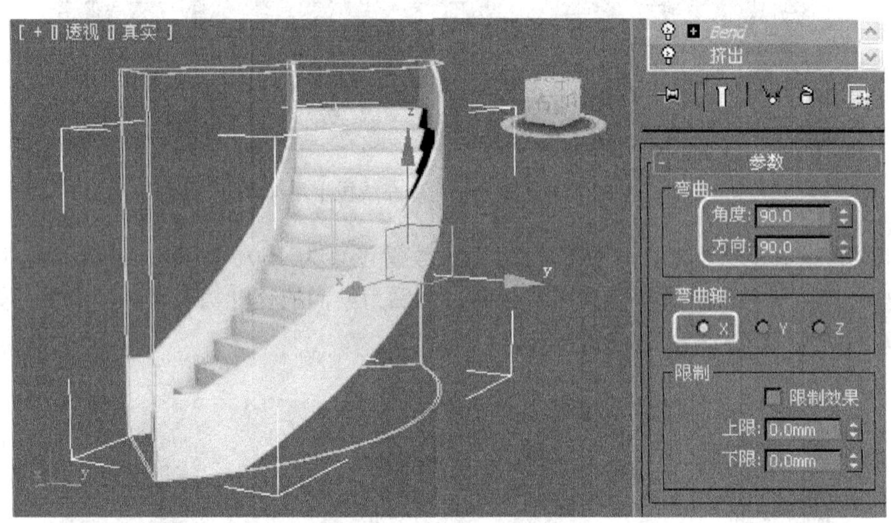

图 3.95　用“弯曲”命令制作的楼梯效果

实例总结： 本例通过制作一个旋转楼梯造型，主要学习线形的绘制与修改，使用线段子物体层级下的“拆分”命令为线形合理增加顶点，使用“挤出”让线形生成三维物体，使用“弯曲”命令将楼梯变成旋转楼梯，重点掌握“弯曲”命令的使用及参数的作用。

3.2.6　组合沙发的制作实例

实例目的： 通过制作组合沙发来学习“切角长方体”命令。

知识要点： 用“切角长方体”命令制作坐面和背靠；用“圆柱体”命令制作沙发腿。

操作步骤：

(1) 进行系统重新设定，并将系统显示单位设置为毫米。

(2) 单击■按钮，在下拉列表框 标准基本体 中选择“扩展基本体”选项，然后单击 切角长方体 按钮，在顶视图创建切角长方体，在参数面板中设置切角长方体的参数，如图 3.96 所示。

(3) 按住【Shift】键，在前视图中使用■移动工具将切角长方体向下移动复制一个，在参数面板中修改切角长方体的参数，并移动到合适位置，如图 3.97 所示。

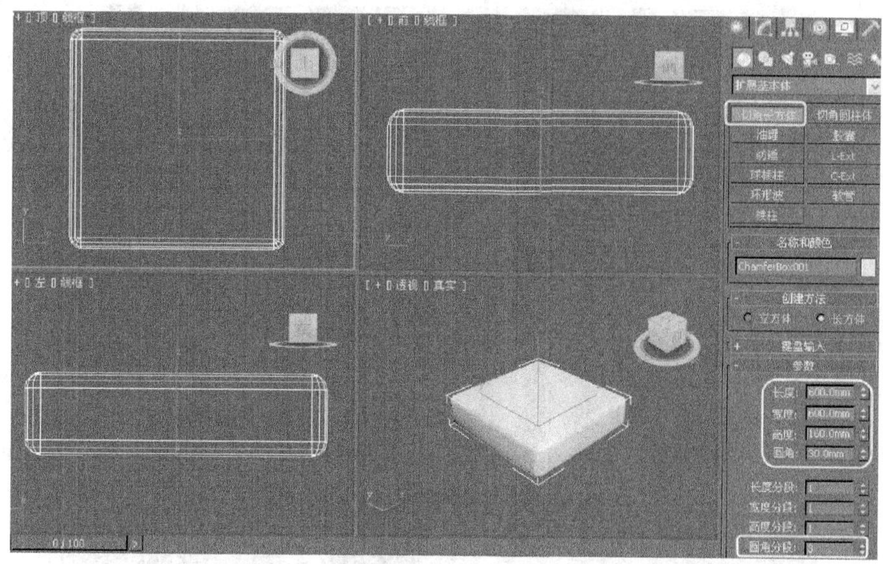

图 3.96　在参数面板中设置切角长方体的参数

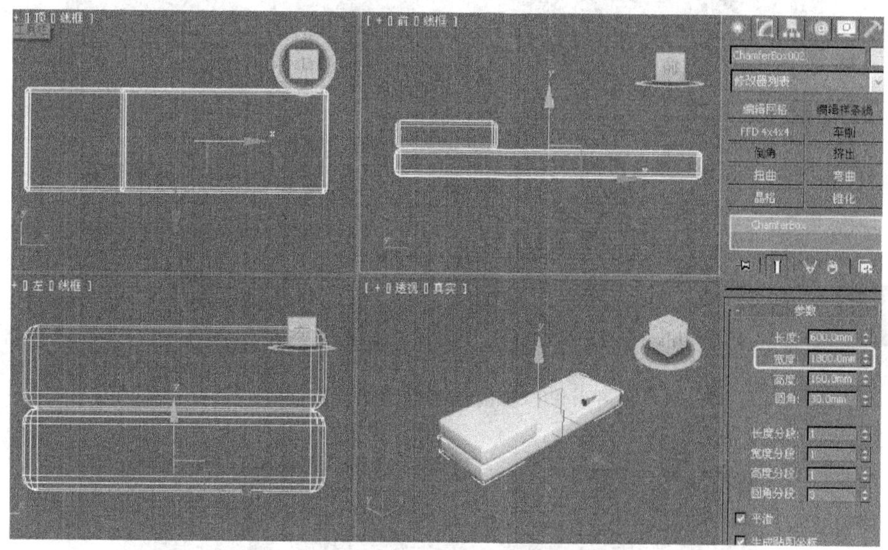

图 3.97　复制切角长方体并修改其参数

(4) 单击切角长方体按钮，在左视图创建切角长方体，在参数面板中设置切角长方体的参数，右键单击前视图，将光标移到坐标轴的 X 轴上，将切角长方体拖拽到一侧，效果如图 3.98 所示。

(5) 单击切角长方体按钮，在前视图创建切角长方体，在参数面板中设置切角长方体的参数，使用移动工具将切角长方体移动到合适的位置，效果如图 3.99 所示。选中三个物体，按住【Shift】键，将光标放在 X 轴上移动，在弹出的“克隆选项”对话框中，将“副本数”设置为 2，单击【确定】按钮，复制切角长方体，效果如图 3.100 所示。

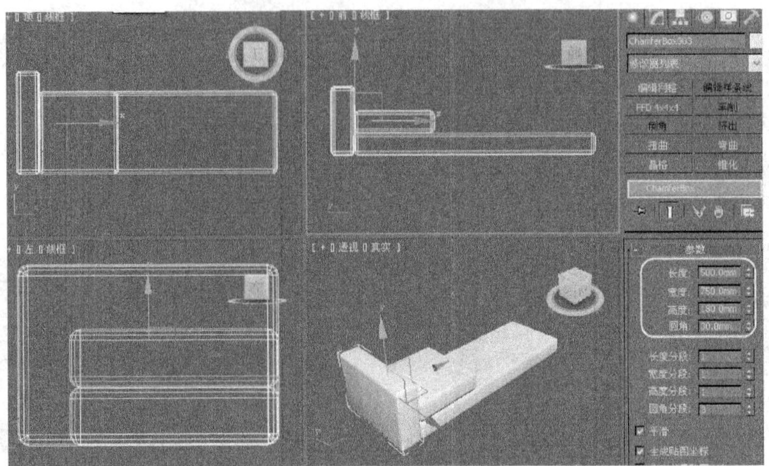

图 3.98　在左视图创建切角长方体

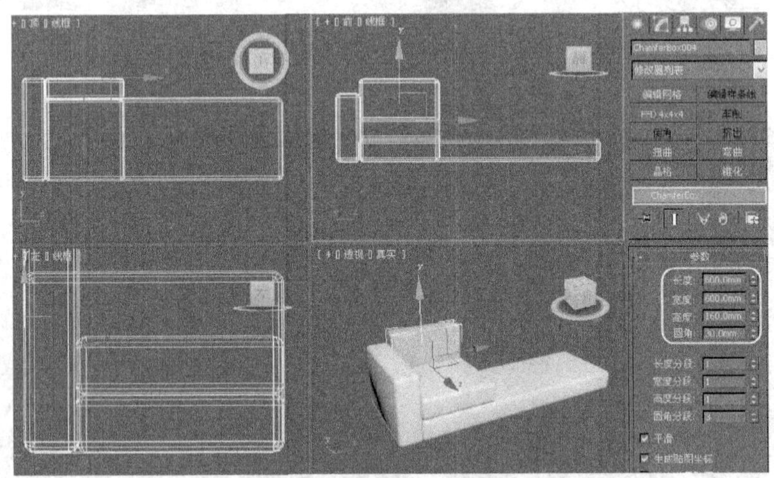

图 3.99　在前视图创建切角长方体

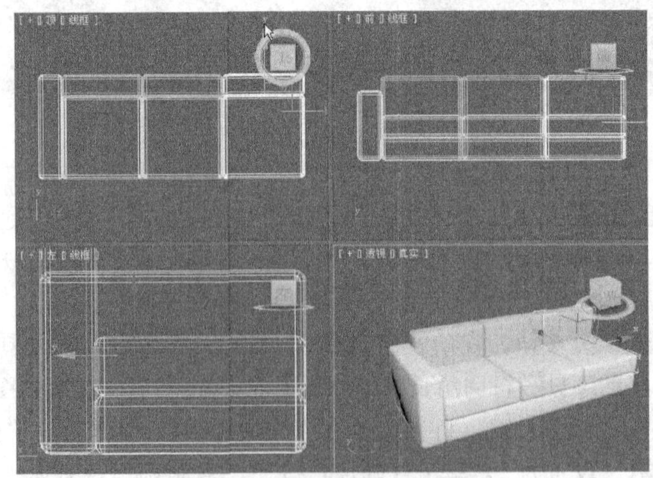

图 3.100　移动并复制切角长方体

（6）使用同样的方法复制切角长方体，用移动工具将其移动到右侧合适的位置，效果如图 3.101 所示。

图 3.101 将左侧的切角长方体复制到右侧

（7）单击 圆柱体 按钮，在顶视图中创建一个圆柱体，在参数面板中设置圆柱体的参数，如图 3.102 所示。使用移动工具根据设计需要对圆柱体进行移动复制，沙发模型制作完成。将所有物体框选，单击“名称和颜色”，把物体改为白色。

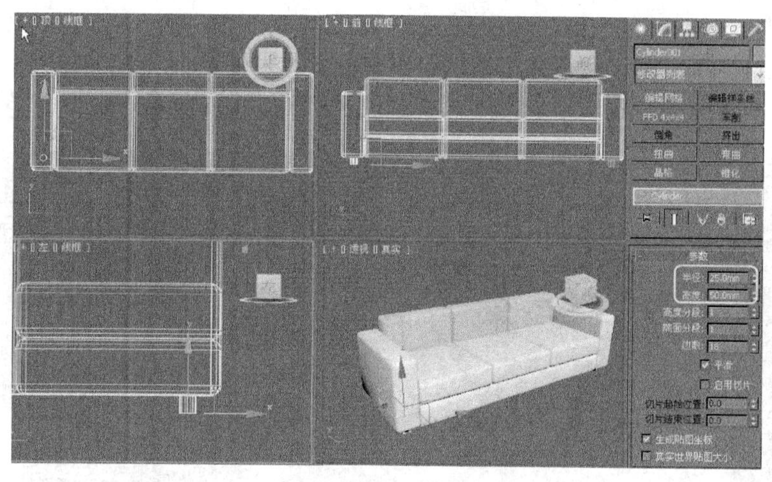

图 3.102 在顶视图中创建一个圆柱体并复制

（8）使用同样的方法制作出单人沙发和双人沙发，用旋转工具将其旋转，并移动到合适的位置，效果如图 3.103 所示。

（9）按键盘上的【Ctrl+S】键，将模型起名为“组合沙发”，并保存。

实例总结：本例通过组合沙发的制作，主要学习了“切角长方体”命令，了解不同视窗中创建“切角长方体”的方法，然后通过“复制”命令生成沙发其他部分。

3.2.7 靠垫的制作实例

实例目的：本例通过制作沙发靠垫造型来学习“网格平滑”命令的使用与参数设置。

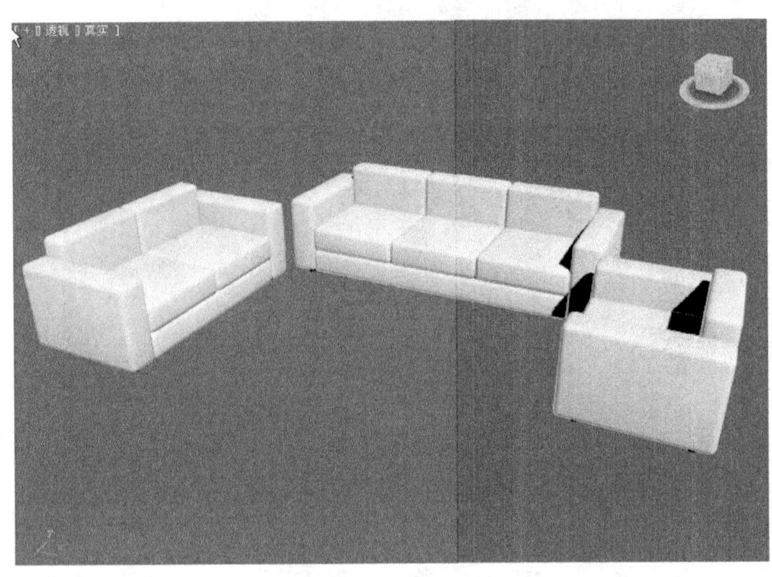

图 3.103　旋转复制后的效果

知识要点： 创建一个长方体并设置合理的各项参数；使用“网格平滑”命令制作出靠垫；使用“保存”命令将义件存盘。

操作步骤：

(1) 进行系统重新设定，并将系统显示单位设置为毫米。

(2) 在前视图中创建一个长方体，参数设置如图 3.104 所示。

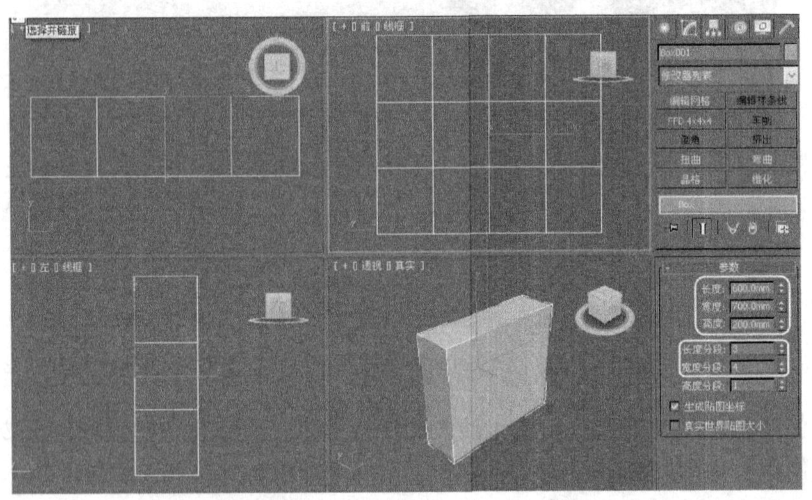

图 3.104　在前视图中创建一个长方体

(3) 在“修改”命令面板中选择“网格平滑”命令，将“迭代次数”设置为 1，勾选“显示框架”选项。进入顶点子物体层级，在前视图中选择四周的顶点，如图 3.105 所示。

温馨提示：“迭代次数”用来设置表面进行重复平滑的次数。迭代次数每增加一次，表面的复杂程度会提至原来的 4 倍，平滑效果会提高，但运算速度会大大降低。如果运算不了，可以按【Esc】键返回前一次的设置。

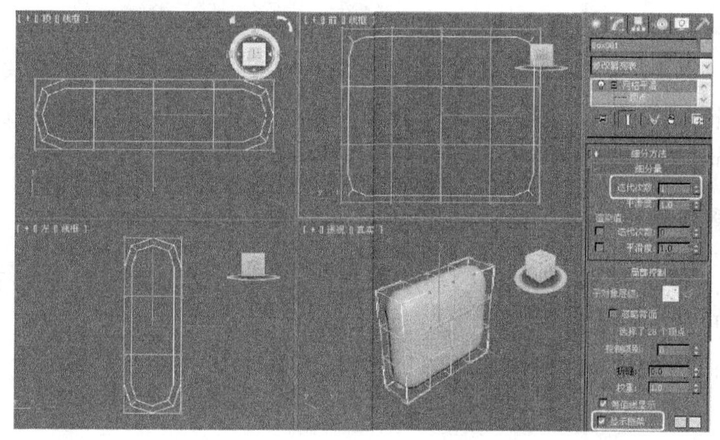

图 3.105　在“修改”命令面板中进行修改

(4) 在顶视图中用缩放工具沿 Y 轴往下拖动，使靠垫的边缘形态缩小至如图 3.106 所示效果。

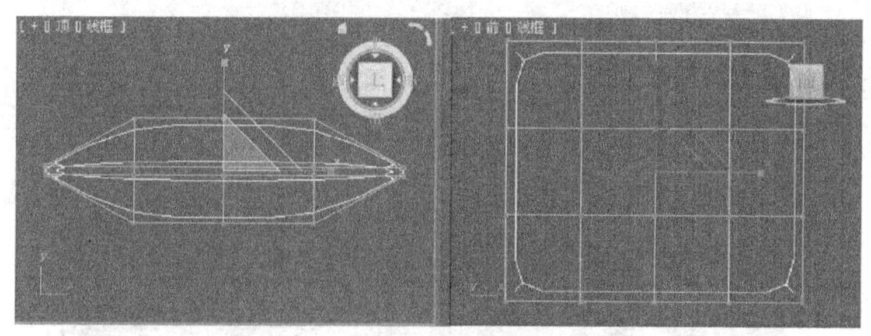

图 3.106　用缩放工具使靠垫的边缘形态缩小

(5) 将“细分量”卷展栏下的“迭代次数”设置为 2，将“局部控制”卷展栏下的“控制级别”设置为 1，此时控制点增多，然后用“子对象层级顶点”命令对靠垫进行精细调整，形态如图 3.107 所示。

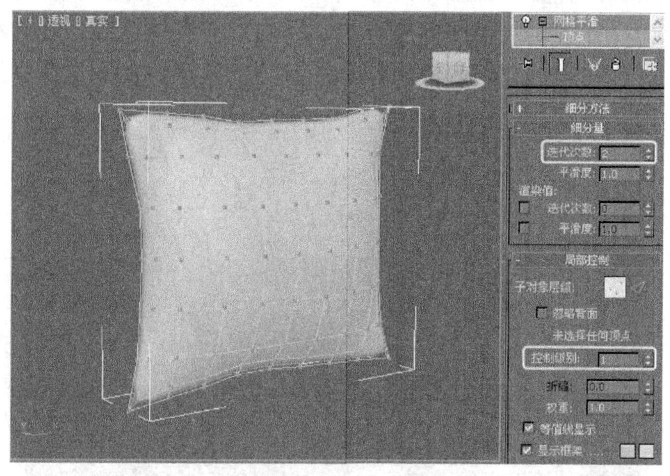

图 3.107　对靠垫进行精细调整

（6）将文件保存，命名为“靠垫”。

实例总结： 本例制作了一个靠垫造型，首先创建一个长方体，然后设置各项参数，再使用“网格平滑”命令，激活顶点子物体层级，然后运用缩放和移动工具进行调整，最终制作出逼真的靠垫。

3.2.8 显示器的制作实例

实例目的： 本例通过制作电脑的显示器造型来学习“编辑网格”命令在效果图建模过程中的使用方法与技巧。

知识要点： 创建一个“切角长方体”；为长方体添加“编辑网格”命令；使用多边形顶点调整生成显示器。

操作步骤：

（1）进行系统重新设定，并将系统显示单位设置为毫米。

（2）在前视图中创建一个360×400×400×2的切角长方体，段数分别设置为3×3×6×3，其参数设置及形态如图3.108所示。

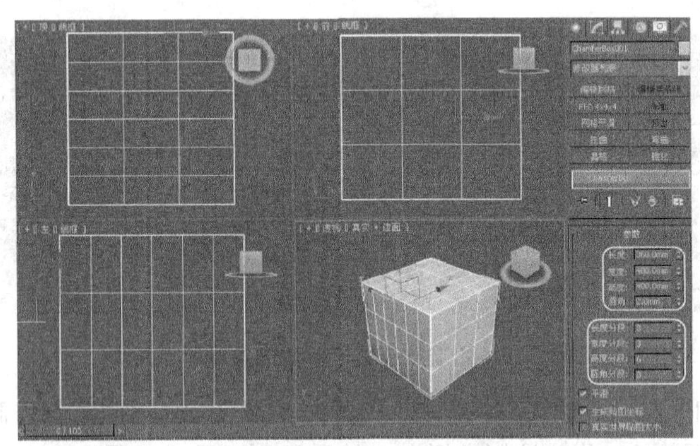

图3.108 切角长方体的创建

（3）确认切角长方体处于选择状态，单击命令面板中的“修改”按钮，在“修改”命令面板中选择“编辑网格”命令，进入顶点子物体层级，在前视图中选择中间的两排顶点，分别向四周移动，制作出显示器屏幕的外框，如图3.109所示。

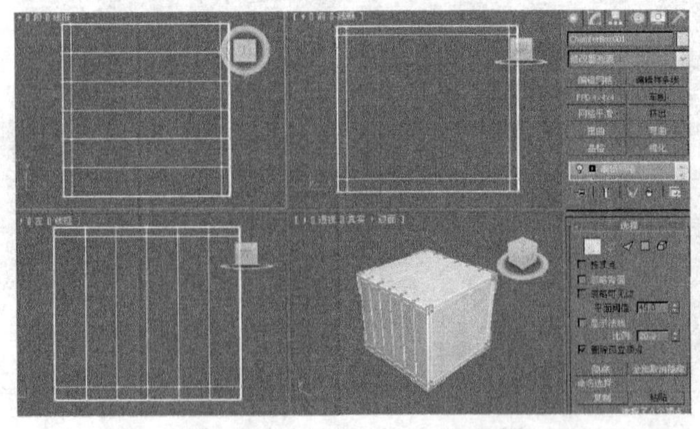

图3.109 制作出显示器屏幕的外框

(4) 进入■多边形子物体层级，在前视图中选择中间的多边形，单击【编辑几何体】卷展栏下的 挤出 按钮后，在透视图中向下拖动鼠标，挤出斜面的厚度，松开鼠标后再向下拖动，制作出斜面的倾斜度，挤出和倒角的大小可以在透视图中直接观察，如图 3.110 所示。

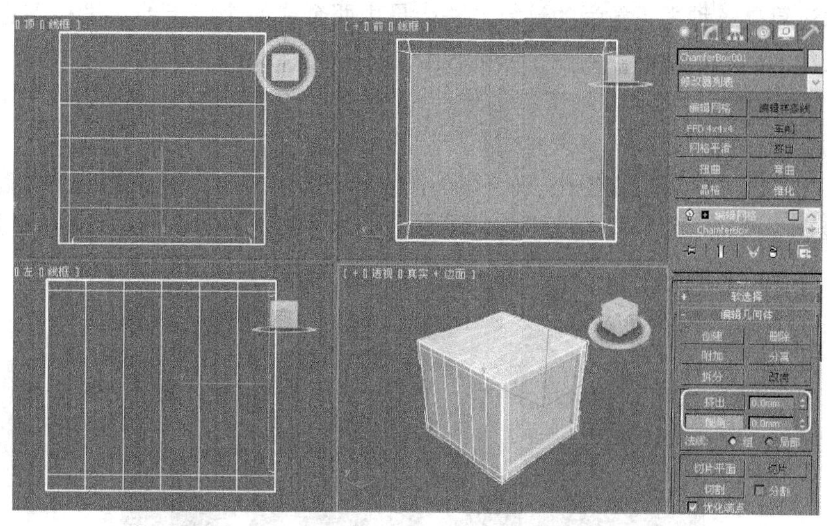

图 3.110 挤出和倒角后的效果

(5) 进入■顶点子物体层级，在顶视图中选择后面的四排顶点，单击■选择并均匀缩放按钮，向下拖动鼠标进行缩放操作，并用■移动工具移动顶点，如图 3.111 所示。

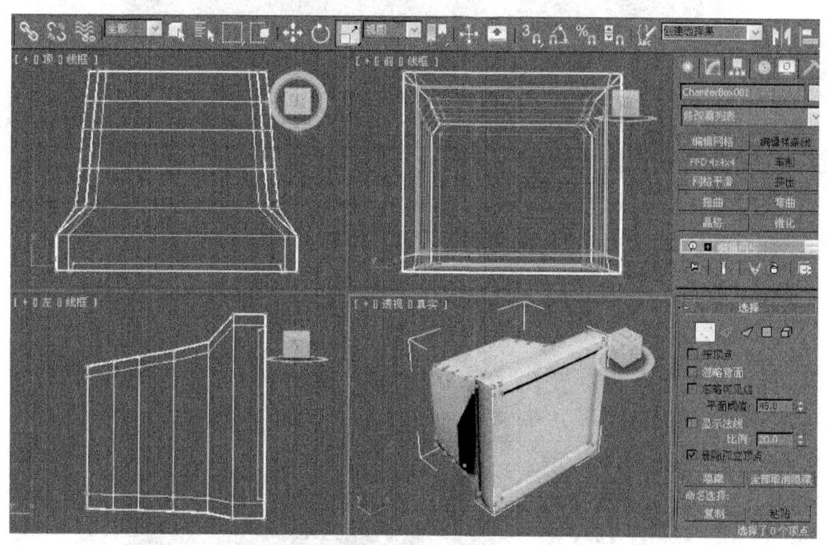

图 3.111 移动顶点

(6) 将制作的模型保存起来，文件名为“显示器”。

实例总结： 本例通过制作显示器造型重点练习用“编辑网格”命令修改三维物体的方法。首先创建切角长方体，设置好合理的参数，然后为它添加一个“编辑网格”修改命令，进入多边形及顶点子物体层级调整形态，最终生成显示器造型。

3.3 复合物体建模法

3.3.1 布尔运算建模

布尔运算是一种逻辑数学的计算方法，是由两个或两个以上的三维模型进行相加、相减或交集的运算，从而得到一个新的模型。

3ds Max 2012 提供了 4 种布尔运算方式：并集、交集、差集（包括 A－B 和 B－A 两种）和切割。下面通过举例来介绍布尔运算的基本用法，操作步骤如下：

(1) 单击 / / 长方体 按钮，在透视图创建一个盒体。单击 / / 球体 按钮，在透视图创建一个球体，使用移动工具调整两个物体的位置，如图 3.112 所示。

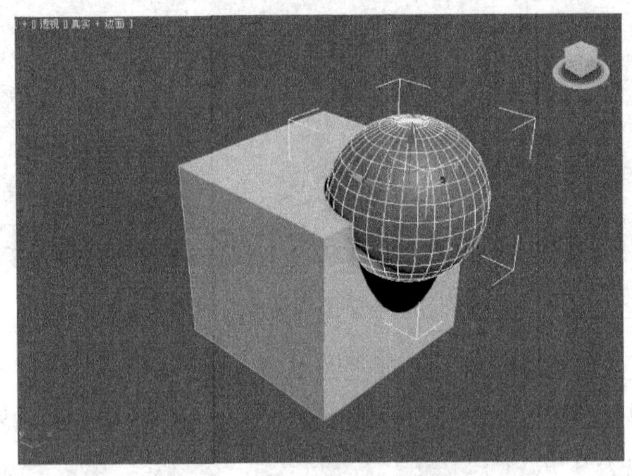

图 3.112 创建两个物体并调整位置

(2) 单击创建命令面板中的下拉列表框，从中选择“复合物体”选项。然后单击盒体将其选中，单击复合物体创建命令面板中的 布尔 按钮。

(3) 单击 拾取操作对象 B 按钮后，在视图中单击球体，然后通过改变不同的运算类型可以生成不同的形体，如图 3.113 所示。

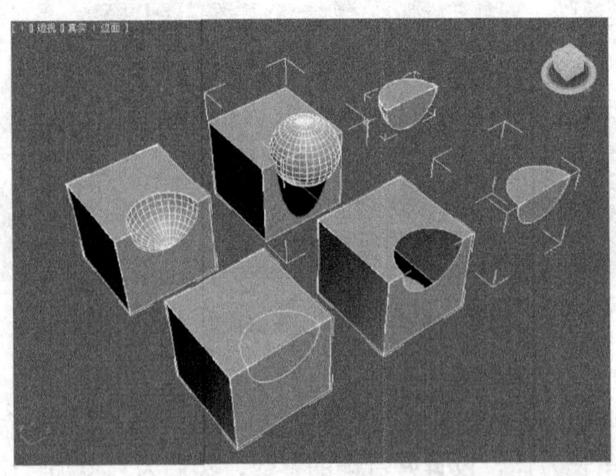

图 3.113 经过不同的布尔运算形式生成不同的形体

进入修改命令面板，可以看到布尔运算的参数面板，如图 3.114 所示。

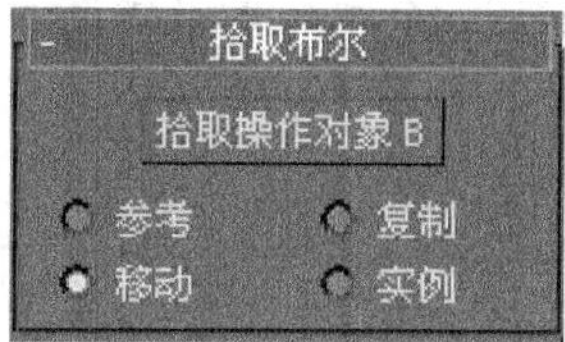

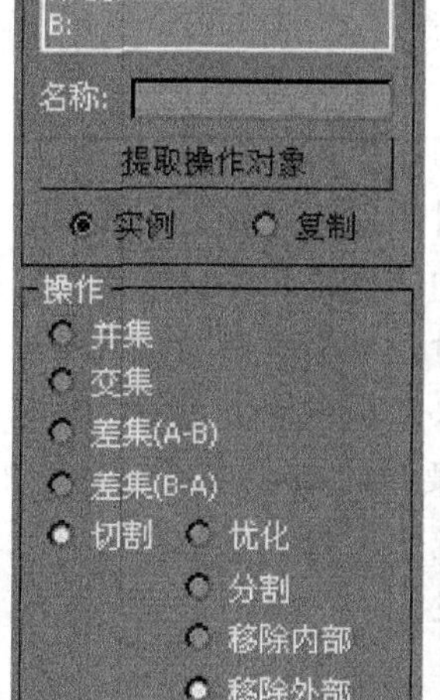

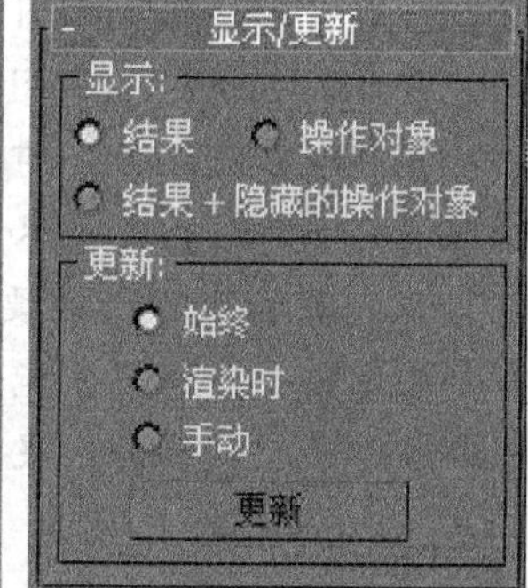

图 3.114　布尔运算的参数面板

1）“拾取布尔”卷展栏

在布尔运算中，两个原始对象称为运算对象 A 和运算对象 B。

拾取操作对象 B：单击该按钮，在场景中拾取另一个物体完成布尔合成。其下的 4 个选项用于控制运算对象 B 的属性，它们要在拾取运算对象 B 之前确定。

2）“参数”卷展栏

操作对象：该列表框中列出所有的运算对象，供编辑操作时选择使用。

名称：该列表框中显示选择的操作对象的名称，可对其进行编辑。

提取操作对象：它将当前指定的运算对象重新提取到场景中，作为一个新的可用对象。

并集：用于将两个造型合并，相交的部分将被删除，运算完成后两个物体将成为一个物体。

交集：用于将两个造型相交的部分保留下来，删除不相交的部分。

差集（A—B）：在 A 物体中减去与 B 物体重合的部分。

差集（B—A）：在 B 物体中减去与 A 物体重合的部分。

切割：用 B 物体切除 A 物体，但不在 A 物体上添加 B 物体的任何部分。“切割”被激活后下面的 4 个选项同时被激活。

优化：在 A 物体上沿着 B 物体与 A 物体相交的面增加顶点和边，用以细化 A 物体的表面。也就是说，根据 B 物体的外形将 A 物体的表面重新细分。

分割：其工作方法与“优化”类似。只不过在 B 物体切割 A 物体部分的边缘多加了一排顶点。利用这种方法可以根据其他物体的外形将一个物体分成两个部分。

移除内部：删除 A 物体中所有在 B 物体内部的片段面。

移除外部：删除 A 物体中所有在 B 物体外部的片段面。

3）“显示/更新”卷展栏

结果：显示每项布尔运算的计算结果。

操作对象：只显示布尔合成物体而不显示运算结果。这样可以加快显示速度。

结果＋隐藏的操作对象：在着色的实体内以线框方式显示出隐藏的运算对象。主要用于动态布尔运算的编辑操作。

始终：每一次操作后都立即显示布尔结果。

渲染时：只有在最后渲染时才重新计算更新效果。

手动：选择此选项，下面的【更新】按钮可用，它提供手动的更新控制。

更新：需要观看更新效果时，单击该按钮，系统进行重新计算。

温馨提示：布尔运算不是只限于一次使用的，对布尔运算生成的形体还可以再次进行布尔运算。如果运算对象A要依次减去多个物体，则每次运行完布尔运算后都要重新启用布尔运算命令，这样才能依次对多个物体进行运算。如果不重新进入，在后一次运算时会取消前一次运算的结果。

3.3.2 放样建模

放样建模法是指使用“放样”命令创建模型的一种方法，它是把一个截面图形沿着指定的路径线挤出，使其转化为三维对象的操作。这种方法在效果图制作的建模中经常用到，如压线、踢脚、墙裙等的创建均可使用。

放样建模有单截面建模和多截面建模两种。

单截面建模具体操作步骤如下：

（1）在顶视图创建一星形作为截面图形，在前视图上用“线”创建一段线作为放样路径，并选择该线段，如图3.115所示。

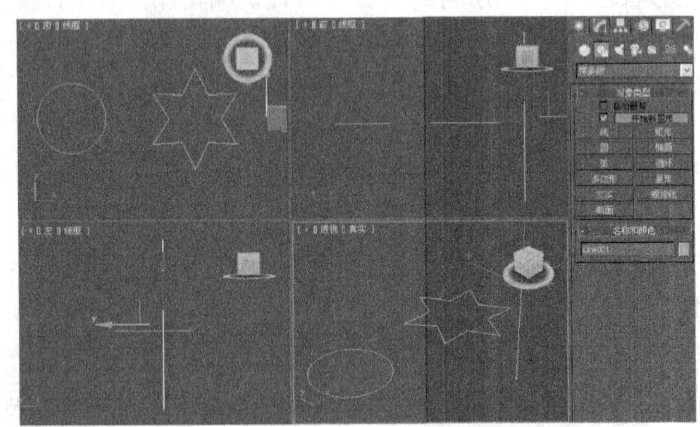

图3.115 创建一截面和一段路径

（2）单击 / /“复合对象/放样”，在“创建方法”卷展栏下单击【获取图形】按钮，在前视图上单击星形，放样效果如图3.116所示。

多截面建模具体操作步骤如下：

（1）在顶视图创建圆形和星形作为截面图形，在前视图上用“线”命令创建一段线作为放样路径，并选择该线段，如图3.117所示。

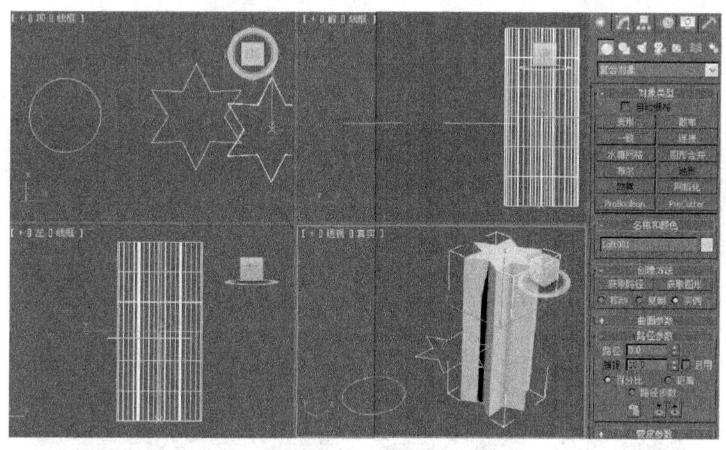

图 3.116　放样效果

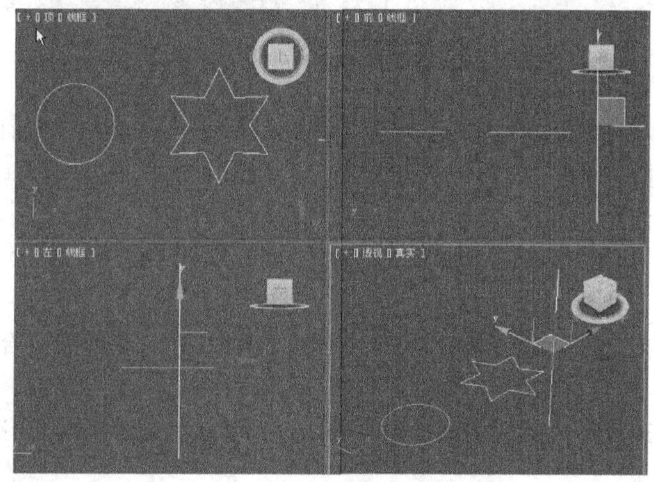

图 3.117　创建两截面和一段路径

(2) 单击 / /“复合对象/放样”。在“创建方法”卷展栏下单击【获取图形】按钮，在前视图上单击圆形，放样效果如图 3.118 所示。

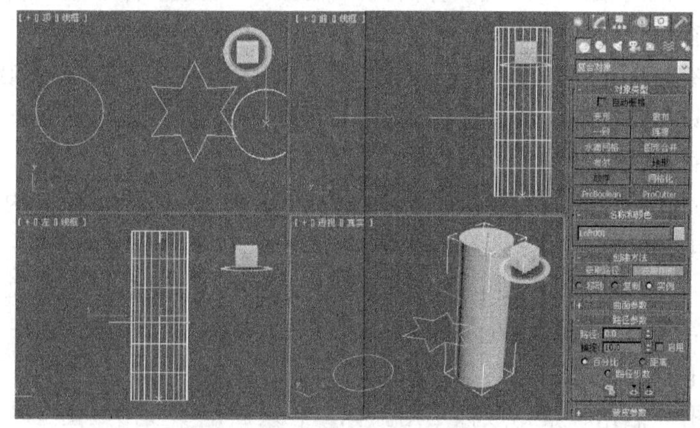

图 3.118　圆形放样效果

(3) 将“路径参数”卷展栏下的“路径”微调器改为 100。在前视图上单击星形，放样效果如图 3.119 所示。

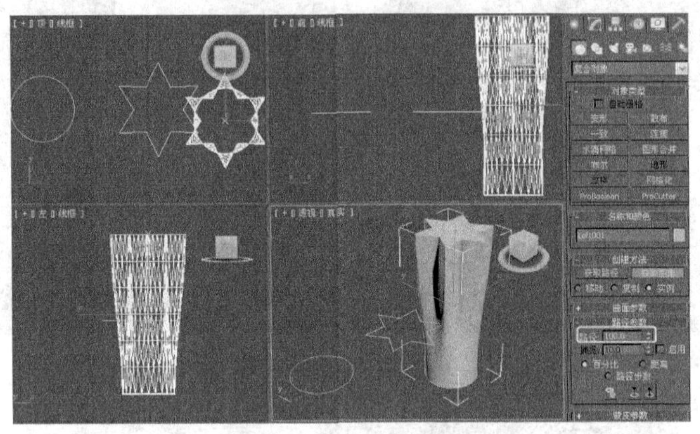

图 3.119 圆形和星形放样效果

“放样”命令的参数由五个部分组成，其中包括“创建方法”、“曲面参数”、“路径参数”、“蒙皮参数”和“变形”，如图 3.120 所示。

1)“创建方法”卷展栏

“创建方法”卷展栏用于决定在放样过程中使用哪一种方式来进行放样，如图 3.121 所示。

获取路径：如果已经选择了截面图形，则单击该按钮，到视图中拾取将要作为路径的图形。

获取图形：如果已经选择了路径，则单击该按钮，到视图中拾取将要作为截面图形的图形。

移动：直接用原始二维图形进入放样系统。

复制：复制一个二维图形进入放样系统，而其本身并不发生任何改变，此时原始二维图形和复制图形之间是完全独立的。

实例：原来的二维图形将继续保留，进入放样系统的只是它们各自的关联物体。

2)“曲面参数”卷展栏

在“曲面参数”卷展栏上，可以控制放样曲面的平滑以及指定是否沿着放样对象应用纹理贴图。该卷展栏如图 3.122 所示。下面我们对该卷展栏中参数进行简单介绍。

(1)“平滑”组。

平滑长度：沿着路径的长度提供平滑曲面，当路径曲线或路径上的图形更改大小时，这类平滑非常有用，默认设置为启用。

平滑宽度：围绕横截面图形的周界提供平滑曲面，当图形更改顶点数或更改外形时，使用它非常有用，默认设置为启用。

(2)“贴图”组。

“应用贴图”：启用和禁用放样贴图坐标，必须启用“应用贴图”才能访问其余的项目。

图 3.120 “放样”命令参数

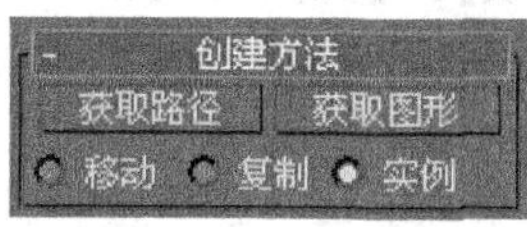

图 3.121 “创建方法”卷展栏

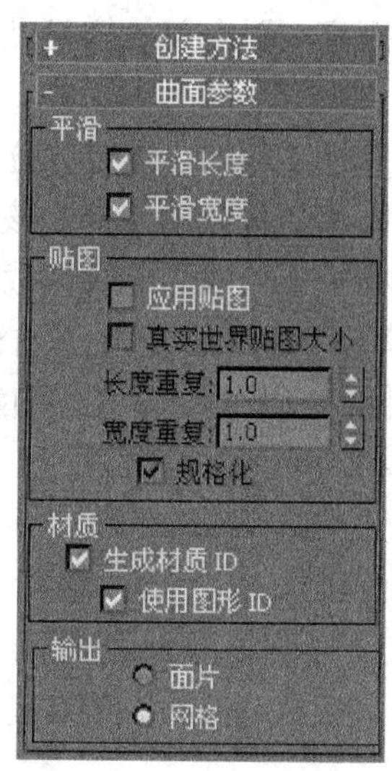

图 3.122 “曲面参数”卷展栏

长度重复：设置沿着路径的长度重复贴图的次数，贴图的底部放置在路径的第一个顶点处。

宽度重复：设置围绕横截面图形的周界重复贴图的次数，贴图的左边缘将与每个图形的第一个顶点对齐。

规格化：决定沿着路径长度和图形宽度路径顶点间距如何影响贴图，启用该选项后，将忽略顶点，沿着路径长度并围绕图形平均应用贴图坐标和重复值。如果禁用，主要路径划分和图形顶点间距将影响贴图坐标间距，将按照路径划分间距或图形顶点间距成比例应用贴图坐标和重复值。

(3)“材质”组。

生成材质 ID：在放样期间生成材质 ID。

使用图形 ID：提供使用样条线材质 ID 来定义材质 ID 的选择。

温馨提示：*图形 ID 将从图形横截面继承而来，而不是从路径样条线继承。*

(4)“输出”组。

面片：放样过程可生成面片对象。

网格：放样过程可生成网格对象。

3)“路径参数”卷展栏

“路径参数”卷展栏用于设置沿放样物体路径上各个截面图形的间隔位置，如图 3.123 所示。

路径：通过调整微调器或输入一数值设置插入点在路径上的位置。其路径的值取决于所选定的测量方式，并随着测量方式的改变而产生变化。

捕捉：设置放样路径上截面图形固定的间隔距离。捕捉的数值也是取决于所选定的测量方式，并随着测量方式的改变而产生变化。

启用：单击该复选框，则激活“捕捉”参数栏，系统提供了下面三种测量方式。

百分比：将全部放样路径设为 100%，以百分比形式来确定插入点的位置。

距离：以全部放样路径的实际长度为总数，以绝对距离长度形式来确定插入点的位置。

路径步数：以路径的分段形式来确定插入点的位置。

拾取放样截面：单击该按钮，在放样物体中手动拾取放样截面，此时“捕捉”关闭，并把所拾取到的放样截面的位置作为当前“路径”栏中的值。

前一截面：选择当前截面的前一截面。

后一截面：选择当前截面的后一截面。

4）“变形”卷展栏

放样的“修改”命令面板中有一个“变形”工具卷展栏，列出可以给放样物体施加变形的工具。这些工具包括【缩放】、【扭曲】、【倾斜】、【倒角】和【拟合】，如图 3.124 所示。工具按钮后面的标志是变形工具的开关，默认是关闭状态；表示处于开启状态。只有在开启状态下才能对放样物体产生影响。

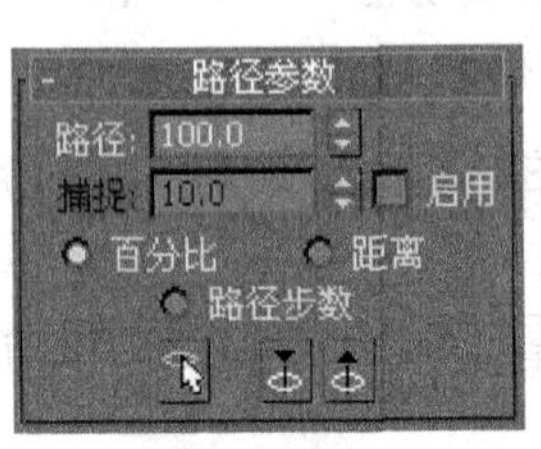

图 3.123 “路径参数”卷展栏

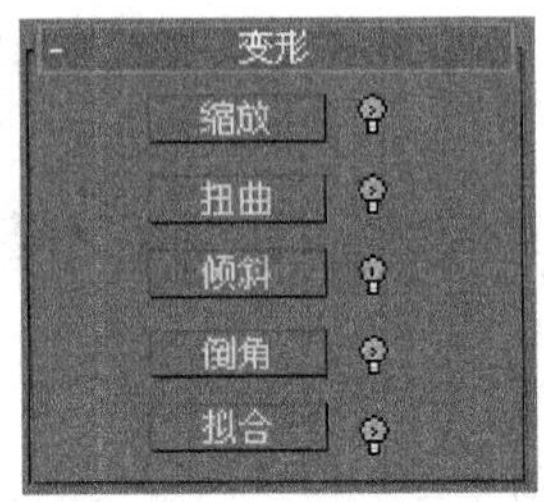

图 3.124 “变形”工具卷展栏

工具参数的介绍除了【拟合】，其他 4 种变形工具都有相同的操作窗口，使用方法也大同小异。图 3.125 是“缩放变形”工具对话框。使用该工具的变形效果如图 3.126 所示。

图 3.125 “缩放变形”工具对话框

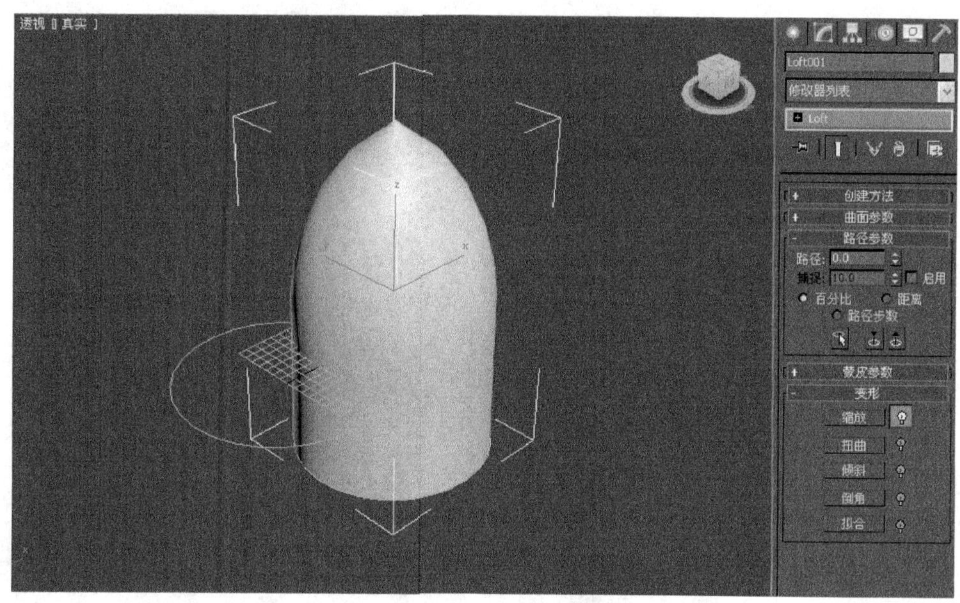

图 3.126 使用“缩放变形”工具得到的效果

下面介绍几个主要的功能按钮。

用于移动控制线上的控制点，以改变控制线的形状。

用于在控制线上加点。

用于删除当前选择的控制点。

用于将控制线恢复到初始形态。

用于左右缩放显示控制线。

用于上下缩放显示控制线。

用于缩放显示的控制点。

用于缩放整个窗口。

3.3.3 时尚凳的制作实例

实例目的： 本例通过制作时尚凳来学习布尔运算命令的使用，以及运用布尔运算命令所必需的条件。

知识要点： 绘制线形施加轮廓；添加车削命令生成三维物体；创建球体作为时尚凳的布尔运算物体；使用布尔运算命令制作出圆洞。

操作步骤：

(1) 进行系统重新设定，并将系统显示单位设置为毫米。

(2) 用“线”命令在前视图中绘制线形（长和宽为 600×400），然后为线形施加轮廓，效果如图 3.127 所示。

(3) 确认绘制的线形处于选择状态，在修改器列表中选择“车削”命令，勾选“参数”卷展栏下的“焊接内核”选项，“分段”参数改为 32，再单击“对齐”卷展栏下的 最小 按钮。在前视图中创建一个球体，位置及参数如图 3.128 所示。

温馨提示： 参与“布尔”命令的物体必须有相交的部分，如果没有相交，在执行“交集”和“差集”时，将不会出现运算结果。

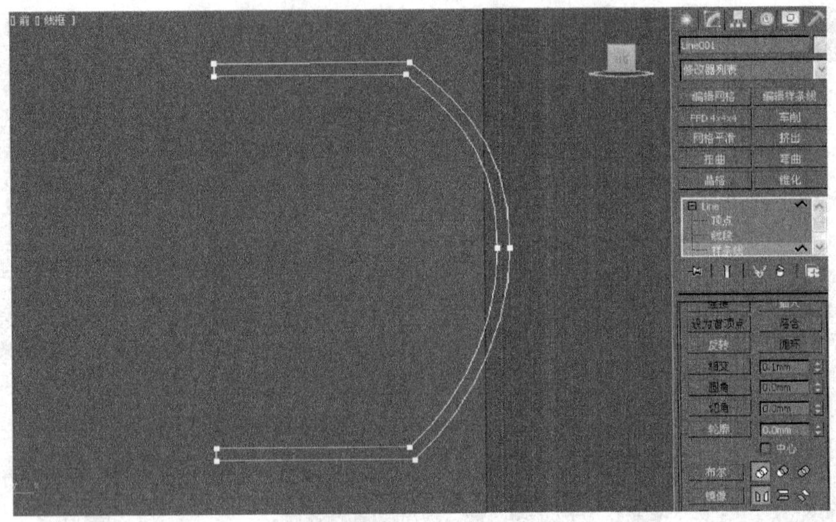

图 3.127　在前视图中绘制线形

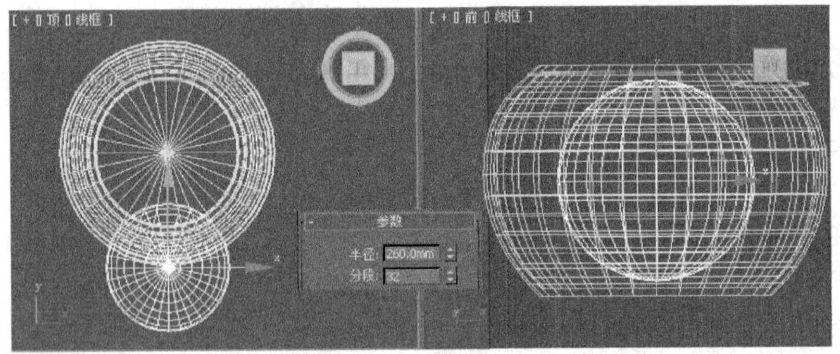

图 3.128　创建一个球体并调整其位置

(4) 在顶视图中复制一个，放在对面，然后用“旋转”复制一组，如图 3.129 所

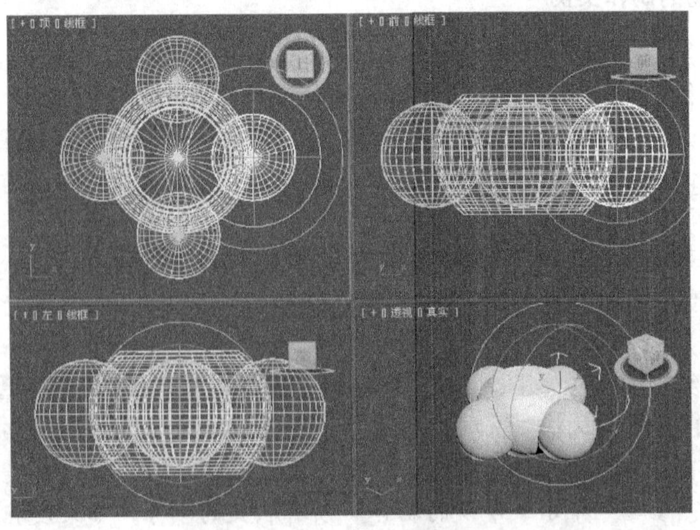

图 3.129　复制球体

示。选择其中的一个球体，然后执行“编辑网格”命令，再单击“编辑几何体”卷展栏下的 附加 按钮，单击视图中的另外三个球体，将它们附加为一体。

（5）选择通过“车削”得到的造型，然后单击单击 / 按钮，在 标准基本体 下选择“复合物体”选项，单击 布尔 按钮，再单击“拾取布尔”卷展栏下的 拾取操作对象 B 按钮，在视图中单击已经附加为一体的球体，效果如图 3.130 所示。

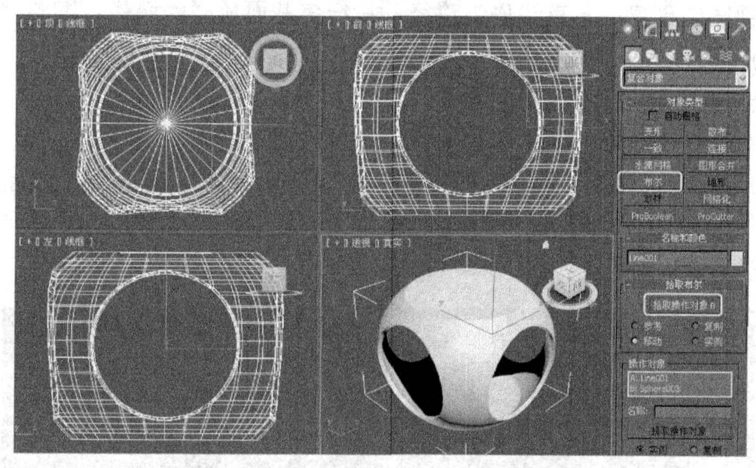

图 3.130　布尔运算后的效果

温馨提示：布尔运算命令最好执行一次，如果执行第二次或多次布尔时，得到的造型经常有小错或出现一些乱线，最好将想要布尔掉的物体附加为一体一次执行完成。

（6）在凳子的上面我们可以再创建一个切角圆柱体来作为“坐垫”，效果如图 3.131 所示。

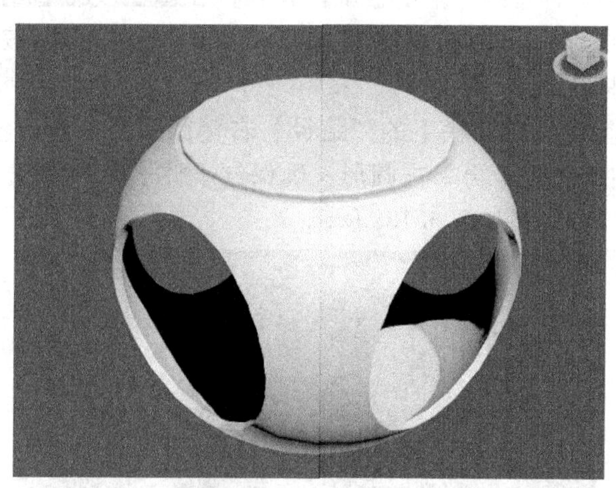

图 3.131　在凳子的上面再创建一个“坐垫”

（7）将文件进行保存，命名为“时尚凳”。

实例总结：本例通过制作一个时尚凳造型，主要学习布尔运算命令的使用。通过线形的绘制及为线形施加轮廓，制作出参加运算的物体，并重点学习了怎样将多个物体一次进行布尔运算操作。

3.3.4 欧式柱的制作实例

实例目的： 本例通过制作欧式柱造型来学习“多截面放样”命令的操作及根据实际的造型状态来进行精确修改。

知识要点： 在顶视图中创建圆形作为第一个截面；在顶视图中创建星形作为第二个截面；在前视图中创建一条直线作为路径；执行多截面放样的操作；调整“缩放”制作欧式柱的底座和柱帽。

操作步骤：

(1) 进行系统重新设定，并将系统显示单位设置为毫米。

(2) 在顶视图中绘制一个“半径”为 200 的圆形，再绘制一个“半径 1”为 200，“半径 2”为 190，“点”为 30，“圆角半径 1”为 6，“圆角半径 2”为 6 的星形。在前视图中绘制一条直线，控制其长度约 2000，形态如图 3.132 所示。

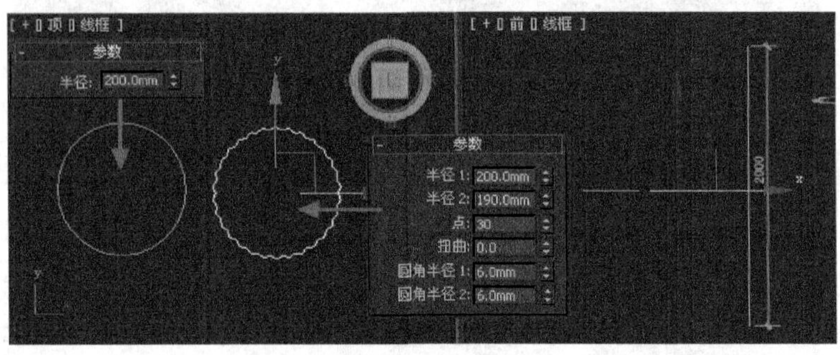

图 3.132 绘制两个图形并修改其参数

(3) 在前视图中选择直线，单击 / /按钮，在 标准基本体 下拉列表中选择 复合对象 选项，单击 放样 按钮，再单击 获取图形 按钮，在顶视图中单击圆，此时生成放样物体。

(4) 在“路径参数”卷展栏下的“路径”右侧微调器中输入参数 10，再次单击 获取图形 按钮，在顶视图中再单击圆形，确保位于柱子 10%的位置是圆形，再输入 12，获取星形，柱子的形态如图 3.133 所示。

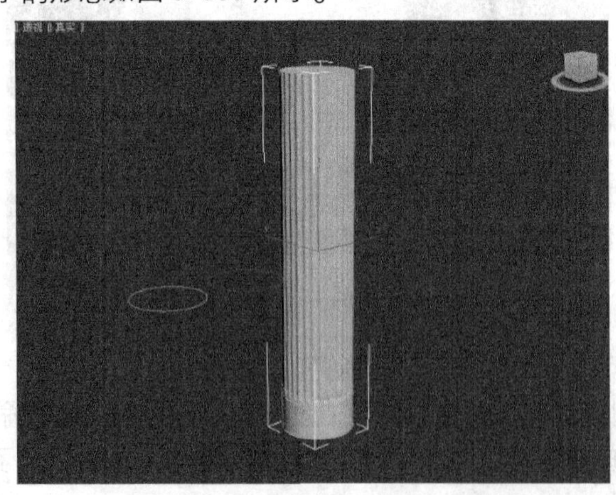

图 3.133 圆的放样

(5) 再次输入 88，获取星形，确保柱子 88%的位置是星形，最后输入 90，获取圆形，生成的造型如图 3.134 所示。

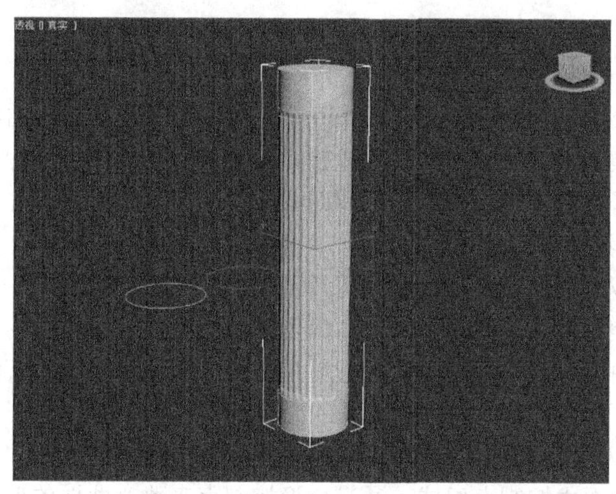

图 3.134　生成的造型

(6) 单击“修改”命令面板下“变形”卷展栏下的【缩放】按钮，弹出“缩放变形”对话框，在控制线的左端添加 6 个点，调整它的形态，在右面再添加 6 个点，调整形态，最终效果如图 3.135 所示。

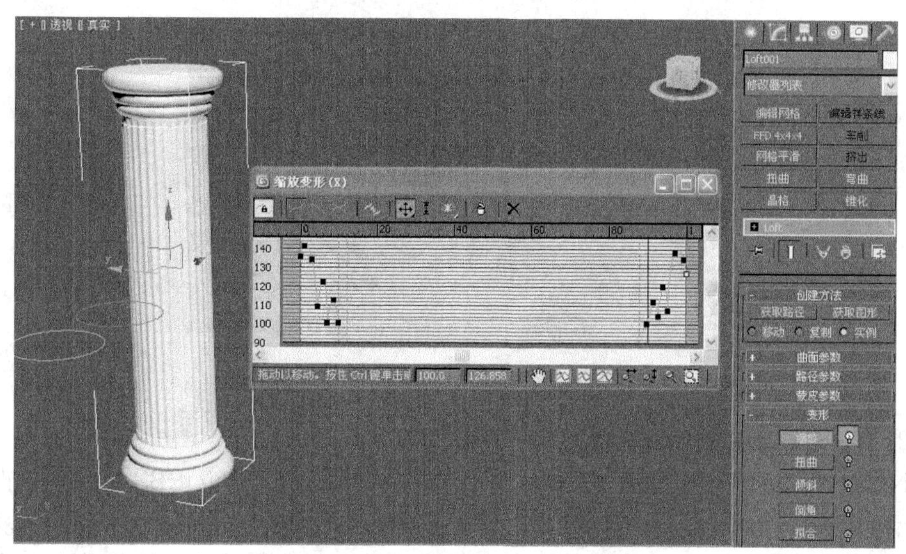

图 3.135　调整形态的最终效果

(7) 将制作的模型保存起来，文件名为“欧式柱”。

实例总结： 本例制作了一个欧式柱造型，重点掌握多截面放样的操作，学习如何修改多截面放样得到的物体，从而可以在其基础上制作出更丰富的造型。

3.4 高级建模法的应用

3.4.1 NURBS 高级建模

NURBS 是 non-uniform rational B-splines（非均匀有理 B 样条曲线）的缩写，是目前最为先进的建模方式之一。NURBS 建模系统特别适合创建流线型的机械模型或生物、人等带有光滑流线外形的模型。在 3ds Max 中，可以直接创建 NURBS 曲线和曲面，NURBS 曲线和曲面各分为两种。

CV 曲线：CV 曲线是比较常用的 NURBS 曲线类型，CV 曲线有带点的 CV 控制线，使用它可以控制单独曲线或整个曲面的形状。

点曲线：点曲线和 CV 曲线类似，只是点曲线要穿过控制点。点曲线在操作上更直接，但它没有 CV 曲线稳定，并且点曲线的修改选项要少一些。

CV 曲面：CV 曲面通过控制网格线来调整曲面的形状。

点曲面：点曲面由控制点组成，通过变换控制点来改变曲面的形状。

1. NURBS 曲线

1) NURBS 曲线的选择

单击 / 按钮，单击下拉列表框 样条线 ，从中选择 NURBS 曲线 选项，即可进入 NURBS 曲线的创建命令面板，如图 3.136 所示。

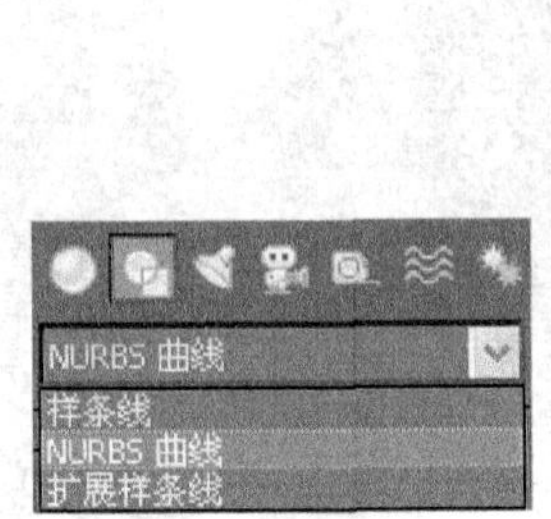

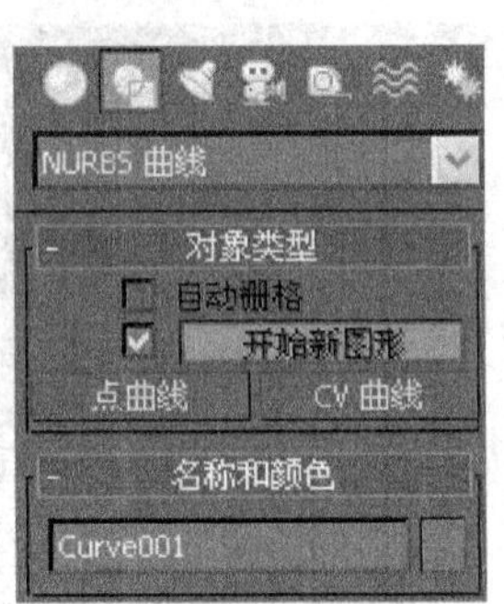

图 3.136 NURBS 曲线的创建命令面板

2) NURBS 曲线的创建和修改

NURBS 曲线的创建方法与二维线型的创建方法相同，但 NURBS 曲线可以直接生成圆滑的曲线。两种类型的 NURBS 曲线上点对曲线形状的影响方式也是不同的。

单击 点曲线 按钮，在顶视图创建一条点曲线，单击 按钮，在修改命令堆栈器中单击“点”选项，选择曲线上的一个节点，使用 移动工具移动节点位置，曲线会改变形态，被选择的节点始终依附在曲线上，如图 3.137 所示。

单击 CV 曲线 按钮，在顶视图创建一条控制点曲线，单击 按钮，在修改命令堆栈中单击“曲线 CV”选项，选择曲线上的一个节点，使用 移动工具移动节点位置，曲线会改变形态，选择的节点不会依附在曲线上，如图 3.138 所示。

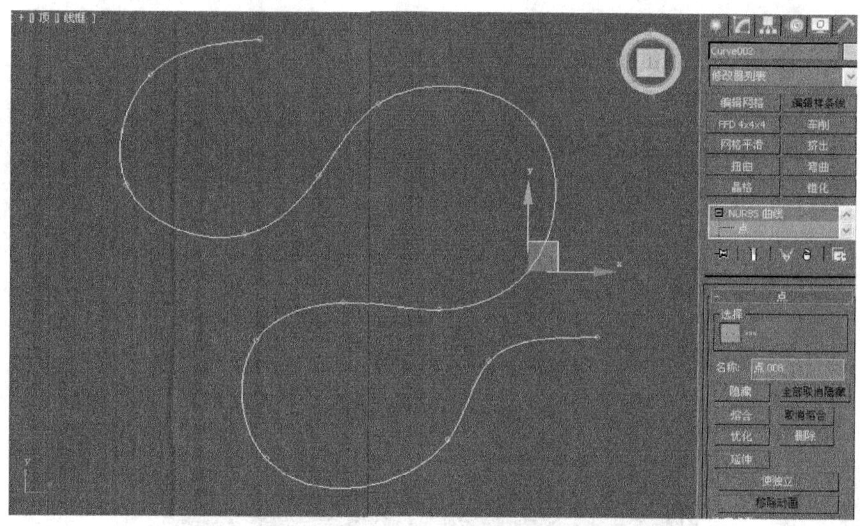

图 3.137　在顶视图创建一条点曲线

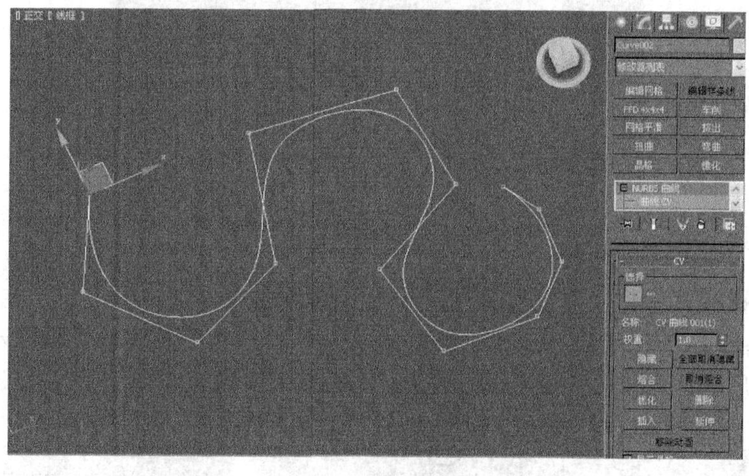

图 3.138　在顶视图创建一条控制点曲线

2. NURBS 曲面

1）NURBS 曲面的选择

单击 / 按钮，单击下拉列表框 标准基本体，从中选择 NURBS 曲面 选项，即可进入 NURBS 曲面的创建命令面板，如图 3.139 所示。NURBS 曲面有两种创建方式。

2）NURBS 曲面的创建和修改

NURBS 曲面的创建方法与标准几何体中平面的创建方法是相同的。

单击 点曲面 按钮，在顶视图创建一个点曲面，单击 按钮，在修改命令堆栈中单击【点】选项，选择曲面上的一个节点，使用 移动工具移动节点位置，曲面会改变形态，但这个节点始终依附在曲面上，如图 3.140 所示。

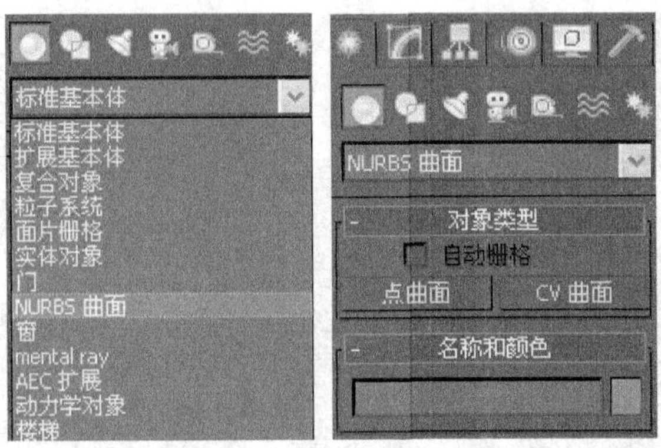

图 3.139　NURBS 曲面的创建命令面板

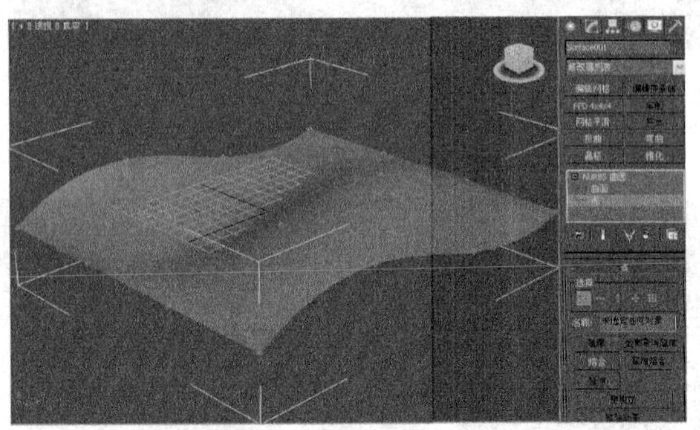

图 3.140　在顶视图创建一个点曲面

单击 CV 曲面 按钮，在顶视图创建一个可控点曲面，单击按钮，在修改命令堆栈中单击“曲面 CV”选项，选择曲面上的一个节点，使用移动工具移动节点位置，曲面会改变形态，但节点不依附在曲面上，如图 3.141 所示。

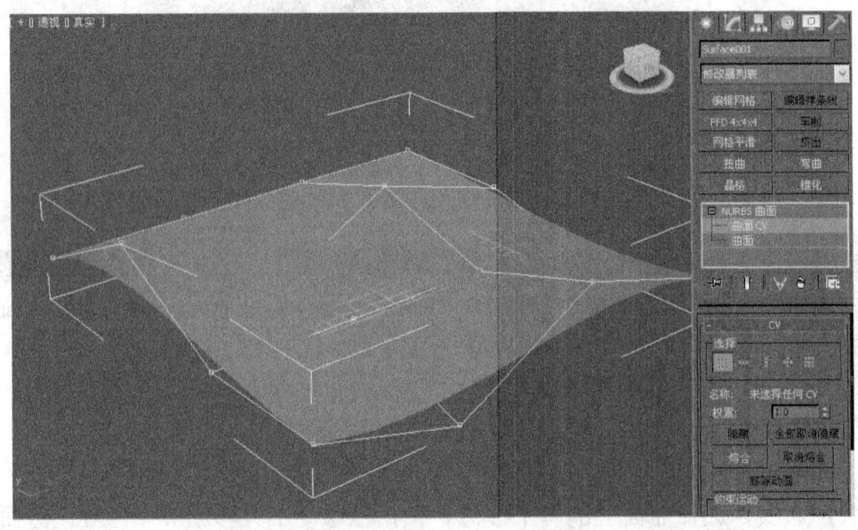

图 3.141　在顶视图创建一个可控点曲面

3. NURBS 曲面

NURBS 系统具有自己独立的参数命令，在视图中创建 NURBS 曲线物体和曲面物体，参数面板中会显示 NURBS 物体的创建参数，用来设置创建 NURBS 物体的基本参数。创建完成后单击按钮，在修改命令面板中会显示 NURBS 面板的修改参数，如图 3.142 所示。

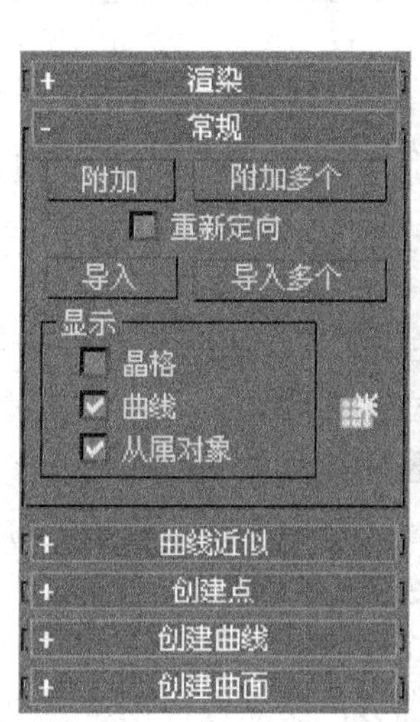

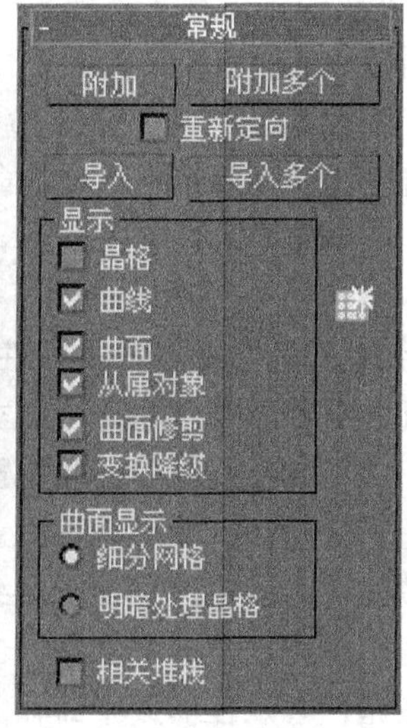

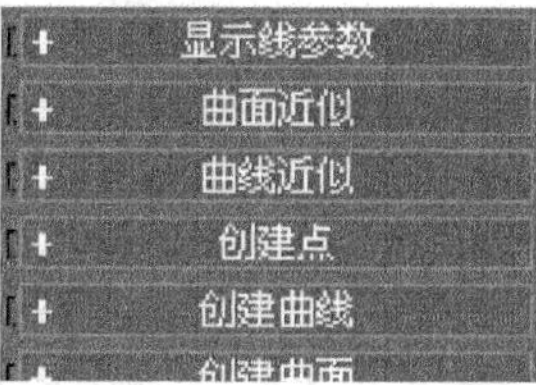

图 3.142　NURBS 面板的修改参数

“常规”卷展栏：用来控制曲面在场景中的整体性，下面就对该卷展栏的参数进行介绍。

附加：单击该按钮，在视图中单击 NURBS 允许接纳的物体，可以将它结合到当前的 NURBS 造型中，使之成为当前造型的一个次级物体。

附加多个：单击该按钮，将弹出一个名称选择对话框，可以通过名称一次选择多个物体。

导入：单击该按钮，在视图中单击 NURBS 允许接纳的物体，则可以将它转化为 NURBS 造型，并且作为一个导入造型合并到当前 NURBS 造型中。

导入多个：单击该按钮，会弹出一个名称选择对话框，其工作方式与“多项结合”相似。

重新定向：选中该复选框，合并或导入物体的中心将会重新定位到 NURBS 造型的中心。

“显示”选项组：该组用来控制 NURBS 造型在视图中的显示情况。

晶格：选中该复选框，将以黄色的线条显示出控制线。

曲线：选中该复选框，将显示出曲线。

曲面：选中该复选框，将显示出曲面。

从属对象：选中该复选框，将显示出从属的子物体。

曲面修剪：选中该复选框，将显示出被修剪的表面。若未选中，即使表面已被修剪，仍将在视图中显示出整个表面而不会显示出剪切的结果。

变换降级：选中该复选框，NURBS 曲面会降级显示，在视图里显示为黄色的虚线以提高显示速度。当未选中时，曲面不降级显示，始终以实体方式显示。

“曲面显示”选项组中的参数只用于显示，不影响建模效果，一般保持系统默认设置即可。

“常规”卷展栏中还包括一个 NURBS 工具面板，工具面板中包含所有 NURBS 操作命令，NURBS 参数中其他卷展栏的命令在工具面板中都可以找到。单击“常规”卷展栏右侧的按钮，弹出工具面板，如图 3.143 所示。

NURBS 工具面板包括三组命令参数：“点”工具命令、“曲线”工具命令、“曲面”工具命令。进行 NURBS 建模将主要使用工具面板中的命令完成，下面将对工具面板中常用的命令进行介绍。

1) NURBS 点工具

“点”工具中包括六种点命令，用于创建各种不同性质的点，如图 3.144 所示。

创建点：单击该按钮，可以在视图中创建一个独立的曲线点。

创建偏移点：单击该按钮，可以在视图中任意位置创建点物体的一个偏移点。

创建曲线点：单击该按钮，可以在视图中任意位置创建曲线物体的一个附属点。

创建曲线交点：单击该按钮，可以在两条相交曲线的交点创建一个点。

创建曲面点：单击该按钮，可以在曲面上创建一个点。

创建线面交点：单击该按钮，可以在曲线平面和曲线的交点位置创建一个点。

2) NURBS 曲线工具

曲线工具中共有 18 种曲线命令，用来对 NURBS 曲线进行修改编辑，如图 3.145 所示。

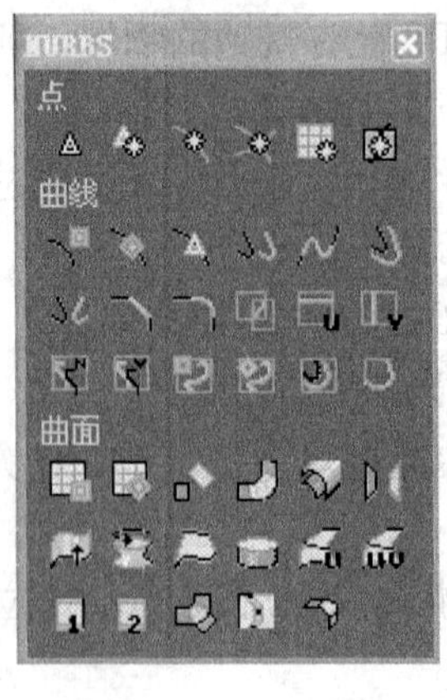

图 3.143　NURBS 工具面板

图 3.144　NURBS 点工具

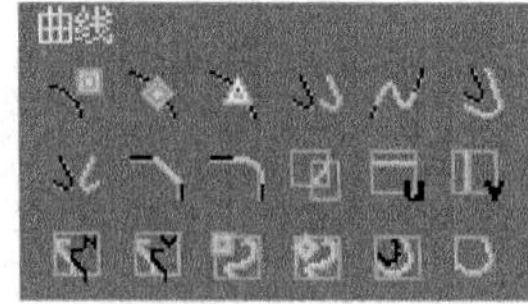

图 3.145　NURBS 曲线工具

创建 CV 曲线：单击该按钮后，可以在视图中创建可控制点曲线。

创建点曲线：单击该按钮后，可以在视图中创建点曲线。

创建拟合曲线：单击该按钮后，可以在视图中选择已有的节点来创建一条曲线。

创建变换曲线：单击该按钮后，将鼠标光标移动到已有的曲线上，此时按住鼠标左键不放并进行拖拽，会生成一条相同的曲线。可以创建多条曲线，单击右键后结束创建，生成的曲线和已有的曲线是一个整体。

创建混合曲线：该工具命令可以将两条曲线首尾相连，连接的部分会延伸原来曲线的曲率。

操作时应先利用或在视图中创建曲线，单击按钮，在视图中依次单击创建的曲线即可完成连接。

创建偏离曲线：该工具命令可以在原来曲线的基础上创建出曲率不同的新曲线。单击该按钮，将光标移到已有的曲线上，按住鼠标左键进行拖拽，即可生成另一条放大或缩小的新曲线，但曲率会有所变化。

创建镜像曲线：该工具命令可以创建与原曲线呈镜像关系的新曲线，该工具命令类似于工具栏中的“镜像复制”命令。单击该按钮，将光标移到已有的曲线上，按住左键不放并上下拖拽，即会产生镜像曲线，可以选择镜像的方向，松开鼠标后创建结束。

创建导直角曲线：该工具命令可以在两条曲线之间连接一条带直角角度的曲线线段。单击该按钮，将光标移到曲线上，依次单击这两条曲线，会生成一条带直角角度的曲线线段。

创建导圆角曲线：该工具命令可以在两条曲线之间连接一条带圆角的曲线线段。该工具命令的使用方法与“创建导直角曲线”相同。

创建面-面相交曲线：该工具命令可以在两个曲面相交的部分创建一条曲线。在视图中创建两个相交的曲面，利用“结合”命令将两个曲面结合为一个整体，单击该按钮，在视图中依次单击两个曲面，曲面相交的部分会生成一条曲线。

创建 U 轴向等参数曲线：该工具命令可以在曲面的 U 轴向上创建等参数的曲线线段。单击该按钮，在视图中的曲面上单击鼠标，即可创建出一条 U 轴向的曲线线段。

创建 V 轴向等参数曲线：该工具命令可以在曲面的 V 轴向上创建等参数的曲线线段。操作方法与“创建 U 轴向等参数曲线”相同。

创建垂直映射曲面：该工具命令可以将一条曲线垂直映射到一个曲面上，生成一条新的曲线。分别创建一条曲线和一个曲面，利用“结合”命令将它们结合为一个整体，单击按钮，依次单击曲线和曲面，在曲面上会生成一条新的曲线。

创建镜像映射曲线：该命令可以将一条曲线投影到一个曲面上，生成一条新的曲线，投影的方向随视角的变化而改变。操作方法与“创建垂直映射曲面”相同。

在曲面上创建 CV 曲线：该工具命令可以在曲面上创建可控点曲线。单击该按钮，将光标移到曲面上，则可以在曲面上创建一条可控点曲线。

在曲面上创建点曲线：该工具命令可以在曲面上创建点曲线。操作方法与“在曲面上创建 CV 曲线”相同。

创建曲面偏移曲线：该工具命令可以将曲面上的一条曲线偏移复制，复制出一条参数相同的新曲线。单击该按钮，将光标移动到曲线上，按住鼠标进行拖拽，会偏移复制出一条新的曲线。

创建曲面边缘曲线：该工具命令能以 NURBS 物体的边缘创建出一条曲线。

3）NURBS 曲面工具

NURBS 曲面工具是 NURBS 建模中经常用到的工具命令，对曲线、曲面的编辑非

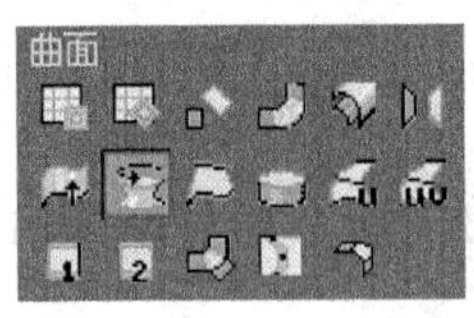

图 3.146 NURBS 曲面工具

常强大，共有 17 种工具命令，如图 3.146 所示。

创建 CV 曲面：单击该按钮，可在视图中创建可控点曲面。

创建点曲面：单击该按钮，可在视图中创建点曲面。

创建变动曲面：该工具命令可以将指定的曲面在同一水平面上复制出一个新的曲面，得到的曲面与原曲面参数相同。单击该按钮，将鼠标光标移到已有的曲面上，按住鼠标左键不放并进行拖拽，在合适的位置松开鼠标，即可创建出一个新的曲面。

创建混合曲面：该工具命令可以使两个曲面混合为一个曲面，连接部分延续原来曲面的曲率。创建两个曲面，利用“结合”命令将其结合为一个整体，单击该按钮，依次单击曲面，即可混合为一个曲面。在操作时，光标应该靠近要连接的边，边会变成蓝色。

创建偏移曲面：该工具命令可以在原来曲面的基础上创建出曲率不同的新曲面。单击该按钮，将鼠标光标移到曲面上，按住鼠标左键不放进行拖拽即会生成新的曲面，松开鼠标完成操作。

创建镜像曲面：该工具命令可以创建与原曲面呈镜像关系的新曲面。单击该按钮，将光标移到已有的曲面上，按住左键不放并上下拖拽，可以选择镜像的方向，松开鼠标结束创建。

创建挤压曲面：该工具命令可以将曲线挤压成曲面。单击该按钮，将鼠标光标移到曲线上，按住左键不放并上下拖拽，曲线被挤压出高度，松开鼠标完成操作。

创建旋转曲面：该工具命令可以将曲线沿轴心旋转成一个完整的曲面。单击该按钮，将鼠标光标移到曲线上，单击鼠标，曲线发生旋转。

创建规则化曲面：该工具命令可以在两条曲线之间，根据曲线的形状创建一个曲面。

创建封顶曲面：该工具命令可以将一个未封顶的曲面物体加盖封顶。

创建 U 放样曲面：该工具命令可以将一组曲线作为放样截面，生成一个新的曲面。创建一组曲线，利用“多项结合”将曲线组成一个整体，单击该按钮，用鼠标将光标移到起始曲线上，依次单击这组曲线，即可生成一个曲面。

创建 UV 放样曲面：该工具命令可以将两个方向上的曲线作为放样截面，生成一个新的曲面。创建几条不同方向上的曲线，利用“结合”命令将其结合为一个整体，单击该按钮，将光标移到竖向的第一条曲线上，连续单击同方向的曲线，单击鼠标右键，再连续单击横向的曲线，最后结束，生成一个新的曲面。

创建 1 轨放样曲面：该工具命令与放样命令相同，创建两条曲线分别作为路径和截面，从而生成一个曲面。

创建 2 轨放样曲面：与“创建 1 轨放样曲面”原理相似，但需要 3 条曲线，即一条作为截面，另两条作为曲面两侧的路径，从而生成一个曲面。

创建多重混合曲面：该工具命令用来在 3 个以上的曲面间建立平滑的混合曲面。

先创建 3 个曲面，利用“多项结合”将曲线组成一个整体，使用“创建混合曲面”工具命令将 3 个曲面连接，会发现 3 个曲面间有一个空洞，单击按钮，将鼠标光标移到连接的曲面上，依次单击 3 个连接曲面，即可生成多重混合曲面。

创建多重边剪切曲面：该工具命令可以在依附有曲线的曲面上进行剪切，从而生成新的曲面。

创建导角曲面：该工具命令用于在两个相交的曲面之间创建一个圆滑的曲面。

3.4.2 多边形建模

多边形建模是 3ds Max 中最完善、最实用的建模方法，使用多边形建模方法几乎可以创建任何模型。多边形建模方法主要是通过使用“编辑网格”编辑修改器，或者是通过右击，在弹出的快捷菜单中将对象转换为“可编辑多边形”。

物体被转换为“可编辑多边形”对象后，就可以进入次对象级工作。在网格对象中，可编辑的次对象级包括顶点、边、边界、多边形、元素 5 种，也可以通过单击对象图标按钮在对象级和次对象级间进行切换，如图 3.147 所示。

1. 软选择的使用

进入次对象模式后，“软选择”卷展栏变为可用状态，如图 3.148 所示。通过“软选择”卷展栏，用户可以更改其参数。

使用软选择：用来激活或者禁用软选择特性。

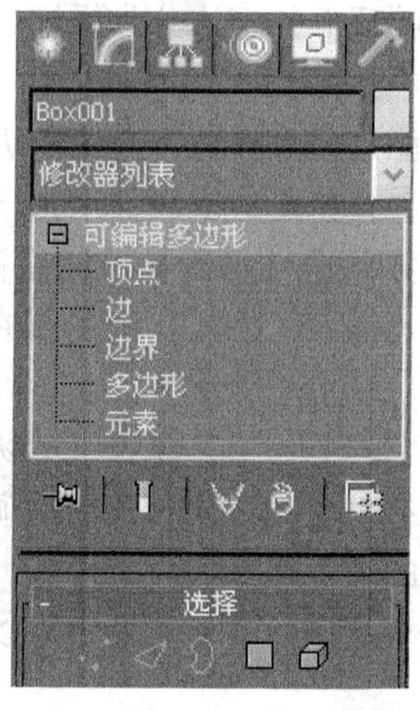

图 3.147 可编辑多边形

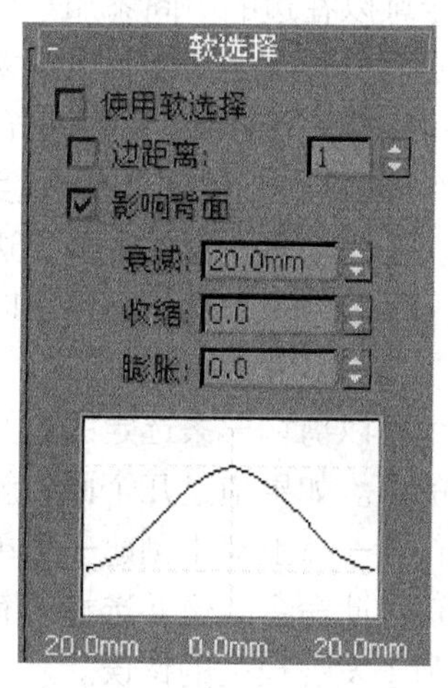

图 3.148 “软选择”卷展栏

边距离：设置软选择影响的范围。

影响背面：把软选择应用于对象背面的选定对象。

衰减：定义软选择的衰减范围。

收缩：可以将收缩曲线的中间变得更加锐利。

膨胀：起到和收缩相反的作用。

2. 编辑顶点次对象

进入顶点次对象后，用户可以在主工具行中使用移动、旋转、缩放等变形工具，对顶点次对象选择集进行编辑。

创建：可以为网格对象添加新的顶点。

移除：删除选定的顶点，该功能可以应用到所有次对象模式。

连接：此功能可以将一个物体或者次对象物体，同时选定的物体或者物体的选择集进行结合。

分离：此按钮把选定的对象和其他对象分离。此功能可以应用到除“边”次对象模式以外的所有次对象模式中。

断开：此按钮可以将包含公用顶点的线断开，使其各自拥有自己的顶点。注意一点，此功能只能应用于顶点次对象模式。

倒角：此按钮可以将边切去一个角，并用来代替。

切片：此按钮可以沿一个平面切开网格对象。单击【切片】按钮，在选定对象上会出现一个黄色的平面线框。使用变换工具可以移动、旋转或缩放这个线框。设定好平面的位置和其他选项后，单击【切片】按钮将网格对象切开。【切片】功能可以应用于所有次对象级。

焊接、焊接目标：可以将选定的顶点次对象进行焊接。要使用这个目标顶点，选择两个或更多的顶点，并设定一个阈值，然后单击此按钮将顶点焊接。

3. 编辑边次对象

细分：此命令可以在边的中间添加一个新的顶点并把边分为相等的两个部分。它可以应用到除顶点次对象级以外的所有次对象级中。

改向：此命令可以旋转多边形的边。它只能应用于“边”次对象级。

挤压：此命令可以给选定的边增加厚度，并在挤压边的后面增加一个面。如果要使用“挤压”命令，首先选择一个或者多个边，并单击【挤压】按钮在视图中拖动即可。或者直接在“挤压”项中输入数值，也可以通过调节“挤压”项后面的微调器设定挤压的数值。

剪切：此命令可以剪切一条选定的边并把它一分为二。单击【剪切】按钮，然后单击并拖过要剪切的边。如果拖过几个面，就会在每个交点处创建新的顶点和边。用户还可以在一个边的任何一点上双击创建一个单独的点。

选择开放的边：此命令定位并选择所有开放的边，使用此命令可以方便地在几何体中发现空洞，有利于发现模型的错误。

从边创建图形：从选定的边创建新的样条曲线图形。使用它可以给新图形命名。还可以选择设定创建图形的类型，有“平滑”和“线性”两种方式可供用户选择。

4. 编辑次对象

网格对象的“边界”、“多边形”、“元素”次对象的“可编辑参数”卷展栏中的内容基本相同。它们主要包括：

创建：此按钮用于创建基于新顶点的新面或多边形。要创建一个新面，单击【创建】按钮。选定网格对象中的所有顶点将会高亮显示。单击开始这个面的顶点，若单击另外两个顶点之后，就可创建一个新的面。如果不想使用现有的顶点。按住【Shift】键单击即可创建一个新顶点。

倒角：此按钮可以为选定的面或多边形次对象选择集加入倒角。要使用此按钮，首先选择一个面或一个多边形，然后按下【倒角】按钮，将鼠标移动到视图中，上下移动鼠标创建厚度，然后释放鼠标左键，再次拖动鼠标创建倒角。

细化：此按钮可以将一个面或多边形分为几个面或几个多边形，可增加网格对象的清晰度。

爆炸：使用此按钮可以把所有选定的面或多边形分为单独的对象或元素。

3.4.3　面片栅格建模

面片栅格建模是一种介于多边形建模和 NURBS 建模之间的建模类型。要创建面片建模，需要打开“创建”面板并选择“几何体”类型，在“对象类型”下拉列表框中选择“面片栅格”。在“对象类型”卷展栏上有两个按钮：【三角形面片】和【四边形面片】。【三角形面片】由 72 个可见的三角形面组成；【四边形面片】由 36 个可见的四边形面组成。要创建面片网格，选择一个按钮，在视图中单击并拖动指定网格大小即可，如图 3.149 所示。

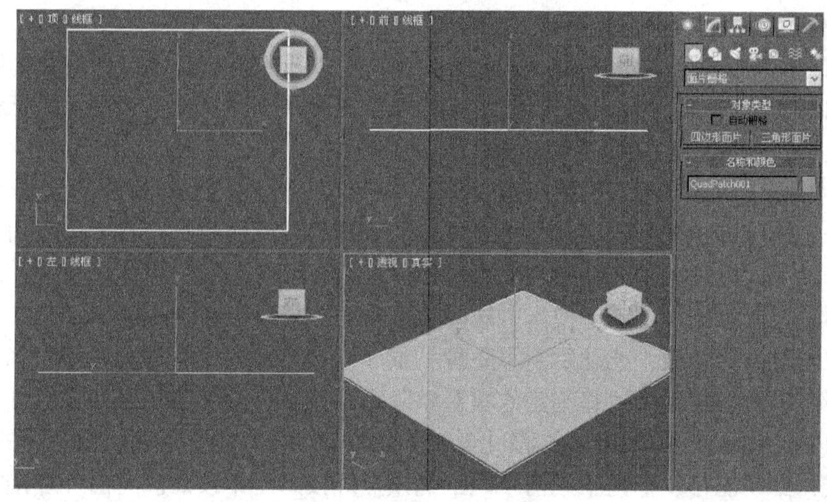

图 3.149　面片栅格

对面片对象的编辑主要是通过将面片对象转换为“可编辑面片”对象，或使用“编辑面片”编辑修改器。将面片对象转变为“可编辑面片”可以通过单击鼠标右键，在弹出的快捷菜单中选择“转换为 /转换为可编辑面片”命令来实现。

面片次对象包括顶点、边、面片、元素和控制柄，如图 3.150所示。

1. 编辑顶点次对象

在编辑修改器中，单击顶点次对象的图标可以进入顶点次对象级进行编辑。在顶点次对象级中，可以使用主工具栏中的变换工具编辑选定的顶点，或可以变换切线手柄改变面片的形状。

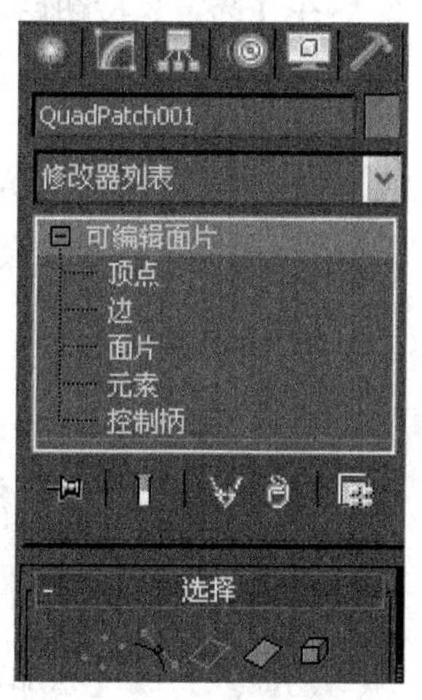

图 3.150　可编辑面片

面片的顶点有两种类型：“共面”和“角点”。“共面”

类型的顶点保持顶点之间的光滑度，因为它们之间的手柄是锁定的。这样一来，手柄总是在移动，以保持表面的连续性。

拖动切线手柄可以创建表面上的褶皱和缝隙。

在顶点次对象模式下，单击鼠标右键，在弹出的快捷菜单中选择不同的顶点属性，可以在不同类型的顶点之间进行切换。

在“几何体”卷展栏中包括编辑面片的大多数功能：

“绑定和取消绑定”：此按钮可以将一个面片对象边上的顶点和另一个面片的边相连，这对于连接顶点数不同的边是非常有用的。要使用“绑定”功能，单击此按钮，然后从顶点拖出一条直线到达边的合适位置即可。

温馨提示：如果要合成边，首先要把拐角顶点焊接在一起，如果拐角顶点没有被焊接在一起，“绑定”功能不能使用。

创建：此功能可以创建一个次对象物体，它可以应用于除边次对象以外的所有次对象模式下。用户可以在顶点次对象模式下创建顶点，然后在面次模式下分别单击创建的4个次对象顶点，这样就可以在这4个顶点之间创建一个面次对象。

附加：此功能可以应用在所有的次对象模式下以及物体模式下。使用此功能可以将对象添加到当前的面片对象上。要使用此功能首先选择一个对象，然后把鼠标移动到想要进行连接的对象上单击即可。

删除：此功能可以用来删除所有的次对象物体，它可以应用在所有次对象模式下。

断开：使用此功能可以将一个面次对象从选择的顶点处断开。要使用此功能首先要选择一个顶点，然后单击此按钮，顶点所处的表面就会在选择的顶点处断开。此功能也可以应用于边次对象模式下，使用方法同在点次对象模式下完全相同。

隐藏、全部不隐藏：此功能用于隐藏和显示选择的次对象物体。选择一个次对象。然后按下【隐藏】按钮可以将选定的次对象隐藏，按下【全部不隐藏】按钮可以将隐藏的次对象物体显示出来。【隐藏】和【全部不隐藏】可以应用在所有次对象模式下。

焊接：此功能可以把两个或两个以上的顶点焊接为一个顶点。有两种焊接方式：选定和目标。使用“选定”方式进行顶点的焊接时，首先要对需要焊接的顶点进行选择。然后在【选定】按钮后面设定一个阈值，单击【选定】按钮，如果选择的顶点之间的距离不大于这个阈值，它们就会被焊接；如果选择的顶点不能进行焊接，可以增大【选定】的阈值，然后再试一下。使用“目标”方式进行焊接时，首先设定一个阈值，然后选择一个顶点，使用移动工具向想要进行焊接的另外一个顶点上拖动，如果进入设定的“目标”阈值范围内就会自动选择焊接。

2. 编辑边次对象

细分：此功能可以将选定的边次对象从中间分为两个单独的边。要使用此功能，首先选择一个边次对象，然后按下此按钮，将对象细分。

添加三角面片或添加矩形面片：使用此按钮可以在面片对象的开放式边上创建一个三角或矩形面片。要创建一个三角或矩形面片，首先选择一条开放的边。然后单击【添加三角面片】或【添加矩形面片】按钮创建一个面片对象。

挤出：此功能可以给一个选定的边增加厚度，并在挤压边的后面增加一个面。要使用此功能，首先选择一个或多个边，单击此按钮并在视图中拖动即可，或者直接在“挤出”项中输入数值，用户也可以通过“挤出”项后面的微调器设定挤压的数值。

3. *编辑面片、元素次对象*

面片次对象和元素次对象的可编辑参数基本相同，除前面介绍的公用控制选项外还包括一些特殊的选项：

分离：此功能可以将选定的面片次对象从面片对象中分离出来。有两种分离属性可以选择：“重定向”选项使分离的次对象和当前活动面片的位置和方向对齐，“复制”选择创建分离对象的新复制品。

挤出：此功能可以给一个面片增加厚度。要使用此功能，首先选择想要进行编辑的面片次对象，然后单击【挤压】按钮并将鼠标移动到视图中设定的面片次对象上，拖动鼠标创建厚度，也可以直接在“挤压”的参数输入栏中输入数值或直接拖动后面的微调器改变挤压的数值。

倒角：此功能可以挤压面片表面次对象，并给挤压的面片对象调节倒角。使用“倒角”功能，首先选择一个面片后单击此按钮，然后在视图中拖动鼠标挤压出厚度，释放鼠标左键，再次拖动鼠标指定“轮廓”数值。

3.4.4　吧椅的制作实例

实例目的：通过吧椅的模型制作，练习 NURBS 点工具命令。

知识要点：以“球体”命令制作物体；以“NURBS 曲面”、“NURBS 点工具”加移动工具来完成模型的制作。

操作步骤：

(1) 进行系统重新设定，并将系统显示单位设置为毫米。

(2) 单击 / / 球体 按钮，在顶视图创建球体，在参数面板中设置参数，右键单击前视图，单击缩放工具按钮，将光标移到缩放坐标轴的 Y 轴上，按住鼠标向下拖拽，改变球体的形态，如图 3.151 所示。

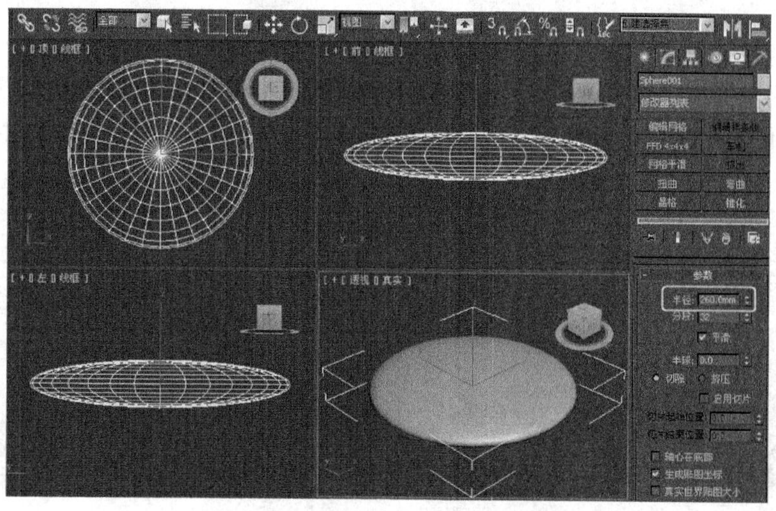

图 3.151　创建一个球体并缩放

(3) 单击鼠标右键，在弹出的菜单中选择“转换为/转换为 NURBS”命令，将球体转化为 NURBS 曲面物体，如图 3.152 所示。

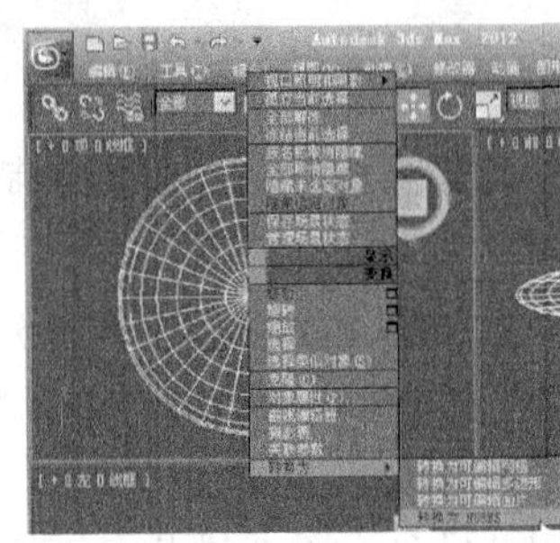
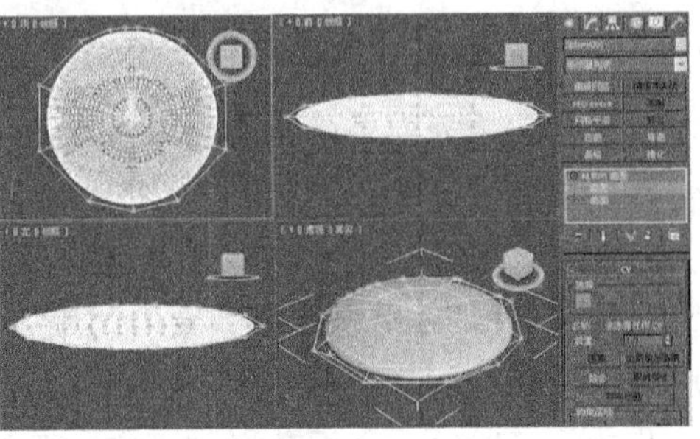

图 3.152　将球体转化为 NURBS 曲面物体

(4) 将顶视图、前视图、左视图左上角的“线框”改为“边界框”。在修改命令堆栈中单击“曲面 CV”选项，在顶视图中用鼠标框选部分可控制点，用移动工具将光标移到坐标轴的 Y 轴上，按住鼠标向上拖拽，将可控制点向上移动，如图 3.153 所示。

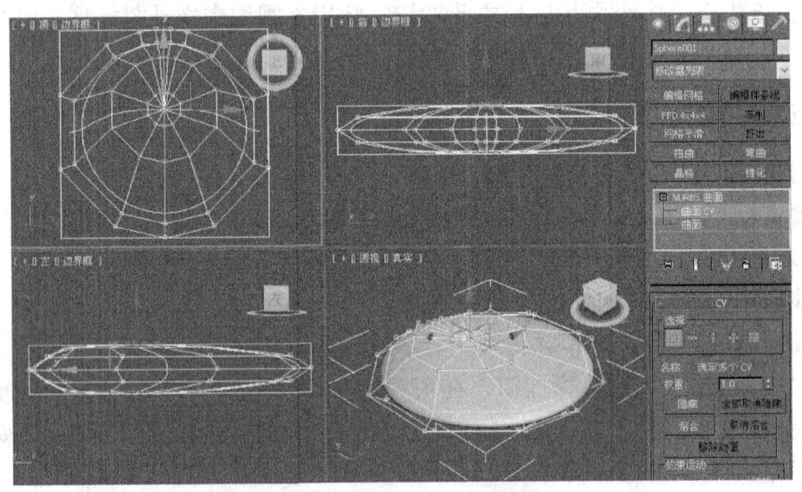

图 3.153　用移动工具将控制点向上拖拽

(5) 用鼠标框选部分可控制点，右键单击前视图，按住键盘上的【Alt】键并用鼠标框选底部的可控制点，将这些可控制点取消选择，如图 3.154 所示。将光标移到坐标

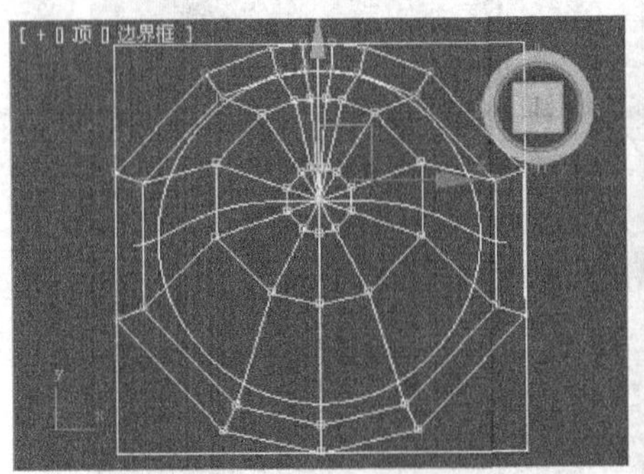
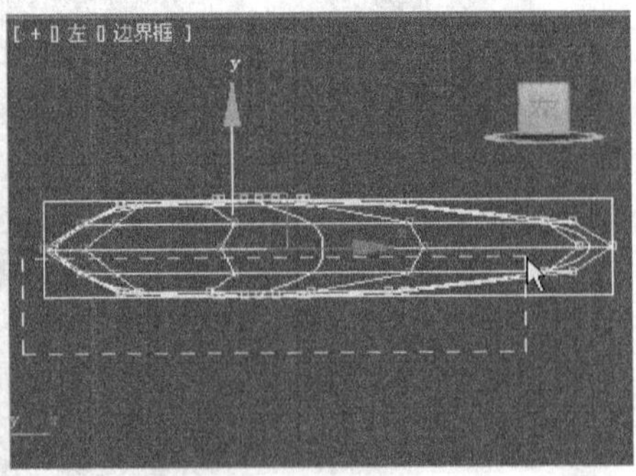

图 3.154　框选部分可控制点

轴的 Y 轴上，按住鼠标向上拖拽，将部分可控制点向上移动，如图 3.155 所示。

图 3.155　继续用移动工具拖拽控制点

(6) 右键单击顶视图，用鼠标框选部分可控制点，右键单击前视图，按住键盘上的【Alt】键，用鼠标框选底部的可控制点，将其取消选择，将光标移到坐标轴的 Y 轴上，按住鼠标向下拖拽，调整模型整体的形态，如图 3.156 所示。

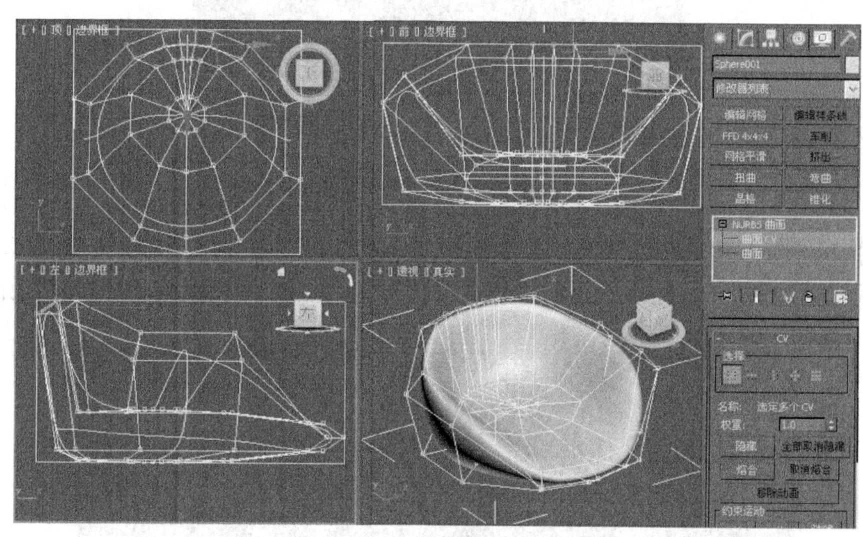

图 3.156　调整模型整体的形态

(7) 右键单击顶视图，用鼠标框选部分可控制点，右键单击前视图，按住键盘上的【Alt】键，用鼠标框选上部的可控制点，将其取消选择，将光标移到坐标轴的 Y 轴上，按住鼠标向下拖拽，调整模型整体的形态，如图 3.157 所示。

(8) 将“边界框”改为“线框”。单击 / / 线 ，在前视图中创建一线形，单击 按钮，在修改器列表中选中“编辑样条线”，将堆栈器里的“顶点”选中，在线形上用 Bezier 角点进行节点的调整，调整后的效果如图 3.158 所示。

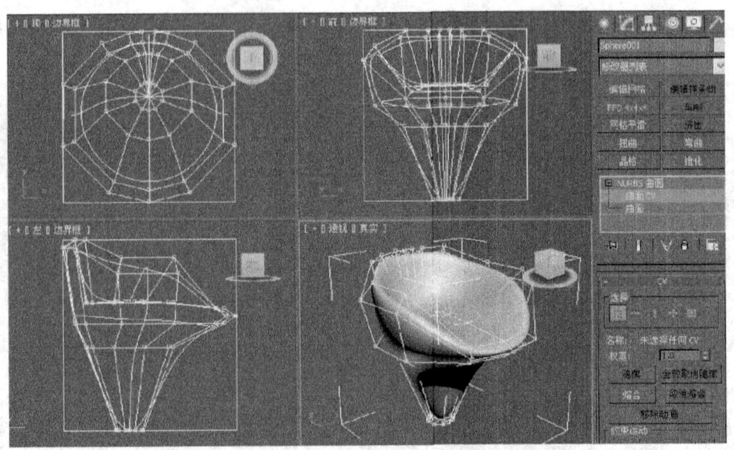

图 3.157　继续调整模型的形态

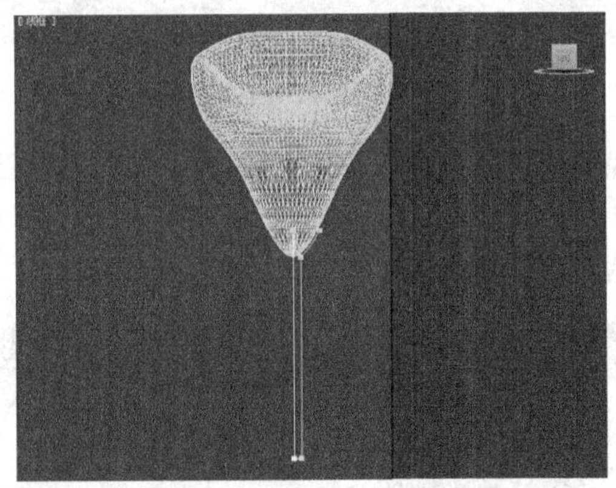

图 3.158　在前视图中创建一线形并调整

(9) 单击按钮，在修改器列表中选中“车削”修改器对图形进行旋转，点击“对齐”组下的最小按钮，并用移动工具进行调整到合适位置，效果如图 3.159 所示。

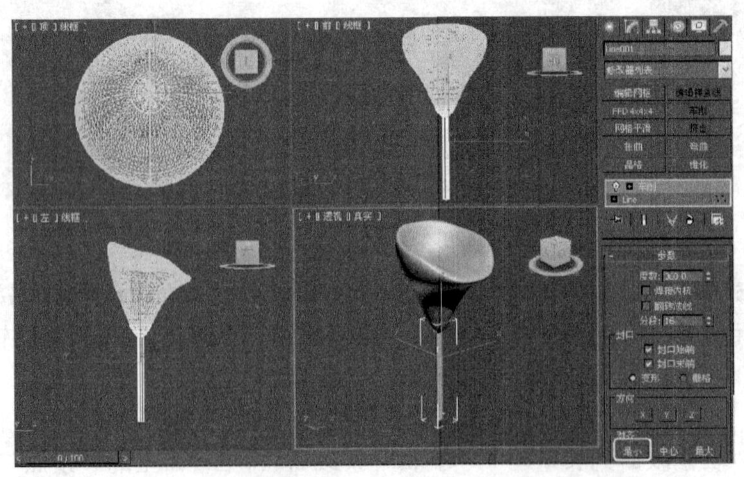

图 3.159　车削后的效果

(10) 运用同样的方法完成对吧椅底座和其他物体的制作，如图 3.160 所示。

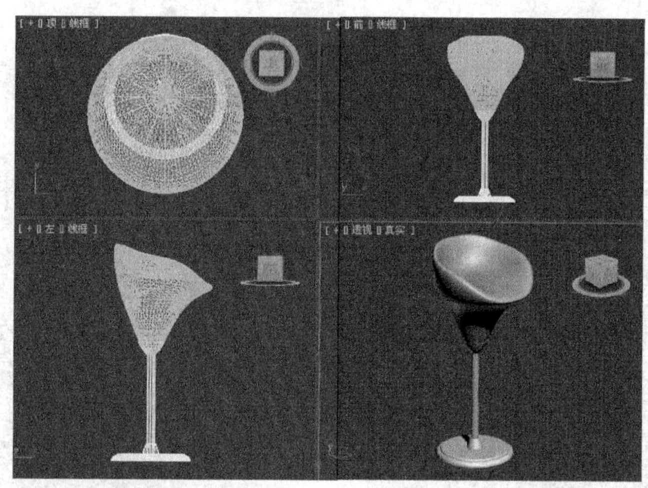

图 3.160　制作吧椅底座和其他物体

(11) 单击 / / 圆环 按钮，在顶视图创建圆环，在参数面板中设置参数。使用旋转工具旋转一定角度，并使用移动工具将其移到合适的位置。吧椅模型制作完成，如图 3.161 所示。

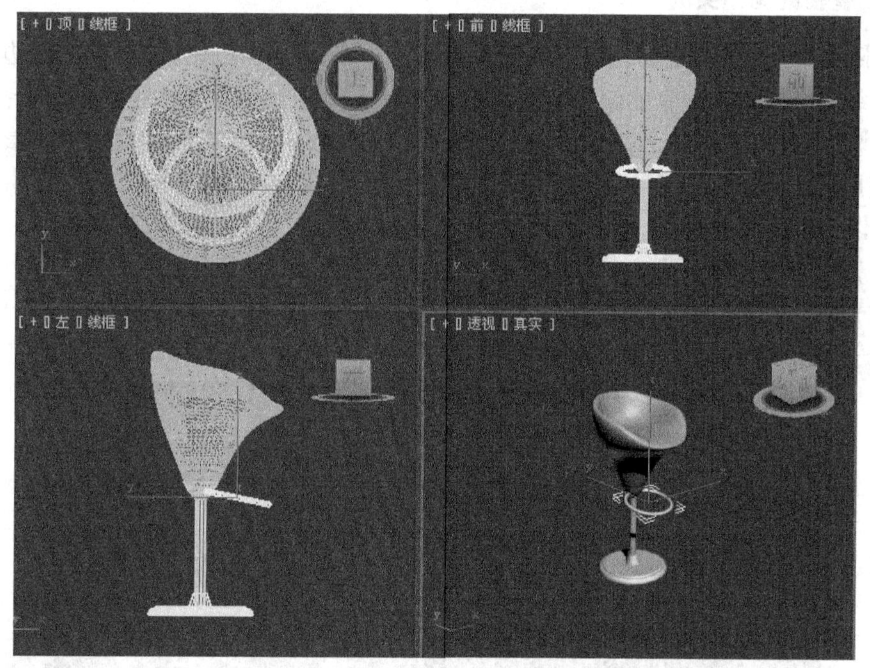

图 3.161　吧椅模型制作完成

(12) 按【F9】键快速渲染，渲染效果如图 3.162 所示。

(13) 按键盘上的【Ctrl+S】组合键，将模型起名为“吧椅”进行保存。

实例总结： 本例通过吧椅的模型制作，学习了用“球体”命令制作物体，用“NURBS 曲面”和“NURBS 点工具”来修改模型。

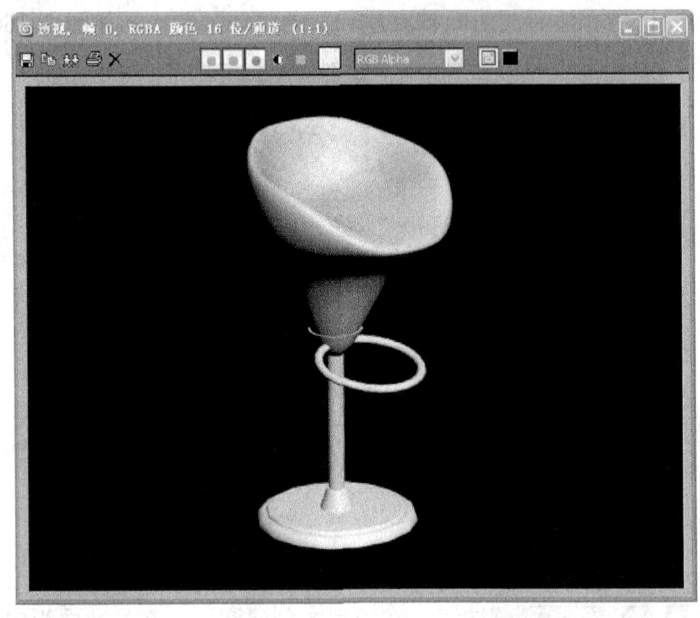

图 3.162　渲染效果

3.4.5　餐椅的制作实例

实例目的：本例通过制作餐椅造型来学习将三维基本物体转换为可编辑多边形，学习“可编辑多边形”命令的使用与修改的操作方法。

知识要点：创建一个长方体，设置合理的各项段数；将长方体转换为可编辑的多边形；使用顶点、多边形子物体层级进行调整；使用“弯曲”命令制作出椅子腿。

操作步骤：

(1) 进行系统重新设定，并将系统显示单位设置为毫米。

(2) 制作椅子的靠背。单击 / / 长方体 按钮，在前视图中创建一个长方体，作为椅子的靠背，参数及形态如图 3.163 所示。

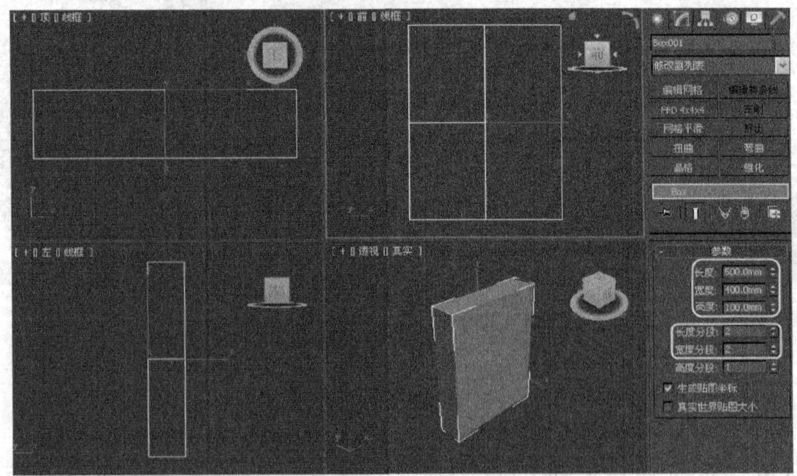

图 3.163　在前视图中创建一个长方体

(3) 确认长方体处于选择状态，在视图中单击鼠标右键，在弹出的右键菜单中选择“转换为/转换为可编辑多边形”命令，将长方体转换为可编辑的多边形。

(4) 进入多边形子物体层级，在透视图中选择侧面的两个面，接着单击“挤出”右面的■按钮，设置“挤出高度”为 50，使选择的面挤出，如图 3.164 所示。

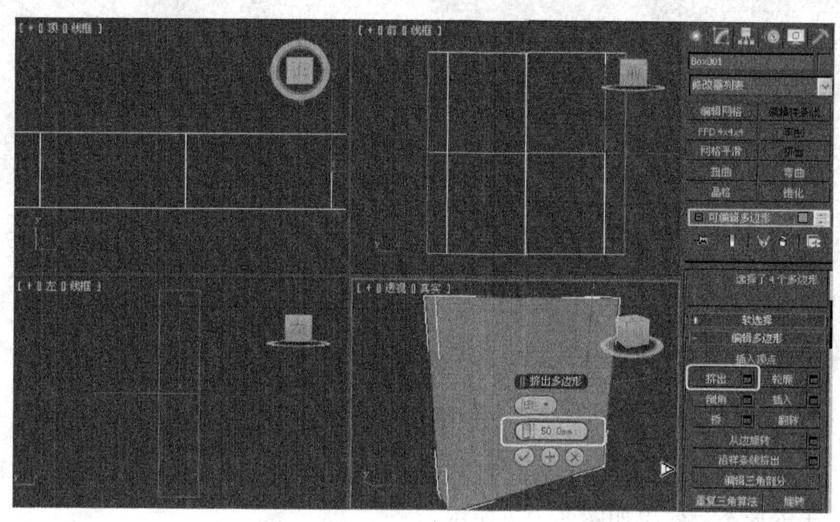

图 3.164　挤出选择的面

(5) 用同样的方法将椅子靠背上、下的面挤出。为了使椅子靠背的下方增加段数，要挤出两次，第二次设置挤出高度的值要大一些，在 80～100 即可，它是决定椅子底座厚度的数值。

(6) 制作椅子的坐垫。在透视图中选择底下侧面的面进行挤出，第一次是 50，第二次是 500，第三次是 50，如图 3.165 所示。椅子靠背及坐垫基本完成。

(7) 在修改面板中勾选“细分曲面”卷展栏下的“使用 NURMS 细分”选项，修改“迭代次数”值为 1，效果如图 3.166 所示。

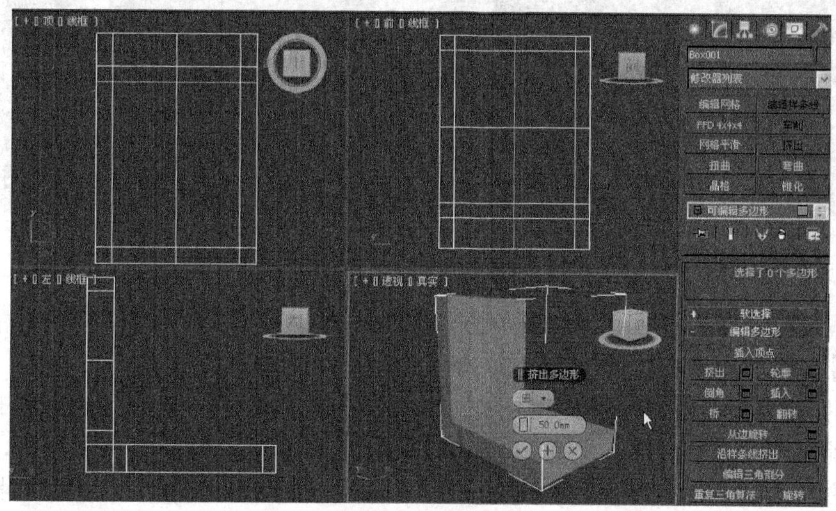

图 3.165　继续挤出

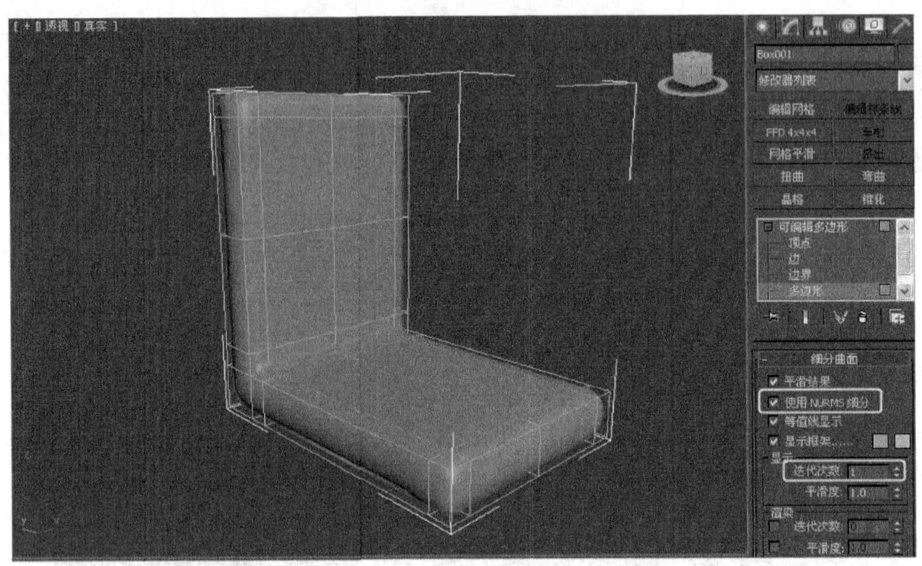

图 3.166　使用 NURMS 细分后的效果

(8) 进入顶点子物体层级，在前视图中选择椅子靠背中间的顶点，用移动和缩放工具调整椅子的形态，效果如图 3.167 所示。

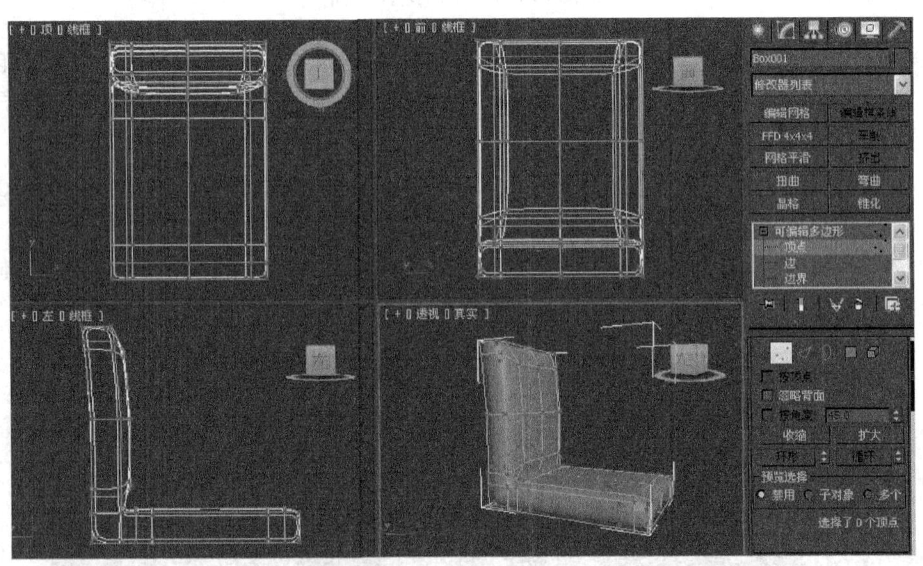

图 3.167　用移动和缩放工具调整椅子的形态

(9) 在修改面板中激活多边形子物体层级，在左视图中选择椅子座下面的面，按【Delete】键，删除底部的面，如图 3.168 所示。

(10) 在顶视图中创建一个 50×50×50 的长方体，段数分别设置为 1，将长方体转换为可编辑的多边形。进入多边形子物体层级，在透视图中选择下面的面，再单击 倒角 右面的按钮，设置高度为 50，轮廓数量为－1，连续单击 8 次加号按钮。调整它的位置如图 3.169 所示。

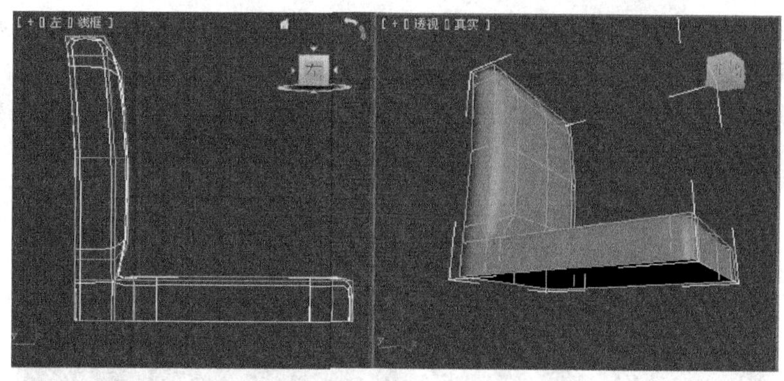

图 3.168　删除底部的面

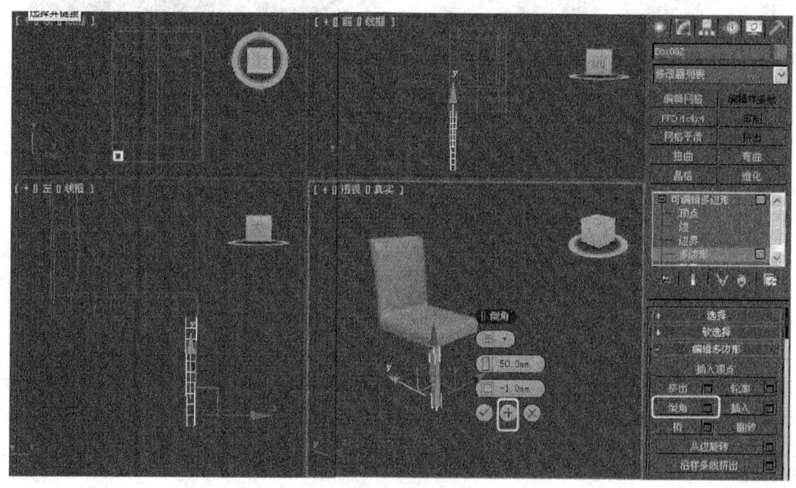

图 3.169　创建椅子的腿

(11) 在修改器列表中选择“弯曲”命令，设置“角度”为 12，“方向”为 150，如图 3.170 所示。

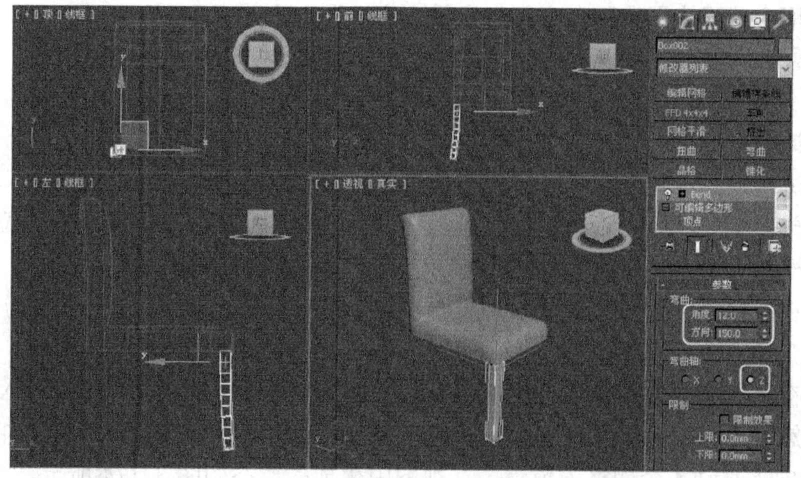

图 3.170　使用“弯曲”命令修改

温馨提示：读者也可以进入顶点子物体层级，调整椅子腿的形态。如果灵活地用好“可编辑多边形”命令，也可以制作出漂亮的造型。

(12) 用工具栏中的“镜像”命令将其他的三条椅子腿制作出来，效果如图 3.171 所示。

图 3.171 复制椅子腿

(13) 将制作的模型保存起来，文件名为“餐椅”。

实例总结：本例通过制作餐椅造型，熟悉了将创建的长方体转换为“可编辑多边形”的操作方法，学习了使用其中的命令编辑制作出餐椅的造型。

3.4.6 单人床的制作实例

实例目的：本例通过制作单人床造型来学习“面片栅格”中“四边形面片”的创建与修改，配合“网格平滑”命令制作出单人床造型。

知识要点：创建“四边形面片”并设置各项参数；使用“网格平滑”命令生成褶皱。

操作步骤：

(1) 进行系统重新设定，并将系统显示单位设置为毫米。

(2) 单击创建命令面板中 标准基本体 右面的 按钮，在弹出的下拉列表中选择“面片栅格”命令，单击 四边形面片 按钮。

(3) 在顶视图中创建“长度”为 2000，“宽度”为 1200，“长度分段”为 3，“宽度分段”为 2 的面片，效果如图 3.172 所示。

(4) 在修改命令面板中执行“网格平滑”命令，在堆栈器中点击 进入顶点子物体层级，然后在顶视图中选择中间所有的顶点，如图 3.173 所示。在前视图中用移动工具沿 Y 轴向下移动 4 个网格的位置，在视图中生成的形态如图 3.174 所示。

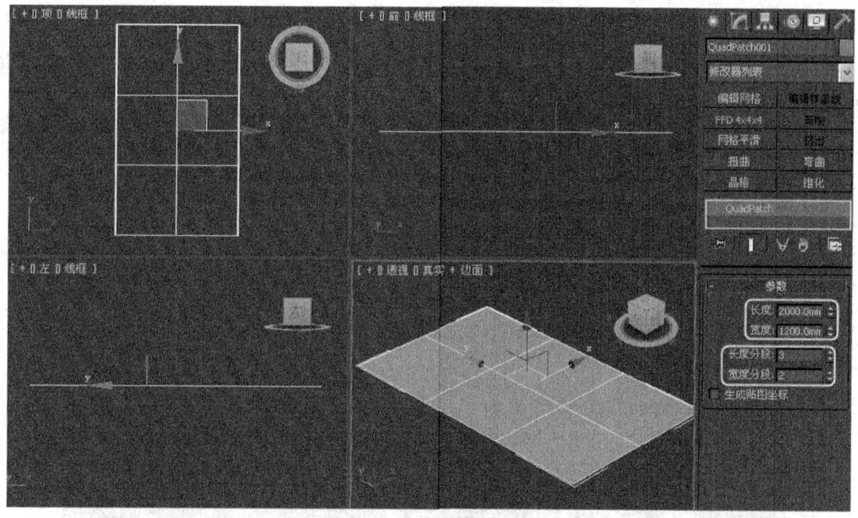

图 3.172　创建一个面片

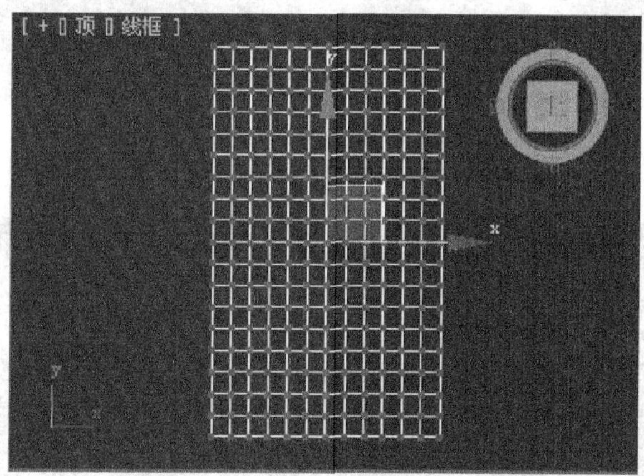

图 3.173　选择中间所有的顶点

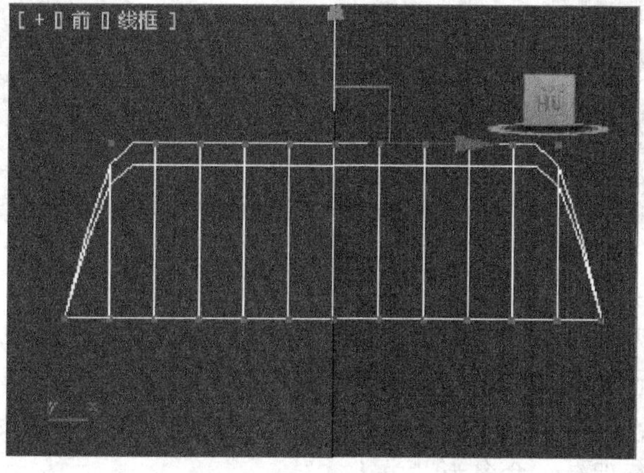

图 3.174　在视图中生成的形态

(5) 在顶视图中，按住【Ctrl】键，选择四周的顶点（每间隔一个顶点选择一个），如图 3.175 所示。用工具栏中的选择并均匀缩放工具沿 XY 轴进行缩放。将“细分量”卷展栏下的“迭代次数”设置为 2，效果如图 3.176 所示。

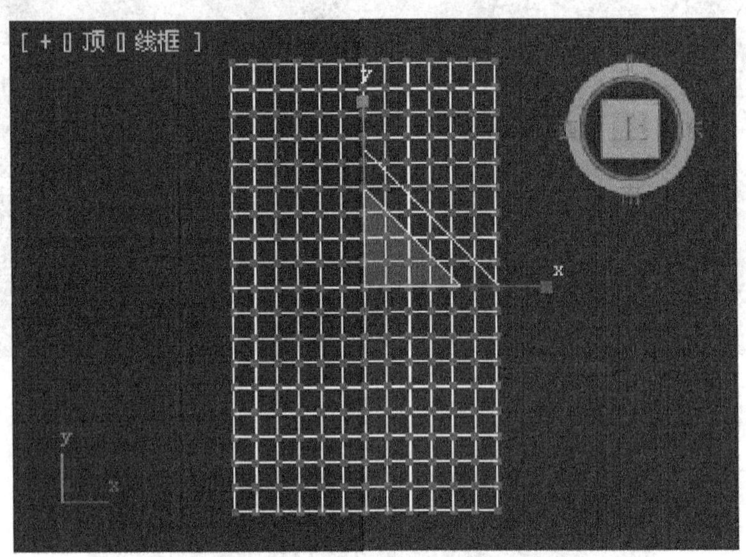

图 3.175　隔一个选择一个顶点

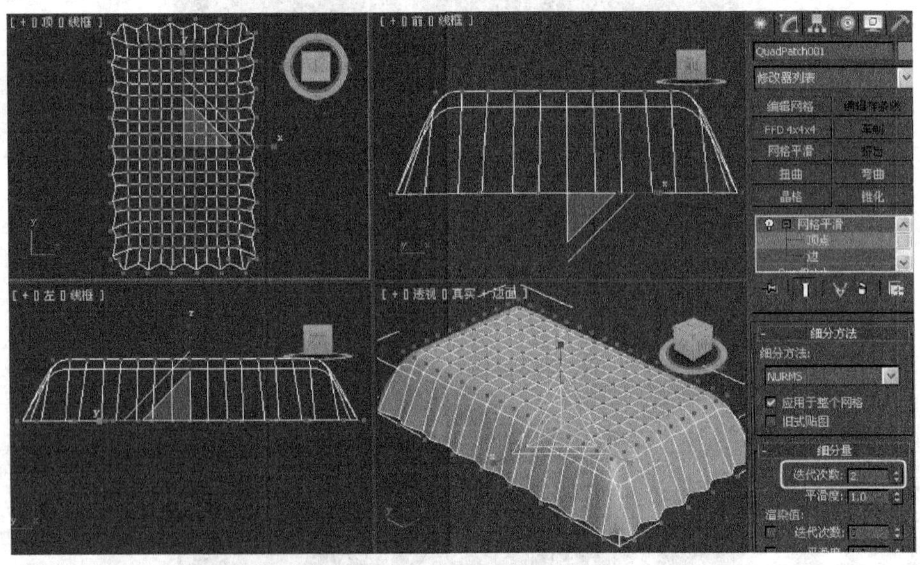

图 3.176　用缩放工具进行缩放

(6) 在顶视图中选择上面的一些顶点，在前视图中沿 Y 轴往上移动，作为“枕头”，如图 3.177 所示。

(7) 可以在透视图中单独选择不同的顶点进行调整，最终效果如图 3.178 所示。

(8) 将文件进行保存，命名为“单人床”。

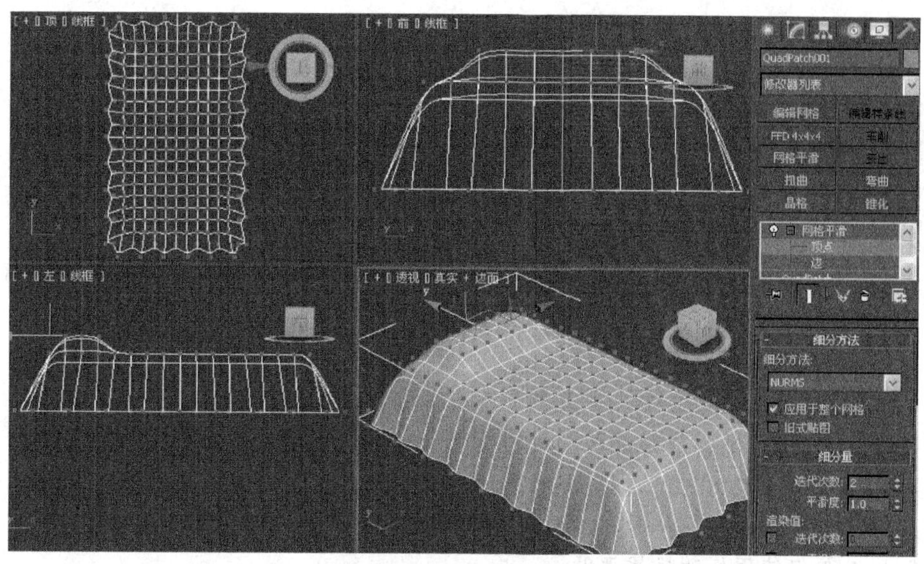

图 3.177　移动选择的顶点

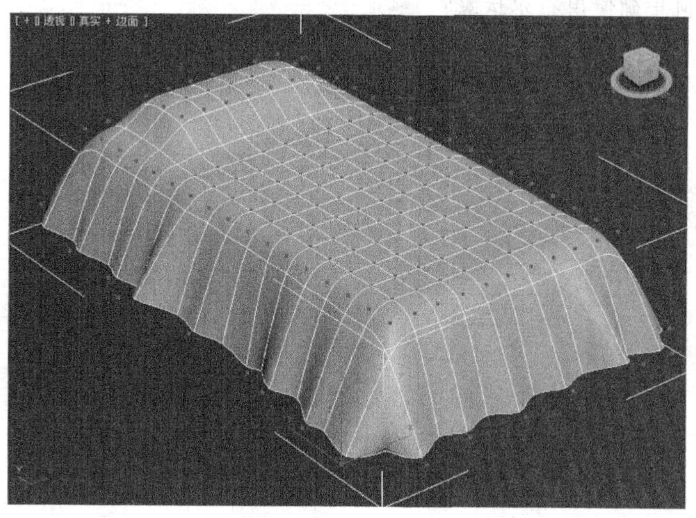

图 3.178　最终效果

实例总结： 本例通过制作一个单人床造型，主要学习“四边形面片”的创建以及配合“网格平滑”编辑命令使用，然后用“网格平滑”的顶点子物体层级来制作出褶皱效果。

小　　结

本章介绍了 3ds Max 2012 的建模技术。首先介绍了 3ds Max 2012 的操作界面，着重介绍了视图的控制操作，然后介绍了二维、三维的建模方法，包括对象的创建、变换及修改，对在效果图制作中常用的样条线的创建与修改以及转化为三维图形的方法，基本几何体的创建与修改进行了详细的介绍，同时还介绍了扩展基本体建模、复合物体建模法以及高级建模法。在学习的过程中，要注意各种建模对象创建与修改过程，注意参数的变化带来的不同结果，熟悉各个命令参数的意义。

思考练习题

3.1　简述视口控件及其快捷键的使用。

3.2　如何设置系统单位及显示单位?

3.3　如何使用及设置对象捕捉功能?

3.4　如何进行精确的变换操作?

3.5　哪些命令可以复制对象？复制对象的三种模式（复制、实例、参考）有什么区别?

3.6　如何指定变换中心?

3.7　样条线的顶点有哪几种类型？各有什么特点?

3.8　如何进行编辑样条线和编辑网格中子物体的选择和修改?

3.9　把样条线转化为三维形体的方法有哪些?

3.10　创建基本几何体时，参数变化对形状变化的影响有哪些?

3.11　如何使用修改堆栈器?

3.12　编辑网格的常用功能有哪些?

3.13　如何正确使用布尔运算?

第4章

材质的编辑与应用

4.1 材质编辑器

4.1.1 材质编辑器界面

观察一下我们周围的世界，每一种物体的材质都有其特定的质感。若要在计算机上真实地表现这些物体，就必须制作出具有其特定质感的材质来。做到这一点，一方面需要艺术观察能力，另一方面需要靠软件的表现能力。3ds Max 2012 的材质编辑器在描述材质视觉和光学的属性上，包括颜色、质感、反射、折射、表面粗糙程度及纹理等方面具有较强的表现能力。

选取主工具栏上的材质编辑器图标，打开“材质编辑器”对话框，其缺省状态就是标准材质，界面如图 4.1 所示，标准材质是其他类型材质的基础，所以应很好地掌握标准材质的使用方法。

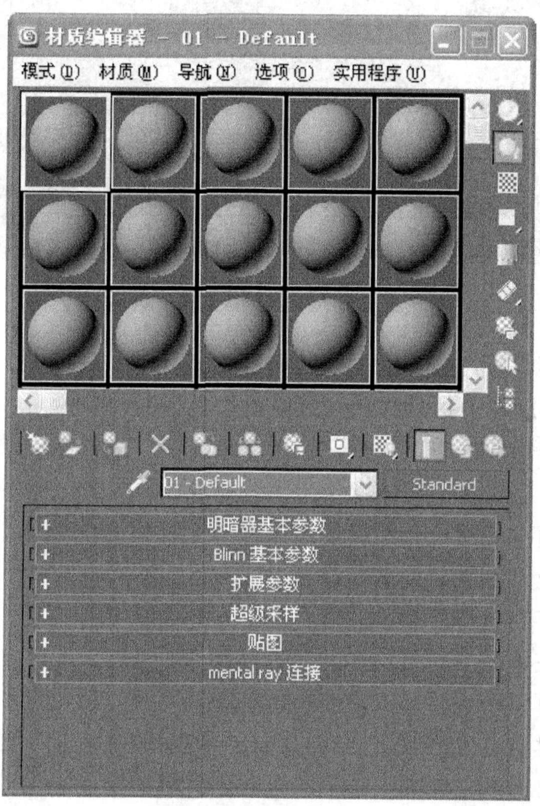

图 4.1 材质编辑器

材质编辑器缺省状态下可以看到 6 个样本窗，实际上它有 24 个样本窗，当鼠标在样本窗的接缝上时，光标变成小手，这时按鼠标左键拖动，可以看到其余的样本窗。样本窗是按 4 行 6 列排布的。在样本窗上按鼠标右键，在弹出的菜单中选择“6×4”，我们就可以同时看到所有的样本窗。但问题是样本窗太小，不便观察。在样本窗上双击鼠标左键，这时我们看到材质呈现在一个较大的独立样本窗中。

在样本窗的周围是材质编辑器的工具栏。为获取材质工具，通常用它从材质库中提取材质，当按下该工具按钮后，会打开一个对话框，如图 4.2 所示。

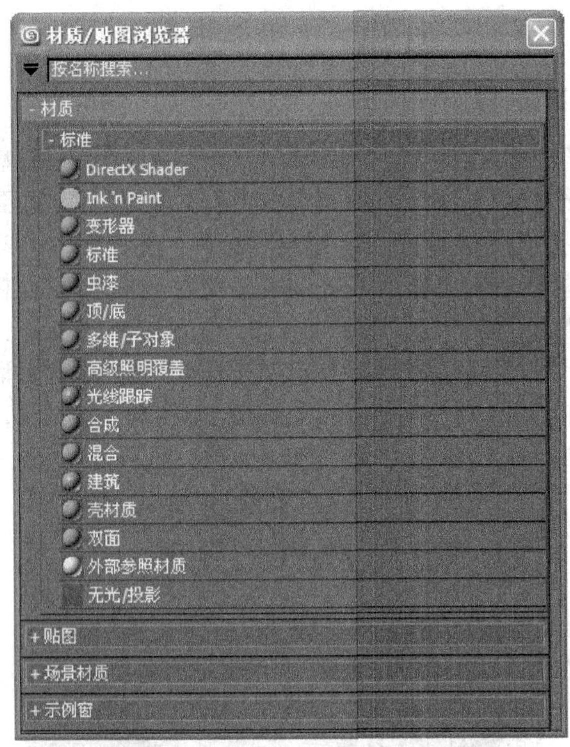

图 4.2 “材质/贴图浏览器”对话框

从“材质/贴图浏览器”对话框中可以看到，它包括“材质”、“贴图”、“场景材质”和“示例窗”四个卷展栏，每种材质和贴图都有其自身的属性。

在材质库中选择一种材质，并将它拖到样本窗中，进行编辑修改；也可以将它直接拖到视图的某个物体上，这样物体就使用了该材质。

将当前样本窗中的材质分配给场景中处于选择状态的物体。

使当前材质或贴图恢复到缺省设置。

将当前材质存到材质库中。

打开它可以在视图中看见材质的纹理贴图。

打开它始终可以看到材质的最终合成效果。

回到上一级材质编辑器面板。3ds Max 中的材质是以层次结构形式将材质的各个组成元素组织起来的，该工具实现了子层返回到父层的操作。

如果一个父层含有多个子层，该工具可实现子层之间的直接转换。

选择使用当前材质的物体。单击该按钮会打开一个对话框，对话框中列出了场景中所有物体，其中高亮的物体名是使用了该材质的物体，按【选择】按钮则使用该材质的物体被选择。

材质和贴图的浏览器。当单击它时，会打开一个浏览窗口，窗口内显示当前材质的结构。当选择某级元素时，材质编辑器立刻跳转到相应的编辑面板。

材质编辑器工作平台的设置。单击该按钮会打开一个参数设置对话框。

做动画材质的预演输出。

给透明材质一个彩色方格背景。

打开样本物体的背光。

材质样本物体的形状。

4.1.2　标准材质调节参数

1. 材质的明暗器基本参数

(1) 材质的明暗器有以下几种明暗属性，如图 4.3 所示。

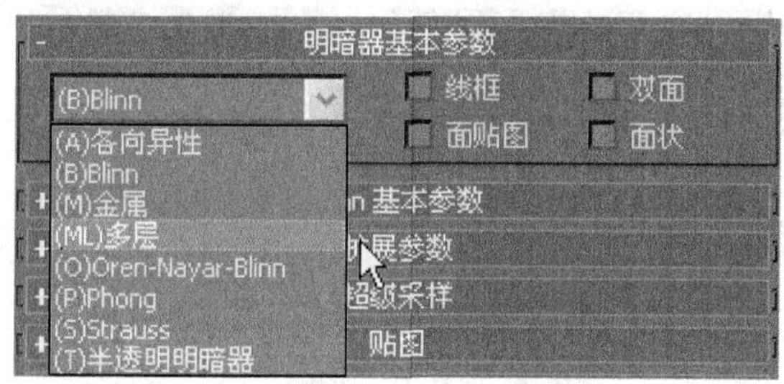

图 4.3　材质的明暗器

(B) Blinn：这是 3ds Max 默认的着色方式，应用最为广泛，色调较柔和，能充分表现材质的质感，适用于陶瓷、石材、玻璃和木材等材质，用于表现大部分材质，是一种基本的反光和阴影计算方式。

(A) 各向异性：各向异性着色方式。它与“(B) Blinn”的主要差异在于高光区。“(B) Blinn”材质的高光区呈圆形向外扩散，而各向异性的高光区可以是细长的，用它表现室外建筑的玻璃幕墙材质较为合适，既有高光又有强烈的反差。

(M) 金属：主要用于制作金属质感的材质。

(ML) 多层：方向性很强，而且有分层的强光，包含两个各向异性高光参数（汽车玻璃、喷漆材质）。它与“(A) 各向异性”类似，有两组高光控制参数。各向异性着色方式有一个各向异性参数和方向参数。当各向异性参数为 0 时，表示各个方向的反光特性一样，高光区是圆的。增加各向异性参数值，各个方向的反光特性出现差异，值越大差异越大。

(O) Oren-Nayar-Blinn：适用于表面不光滑的材质，如灰土覆盖的陈旧材质，如陶器、土坯、人的皮肤等。

(P) Phong：类似于“(B) Blinn”，更有些塑料质感，趋于暖色调，适用于柔和材质。它的高光区域较“Blinn”的高光区域松散，是以非常光滑的方式进行表面渲染。

(S) Strauss：金属效果的计算方式，可以模拟一些带有金属特征却又不完全是金属的物体。通过其特殊的渲染方式产生一些逼真效果。

(T) 半透明明暗器：模拟光穿透的效果，用于制作窗纱。

(2) 明暗属性的右边还有四款特殊属性，如图 4.4 所示。

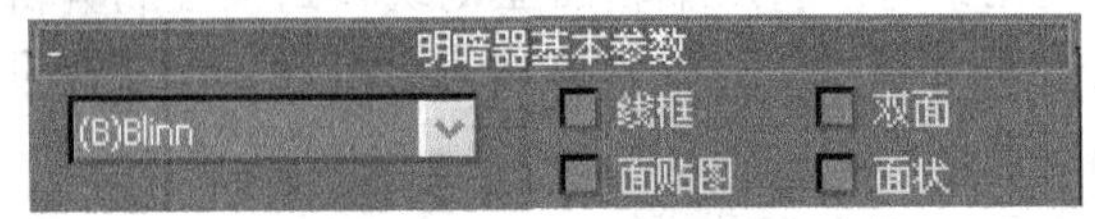

图 4.4 明暗器基本参数

线框：网格材质，使用网格材质的物体渲染后物体呈网格状。网格的疏密由物体的分段参数决定。网格的粗细由扩展参数中“线框”下的“大小”定义，如图 4.5 所示。网格粗细有两种表示方法，即像素和单位。当用像素时，网格的粗细与观看的距离无关。当用单位时，网格的粗细和距离有关，网格物体越靠近我们的视点网线看上去就越粗，这和真实情况是一样的。

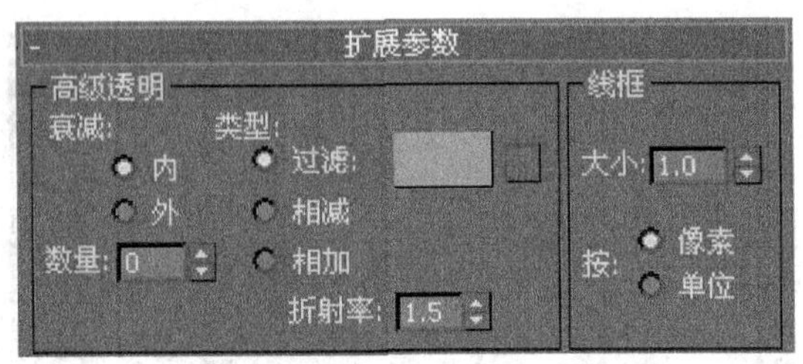

图 4.5 线框

双面：双面材质选择开关。物体的面有正反之分，面的法线方向是正面，在渲染输出时，通常只对正面着色，反面不做着色处理。对于封闭的几何体通常正面向外，背面朝里，背面看不到，因此不用着色处理。但有些情况几何体不是封闭的，这样可能会看到物体的背面，这时背面也需要着色才能看到。图 4.6 所示是没有上盖的花瓶。如图 4.7所示，选择了双面，我们可以看出单面材质与双面材质的区别。

图 4.6 单面材质

图 4.7 双面材质

面贴图：将材质指定给造型的全部面，如果是含有贴图的材质，在没有指定贴图坐标的情况下，贴图会均匀分布在物体的每一个表面上。

面状：将物体的每个表面以平面化进行渲染，不进行相邻面的组群平滑处理。

2. 材质的基本属性

材质的基本属性包括颜色属性、反光属性、发光属性和透明属性，如图 4.8 所示。

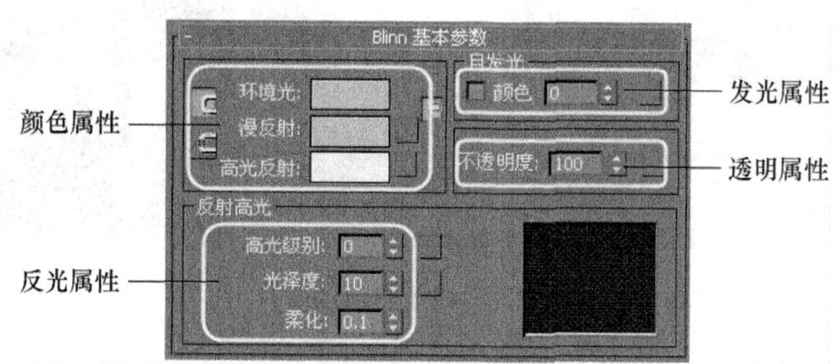

图 4.8　材质的基本属性

1）颜色属性

颜色属性包括环境光、漫反射和高光反射。漫反射决定了材质的本质颜色。如果我们看到一个物体是红色的，那么一定是它的材质的漫反射颜色是红色的。环境光颜色是指没有被灯光直接照射的区域，它只是环境光的照射，如图 4.9 所示。高光颜色是指由灯光直接照射，但反射光比较集中的区域。

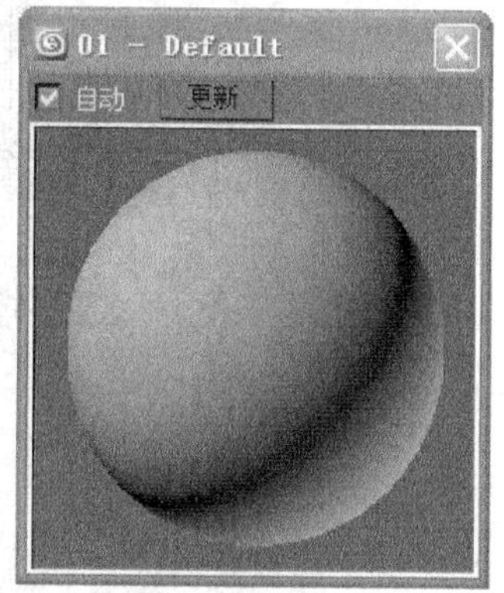

图 4.9　环境光颜色

2）反光属性

“高光级别”是指物体的反光强度，该值越大，物体越光亮，石材、玻璃等需将该值设置大一些。“光泽度”是指物体的反光范围，该值越大，反光范围越小，较硬材质该数值大一些，当调节它们时可以参考右边窗口中的反光特性曲线。“柔化”是指物体反光区域的柔化程度，该值越大，反光区域表面越柔和。

3）发光属性

在 3ds Max 中，对一些有自发光特性的物体（如灯具等），可以通过创建材质的“自发光”加上合理的渲染方式来模拟灯光效果。可以在基本参数卷展栏中增加自发光值，也可以直接选择自发光色。

下面通过一个例子来介绍自发光材质的制作。首先建立一个有吊灯的场景，选择吊灯的所有灯罩，在材质编辑器中选择一个材质赋予场景中灯罩，并设置材质的颜色，如图 4.10 所示。

在“自发光”控制器中，“颜色”选项勾选的状态下，直接单击“颜色”后的色彩调节器，在弹出的“颜色选择器”对话框中可直接调节自发光的颜色，如图 4.11 所示。

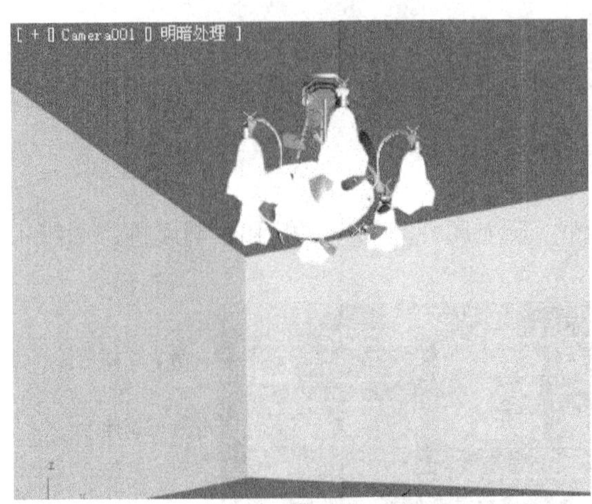

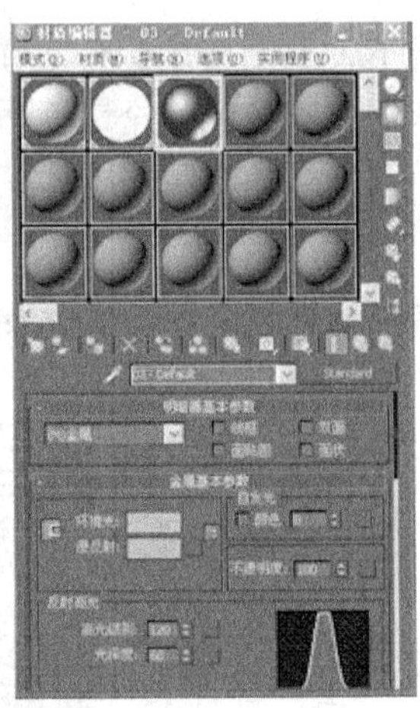

图 4.10　设置材质的颜色

图 4.11　调节自发光的颜色

选择“高级照明”求解编辑框，选择“光能传递”渲染方式，设置渲染参数，灯片自发光效果如图 4.12 所示。

温馨提示：自发光使用“漫反射”替代“环境色”。自发光材质不能显示投射到它表面的阴影，也不受场景光源的影响。

4）透明属性

“不透明度”为 100 是完全不透明，为 0 则是完全透明，如图 4.13 所示。

高级透明：为了表达玻璃厚度不同透明度不同的性质，在“扩展参数”面板下有高级透明控制参数表示透明衰减，如图 4.14 所示。

“外”表示从中心向边缘增加透明度，用于中心比较厚的材质，如模拟烟雾、云雾等效果；“内”则越接近中心透明度越高，适用于空心的透明玻璃制品等边缘处较厚的材质，如图 4.15 所示。“数量”控制透明度衰减程度，0 为不透明，100 为完全透明。

图 4.12　渲染效果

（a）不透明度100

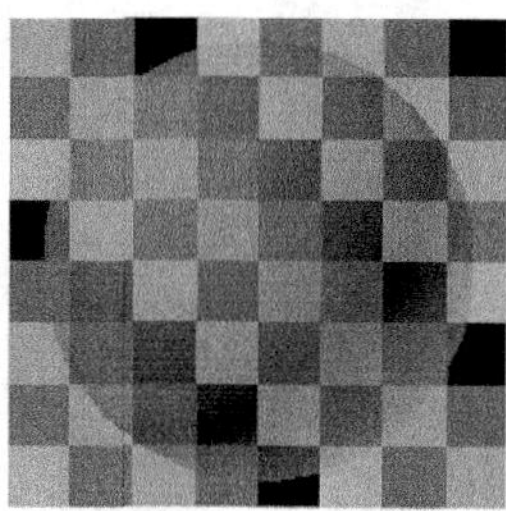

（b）不透明度50

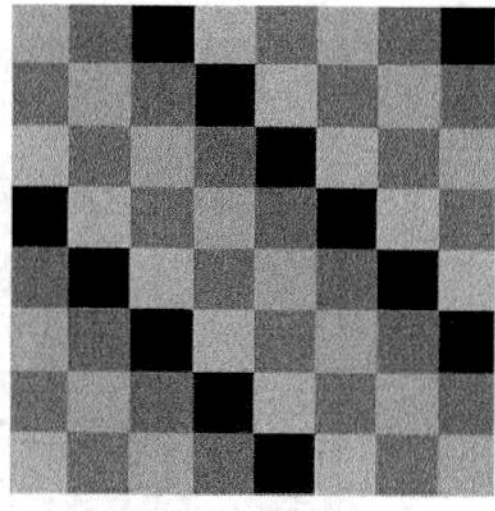

（c）不透明度0

图 4.13　透明属性

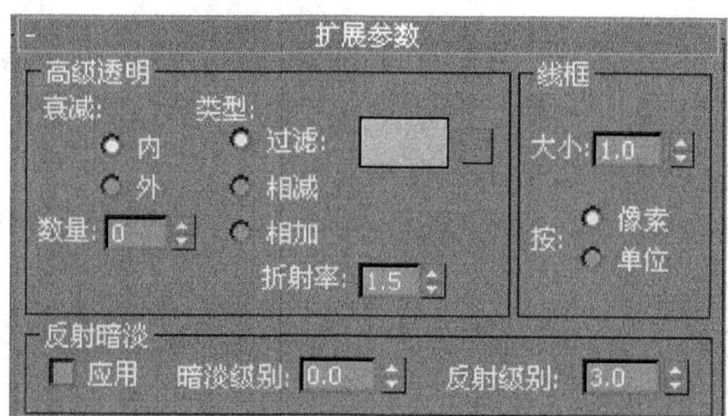

图 4.14　高级透明

（a）外衰减

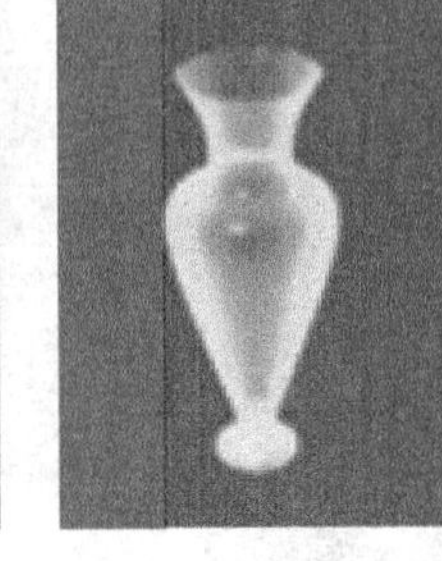

（b）内衰减

图 4.15　衰减方式

类型：用来控制通过透明体看到后面场景的亮度或颜色的变化，用于设置以何种方式产生透明效果。

在高级透明控制器中还包括三种透明类型：过滤、相减和相加。

过滤：将后面对象的颜色加入过滤色，该选项是默认选项，通常与漫反射颜色相同，这是最真实透明效果表现的方法，如图 4.16 所示。

相减：用后面对象的颜色减去过滤色，如图 4.17 所示。在透明物体后面的物体看上去发暗，也就是看到的背景会变暗。

相加：忽略过滤色，用漫反射加上后面对象的颜色。相加透明可使对象有自发光的效果，如图 4.18 所示，在透明物体后面的物体看上去发亮。主要用于透明发光体，如模拟光柱。

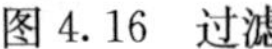

图 4.16　过滤

图 4.17　相减

图 4.18　相加

4.1.3　材质类型

材质像颜料一样。利用材质，可以使苹果显示为红色，橘子显示为橙色；可以为不锈钢添加光泽，为大理石添加抛光。通过应用贴图，可以将图像、图案，甚至表面纹理添加至对象。材质可使场景看起来更加真实。

不同的材质有不同的用途。单击 Standard 按钮，弹出材质/贴图浏览器，如图 4.19 所示。

Ink'n Paint（卡通材质）：卡通材质与其他提供的仿真材质不同。它提供的是一种带有“墨水”边界的平面着色，主要用于制作卡通渲染效果。由于是卡通材质，所以将三维效果的对象与二维卡通效果的对象渲染在同一个场景内。

变形器：变形器材质与变形修改器同步使用，可以用来制作脸红或皮肤产生褶皱等动画效果。通过变形修改器的调整参数，可以使变形材质像几何体一样进行融合与变形修改。变形器材质下共有 100 个材质通道，对应 100 个变形修改器。一旦将一个材质指定给对象并且绑定到一个变形修改器，就可以通过调节变形修改器的参数对材质和对象进行变形。没有指定对象的空材质通道，只能通过变形修改器调节材质变形。

图 4.19　材质/贴图浏览器

标准：标准材质为默认材质。这是一个多功能表面模型，此模型拥有很多选项。

虫漆：虫漆材质是将一种材质叠加到另一种材质上的混合材质，其中叠加的材质称为“虫漆”材质，将被叠加的材质被称为基本材质。“虫漆”材质的颜色增加到基础材质的颜色上，通过参数控制颜色的混合程度。

顶/底：对象指定两种不同的材质，即一个位于顶部，一个位于底部，中间交界处可以产生两种材质交融的效果。它们的顶表面是法线指向上部的表面，底表面是法线指向下部的表面，根据场景的世界坐标系统或对象的自身坐标系统来确定“顶”与“底”。

多维/子对象：将材质组合为一种复合材质，分别给一个对象的不同子对象指定选择级别。创建多维/子对象材质，将它指定给场景目标对象，然后通过“网格选择”修改器选择表现，并挑选多维/子材质中的子材质，将其指定给选择的面。

另外可以通过对象的对目标对象设置的材质 ID 号来设置对应的材质。不同的材质 ID 对应不同的对象网格 ID。

高级照明覆盖：高级照明覆盖在普通的渲染条件下无效，只作用于“光能传递”和“光跟踪器”。高级照明覆盖材质用于微调光能传递或光跟踪器上的材质效果。此材质不需要对高级照明进行计算，但是却有助于改善效果。

光线跟踪：光线跟踪材质是一种比标准材质更高级的材质类型，它不仅包括标准材质具备的全部特性，还可以创建真实的反射和折射效果，并且还支持雾颜色、颜色浓度、半透明、荧光等其他特殊效果。

光线跟踪材质所产生的反射和折射效果，比“反射/折射”贴图更为精确，渲染速度也更慢，不过它提供优化渲染方案，可以特殊指定场景中的对象进行光线跟踪计算。

合成：按照在列表中由上到下的顺序，可以复合 10 种材质，符合方式有增加不透明度、相减不透明度和基于数量。混合 3 种方式分别用 A、S、M 表示。

混合：将两种不同材质融合在同一表面上。通过不同的融合度，控制两种材质表现出的强度，并且可以制作木质变形动画。也可以通过指定 Material＃1 为石灰、Material＃2 为石砖材质，并为 Mask 指定一张图像作为融合的蒙版，利用蒙版本身的明暗来控制两种材质融合的程度。

建筑：建筑材质能够加快模拟真实世界中的高质量效果，可使用“光能传递”或“金属光线”的“全局照明”进行渲染，适合建筑效果图。建筑材质是基于物理计算的，可设置的控制参数不是很多，其内置了光线跟踪的反射、折射和衰减。通过建筑材质内置的模板可以方便地完成很多常用的材质，如木头、石头、玻璃、大理石等。

壳材质：用于存储和查看渲染到纹理。

双面：在对象的内外表面分别指定两种不同的材质，并且可以控制它们的透明程度。

外部参照材质：允许在一个不同的场景文件中，外部引用一种材质。

无光/投影：无光/投影材质能够使对象（或任意子级面板）称为一种不可见对象，从而显露出当前的环境贴图。不可见对象在渲染时无法看到，也不会对环境背景进行遮挡，但对其后的场景对象却起了遮挡的作用，并且可以表现出投影或接受投影的效果。

4.2 贴图的使用

贴图在现实生活中经常用到，如给胶合板家具贴上木纹纸、给商品贴上商标等。在计算机制作效果图时，为了模拟现实生活中纹理较为复杂的材质，一般都采用贴图来实现。掌握好贴图的应用技巧，对表现效果图的真实性将起到很大作用。例如，我们给材质加一个木纹贴图，当前材质就显示为木纹材质。当选择了贴图后，调整材质纹理就需要使用贴图技术。

4.2.1 贴图的类型

贴图主要包括2D平面贴图和3D程序贴图，2D平面贴图直接将图像文件投射到对象表面或指定给环境贴图作为背景；3D程序贴图可以自动产生纹理，如木纹、水波、大理石等，使用时也不需要指定贴图坐标，对对象的内外全部进行指定。贴图与材质的层级结构很像，一个贴图既可以使用单一的贴图，也可以由很多贴图层级构成。

在“材质基本参数”卷展栏内，我们看到在每项参数的右边有一个空白的按钮■，用鼠标点击它，就会打开一个“材质/贴图浏览器”对话框，在对话框中可看到在“贴图”卷展栏中提供了多种标准贴图类型，如图4.20所示，按照功能不同划分为以下几大类。

1. 2D贴图

2D贴图是二维平面图像，用于环境贴图、创建场景或映射在几何体表面，3ds Max中最简单也最常用的二维贴图是位图，其他的二维贴图都属于程序贴图，如砖墙、棋盘格、Combustion贴图、渐变、渐变坡度、漩涡。

2. 3D贴图

3D贴图属于程序贴图。它们依靠程序参数产生图案效果，能对对象从里到外进行贴图。有子级特定的贴图坐标系统。大多由3D Studio的SXP程序演化而来。例如，指定了大理石贴图的几何体切开，它的内部同样显示着与外表面匹配的纹理。3ds Max 中的三维贴图包括细胞、凹痕、衰减、大理石、噪波、粒子年龄、粒子运动模糊、珍珠岩、行星、烟雾、斑纹、油彩、灰泥、水、木纹。

3. 合成贴图

提供混合方式，将不同的贴图和颜色进行混合处理。在进行图像处理时合成贴图能够将两种或更多的图像按指定方式结合在一起，合成贴图包括合成、蒙版、混合、RGB 倍增。

4. 颜色修改器

改变材质表面像素的颜色，包括的贴图有输出、RGB 染色、顶点贴图，每种贴图都有它独到的颜色修改方式。

5. 其他

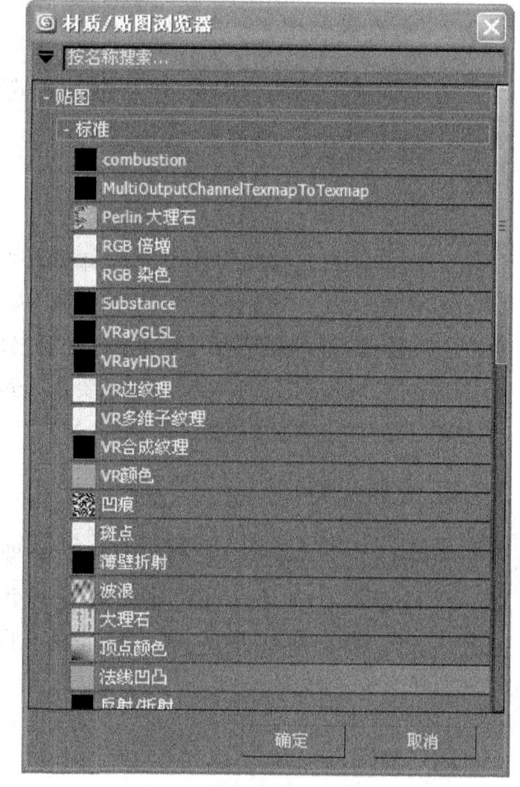

图 4.20　贴图类型

用于创建反射和折射效果的贴图。

(1) 每像素摄影机贴图。每像素摄影机贴图可以从特定的摄影机方向投射贴图，用做 2D 无光绘图的辅助。它可以渲染场景，使用贴图编辑应用程序调整渲染，然后将这个调整过的图像用做投射回 3D 几何体的虚拟对象。

(2) 法线凹凸。在目前的视频行业中是一种在低多边形上模拟表面纹理细节的标准方法，会使低多边形对象具有与高多边形对象非常接近的纹理表现外观，达到以较少的面数表现精细纹理的目的，在提高画面质量的同时极大降低了系统的负担，同时大大降低了模型的复杂程度。

(3) 平面镜。专用于一组共面的表面产生平面镜反射的效果，它是对反射/折射贴图的补充。前者唯一的缺陷是在平面表面上无法正确表现反射效果，平面镜贴图则仅能作用于镜面反射的制作，它必须要指定给反射贴图方式。

(4) 光线跟踪。光线跟踪贴图与光线跟踪材质相同，能提供完整的反射/折射效果，更优越于反射/折射贴图，但渲染时间很长。可以通过排除功能对场景进行优化计算，这样可以相对节省一定的时间。

(5) 反射/折射。产生表面反射和折射的效果，将它指定给反射贴图时制造曲面反射效果，将它指定给折射贴图时制造曲面折射效果。

(6) 薄壁折射。专用于折射贴图方式，产生透镜变形的折射效果，它的渲染速度比“光线跟踪”快很多，在制作玻璃、透镜时别具一格。

4.2.2 位图的使用

在材质贴图浏览窗中选择“位图”，就可以看到相应的贴图参数。

1. 纹理贴图

贴图分为纹理贴图和环境贴图。

纹理贴图是直接将位图贴在物体的表面上，纹理会随曲面变化。对于二维纹理只有 U，V 两个方向，位图是二维纹理贴图，如图 4.21 所示。

环境贴图是将图贴在一个无穷大的腔体内表面，场景就位于这个腔体的中间，贴图按腔体的形状投射到物体上。它主要用于反射贴图和背景贴图。腔体形状有三种：顶点颜色通道、对象 XYZ 平面和世界 XYZ 平面。

2. 贴图通道

在材质应用中，贴图的作用非常重要，因此 3ds Max 提供了多种贴图通道，如图 4.22 所示，分别在不同的贴图通道中使用不同的贴图类型，使物体在不同的区域产生不同的贴图效果。3ds Max 为标准材质提供了 12 种贴图通道。

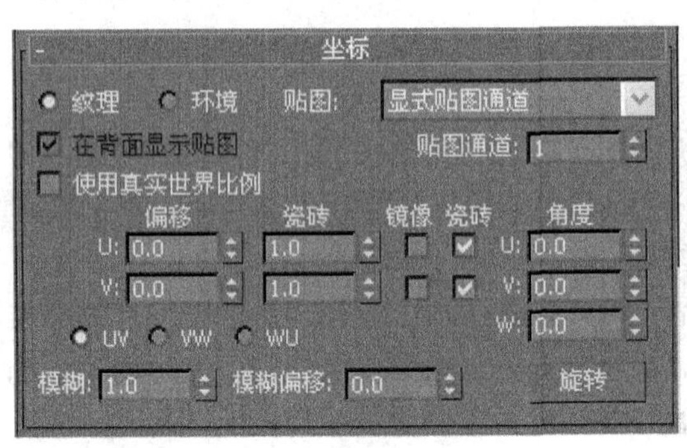

图 4.21 贴图坐标

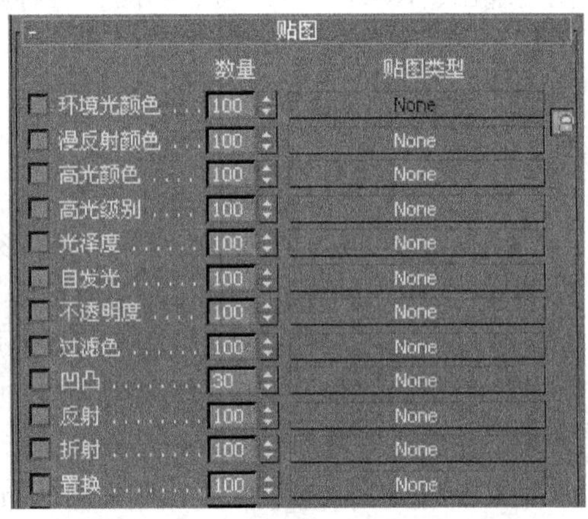

图 4.22 贴图通道

环境光颜色贴图和漫反射颜色贴图：“环境光颜色”是最常用的贴图通道，它将贴图结果像绘画或壁纸一样应用到材质表面。在通常情况下，环境光颜色和漫反射颜色处于锁定状态。

高光颜色贴图：“高光颜色”使贴图结果只作用于物体的高光部分。通常将场景中的光源图像作为高光颜色通道，模拟一种反射，如在白灯照射下的玻璃杯，玻璃杯上的高光点反射的图像。

高光级别贴图：设置高光级别贴图组件的贴图不同于设置高光颜色的贴图。设置高光级别贴图会改变高光的强度，而高光贴图会改变高光的颜色。当向光泽度和高光级别指定相同的贴图时，高光级别贴图的效果最好在“贴图”卷展栏中通过拖动一个贴图按钮到另一个贴图按钮执行此操作。

光泽度贴图：设置光泽组件的贴图不同于设置高光颜色的贴图。设置光泽的贴图会改变高光的位置，而高光贴图会改变高光的颜色。当向光泽和高光度指定相同的贴图时，光泽贴图的效果最好。在“贴图”卷展栏中，通过将一个贴图按钮拖到另一个按钮即可实现。

温馨提示：可以选择影响反射高光显示位置的位图文件或程序贴图。指定给“光泽度”，决定曲面的哪些区域更具有光泽，哪些区域不太有光泽，具体情况取决于贴图中颜色的强度。贴图中的黑色像素将产生全面的光泽；白色像素将完全消除光泽；中间值会减少高光的大小。

自发光贴图：将贴图图像以一种自发光的形式贴图物体表面，图像中纯黑色的区域不会对材质产生任何影响，不纯黑的区域将会根据自身的颜色产生发光效果，发光的地方不受灯光和投影影响。

不透明度贴图：利用图像的明暗度在物体表面产生透明效果，纯黑色的区域完全透明，纯白色的区域完全不透明。这是一种非常重要的贴图方式，可以为玻璃杯加上花纹图案。也可以在三维空间中将它指定给一个薄片物体，从而产生一个立体的镂空人像。如果将它放置于室内外建筑的地面上，可以产生真实的反射与投影效果。这种方法在建筑效果图中应用非常广泛。

过滤色贴图：过滤色贴图专用于过滤方式的透明材质，通过贴图在过滤色表面进行染色，形成具有彩色花纹的玻璃材质。它的优点是在体积光穿过物体或采用光线跟踪投影时，可以产生贴图滤过的光柱阴影。

凹凸贴图：使对象表面产生凹凸不平的幻觉。位图上的颜色按灰度不同突起，白色最高。因此，用灰度位图做凹凸贴图效果最好。凹凸贴图常和漫反射颜色贴图一起使用，来增加场景的真实感。

反射贴图：常用来模拟金属、玻璃光滑表面的光泽，或用做镜面反射。当模拟对象表面的光泽时，贴图强度不宜过大，否则反射将不自然。

折射贴图：当观察水中的筷子时，筷子会发生弯曲。折射贴图用来表现这种效果。定义折射贴图后，“不透明度”参数、贴图将被忽略。

置换贴图：与凹凸贴图通道类似，按照位图颜色的灰度不同产生“凹凸”，它的幅度更大一些。

3. 剪裁贴图

有时贴图不能完全满足需要，需要自己从已有的图片中剪裁贴图，并使用贴图通道达到最佳效果。下面就以制作天鹅绒布艺材质为例讲解剪裁贴图。

设计制作一个自己喜欢的沙发，或参照本书的例子制作一个休闲椅，如图 4.23 所示。

按【M】键，打开“材质编辑器”，选择一个材质样本球。将明暗方式设置为“(O) Oren-Nayar-Blinn”，此时下方弹出参数面板，具体设置如图 4.24 所示。

单击“漫反射”色块后面的按钮，从弹出的材质/贴图浏览器中选择并双击位图贴图类型，从材质库中选择一个天鹅绒质地的贴图，如图 4.25 所示。

图 4.23　制作一个休闲椅

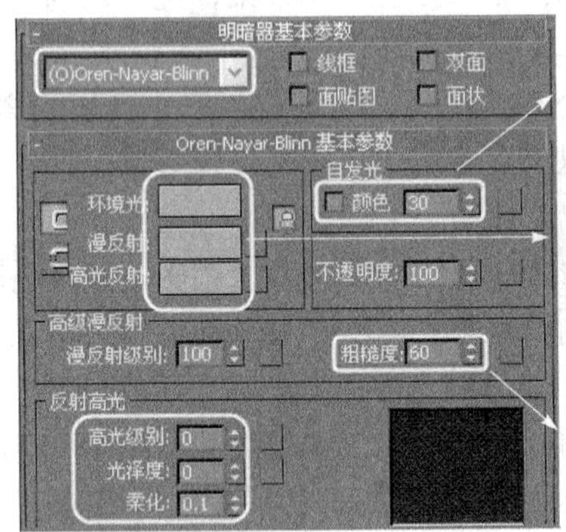

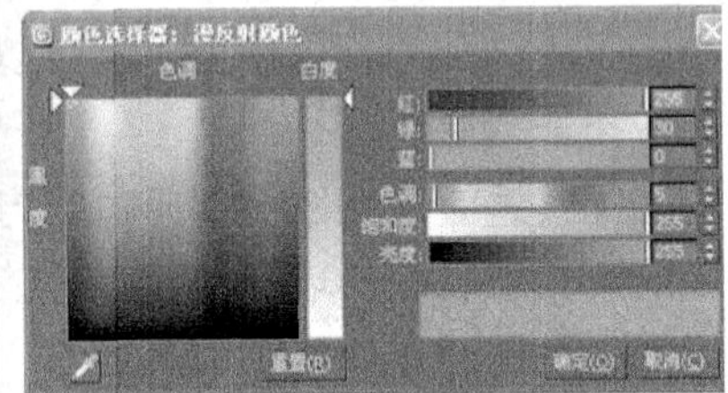

图 4.24　“(O) Oren-Nayar-Blinn”面板参数设置

图 4.25　从材质库中选择一个贴图

在材质编辑器位图参数卷展栏中单击查看图像按钮，然后对贴图进行剪裁，只保留有颜色的一部分区域（因为我们不需要图案），调节好后，勾选查看图像按钮前面的“应用”，此时材质样本球上就没有图案了，如图 4.26 所示。

将“漫反射颜色”通道上的贴图拖动到“凹凸”通道上进行复制，并将“数量”值改到 100。

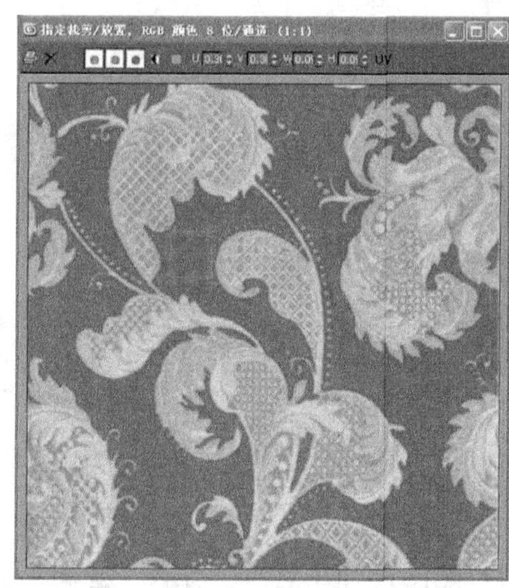

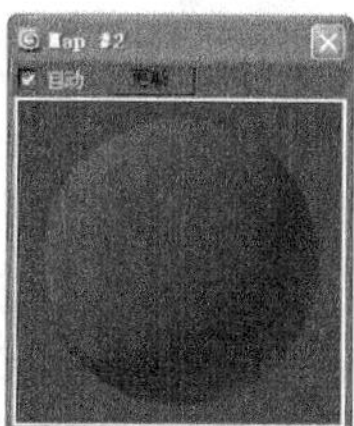

图 4.26 剪裁

选择休闲椅，单击赋予材质按钮，然后进行渲染，最终效果如图 4.27 所示。

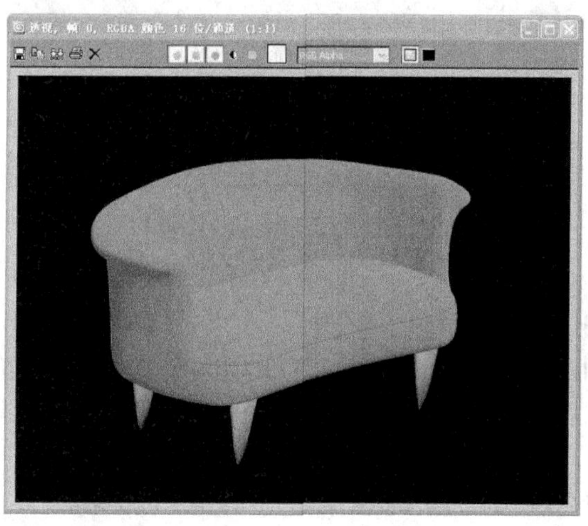

图 4.27 最终效果

4. 复合贴图

复合贴图是把几种贴图合成为一幅贴图，包括 RGB 相乘贴图、合成贴图、混合贴图、遮罩贴图。下面介绍几种常用的复合贴图。

1）遮罩贴图

使用遮罩贴图，可以透过一个遮罩贴图来看到另一个贴图。默认时，遮罩贴图中的亮（白色）区域是不透明的，显示的是此贴图；遮罩贴图中暗（黑色）区域是透明的，显示的是它底层的贴图，如图 4.28 所示。

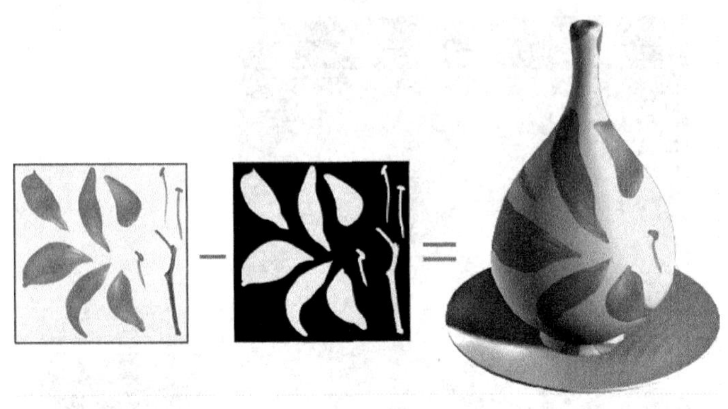

图 4.28 遮罩

打开材质编辑器，在“漫反射”贴图通道中选择“贴图/遮罩”贴图，材质编辑器中会显示出“遮罩”参数卷展栏，如图 4.29 所示。

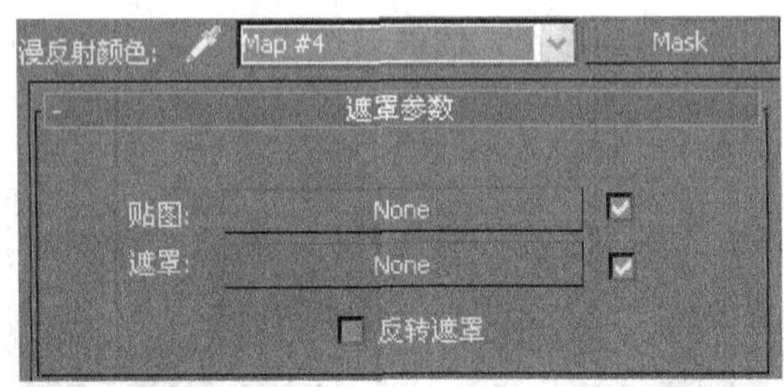

图 4.29 “遮罩”参数卷展栏

贴图：选择或创建底层的贴图。

遮罩：选择或创建用作屏蔽的贴图。屏蔽贴图可在 Photoshop 软件中制作。

反转遮罩：开启后，将交换屏蔽贴图的屏蔽区域和非屏蔽区域。

2）混合贴图

混合贴图能够将两种颜色或材质合成为一种贴图的效果。

要在视图中同时显示多个图像的融合效果，必须使用 OpenGL 或 Direct 3ds 显示驱动，HEIDI 驱动不支持同时显示多个融合图像。

打开材质编辑器，在漫反射贴图通道中选择“贴图/混合”贴图，材质编辑器中会显示出“混合参数”卷展栏，如图 4.30 所示。

颜色 #1 和颜色 #2：设置两个子贴图或颜色。可以在此通道中选择纹理贴图。

交换：单击此按钮将交换两种颜色或子贴图。

混合量：设置颜色 #1 与颜色 #2 的混合比例。参数值为 0 表示只显示颜色 #1，参数值为 1 表示只显示颜色 #2。

混合曲线：用于设置两种颜色或子贴图的过渡效果，选中“使用曲线”复选框表示使用此设置将影响混合效果。“转换区域”用于调节过渡效果的范围。

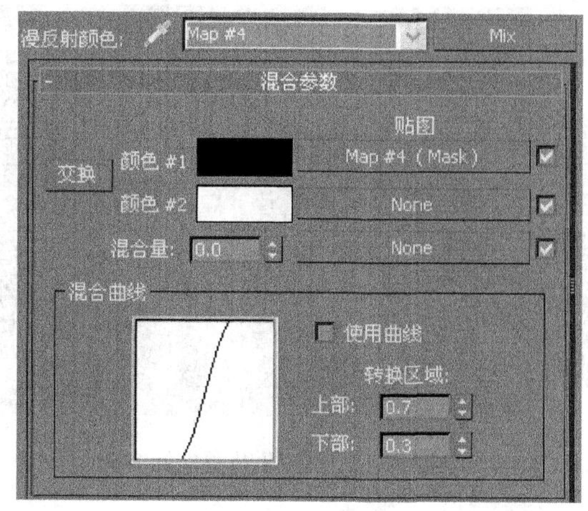

图 4.30　混合参数

4.2.3　坐标指定

材质的可信性是由应用材质的几何体以及贴图模型的有效性决定的。也就是说，材质可以由用户组合不同的图像文件，这样可以使模型呈现各种所需纹理以及各种性质。这种组合称为贴图，贴图就是指材质如何被“包裹”或“涂”在几何体上。所有贴图材质的最终效果是由指定在表面上的贴图坐标决定的。

1. 认识贴图的映射坐标

3ds Max 在对场景中的物体进行描述时，使用的是 XYZ 坐标空间，但对于位图和贴图来说使用的却是 UVW 坐标空间。位图的 UVW 坐标是表示贴图的比例。图 4.31 是同一张贴图使用不同的坐标所表现的 3 种不同效果。

图 4.31　使用不同的坐标体现的不同效果

在默认状态下，每创建一个对象，系统都会为它指定一个基本的贴图坐标，该坐标的指定是在创建物体时，勾选“参数”卷展栏底部的“生成贴图坐标”复选框。

当需要更好地控制贴图坐标，可以单击按钮，进入编辑修改命令面板，在“修改器列表”中选择“UVW 贴图”，即可为对象指定一个 UVW 贴图坐标，如图 4.32 所示。

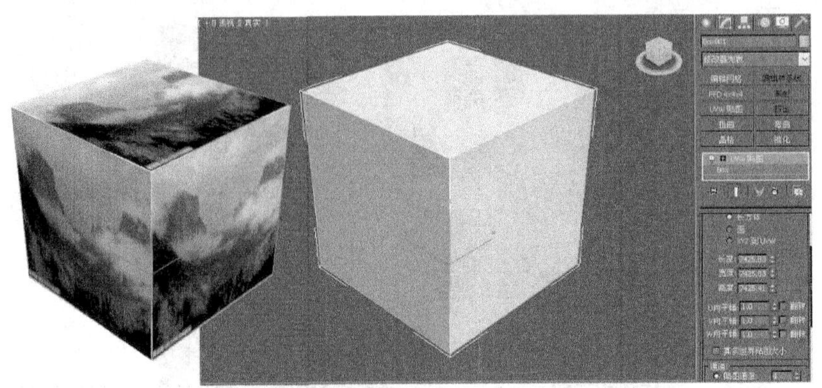

图 4.32　UVW 贴图坐标

2. 调整贴图坐标

贴图坐标既可以参数化的形式应用，也能在 UVW 贴图编辑修改器中使用。参数化贴图可以是对象创建参数的一部分，或者是产生面的编辑修改器的一部分，并且通常在对象定义或编辑修改器中的“生成贴图坐标”复选框被勾选时才有效。经常使用的基本几何体、“放样”对象以及“挤出”、“车削”和“倒角”编辑修改器中有可能有参数化贴图。

因为大部分参数化贴图使用 1×1 的平铺，并且在 3ds Max 中也是系统默认的设置，所以需要进行平铺调整。因为无法调整参数化坐标，所以需要用材质编辑器中的“瓷砖”参数控制来调整，如图 4.33 所示。

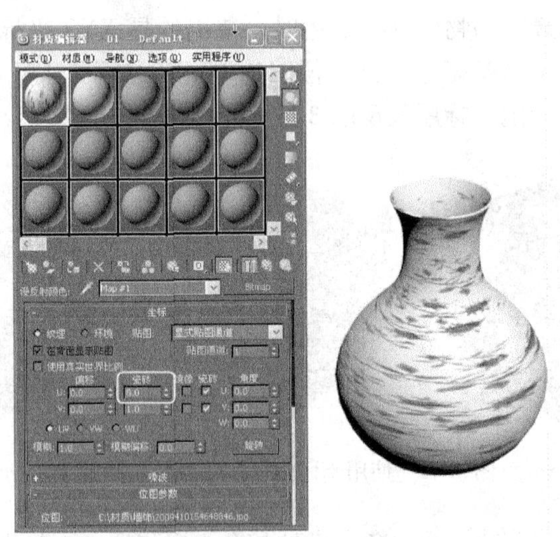

图 4.33　“瓷砖”参数

当贴图是参数产生时，则只能通过指定在表面上的材质参数来调整平铺次数和方向，或者当选用 UVW 贴图编辑修改器来指定贴图时，可以独立控制贴图映射、位置、方向和重复值。然而，通过编辑修改器产生的贴图没有参数化产生贴图方便。

“坐标”参数卷展栏的功能说明如下。

纹理：将该贴图作为纹理贴图对表面应用。从贴图列表中选择坐标类型。

环境：使用贴图作为环境贴图。从贴图列表中选择坐标类型。

贴图列表：其中包含的选项因选择纹理贴图或环境贴图而异。

显式贴图通道：使用任意贴图通道。如勾选该字段，“贴图通道”字段将处于活动状态，可选择 1～99 的任意通道。

顶点颜色通道：使用指定的顶点颜色作为通道。有关指定顶点颜色的详细信息请见可编辑网格。

对象 XYZ 平面：使用基于对象的本地坐标的平面贴图（不考虑轴点位置）。用于渲染时，除非勾选“在背面显示贴图”复选框，否则平面贴图不会投影到对象背面。

世界 XYZ 平面：使用基于场景的世界坐标的平面贴图（不考虑对象边界框）。用于渲染时，除非启用“在背面显示贴图”复选框，否则平面贴图不会投影到对象背面。

球形、圆柱形和收缩包裹环境：将贴面投影到场景中与将其贴面到背景中的不可见对象一样。

屏幕：投影为场景中的平面背景。

在背面显示贴图：如勾选该复选框，平面贴图穿透投影，以渲染在对象背面上。禁用时，平面贴图不会渲染在对象背面。默认设置为启用。

偏移：决定贴图在模型上的位置。

瓷砖：设置水平 U 和垂直 V 方向上贴图重复的次数，当然勾选右侧的“瓷砖”复选框才起作用，它可以将纹理连续不断地贴在物体表面。值为 1 时，贴图在表面贴一次；值为 2 时，贴图会在表面各个方向上重复贴两次，贴图尺寸会相应都缩小一倍；值小于 1 时，贴图会进行放大。

镜像：设置贴图在物体表面进行镜像复制形成该方向上两个镜像的贴图效果。

角度：控制在相应的坐标方向上产生贴图的旋转效果。既可以输入数值，也可以单击【旋转】按钮进行实时调节观察。

模糊：用来影响图像的尖锐程度，低的值主要用于位图的抗锯齿处理。

模糊偏移：产生大幅度的模糊处理，常用于产生柔化和散焦效果。

4.2.4 UVW 贴图

举例来说，一个可乐瓶是立体的，环绕在可乐瓶上的标签是平面的。对应到 3ds Max 中，“可乐瓶”是标准柱体，“纸标签”是贴图，而“环绕在瓶上”是贴图坐标。当计算机要想准确控制贴图图像在物体上的位置时，需要知道这幅图要贴到什么位置和以何种方式贴在物体上，这时就应当采用 UVW 贴图坐标系统。

平面贴图方式的最大优点是它不会扭曲二维贴图，但如果同一种贴图材质要应用到几个不同的物体上，必须根据不同物体形态来调整贴图坐标。

使用位于修改命令面板中的“UVW 贴图”修改器，可以创建贴图坐标。

当一个物体要求有几种类型的贴图方式时（如凹凸、透空、纹理等贴图），因为每种贴图方式都要求有不同的坐标系统，这时就应采用默认的坐标系统。相反，如果这两种坐标方式产生冲突时，系统将优先采用 UVW 贴图方式。

单击按钮，从修改器列表中选择 UVW 贴图坐标。UVW 贴图坐标有 7 种方式：

图 4.34　UVW 贴图坐标

平面、柱形、球形、收缩包裹、长方体、面和XYZ到UVW，如图4.34所示。下面就常用的几种加以介绍。

平面贴图坐标：当选中该项时，贴图将沿着平面映射到物体表面。此贴图坐标用于平面贴图，可以保证图像大小和比例，如图4.35所示。

柱形贴图坐标：该贴图坐标产生柱体投影贴图，并使用包裹对象，如图4.36所示。

球形贴图坐标：将图的上下边沿分别收缩成两个点。该贴图坐标主要用于控制对象两端面的贴图方式，如图4.37所示。

收缩包裹贴图坐标：当选中该项时，好比将物体放在图上，然后把图的四个边提起，并缩成一个点，将物体包裹起来。该贴图坐标适用于为球体或不规则的对象贴图，如图4.38所示。

图 4.35　平面贴图坐标

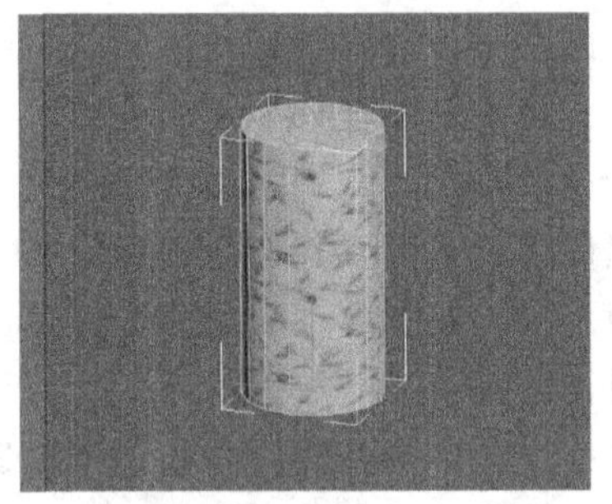

图 4.36　柱形贴图坐标

图 4.37　球形贴图坐标

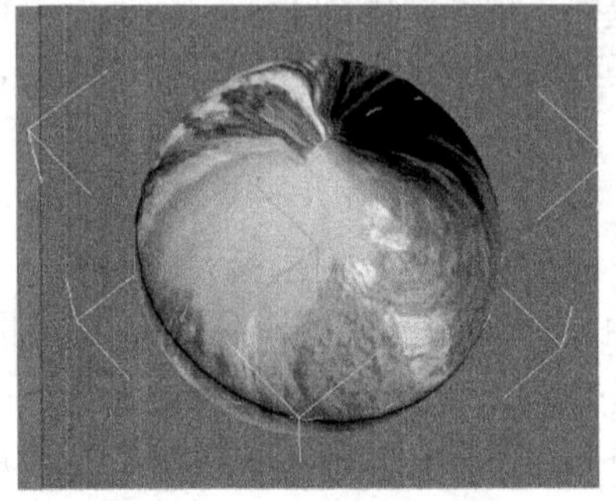

图 4.38　收缩包裹贴图坐标

长方体贴图坐标：一般用于盒式贴图方式，它是将抽象的图案贴在形状复杂性的物体上，可以避免出现条纹和图像的变形。在室内设计和其他设计中，长方体是应用最广泛的几何体，且大多数复杂形状可视为长方体的变形，故这种简单的贴图法变得常用。

“UVW贴图”修改器的“参数”卷展栏中调节长度、宽度、高度参数值，即可对Gizmo物体进行缩放。当缩放Gizmo时，使用那些坐标的渲染位图也随之缩放。

Gizmo 线框的位置、大小直接影响贴图在物体上的效果，在编辑修改堆栈器中还可以通过选择堆栈中“UVW 贴图”下的 Gizmo 选择集来对线框物体进行单独操作，比如旋转、移动、缩放等。

在制作中通常需要将所使用的贴图重复叠加，以达到预期的效果。当调节“平铺”参数时，水平方向上的贴图出现重复效果。再调节“平铺”参数，垂直方向上的贴图出现重复效果，与材质编辑器中的“平铺”参数相同。

另一种比较简单的方法是通过材质的“平铺”参数控制贴图的重复次数，该方法的使用原理同样也是缩放 Gizmo。默认的平铺值为 1，它使位图与平面 Gizmo 的范围相匹配。平铺值为 1 意味着重复一次，如果增加平铺值到 5，那么将在平面贴图 Gizmo 中重复 5 次。

4.2.5　贴图坐标的使用

在场景中创建一个任意大小的长方体，为其赋予贴图，渲染效果可看到侧面贴图发生变形，如图 4.39 所示。

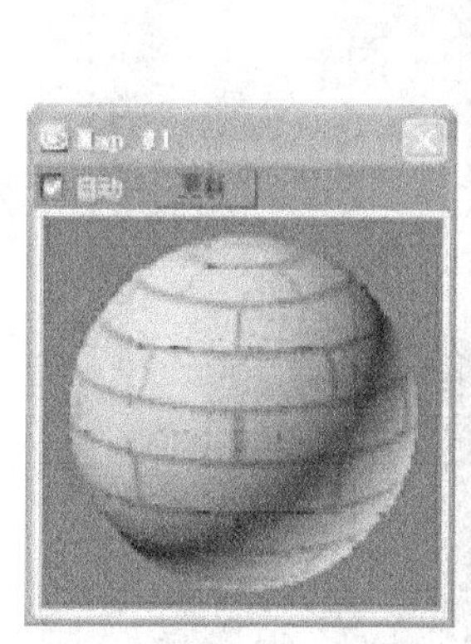
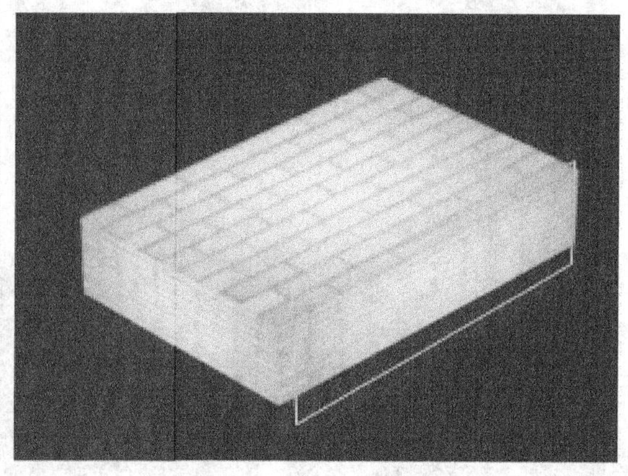

图 4.39　侧面贴图发生变形

单击命令面板的按钮进入修改面板，执行“UVW 贴图”命令，向上拖动面板参数栏，调整为长方体，效果如图 4.40 所示。用“适配”可以使贴图坐标刚好围住选择的对象。

用“位图适配”再次选择使用的贴图，使平面贴图坐标的宽高比与图像的宽高比一致，这样贴在平面上的图像不会变形，如图 4.41所示。

在透视图中选取长方体，此时透视图中可以看见一个黄色方框。不同的贴图方式各有不同形状的框，它就是贴图坐标的标志。

选择好坐标形状后，用“对齐”下的 X、Y、Z 调整对齐的坐标轴方向。

打开“UVW 贴图”次对象，用 Gizmo

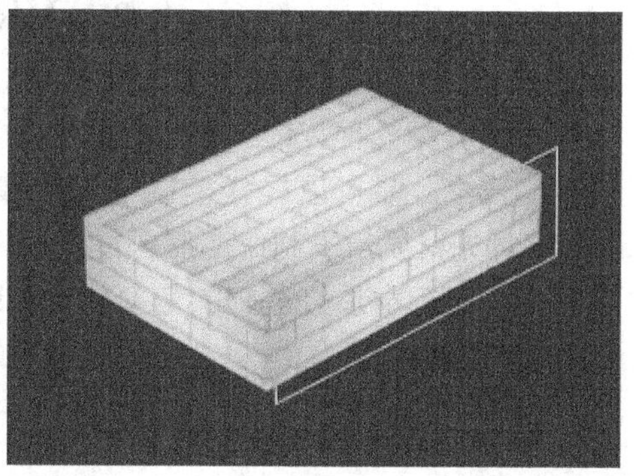

图 4.40　调整为长方体

变更工具可以任意修改贴图坐标的大小、方向和位置，如图 4.42 所示。

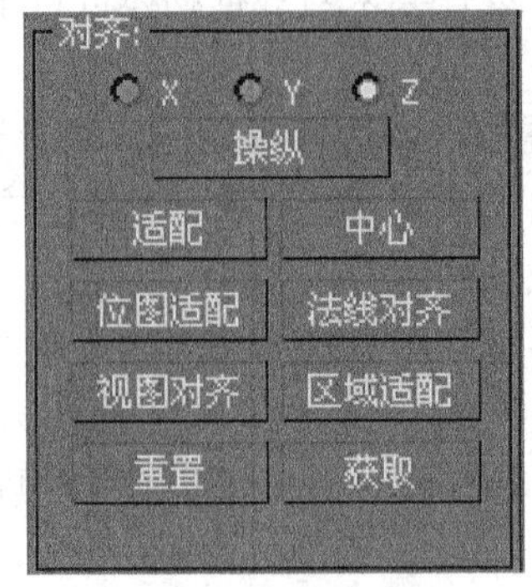

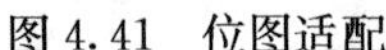

图 4.41　位图适配

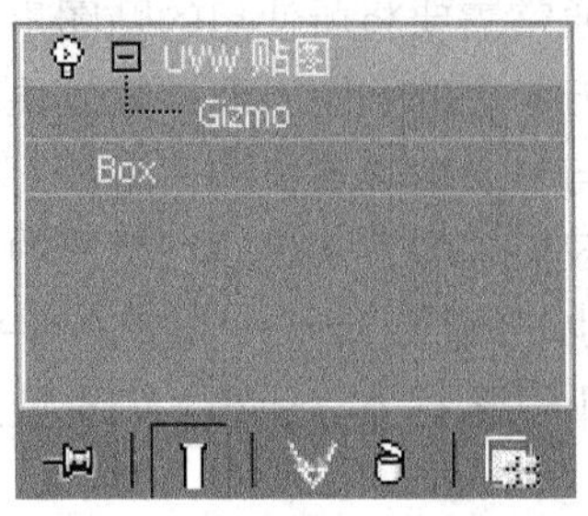

图 4.42　Gizmo 变更工具

“长度”、“宽度”和“高度”是贴图范围框的尺寸，如图 4.43 所示。

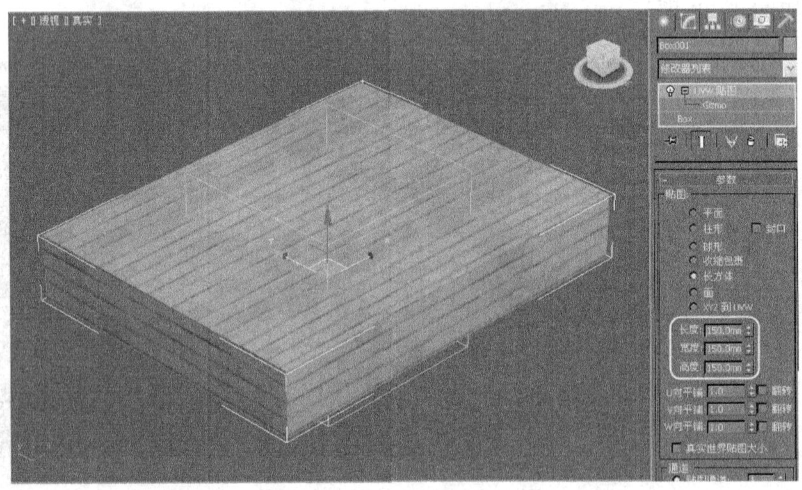

图 4.43　贴图范围框

“U 向平铺”、“V 向平铺”和“W 向平铺”是在范围框内贴图重复的次数。

4.3　VRay 材质的编辑

本节介绍几种 VRay 常用的材质类型。VRay 材质可以替代 3ds Max 的默认材质，它的突出之处是可以轻松控制物体的模糊反射和折射及类似蜡烛的半透明材质效果；VRay 灯光材质用于制作类似自发光灯罩等材质类型；VRay 材质包裹器则类似一个材质包裹，任何材质经过它的包裹后，可以控制接收和传递光子的强度。下面就来逐一介绍它们的参数。

4.3.1　VRayMtl 材质类型

VRayMtl 材质类型的参数面板如图 4.44 所示。

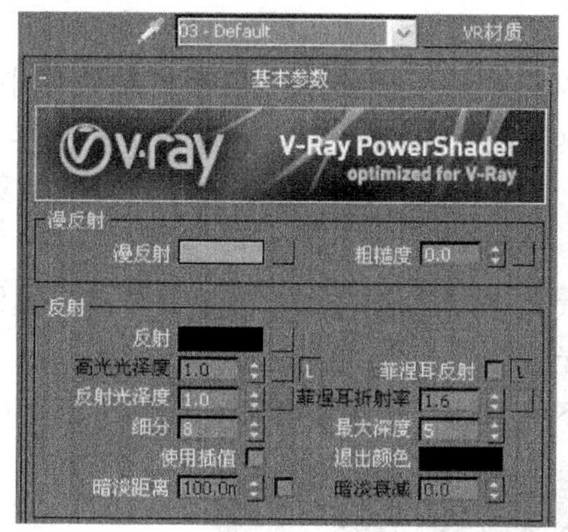

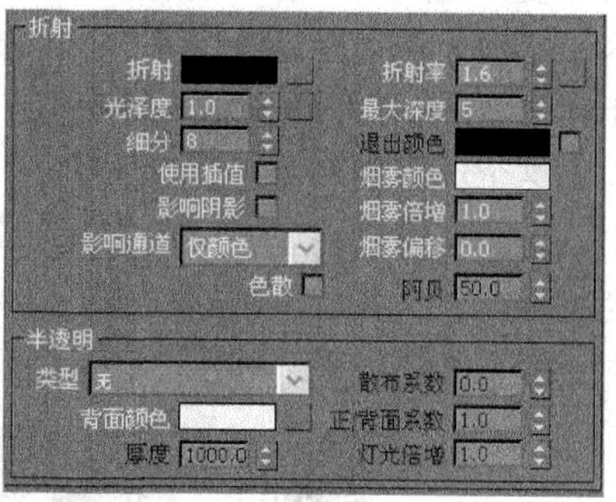

图 4.44　VRayMtl 材质参数面板

漫反射：用于设置对象的表面颜色或贴图纹理。

粗糙度：控制在不增加网格细分的情况下调节表面的粗糙程度。

温馨提示：*实际的漫反射颜色也取决于反射/折射颜色。*

反射：用于控制材质对周围环境的反射强度，可以通过颜色或贴图来控制反射强度，如图 4.45 和图 4.46 所示。

图 4.45　反射颜色值 RGB 都为 0 的效果

图 4.46　反射颜色值 RGB 为 110 的效果

高光光泽度：这个是新增加的功能，用来控制 VR 材质的高光状态。默认情况下，L 形按钮被按下，“高光光泽度”处于非激活状态。

温馨提示：*L 形按钮，即锁定按钮。弹起时，“高光光泽度”选项被激活，此时高光的效果由这个选项控制，不再受光泽反射控制。*

菲涅耳反射：勾选这个选项后，反射的强度将取决于物体表面的入射角，自然界中有一些材质（如玻璃）的反射就是这种方式。不过要注意的是这个效果还取决于材质的折射率。

反射光泽度：这个参数用于设置反射的锐利效果。值为 1 表示是一种完美的镜面反射效果；随着取值的减小，反射效果会越来越模糊。平滑反射的质量由下面的细分参数来控制。

菲涅耳折射率：这个参数在“菲涅耳反射”选项后面的 L 按钮弹起时被激活，可以单独设置菲涅耳反射的折射率。

细分：控制平滑反射的品质。较小的取值将加快渲染速度，但是会导致更多的噪波，反之亦然。

最大深度：定义反射能完成的最大次数。注意：当场景中具有大量的反射/折射表面时，这个参数要设置得足够大才会产生真实的效果。

使用插值：VRay 能够使用一种类似于发光贴图的缓存方案来加快模糊反射的计算速度。勾选这个选项表示使用缓存方案。

退出颜色：当光线在场景中反射达到最大深度定义的反射次数后就停止反射，此时这个颜色将被返回，并且不再追踪远处的光线。

折射：控制物体的折射强度（该区域下的参数与反射参数相似），如图 4.47 所示。

图 4.47 折射效果

烟雾颜色：当光线穿透材质时会变稀薄。这个选项可以模拟厚的物体比薄物体透明度低的情形。注意烟雾颜色的效果取决于物体的绝对尺寸。

烟雾倍增：定义雾效的强度，不推荐取值超过 1.0。

影响阴影：这个选项将导致物体投射透明阴影，透明阴影的颜色取决于折射颜色和雾颜色。

温馨提示：这个效果仅仅在使用 VRay 自己的灯光和阴影类型时才有效。

影响通道：包括三种方式即仅颜色、颜色＋alpha、所有通道。

“半透明”区域中有两种透明方式：硬件渲染模式（蜡质）和软件渲染模式(水质)。

背面颜色：设置物体偏光处的颜色。

厚度：这个参数用于限定光线在表面下被追踪的深度。在不想或不需要追踪完全的散射效果时，可以通过设置这个参数来达到目的。

散布系数：定义在物体内部散射的数量。值为 0 意味着光线会在任何方向上被散射；值为 1.0 则意味着在次表面散射的过程中光线不能改变散射方向。

正/背面系数：控制光线散射的方向。值为 0 意味着光线只能向前散射（在物体内部远离表面）；值为 0.5 则意味着光线向前或向后是相等的；值为 1 则意味着光线只能向后散射（朝向表面，远离物体）。

灯光倍增：定义半透明效果的倍增。

4.3.2 VRay 灯光材质

VRay 灯光材质类型的参数面板如图 4.48 所示。

颜色：当没有设置贴图时，该拾色器对材质的光线起到决定性作用。

“颜色”后面的倍增值和 None 按钮用于设置颜色的发光效果倍增和图像发光效果。这里可以设置各种作为发光材质的贴图。

不透明度：用于设置发光的透明遮罩贴图。

背面发光：设置材质的双面发光属性，如图 4.49 所示。

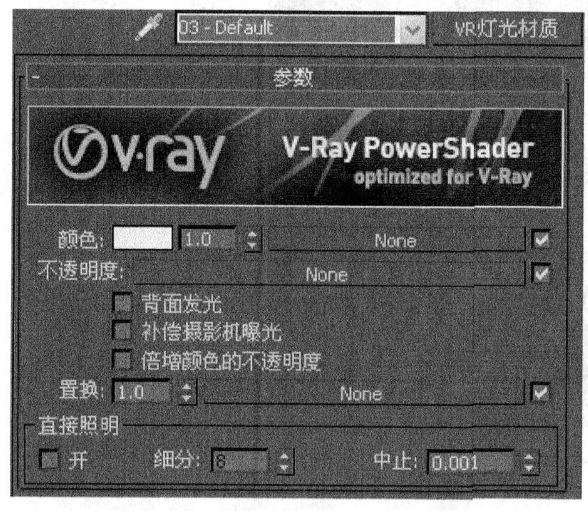

图 4.48　VRay 灯光材质参数面板

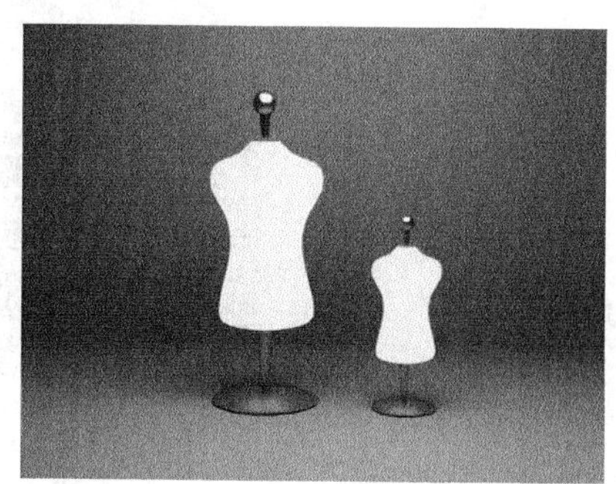

图 4.49　背面发光

4.3.3　VRay 包裹材质

VRay 渲染器也提供了一个专用 VRay 材质包裹器，它可以嵌套 VRay 支持的任何一种材质类型，并且可以有效地控制 VRay 的光能传递和接收。VRay 材质包裹器还可以控制阴影贴图（这个功能类似 3ds Max 内置的 Matter /Shadow 材质，因为在 VRay 渲染器中 Matter /Shadow 是不可用的）。VRay 包裹材质最大的好处是可以控制色散（色溢现象），或者可将它指定给天空球体，利用嵌套的 3ds Max 标准材质的自发光或 VRay 包裹材质来照亮场景。其参数如图 4.50 所示。

基本材质：设置用于嵌套的材质。右侧的长按钮可以在打开的“材质 /贴图浏览器”对话框中指定基础材质类型。

“附加曲面属性”区域的参数如下。

生成全局照明：设置产生全局光及其强度（也可以将其关闭，不产生全局光效果）。

接收全局照明：设置接收全局光及其强度（也可以将其关闭，不接收全局光效果）。

生成焦散：设置材质是否产生焦散效果。

接收焦散：设置材质是否接收焦散效果。

温馨提示：这两个选项与“生成全局照明”和“接收全局照明”基本相似，用于控制场景中某个物体产生或接收焦散效果的选项。

阴影：使物体仅留下阴影信息。

影响 Alpha：遮罩信息影响通道效果。

颜色：用于控制赋予包裹材质的物体所产生阴影的颜色。

亮度：用于控制赋予包裹材质的物体所产生阴影的亮度。

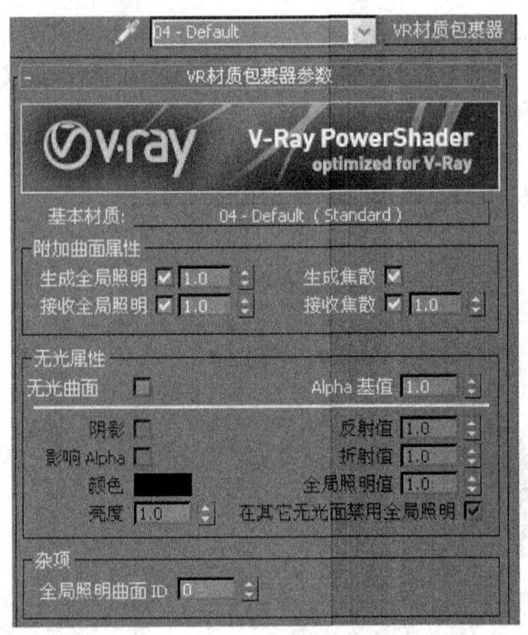

图 4.50　VRay 材质包裹器参数

反射值：用于控制赋予包裹材质的物体的反射程度。

折射值：用于控制赋予包裹材质的物体的折射程度。

全局照明值：用于控制赋予包裹材质的物体接受间接照明的程度。

4.3.4　VRay 贴图通道

VRay 常用的贴图有三种类型，分别是 VRay 贴图、HDRI 和 VRay 边纹理。VRay 贴图类型可以替代 3ds Max 默认的光线追踪贴图，用于控制物体反射或折射属性；HDRI 贴图类型用于制作天空球或作为天光使用；VRay 边纹理贴图类型用于制作线框材质。下面就来逐一介绍它们的参数。

1. VRay Map 贴图类型

VRay 贴图的主要作用是在 3ds Max 标准材质或第三方材质中增加反射/折射效果，其用法类似于 3ds Max 中光迹追踪类型的贴图。在 VRay 中是不支持这种贴图类型的，需要使用时以 VRay 贴图代替。其参数如图 4.51 所示。

反射：选择它表示 VRay 贴图作为反射贴图使用，下面相应的参数控制组也被激活。

折射：选择它表示 VRay 贴图作为折射贴图使用，下面相应的参数控制组也被激活。

环境贴图：允许选择环境贴图。

反射参数在使用反射类型时被激活。

过滤颜色：用于定义反射的倍增值，白色表示完全反射，黑色表示没有反射。

背面反射：强制 VR 在物体的两面都反射。

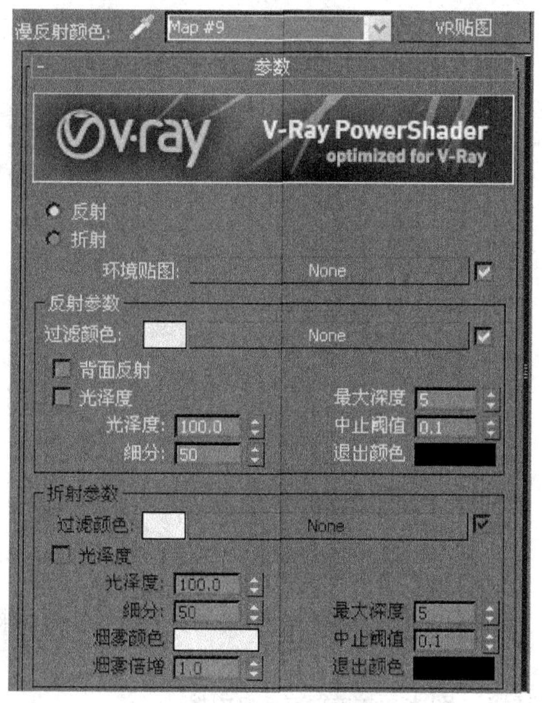

图 4.51　VRay 贴图

光泽度：这个选项用于控制光泽度效果（实际上是反射模糊效果）。

光泽度：当值为 0 时，表示产生一种非常模糊的效果；默认值 100，基本不产生模糊反射。

细分：定义场景中用于评估材质中反射模糊的光线数量。

最大深度：定义反射完成的最多次数。

中止阈值：一般情况下，对最终渲染图像贡献较小的反射是不会被追踪的，这个参数就是用来定义这个极限值的。

退出颜色：定义在场景中光线反射达到最大深度的设定值以后会以什么颜色被返回来，此时并不会停止追踪光线，只是光线不再反射。

折射参数控制在使用折射类型时被激活。

烟雾颜色：VRay 可以用雾来控制折射物体，这里设置雾的颜色。

烟雾倍增：设置雾颜色的倍增值，取值越小则物体越透明。

其他参数与前面讲的反射参数含义基本一样，就不再重复。

温馨提示：折射率是由材质控制的，不是由 VRay 贴图控制。对于 3ds Max 标准参数来说，折射率在材质扩展参数卷展栏中设置。

2. HDRI 贴图类型

VRay HDRI 贴图类型用于导入高动态范围图像（HDRI）来作为环境贴图，支持大多数标准环境贴图类型。其参数控制面板如图 4.52 所示。

位图：指定使用的 HDRI 贴图的寻找路径。目前仅支持“.hdr”和“.pic”文件，其他格式的贴图文件虽然可以调用，但不能起到照明的作用。

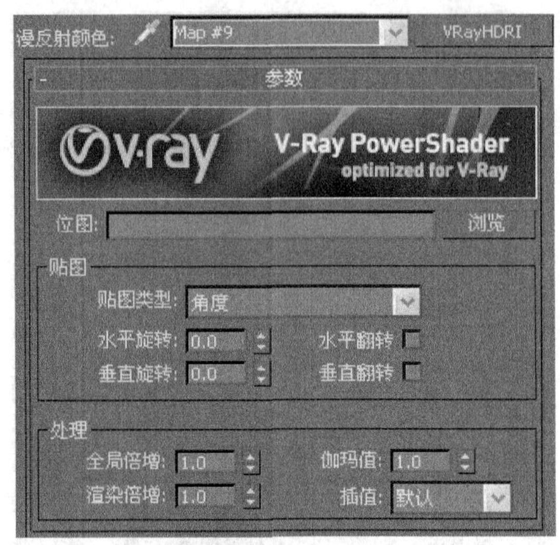

图 4.52 VRay HDRI 贴图

贴图类型：包括五种环境贴图类型，它们是角度、立方、球形、球状镜像和 3ds Max 标准。

水平旋转：设定环境贴图水平方向旋转的角度。

水平翻转：在水平方向反向设定环境贴图。

垂直旋转：设定环境贴图垂直方向旋转的角度。

垂直翻转：在垂直方向反向设定环境贴图。

全局倍增和渲染倍增：用于控制 HDRI 图像的亮度。

3. VRay 边纹理贴图类型

VRay 边纹理贴图类型是非常简单的，其效果类似于 3ds Max 的线框材质。但是它和 3ds Max 的线框材质不同的是，它是一种贴图，因此可以创建一些有趣的效果，其参数如图 4.53 所示。

图 4.53 VRay 边纹理贴图

颜色：用于设置边的颜色。

隐藏边：勾选时将渲染物体的所有边，否则仅渲染可见边。

厚度：定义边线的厚度，使用“世界单位”或“像素”来定义。

4.4　室内外效果图常用材质制作

一幅电脑效果图的精美程度主要取决于制作的材质和灯光，所以在制作效果图时，材质的编辑是非常关键的。虽然市面上有很多材质库，但是有时并不能很好表现玻璃、金属、木材、石材、陶瓷等材料特定的物体表面属性。因此还需要自己编辑材质，来达到所期待的效果。

下面就为用户介绍室内外效果图制作过程中常用 VRay 材质的创建方法及制作技巧。

4.4.1　乳胶漆材质

实例目的： 本例通过调制墙面上的乳胶漆材质，详细讲述乳胶漆材质的调制过程。乳胶漆材质的效果如图 4.54 所示。

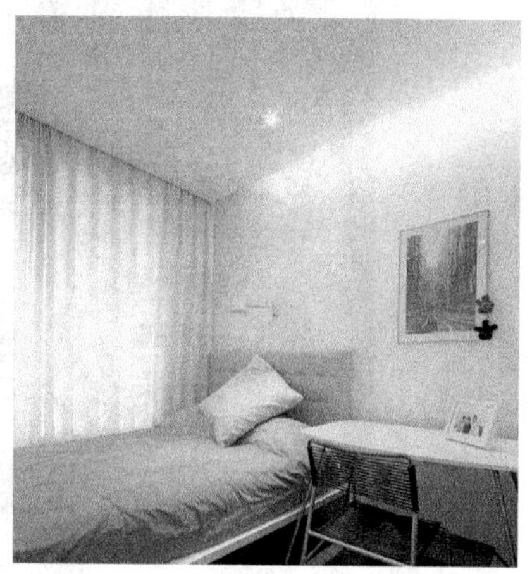

图 4.54　乳胶漆材质的效果

知识要点： 选择一个未使用的材质球；VR 材质的使用；对材质的基本参数进行调整。

操作步骤： 按【M】键，打开“材质编辑器”对话框，选择一个材质球，单击 Standard 按钮，在弹出的“材质/贴图浏览器”对话框中选择“VR 材质”，如图 4.55所示。

温馨提示： *在调制材质时，主要是以 VR 材质为主，因此必须在调制材质之前，先在“渲染场景”对话框中将 VRay 指定为当前的渲染器，否则“材质/贴图浏览器”对话框中就不会出现 VR 材质。*

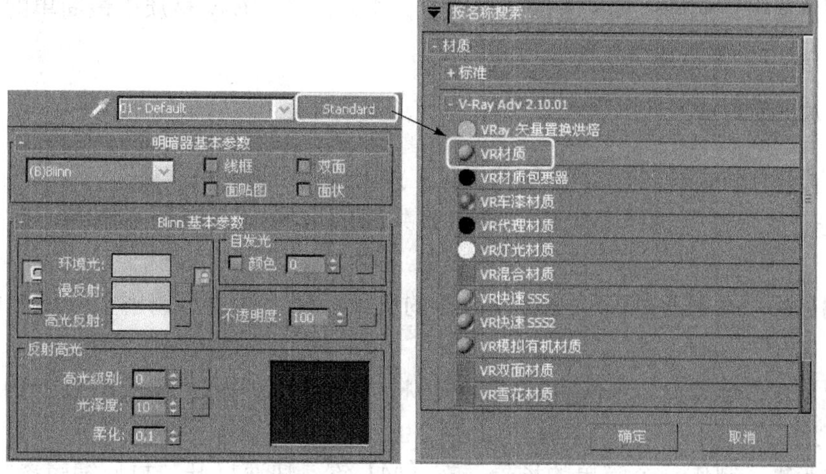

图 4.55　选择 VRay 材质

在调制材质之前，应该先来分析一下真实世界里的墙面究竟是什么样。在离墙面比较远的距离去观察墙面时，墙面是比较平整、颜色比较白的；当靠近墙面观察，可以发现上面有很多不规则的凹凸和痕迹，这是在刷乳胶漆时，使用刷子涂抹留下的痕迹，这个痕迹是不可避免的，所以我们在调制白乳胶漆材质时，不需要考虑痕迹。

将材质命名为“白色乳胶漆”，设置“漫反射”颜色值为红 245，绿 245，蓝 245，而不是纯白色的值 255，这是因为墙面不可能全部反光，“反射”颜色值为红 23，绿 23，蓝 23，将“选项”卷展栏下的“跟踪反射”选项取消，参数设置如图 4.56 所示。

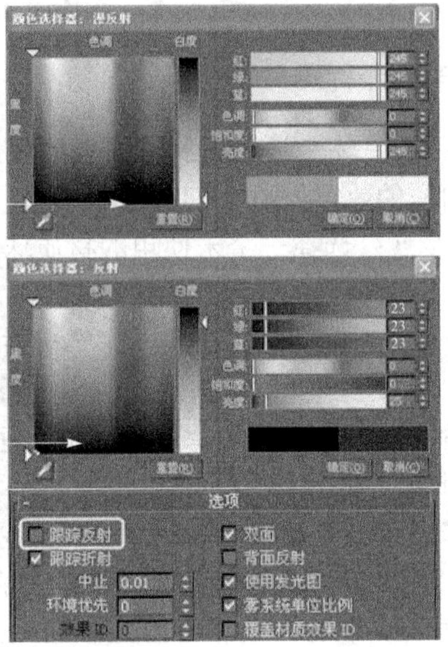

图 4.56　白色乳胶漆材质参数设置

如果想调制带有颜色的乳胶漆，直接调整“漫反射”里面的颜色即可；想表现凹凸不平的墙面（拉毛墙），在凹凸通道里面放置一个带有凹凸纹理的贴图即可。

实例总结：本例通过调制乳胶漆材质，详细讲述了 VRay 材质中最简单的颜色材质的调制，重点了解基本参数的使用及调整。

4.4.2　不锈钢材质

不锈钢材质在我们的生活中随处可见，如厨房的各种厨具、餐具，卫生间的各种五金配件等，大多都是镜面不锈钢，再如公共间的电梯门有镜面不锈钢，也有砂面不锈钢。

实例目的：本例通过调制卫生间面盆的支架，详细讲述不锈钢材质调制的方法与技巧。

知识要点：选择一个未使用的材质球；将材质指定为 VR 材质；对材质的基本参数进行调制。

操作步骤：制作一个简单的场景。按【M】键，快速打开“材质编辑器”对话框，选择一个未使用的材质球。将当前的材质指定为 VR 材质，材质命名为“不锈钢”，设置基本参数，如图 4.57 所示。此时材质球的效果如图 4.58 所示。

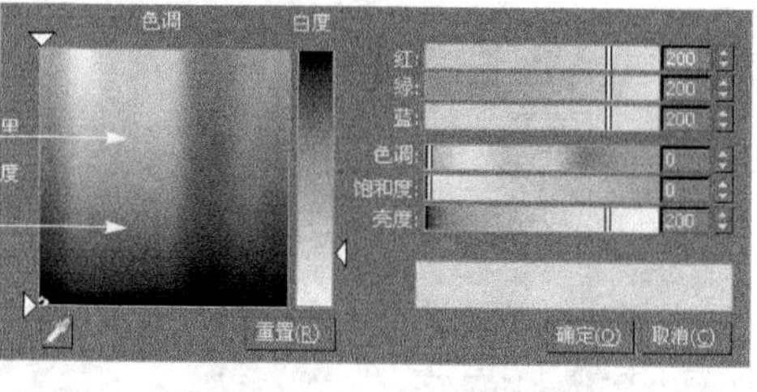

图 4.57　不锈钢材质参数设置

将调制完成的不锈钢材质赋给不锈钢面盆支架，快速渲染观看效果，如图 4.59 所示。

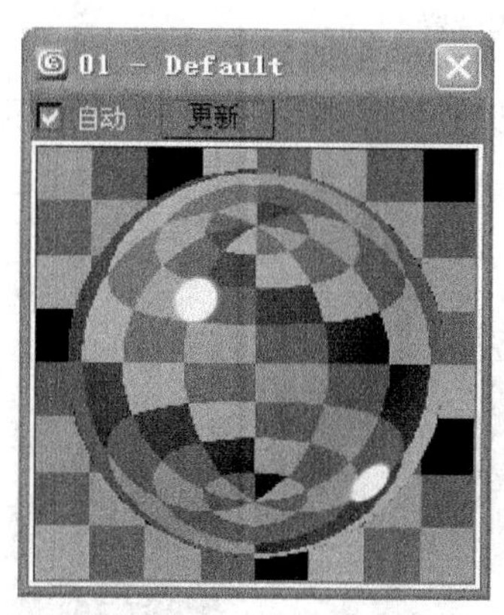

图 4.58　材质球的效果

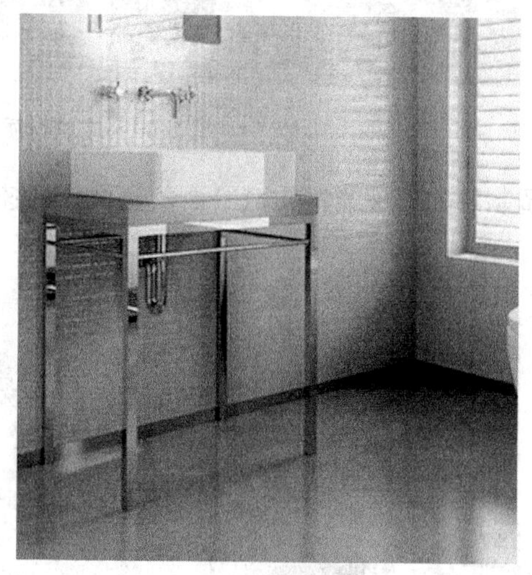

图 4.59　渲染效果

单击菜单栏 /“另存为”命令，保存为“不锈钢”文件。

实例总结： 本例通过为卫生间面盆支架调制的不锈钢材质，主要学习使用 VR 材质来表现不锈钢，从而可以得到非常真实、逼真的金属效果。

4.4.3　玻璃材质

实例目的： 本例通过调制面盆台面的玻璃材质，详细讲述清玻璃材质的调制方法与技巧。

知识要点： 选择一个未使用的材质球；将材质指定为 VR 材质；对清玻璃材质的参数进行调制。

操作步骤： 制作一个简单的场景。按【M】键，快速打开“材质编辑器”对话框，选择一个未用的材质球，单击 Standard 按钮，弹出“材质/贴图浏览器”对话框，将当前的材质指定为 VR 材质。

首先将材质命名为“清玻璃”材质，打开“菲涅耳反射”，再设置一下其他的参数，如图 4.60 所示。调制完成的材质效果如图 4.61 所示。

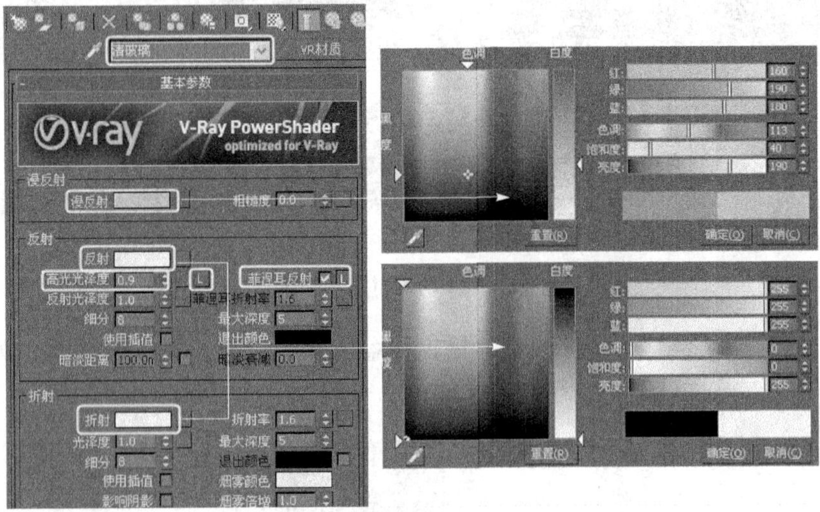

图 4.60　玻璃材质参数设置

将调制好的清玻璃材质赋给面盆台面，快速渲染观看效果，如图 4.62 所示。

图 4.61　材质球的效果

图 4.62　渲染效果

单击菜单栏 /“另存为”命令，保存为“清玻璃”文件。

实例总结： 本例通过为面盆台面调制清玻璃材质，主要学习使用 VR 材质来表现清玻璃，从而可以得到非常真实、逼真的透明清玻璃的效果。

4.4.4　木地板材质

实例目的： 本例通过为场景中的地面调制地板材质，详细讲述木地板材质的调制。

知识要点： 选择一个未使用的材质球；将材质指定为 VR 材质；对材质的基本参数进行调制；使用位图贴图模拟地板的纹理；使用光线跟踪贴图模拟地板的反射效果。

在顶视图中创建一个 4000×3500×20 的长方体，作为“地面”，在长方体上方创建两个物体。

操作步骤：按【M】键，快速打开“材质编辑器”窗口，选择一个新的材质球，将当前的材质指定为 VR 材质，材质命名为“木地板”。下面来设置基本参数。在“漫反射”中添加一幅位图，名字为“地板-1.jpg”，在“反射”中添加衰减贴图，参数的设置如图 4.63 所示。

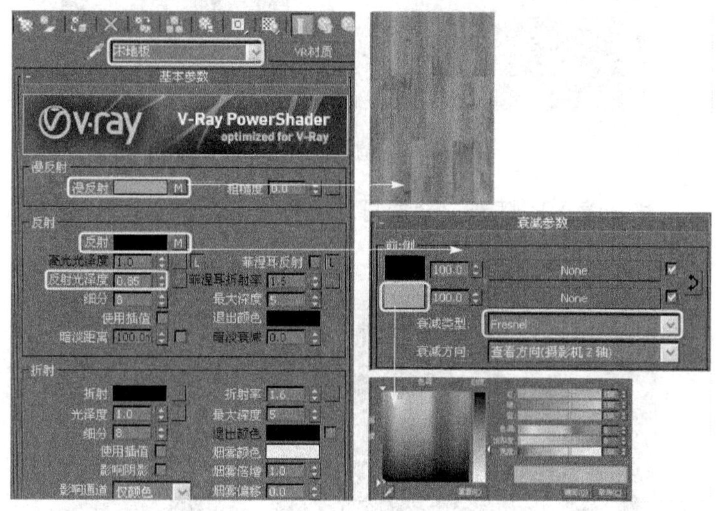

图 4.63　木地板材质参数设置

调整在漫反射贴图通道中“坐标”卷展栏下的参数，调整“模糊”为 0.01，目的是让渲染出来的贴图纹理更加清晰，如图 4.64 所示。

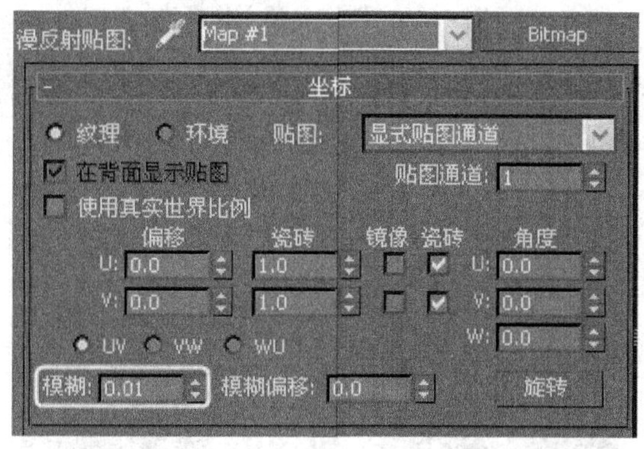

图 4.64　模糊参数设置

温馨提示：在使用位图贴图时，要想使渲染的贴图纹理更加清晰，可以调整漫反射贴图通道中“坐标”卷展栏下的“模糊”参数。模糊的数值越小，纹理越清晰，反之则越模糊。

将调制好的木地板材质赋给长方体，为它添加一个“UVW 贴图”修改器，点选“长方体”选项，设置长度和宽度为 1200，激活 Gizmo，在顶视图中调整一下纹理的方向，效果如图 4.65 所示。

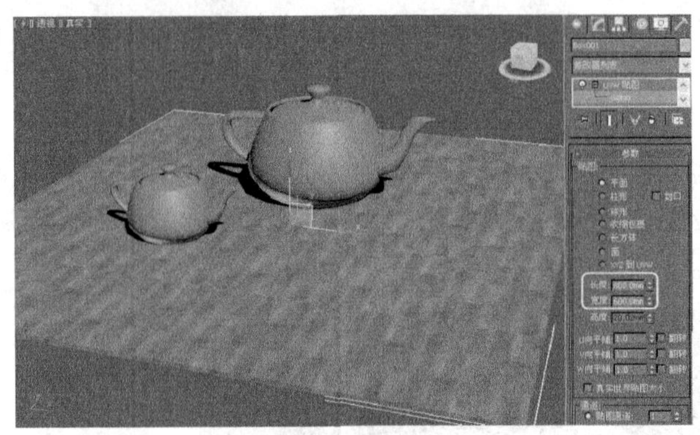

图 4.65　调整纹理方向

在顶视图中创建一盏 VR 灯光，设置灯光亮度、颜色及位置，如图 4.66 所示。

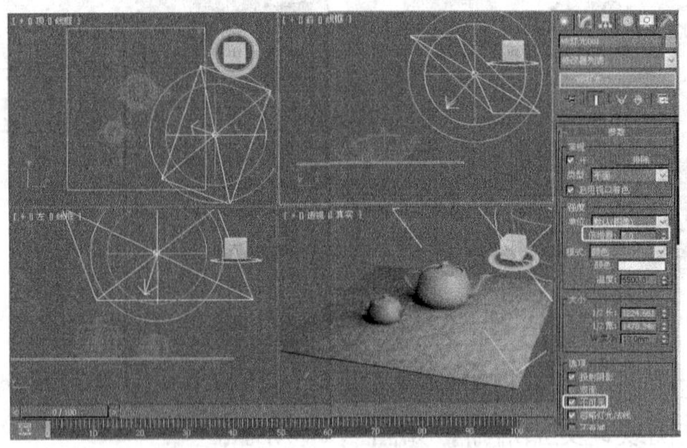

图 4.66　创建一盏 VR 灯光

按【F10】键，打开“渲染场景”窗口，调整渲染参数。最后调整透视图的观察视角进行渲染，效果如图 4.67 所示。

图 4.67　渲染效果

按【Ctrl+S】键，将制作的文件保存为“木地板”。

实例总结： 本例主要学习了木地板材质的调制，首先使用位图贴图来产生出地板的真实纹理，然后在“反射”里添加衰减贴图来模拟地板的真实效果。

4.4.5　大理石材质

实例目的： 本例通过调制大理石地面材质，详细讲述使用 UVW 贴图模拟大理石地面的效果。

知识要点： 制作一个简单的场景；将材质指定为 VRay 材质；对材质的基本参数进行调制；使用位图贴图表现大理石纹理。

操作步骤： 制作一个简单的场景。按【M】键，快速打开“材质编辑器”窗口，选择一个新的材质球。将当前的材质指定为 VR 材质，材质命名为“大理石”，设置一下基本参数，在“漫反射”中添加一幅位图，名字为“大理石 .jpg”，其他参数的设置如图 4.68 所示。

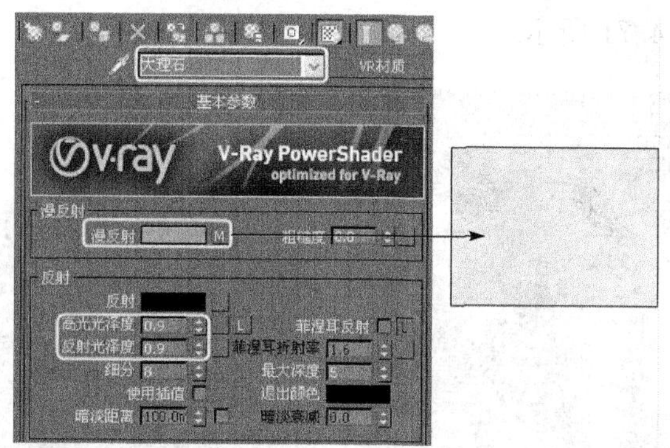

图 4.68　大理石材质参数设置

在视图中选择地面，将调制好的“大理石”材质赋给地面，为地面添加一个“UVW 贴图”修改器，点选“长方体”选项，调整大理石的纹理贴图。

按【F10】键，打开“渲染场景”窗口，调整渲染参数。最后调整透视图的观察视角进行渲染，效果如图 4.69 所示。

图 4.69　地面渲染效果

单击菜单栏 /“另存为”命令，将此文件保存为“大理石”文件。

实例总结： 本例主要学习大理石材质的调制，通过使用位图贴图来表现大理石的真实纹理。

4.4.6 布艺材质

实例目的： 本例通过调制沙发上面的布纹材质，详细讲述沙发布纹材质的调制过程。

知识要点： 选择一个未使用的材质球；使用标准材质进行调制；漫反射颜色及凹凸通道的使用；用 VRay 渲染器进行渲染。

操作步骤： 简单制作一个场景。按【M】键，打开“材质编辑器”窗口，选择一个新的材质球，命名为“沙发布纹”，使用默认的标准材质即可。单击“漫反射”后的 按钮，为其添加一幅位图，参数设置如图 4.70 所示。

单击“贴图”卷展栏长按钮，将“漫反射颜色”后的位图复制给“凹凸”通道，“数量”为 60，如图 4.71 所示。

图 4.70 布艺材质参数设置

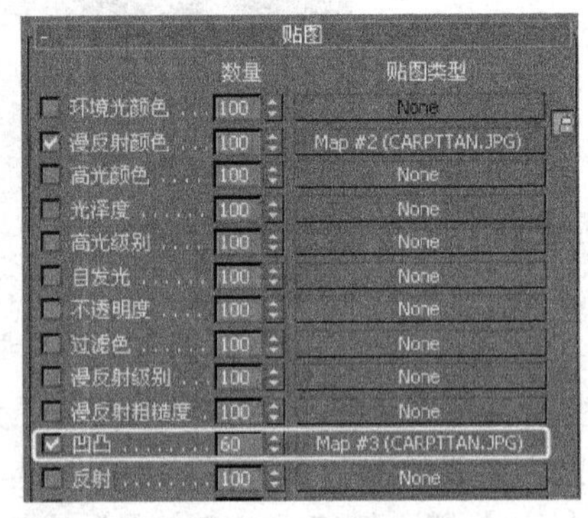

图 4.71 复制位图

温馨提示： *在对“贴图”卷展栏下方的通道进行复制时，可以在准备复制的材质上单击鼠标左键并拖动，直到拖动到没有材质的通道上，在弹出的“复制（实例）贴图”对话框中选择对应的选项后，单击 确定 按钮即可复制成功。*

为沙发添加“UVW 贴图”修改器，单击“长方体”选项，调整长度、宽度、高度分别为 300，效果如图 4.72 所示。也可以单独修改物体的纹理大小，但不影响视图中其他物体的纹理。

下面用 VRay 进行渲染。

按【F10】键，打开“渲染场景”窗口，然后将 VRay 指定为当前渲染器。在打开的“渲染场景”窗口中，选择“渲染器”选项卡，调整全局开关、图像采样器、间接照明、发光图的参数，如图 4.73 所示。

单击 按钮进行渲染，渲染效果如图 4.74 所示。

单击菜单栏 /“另存为”命令，将此文件保存为“沙发布艺”。

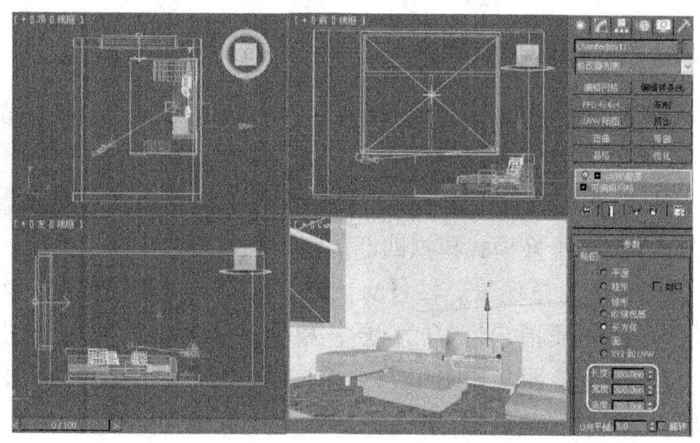

图 4.72　修改纹理

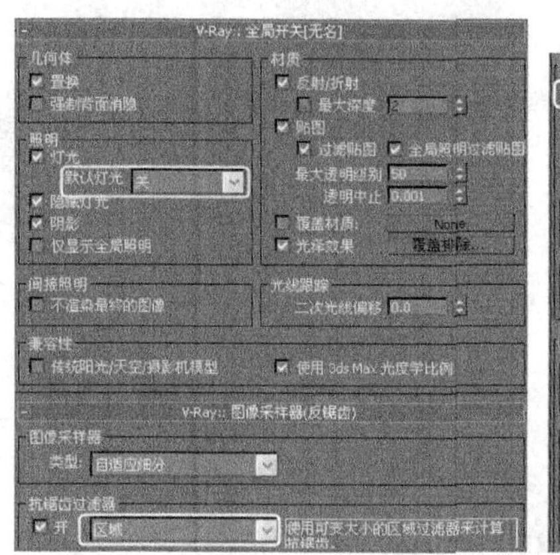

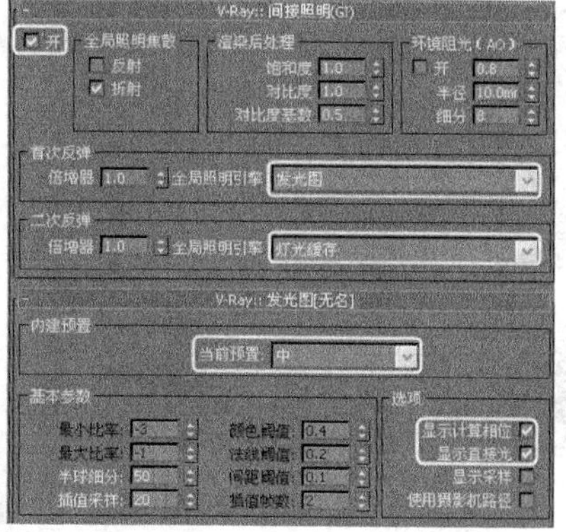

图 4.73　设置 VRay 渲染参数

图 4.74　沙发的渲染效果

实例总结：本例通过为沙发布纹调制材质，详细讲述怎样用一幅位图图片来模拟真实的布纹纹理，然后通过“UVW 贴图”修改器，对纹理的大小进行精细调整。

4.4.7 地毯材质 1——VRay 置换模式

实例目的： 本例通过调制地毯材质，详细讲述使用 VRay 置换模式表现地毯材质的调制过程。

知识要点： 选择一个新的材质球；将材质指定为 VR 材质；为漫反射、凹凸通道施加一幅位图；使用 VRay 置换模式模拟凹凸。

操作步骤： 创建一个简单场景。按【M】键，打开“材质编辑器”窗口，选择一个新的材质球，将当前的材质指定为 VR 材质，材质命名为“地毯”。单击“漫反射”后的■按钮，为其添加一幅位图，如图 4.75 所示。将“贴图”卷展栏下的“漫反射”后面的位图复制给凹凸通道，数量为 100，如图 4.76 所示。

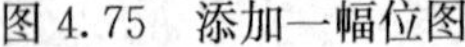

图 4.75 添加一幅位图

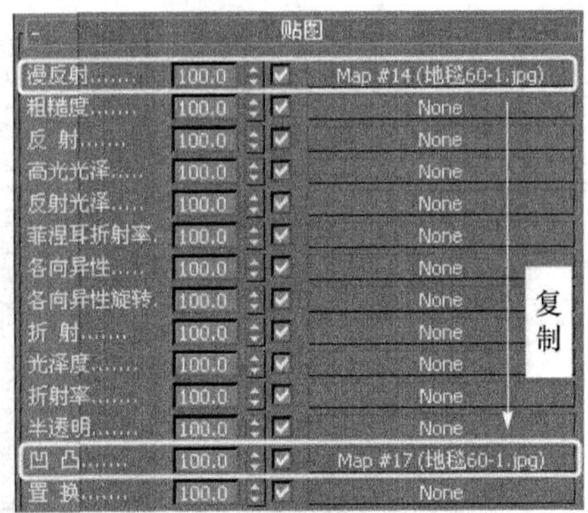

图 4.76 复制位图

将调制完成的地毯材质赋给地毯物体，这个地毯是一个切角长方体。

在视图中选择作为地毯的切角长方体，然后在修改器中选择“VRay 置换模式”命令，点选“2D 贴图（景观）”选项，在下方添加一幅名为“地毯 60-1.jpg”的图片，调数量为 30，如图 4.77 所示。

图 4.77 VRay 置换模式

快速渲染地毯调制完成后的效果，如图 4.78 所示。

图 4.78　地毯 1 的渲染效果

单击菜单栏 /“另存为”命令，将其保存为“VRay 置换模式”文件。

实例总结：本例通过调制客厅的地毯材质，详细讲述了使用“VRay 置换模式”修改命令配合材质来表现真实地毯材质的全过程。

4.4.8　地毯材质 2——VRay 毛发

实例目的：本例通过调制地毯材质，详细讲述使用 VR 毛发来制作地毯材质。

知识要点：选择一个新的材质球；将材质指定为 VR 材质；创建“VR 毛发”表现地毯效果。

操作步骤：创建一个简单场景。按【M】键，快速打开“材质编辑器”窗口，选择一个新的材质球，将当前的材质指定为 VR 材质，材质命名为“地毯”。

创建一个切角长方体作为地毯，给它设置足够的段数，目的是让依附于它的 VR 毛发更好地表现出凹凸效果。

确认作为地毯的切角长方体处于选择状态，单击按钮，在标准基本体下选择VRay，单击VR毛发按钮，就可以直接在创建的切角长方体上产生 VR 毛发，然后再修改一下它的参数，如图 4.79 所示。

此时调制一种地毯材质赋给地毯及 VR 毛发物体，快速渲染观看效果，如图 4.80 所示。

单击菜单栏 /“另存为”命令，保存为“VR 毛发”文件。

实例总结：本例通过调制客厅的地毯材质，详细讲述了使用“VR 毛发”来表现真实地毯的过程。在用“VR 毛发”来模拟地毯的毛绒效果时，我们必须先将作为地毯的三维物体制作出来，然后再将“VR 毛发”依附于该物体，这样才会出现我们所需要的效果。

4.4.9　瓷器材质

实例目的：本例通过调制卫生间浴盆的瓷器材质，详细讲述瓷器材质的调制过程。

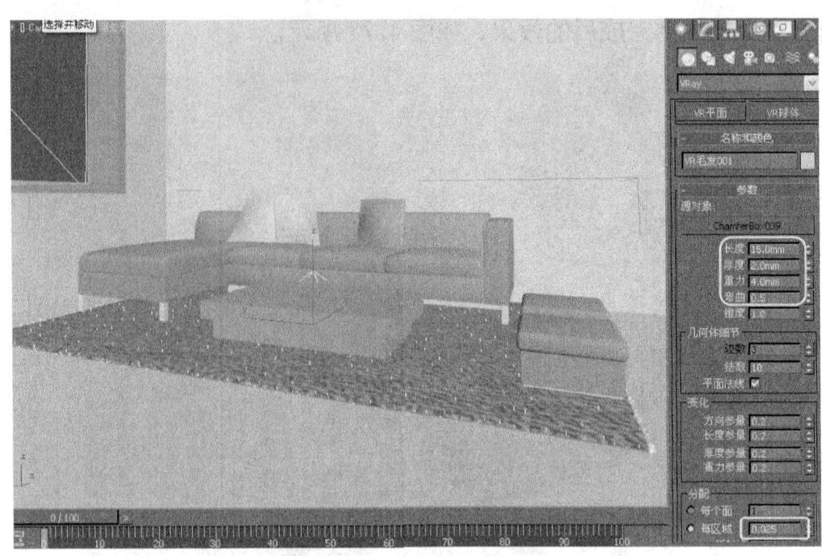

图 4.79 VR 毛发参数设置

图 4.80 地毯 2 的渲染效果

知识要点：选择一个新的材质球；将材质指定为 VR 材质；对材质的基本参数进行调制；使用衰减贴图模拟瓷器的反射效果。

操作步骤：制作一个新的场景。按【M】键，打开“材质编辑器”窗口，选择一个新的材质球。将当前的材质指定为 VR 材质，材质命名为“白陶瓷”，设置基本参数，在“反射”中添加衰减贴图。其他参数的设置如图 4.81 所示。

在“双向反射分布函数”卷展栏中选择“沃德”类型，使用该方式渲染出来材质效果整体上比较亮，调整“各向异性”的参数，如图 4.82 所示。给“贴图”卷展栏下“环境”添加输出选项，并设置参数，如图 4.83 所示。

调整完成的瓷器材质在材质球中的效果如图 4.84 所示。将调制完成的白陶瓷材质赋给浴缸，快速渲染观看效果，如图 4.85 所示。

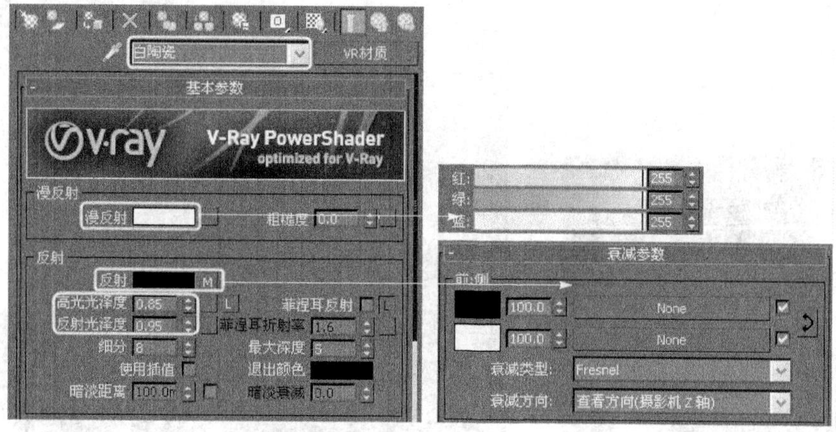

图 4.81　瓷器材质参数设置

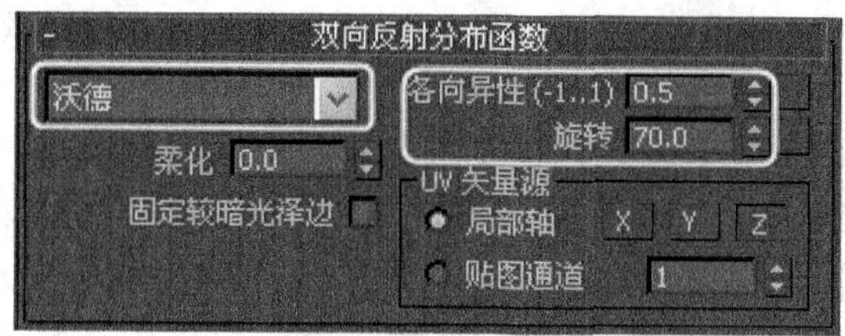

图 4.82　“双向反射分布函数”卷展栏

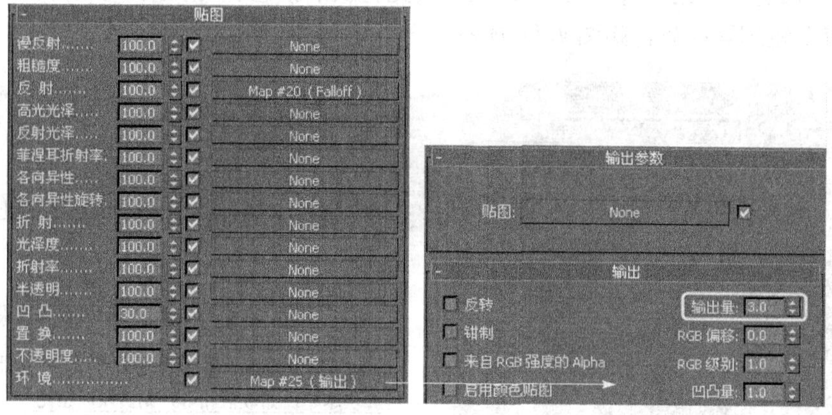

图 4.83　添加输出选项

单击菜单栏 /“另存为”命令，将此文件保存为“白陶瓷”。

实例总结： 本例通过为卫生间的浴缸调制白陶瓷材质，详细讲述了使用 VR 材质来表现的白陶瓷材质，并使用“各向异性”调制材料的高光效果，以及通过为“反射”添加衰减贴图让白陶瓷表现出丰富的反射效果。

4.4.10　马赛克材质

马赛克材质常用于室内装饰中的卫生间、厨房等，有时还应用于墙面和地面的局部装饰，会有意想不到的效果。

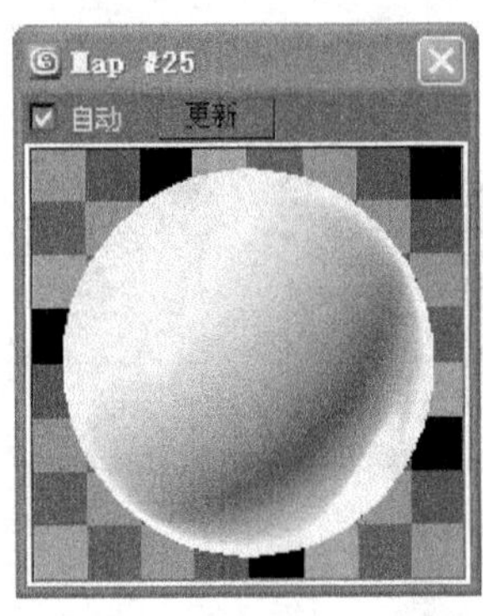

图 4.84 材质球效果

图 4.85 浴缸的渲染效果

下面以一间洗手间的墙面为例，介绍马赛克材质的制作方法。

利用 4.4.9 节中的场景。下面为正对我们的墙面编辑马赛克材质。

按键盘上的【M】键，打开“材质编辑器”，选择一个新的材质球。单击“漫反射”颜色块后面的■按钮，从弹出的“材质/贴图浏览”窗口中选择并双击“平铺”选项，此时材质编辑器中会弹出“平铺”贴图类型的参数面板。向上拖动参数面板，单击下方的卷展栏按钮，将其展开，在其中设置马赛克材质的颜色、砖块大小、混合色彩、灰缝的颜色以及粗细等参数，如图 4.86 所示。

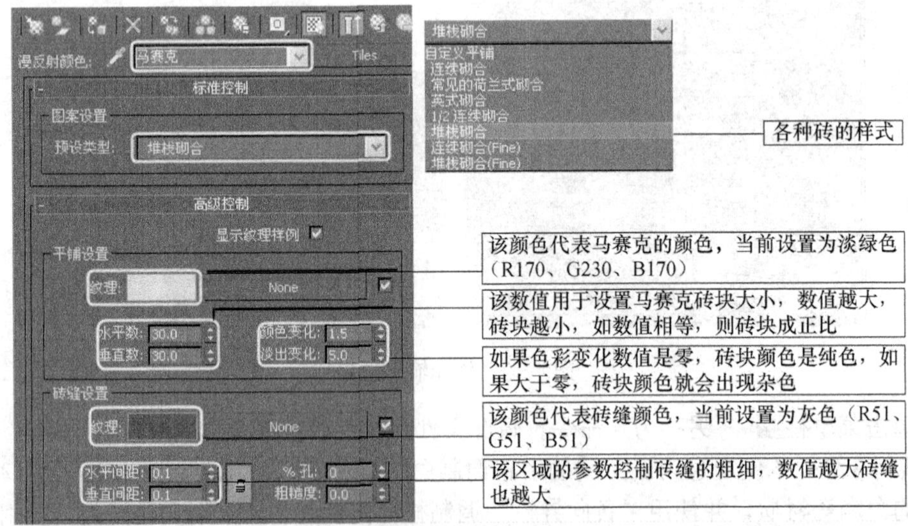

图 4.86 马赛克材质参数设置

单击■按钮，返回贴图通道，单击“反射”贴图通道中的 None 按钮，从弹出的对话框中双击“光线跟踪”贴图类型，并将“反射”贴图通道中的“数值”从 100 改为 10，如图 4.87 所示。

贴图

	数量	贴图类型
环境光颜色	100	None
✔ 漫反射颜色	100	马赛克（Tiles）
高光颜色	100	None
高光级别	100	None
光泽度	100	None
自发光	100	None
不透明度	100	None
过滤色	100	None
凹凸	30	None
✔ 反射	10	Map #27（Raytrace）
折射	100	None

图 4.87 添置反射贴图

选择要赋予材质的墙面，将材质给该墙。至此，马赛克材质就创建完成了。

同样，大家可以应用此方法创建多种样式地板砖、墙面砖、天花板等。效果如图 4.88 所示。

图 4.88 渲染效果

4.4.11 砖墙材质

实例目的： 本例通过调制砖墙材质，详细讲述砖墙材质的调制方法与技巧。

知识要点： 选择一个新的材质球；使用漫反射通道产生砖墙纹理；使用凹凸通道模拟真砖墙的凹凸效果。

操作步骤： 在前视图上创建一个长度为 2800，宽度为 7000 的矩形，并创建好窗户。按【M】键，打开“材质编辑器”窗口，使用默认的标准材质即可。单击“贴图”卷展栏长按钮，在漫反射颜色通道中施加一幅“砖墙 .jpg”贴图，再将此贴图复制到凹凸通道中，数量设置为 100，如图 4.89 所示。

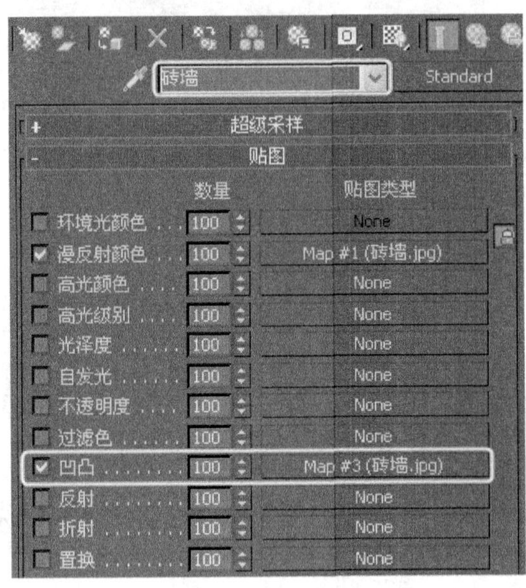

图 4.89　复制凹凸贴图

如果读者想表现出凹凸不平的砖墙，可以在凹凸通道中添加一幅与漫反射颜色通道中不一样的贴图，会得到一种另外的效果。

在视图中选择墙体，单击按钮，将调制好的材质赋予墙体，观看效果。

为墙添加一个 UVW 贴图修改器，点选“平面”选项，调整长度为 800，宽度为 1000，如图 4.90 所示。

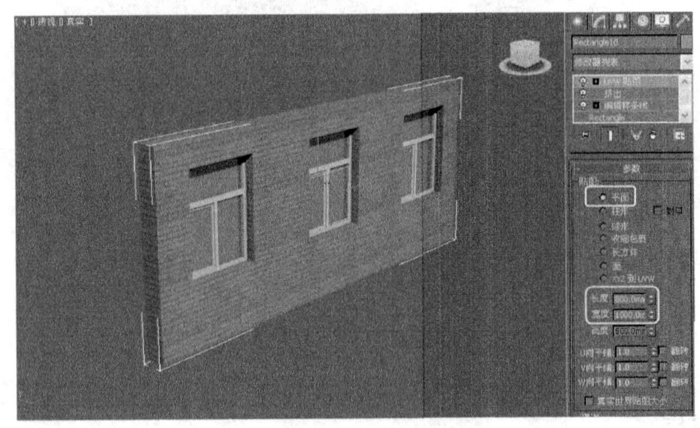

图 4.90　添加 UVW 贴图修改器

按【F9】键快速渲染，效果如图 4.91 所示。单击菜单栏 /“另存为”命令，将此文件保存为“砖墙”。

实例总结：本例详细讲述了砖墙材质的调制，首先选择一个未使用的材质球，在漫反射颜色通道里施加一幅砖的贴图，然后将砖的贴图复制到凹凸通道中，模拟真实的凹凸效果。

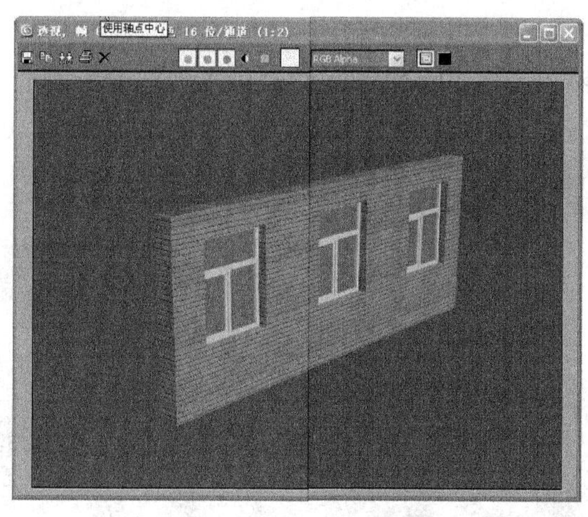

图 4.91　砖墙的渲染效果

4.4.12　水材质

实例目的： 本例通过调制水池里面的水材质，详细讲述用光线跟踪及凹凸贴图来模拟真实水面的效果。

知识要点： 选择一个新的材质球；对材质的基本参数进行调制；使用光线跟踪贴图模拟水的反射效果；使用凹凸贴图模拟波纹的效果。

操作步骤： 创建一个简单场景。按【M】键，打开“材质编辑器”对话框，在“明暗器基本参数”左侧的下拉列表中选择“Phong”，将“环境光”调整为黑色，“漫反射”的 RGB 调整为 20、70、80，“高光反射”为白色，“高光级别”设为 120，“光泽度”设为 60，如图 4.92 所示。

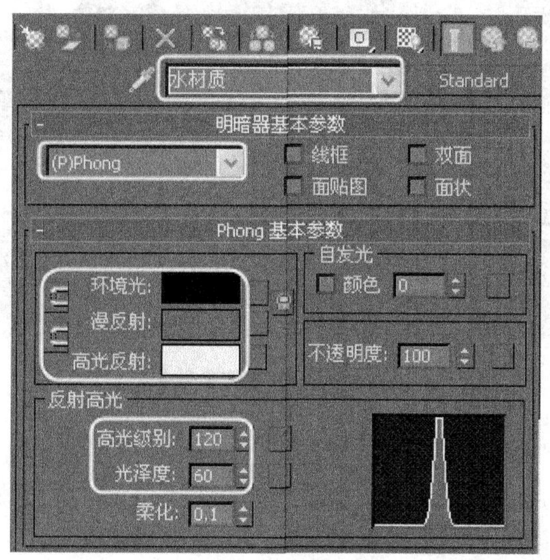

图 4.92　水材质参数设置

温馨提示： 在调制水材质时，可以在“着色模式”下方的窗口中选择“各向异性”，效果也很好。

单击【贴图】长按钮，在下面的卷展栏中单击“反射”右面的 None 按钮，在弹出的“材质/贴图浏览器”对话框中选择光线跟踪贴图，数量为 50，如图 4.93所示。在“凹凸”中施加噪波贴图，数量为 30，再调整噪波的各项参数，如图 4.94 所示。

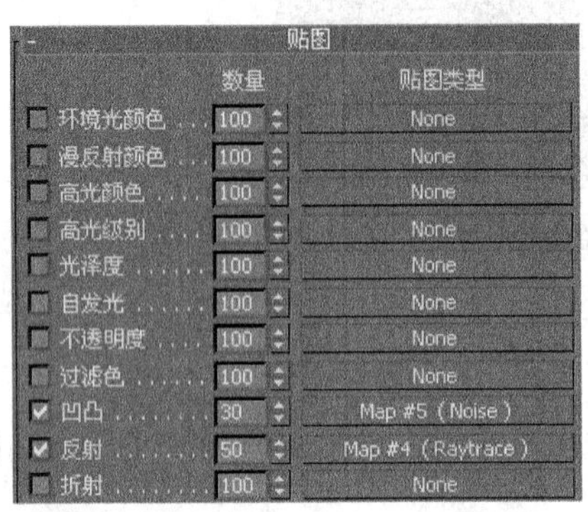

图 4.93　添加光线跟踪贴图

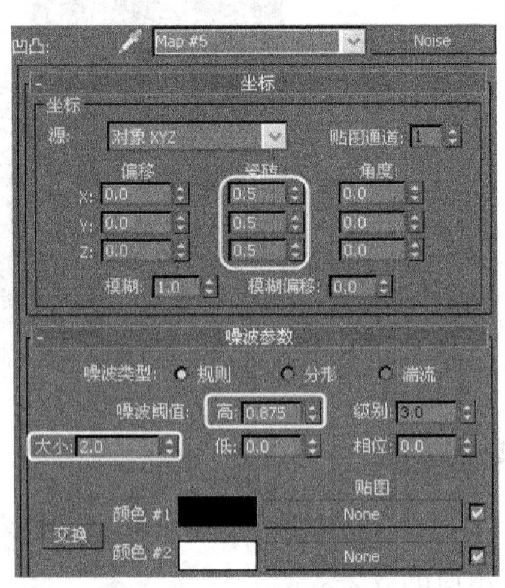

图 4.94　噪波贴图参数设置

将调制好的水材质赋到作为水的平面上，渲染观看效果，如图 4.95 所示。

图 4.95　水的渲染效果

单击菜单栏 / “另存为”命令，将此文件保存为“水材质”。

上面介绍的是利用凹凸、反射施加贴图，在折射中施加光线跟踪贴图制作水材质的过程，在制作水材质时注意水的漫反射颜色要根据环境来调制。

实例总结： 本例详细讲述了水材质的调制，首先调整基本参数，然后用光线跟踪贴图模拟水的反射效果，使用凹凸贴图模拟水纹的效果，调整“噪波参数”卷展栏下的“大小”，可以改变水纹的大小。

小　　结

要想让制作的效果图具有真实感，最重要的一个环节就是创造出各种真实质感的材质，因此不仅要熟悉效果图常用的材质创建方法以及操作技巧，更重要的是掌握贴图通道的应用，因为同一张贴图用在不同的贴图通道会使材质表现出不同的属性，进而产生出不同的视觉效果。应总结常用的材质和贴图的编辑方法，如砖块、木材、金属、水面、玻璃等材质，这样才能真正掌握材质的使用。

本章首先介绍了材质编辑器的界面和基本参数的调节，其次介绍了贴图的类型以及贴图坐标的使用，介绍了 VRay 材质的编辑，包括 VRayMtl 材质类型，VR 灯光材质，VR 包裹材质，最后根据 VRay 材质编辑介绍了几种室内外效果图常用材质制作的方法和步骤，这些材质的参数调整是必须要掌握的，也是学习 3ds Max 的基础。

思考练习题

4.1　材质编辑器周围有哪些工具？这些工具如何使用？

4.2　材质的基本属性有哪些？这些基本属性有什么作用？

4.3　在视图中如何给物体使用标准材质？

4.4　3ds Max 为标准材质提供了 12 种贴图通道，这些贴图通道如何使用？

4.5　如何为一副贴图进行剪裁贴图？举例讲解剪裁贴图。

4.6　如何为一副贴图指定坐标？

4.7　VRay 常用的材质类型有哪些？如何使用 VRay 包裹材质？

4.8　如何设置乳胶漆材质？

4.9　如何设置玻璃材质？

4.10　如何设置不锈钢材质？

4.11　如何设置大理石材质？

4.12　如何使用 VRay 置换模式设置地毯材质？

4.13　如何设置水材质？

4.14　选择渲染中的环境选项，采用位图贴图方式为背景设置一个天空背景，然后重新渲染，看看会产生什么效果。

4.15　如何利用透明选项模拟完全透明的玻璃球？

第5章

灯光、摄像机和渲染的设置

5.1 灯光的使用与调整

灯光是表现造型的又一个有力工具，要在三维设计中制作出好的三维场景，除了场景模型建得精细、材质做得逼真之外，还必须为场景制作出仿现实的光照效果。

在效果图的制作过程中，将材质和灯光这两者恰当地结合起来可以更加充分地表现造型、烘托场景气氛、体现造型的立体感和层次感。使用灯光可以为场景产生真实世界的视觉感受，适当的灯光设置可以为场景添加重要的信息和情感。

在 3ds Max 2012 系统中主要包含两种类型的灯光系统：一种是模拟灯光系统——标准类型，它的主要特点是属于超现实的灯光系统，要使用多盏灯来模拟现实生活中灯光在环境中的传递，也就是多次反射，这种灯光系统布光比较繁琐但效率高，即渲染图的速度比较快，且可以灵活控制场景的冷暖关系；另一种是光度学灯光系统（光能传递灯光系统），它能准确模拟现实生活中灯光在环境中的传递，设置的灯光数量相对少一些，是整合了 Lightscape 的一些灯光内容，作图时需要细致调节相应参数后才能得到较好效果。因为它是使用真实的光照系统进行求解计算的，所以必须顾及尺寸问题，而且如果场景过于繁琐求解的时间会相当长。

5.1.1 标准灯光

1. 标准灯光类型

3ds Max 2012 中的灯光用于模拟现实生活中不同类型的光源。不同类型的光源将产生不同的照明方式，形成多种类型的灯光。

在 3ds Max 中常用的光源有六种，即目标聚光灯、自由聚光灯、目标平行光、自由平行光、泛光灯和天光。这六种光源可以通过“创建”命令面板中的“灯光”子命令面板中的相应按钮进行创建，如图 5.1 所示。

mr 区域泛光灯和 mr 区域聚光灯这两种光源是在使用 mentalray 渲染器时使用的光源。

2. 聚光灯

聚光灯是一种有方向和目标的光源，它在一个圆锥形或矩形的区域中均匀发射光线，影响光束内被照射的物体。它可以准确地控制光束的大小，是三维场景中应用最广泛的一种光源，如图 5.2 所示。

图 5.1　灯光命令面板

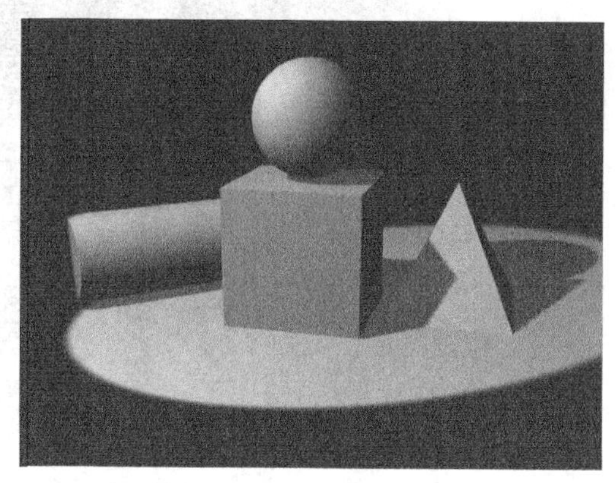
图 5.2　聚光灯

3. 泛光灯

泛光灯是一种可以向四周发射光线、提供均匀照明、没有方向感的点光源，如图 5.3所示。泛光灯用来照亮场景，照射的区域大，但无法控制光束的大小，而且泛光灯的使用不能过多，否则会使场景平淡而无层次感。使用泛光灯可以模拟灯泡、吊灯等光源。由于泛光灯的特点是向各个方向平均发射光线而不能将光束只照在一点上，所以在场景中一般作为辅助光源，如图 5.3 所示。

4. 平行光

平行光是有方向的光源，但和聚光灯不同，平行光发出的是圆柱形或矩形的平行光，它以平行方式投射光束，类似于太阳光，经常用于模拟太阳光的照射。三维场景中主要用平行光作为主光源。图 5.4 所示为平行光效果。

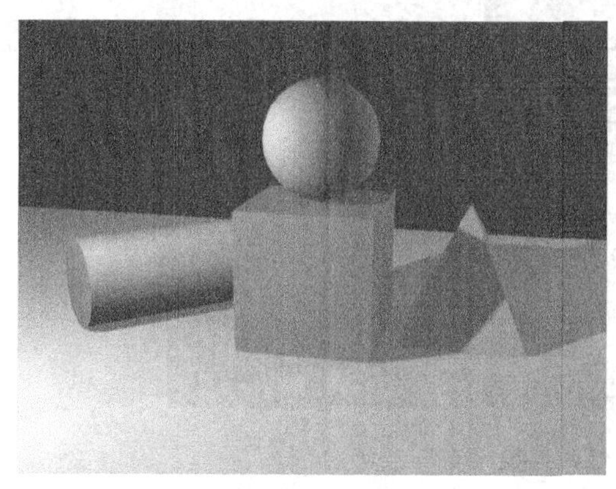
图 5.3　泛光灯

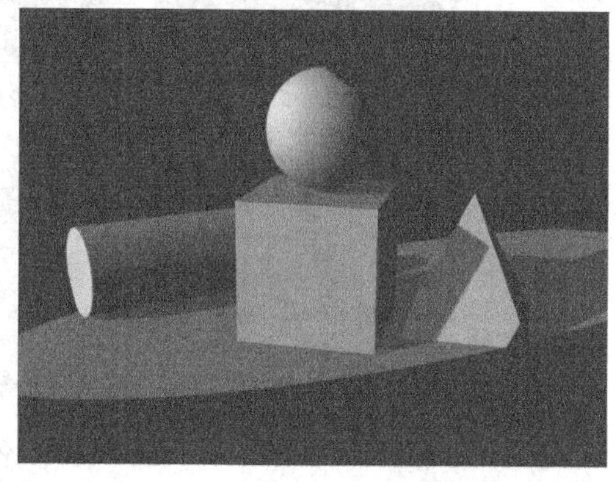
图 5.4　平行光

5. 天光

阳光经过折射后的光照效果，空间中的所有对象均被照射，并自动产生模糊的阴影，如图 5.5 所示。

图 5.5　天光

6. 灯光共同参数卷展栏

标准灯光中大部分参数选项都是相同或相似的，共同参数有 5 个卷展栏，这是标准灯光均有的参数，如图 5.6 所示。

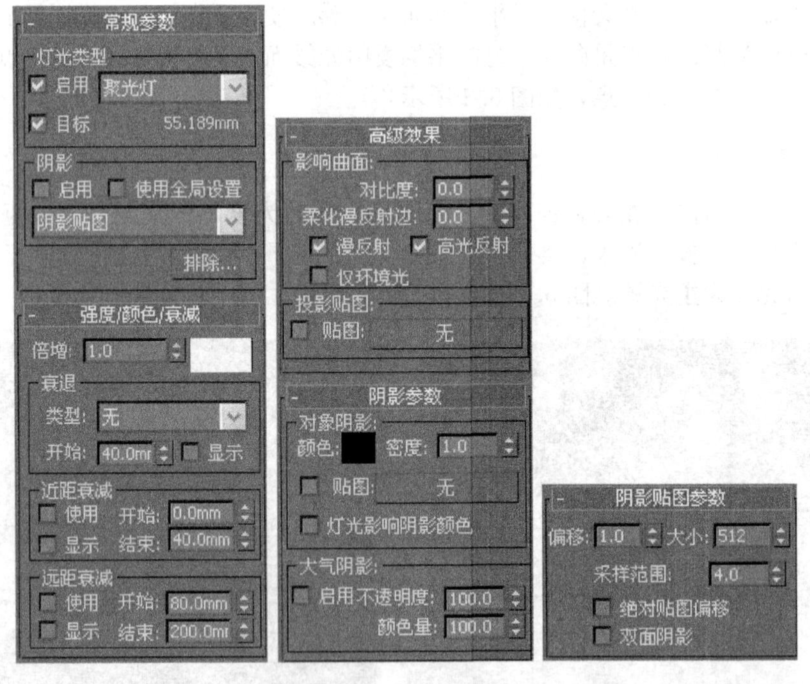

图 5.6　标准灯光参数

7. 标准灯光参数介绍

1)“常规参数”卷展栏

启用 用于设置灯光的开关。

选中☑目标复选框时，灯光为目标灯，其光源点与目标点之间的距离显示在右侧的显示框中。

“阴影”下的☑启用复选框用于决定当前的灯光是否产生阴影。选中☑使用全局设置复选框将会把阴影参数卷展栏中的设置应用到场景中所有打开了阴影开关的灯光上。

排除...可以使一部分物体不受该灯光的照射，单击该按钮，可以在打开的如图 5.7 所示的对话框中排除不受该灯光照射的物体。利用>>将左侧列出的场景对象加入右侧的空白框中，则不会被当前的目标射灯所照射，包含则只有右侧空白框中的物体被照射，见图 5.7 的对话框。其渲染效果如图 5.8 所示。

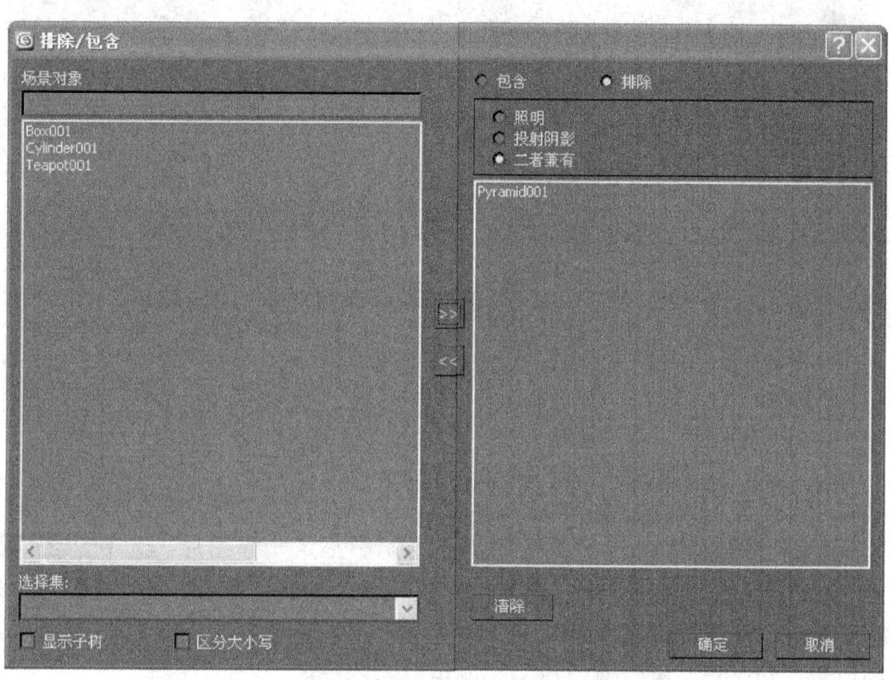

图 5.7　“排除/包含”对话框

2）“强度/颜色/衰减”卷展栏

在该卷展栏中的“倍增”项用于对灯光的照射强度进行增效控制，标准值为 1，如果设置为 2，则灯光强度增加 1 倍。在倍增右边的颜色框可以调节灯光的颜色。“衰减”栏下的“无”下拉列表框是一种附加的光线衰减控制，共有 3 种衰减方式：无、倒数和平方反比。“近距衰减”栏可以设置灯光照射的起点位置和灯光达到最大值的位置；“远距衰减”栏可以设置灯光开始衰减的位置和灯光亮度降为 0 时的位置。

3）“高级效果”卷展栏

在该卷展栏中“对比度”用于调节高光区与过渡区之间表面的对比度；“柔化漫反射边”用于柔化过渡区与阴影区表面之间的边缘，避免产生很明显的分界线；☑漫反射、☑高光反射、☐仅环境光复选框用于控制灯光对单独的一个区域进行照明；“投影贴图”栏用于为灯光的阴影设置一幅图片。

4）“阴影参数”卷展栏

在该卷展栏中“对象阴影”栏下的“颜色”用于调节当前灯光产生阴影的颜色；

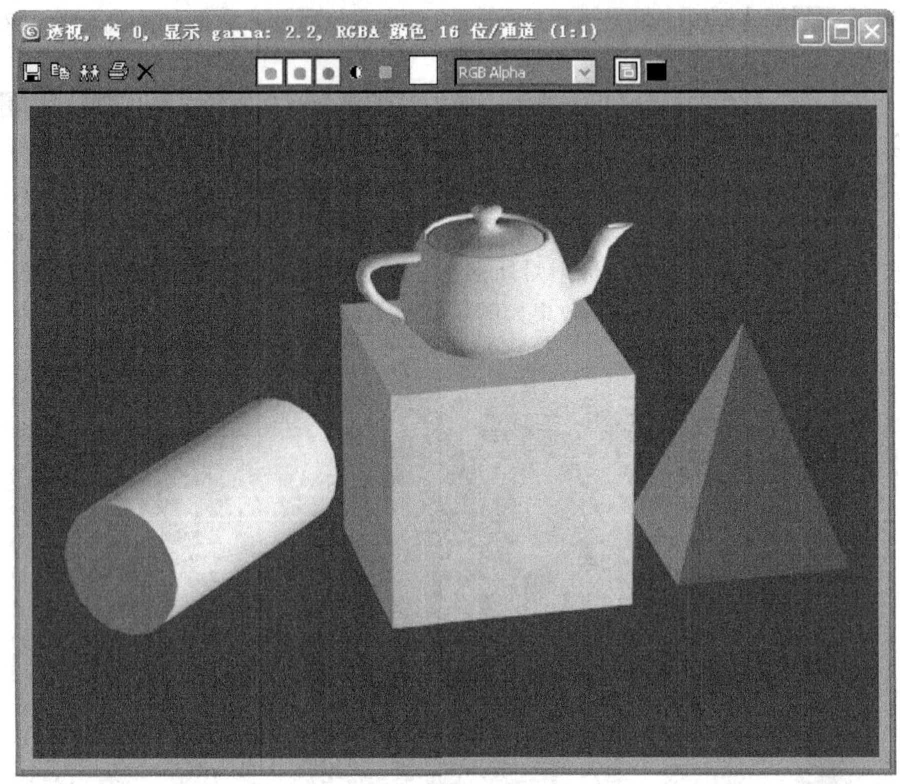

图 5.8　渲染效果

“密度”用于调节阴影的浓度；“贴图”用于为阴影指定一幅图片；选中灯光影响阴影颜色复选框时将使阴影的颜色显示为灯光颜色和阴影颜色的混合效果；“大气阴影”栏下的启用复选框用于设置大气是否对阴影产生影响；“不透明度”用于调节阴影的透明程度；“颜色量”用于调节大气颜色与阴影颜色混合的程度。

5）“阴影贴图参数”卷展栏

在该卷展栏中“偏移”用于设置阴影与物体的距离；“大小”用于设置阴影贴图的大小；“采样范围”用于设置阴影中边缘区域的柔和程度；绝对贴图偏移复选框用于以绝对值方式计算偏移的值；选中双面阴影复选框时在计算阴影时将不再忽略物体的背面，但渲染时间会增加。

6）“大气和效果”卷展栏

在该卷展栏中单击添加按钮将打开“增加大气效果”对话框，如图 5.9 所示，同时调整体积光参数，如图 5.10 所示。利用该命令可以模拟创建阳光穿过窗户照射室内产生空气中的灰尘粒子的效果。

5.1.2　光度学灯光

光度学灯光是通过设置灯光的物理特性来模拟现实自然界中各种光源的实际照明效果，它存放在“创建”命令面板的“灯光”面板中，单击“标准”下拉列表框，从弹出的列表中选择“光度学”选项即可。

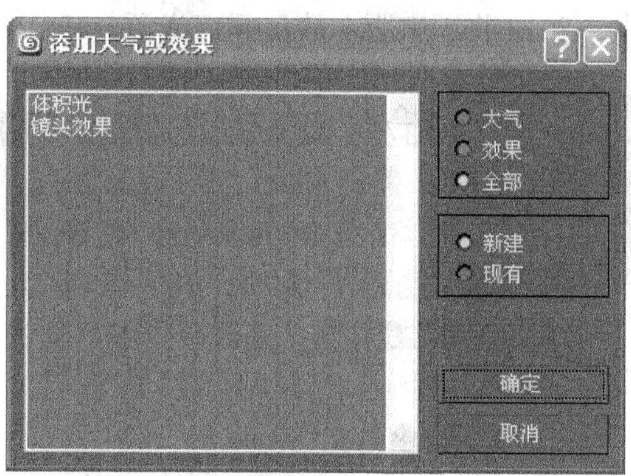

图 5.9 “增加大气或效果”对话框

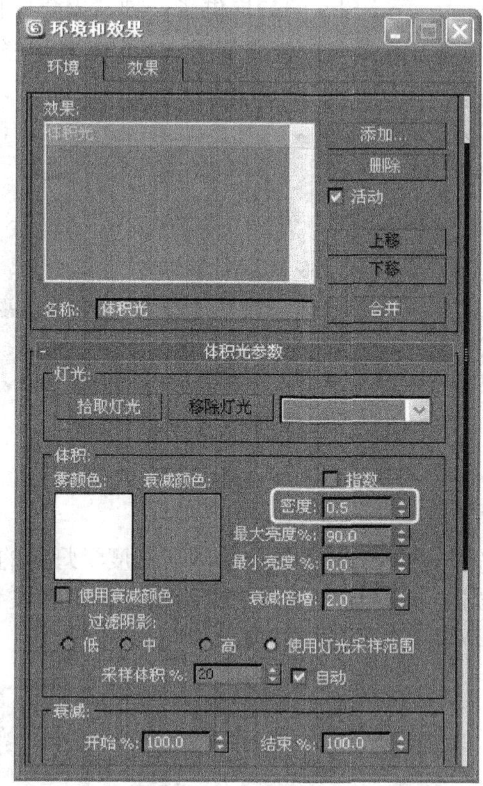

图 5.10 调整体积光参数

1. 光度学灯光类型

光度学灯光可以产生非常真实的渲染效果，也能够准确度量场景中灯光的分布情况，光度学灯光的创建面板如图 5.11 所示，3ds Max 2012 共提供了 3 种光度学灯光，即目标灯光、自由灯光和 mr Sky 门户。

1）目标灯光

目标灯光是模拟从一个点向四周发散光能的效果，如电灯泡中的灯丝。3ds Max

图 5.11 光度学灯光创建面板

2012 将原来版本的目标点光源、目标线光源、目标面光源归结为目标灯光。创建方法如下：

单击 / / 光度学 / 目标灯光 按钮，在视图中创建一盏灯光。

目标灯光使用目标对象指向灯光。单击 / 光度学 按钮，在“对象类型”卷展栏下选择 目标灯光 按钮，此时会弹出“创建光度学灯光”对话框，如图 5.12 所示。

2）自由灯光

自由灯光没有目标对象。用户可以使用变换指向灯光。

3）mr Sky 门户

mr Sky 门户提供了一种“聚集”内部场景中的现有天空照明的有效方法，无需高度最终聚集或全局照明设置。其卷展栏如图 5.13 所示。

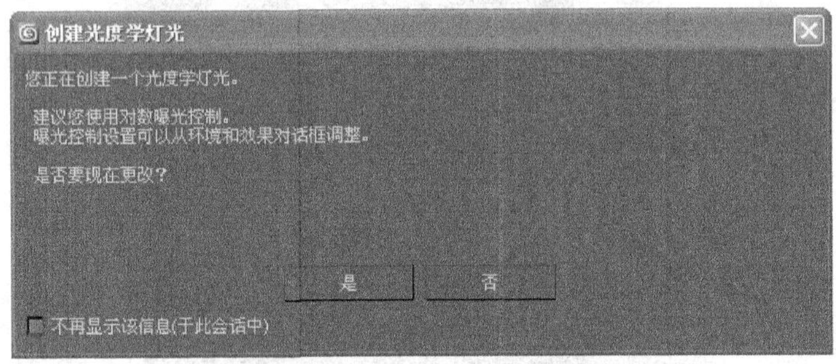

图 5.12 创建光度学灯光对话框

2. 光度学灯光参数面板

光度学灯光的设置需与实际的灯光位置相同，光度学灯光的大部分参数与标准灯光的参数相同，但光度学灯光也有专门的参数控制面板，用于设置光度学灯光的分布类型、颜色及亮度。光度学灯光的参数控制面板如图 5.14 所示。

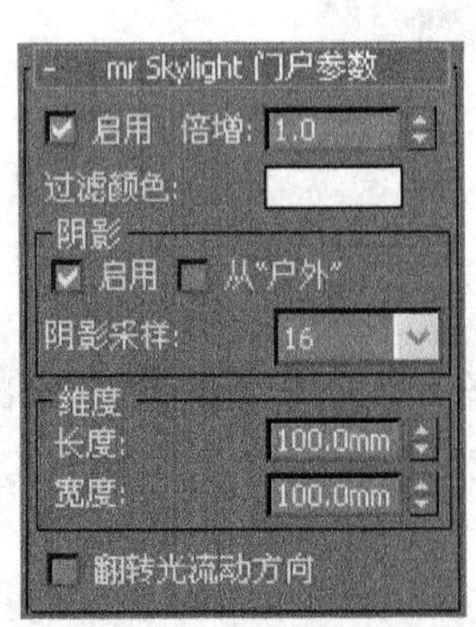

图 5.13 “mr Sky 门户”卷展栏

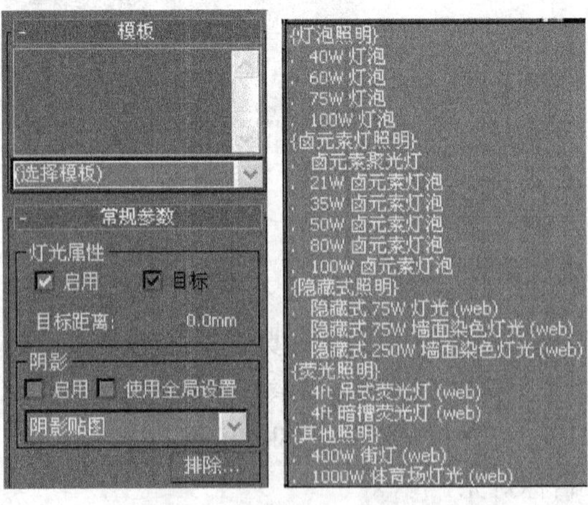

图 5.14 光度学灯光的参数控制面板

1）“模板”和“常规参数”卷展栏

“灯光分布（类型）”描述光源发射的灯光的方向分布，有四种不同的分布，即光度学 Web、聚光灯、统一漫反射和统一球形，如图 5.15 所示。

图 5.15　灯光分布类型

光度学 Web：Web 分布使用光域网定义分布灯光。光域网是光源的灯光强度分布的 3D 表示，Web 定义存储在文件中，许多照明制造商可以提供为其产品建模 Web 文件，这些文件通常在 Internet 上可用。Web 文件可以是 IES、CIBSE 和 LTLI 格式，用于指定 Web 文件的控件位于“分布（光度学 Web）”卷展栏上。

聚光灯：与标准灯光的聚光灯一样，聚光灯分布像闪光灯一样投射集中的光束。

统一漫反射：统一漫反射分布仅在半球体中投射漫反射灯光，就如同从某个表面发射灯光一样。统一漫反射分布遵循 Lambert 余弦定理：从各个角度观看灯光时，它都具有相同明显的强度。

统一球形：在“灯光分布（类型）”下选择“光度学 Web”或“聚光灯”，就会打开“分布（光度学 Web）”卷展栏或“分布（聚光灯）”卷展栏，如图 5.16 所示。

图 5.16　“分布（光度学 Web）”卷展栏

当选择“光度学 Web”时，在“分布（光度学 Web）”卷展栏中单击  <选择光度学文件> 按钮，在打开的“打开光域 Web 文件”对话框中选择光域网文件并调整 Web 的方向，3ds Max 可以使用 IES、CIBSE 和 LTLI 格式。“打开光域 Web 文件”对话框如图 5.17 所示。

选择光度学文件：选择用作光域网的 IES 文件，默认的 Web 文件是从一个球体照射的漫反射分布。

X 轴旋转：沿着 X 轴旋转光域网，旋转中心是光域网的中心，范围为－180°～180°。

Y 轴旋转：沿着 Y 轴旋转光域网，旋转中心是光域网的中心，范围为－180°～180°。

Z 轴旋转：沿着 Z 轴旋转光域网，旋转中心是光域网的中心，范围为－180°～180°。

2）“强度/颜色/衰减”卷展栏

使用“强度/颜色/衰减”卷展栏可以定义灯光的强度、颜色和衰减，如图 5.18 所示。

“颜色”栏的下拉列表框：可以在列表中选择常见灯光的规格，模拟灯光的光谱特性。

开尔文：可以在数值框中设置绝对温标的数值，灯光的颜色也会随之变化，数值是 1000～20000，颜色框中的颜色从红色到蓝色逐渐变化。

过滤颜色：用于模拟灯光被设置了过滤镜后的效果。

“强度”栏：用于设置光度学灯光的强度或亮度。

lm（流明）：测量整个灯光（光通量）的输出，一般一个 100W 的白炽灯光通量大约为 1750lm。

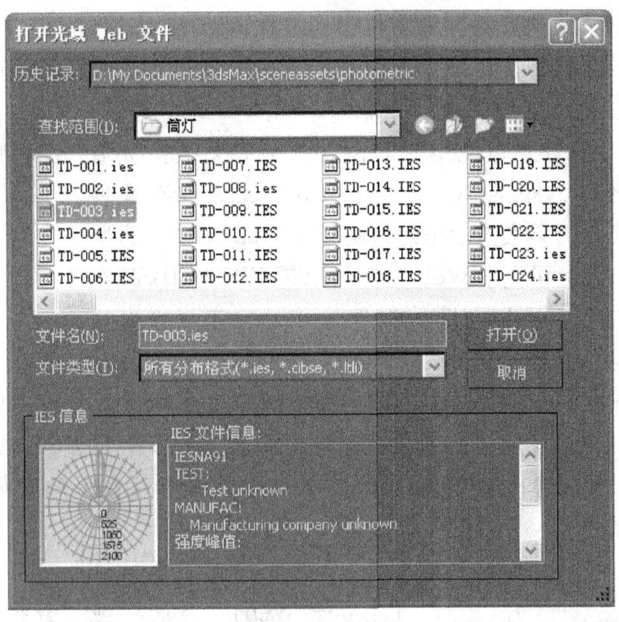

图 5.17 “打开光域 Web 文件”对话框

cd（坎迪拉）：测量灯光沿目标方向的最大发光强度，一个 100W 的白炽灯发光强度大约为 139cd 的光通量。

lx（勒克斯）：测量被灯光照亮的表面面向光源方向上的照明度，该灯光以一定距离照射在曲面上，并面向光源的方向，勒克斯是国际场景单位，相当于 11m /m^2。

3）“图形/区域阴影”卷展栏

通过“图形/区域阴影”卷展栏，可以选择用于生成阴影的灯光图形，如图 5.19 所示。

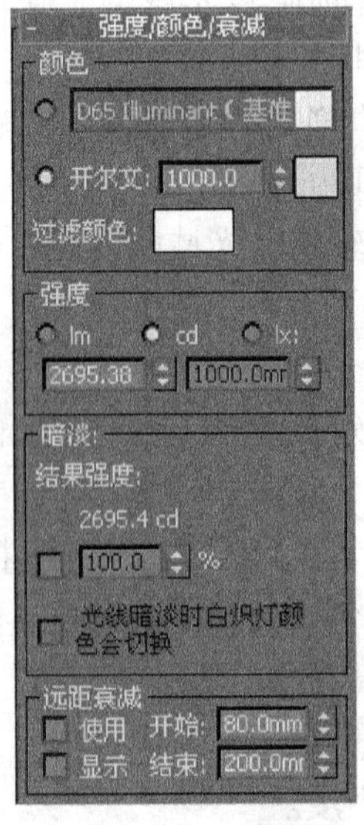

图 5.18 “强度/颜色/衰减”卷展栏

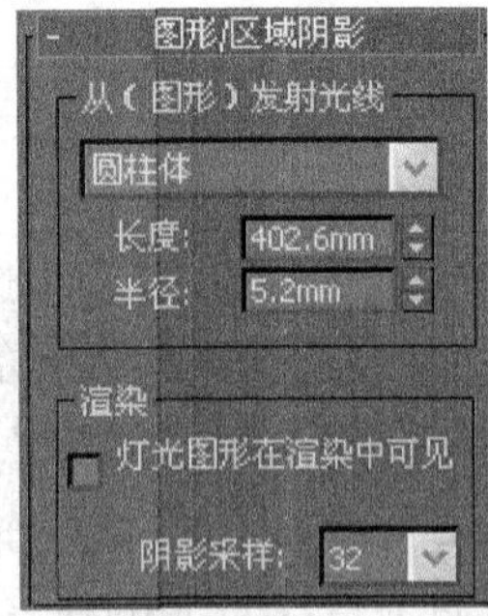

图 5.19 “图形/区域阴影”卷展栏

“从（图形）发射光线”组：使用该列表，可选择阴影生成的图形。当选择非点的图形时，维度控件和阴影采样控件将分别显示在“发射灯光”组和“渲染”组。

点光源：计算阴影时，如同点在发射灯光一样。点图形未提供其他控件。

线：计算阴影时，如同线在发射灯光一样。线性图形提供了长度控件。

矩形：计算阴影时，如同矩形区域在发射灯光一样。区域图形提供了长度和宽度控件。

圆形：计算阴影时，如同圆形在发射灯光一样。圆图形提供了半径控件。

球体：计算阴影时，如同球体在发射灯光一样。球体图形提供了半径控件。

圆柱体：计算阴影时，如同圆柱体在发射灯光一样。圆柱体图形提供了长度和半径控件。

“渲染”组参数如下。

灯光图形在渲染中可见：启用此选项后，如果灯光对象位于视野内，灯光图形在渲染中会显示为自供照明（发光）的图形。关闭此选项后，将无法渲染灯光图形，而只能渲染它投影的灯光。默认设置为禁用状态。

阴影采样：设置区域灯光的整体阴影质量。如果渲染的图像呈颗粒状，请增加此值。如果渲染需要耗费太长的时间，请减少该值。默认设置为 32。将点选为阴影图形时，界面中不会出现此设置。

5.1.3　灯光与阴影

在现实世界中，在灯光的照明下每个物体都会产生阴影。阴影描述物体与物体之间的关系。由于灯光的强弱，阴影的密度也不一样，产生的阴影效果也有所不同。

在 3ds Max 中，灯光默认情况下并不产生阴影，但是用户可以根据需要设置阴影。另外，阴影的质量、强度、甚至颜色都是可调整的。

3ds Max 2012 为灯光提供了五种投影类型，分别是高级光线跟踪、mental ray 阴影贴图、区域阴影、阴影贴图和光线跟踪阴影。

1. 高级光线跟踪

高级光线跟踪阴影是在光线跟踪阴影基础上增加了一些控制参数，使产生的阴影更加真实。它能表现出透明或半透明物体的阴影，而且使用这种阴影方式将占用较少的内存空间，如图 5.20 所示。

2. mental ray 阴影贴图

mental ray 阴影贴图是由 mental ray 渲染器生成的位图阴影，这种阴影可以产生真实的面阴影效果，但是没有光线跟踪阴影类型产生的阴影精确，如图 5.21 所示。

3. 区域阴影

区域阴影可以产生一个有半影区域的阴影，支持透明阴影，是一种很真实的阴影方式，而且占用的内存很小。面积阴影可以产生柔和的投影和阴影过渡效果，越是靠近物体的阴影，边缘就越清晰，反之越模糊，如图 5.22 所示。

图 5.20　高级光线跟踪阴影

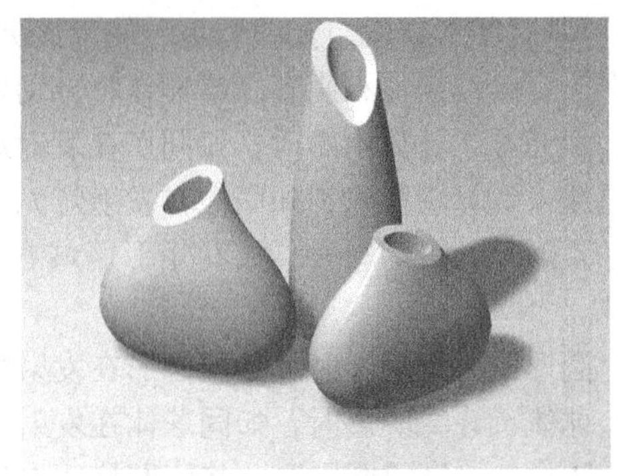
图 5.21　mental ray 阴影贴图

4. 阴影贴图

阴影贴图产生一个假的阴影，它从灯光的角度计算产生阴影对象的投影，然后将其投影到后面的对象上。使用这种阴影方式，可以加快渲染的速度，但阴影不真实，不能表现透明或不透明物体的阴影，如图 5.23 所示。

图 5.22　区域阴影

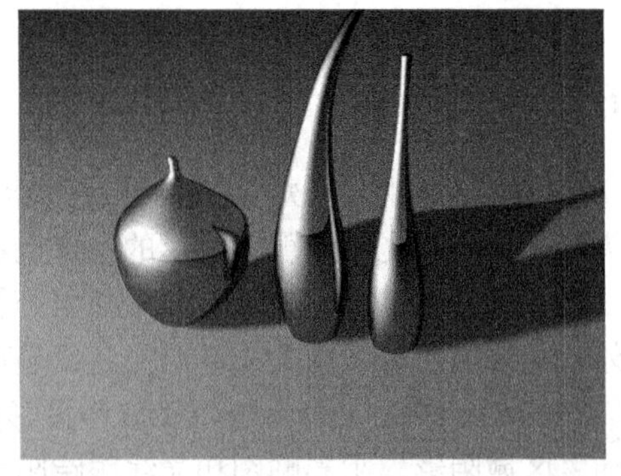
图 5.23　阴影贴图

5. 光线跟踪阴影

光线跟踪阴影是通过跟踪从光源发射出来的光线路径所产生的比较真实的阴影效果，并且它能表现透明或不透明物体的阴影。该类型阴影在计算时会考虑对象的材质和物理属性，但光线跟踪阴影渲染时间长且边缘生硬，如图 5.24 所示。

温馨提示：高级光线跟踪和区域阴影的参数面板基本是一致的，但是计算阴影的方式不同。高级光线跟踪对产生阴影的光线进行追踪计算，比较适合在多盏灯的复杂场景中使用。

5.1.4　VRay 灯光

VRay 灯光是 VRay 渲染器的专用灯光，简单设置就可以自动产生无与伦比的真实光影效果。单击控制面板下的 / 按钮，在下拉式列表中选择 VRay 即可进入灯光创建界面，如图 5.25 所示。

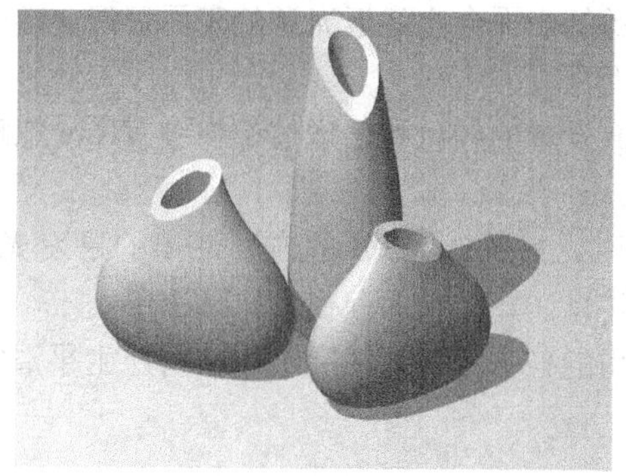

图 5.24　光线跟踪阴影

图 5.25　VRay 灯光创建界面

1. VRay 灯光基本参数设置

VRay 灯光的参数控制面板如图 5.26 所示。

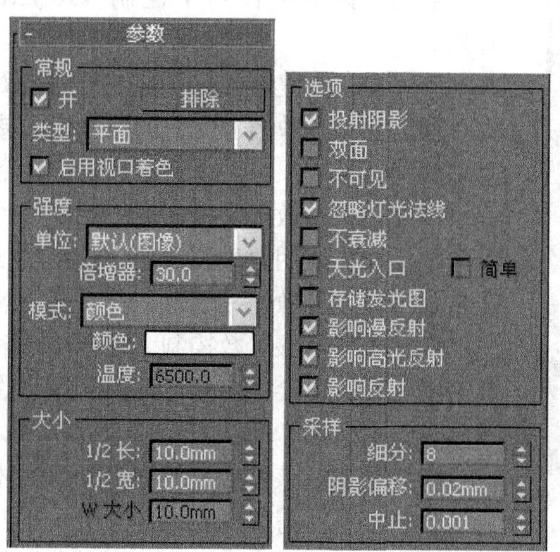

图 5.26　VRay 灯光参数控制面板

开：控制 VRay 灯光的开关。

类型：可以选择平面、穹顶、球体和网格的灯光类型。

单位：设置灯光尺寸的单位。

颜色：设置灯光的颜色。

倍增器：设置灯光颜色的倍增值。

大小：设置灯光的尺寸。

双面：在灯光被设置为平面类型时，这个选项决定是否在平面的两边都产生灯光效果。这个选项对球形灯光没有作用。

不可见：设置在最后的渲染效果中光源形状是否可见。

忽略灯光法线：一般情况下，光源表面在空间的任何方向上发射的光线都是均匀的。在不勾选这个选项的情况下，VRay 会在光源表面的法线方向上发射更多的光线。

不衰减：在真实的世界中远离光源的表面会比靠近光源的表面显得更暗。这个选项勾选后，灯光的亮度将不会因为距离而衰减。

天光入口：这个选项勾选后，前面设置的颜色和倍增值都将被 VRay 忽略，代之以环境的相关参数设置。

储存发光图：当这个选项被勾选时，如果计算 GI 的方式使用的是发光贴图方式，系统将计算 VRay 灯光的光照效果，并将计算结果保存在发光贴图中。

细分：设置在计算灯光效果时使用的样本数量，较高的取值将产生平滑的效果，但会耗费更多的渲染时间。

2. VRay 阳光的参数控制

当在场景中创建 VRay 阳光对象后，在修改命令面板的“VRay 阳光参数”展卷栏中可以调整 VRay 阳光的各项参数，如图 5.27 所示。

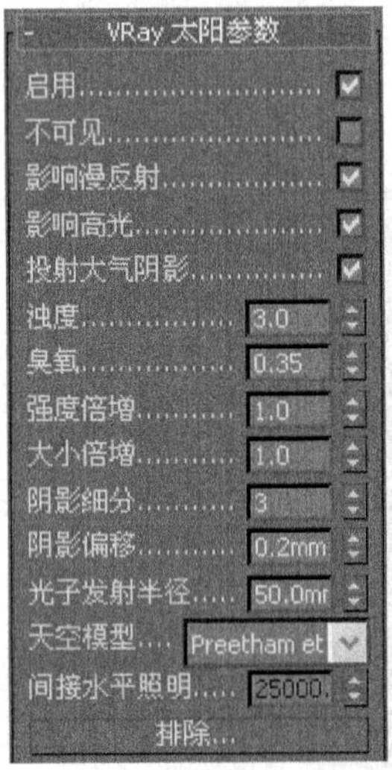

图 5.27 “VRay 阳光参数”展卷栏

VRay 阳光的主要参数如下。

启用：该复选框用于控制 VRay 阳光的照明功能是否开启。

不可见：该复选框用于控制光源是否可见。

浊度：该参数控制空气的浑浊度。减小该参数值，可以产生晴朗的天空效果；增大该参数值，天空看起来有些昏暗。

臭氧：该参数用于控制空气中氧气的含量，较小的参数值可以使太阳光照明效果偏黄色，较大的参数值则使照明效果偏蓝色。当浊度参数值较低时，臭氧参数的控制效果比较明显。

强度倍增：该参数控制太阳光的照射强度。当该参数值为默认的 1.0 时，会使大多数场景的照明效果出现曝光现象，故需要将该参数值调低。

大小倍增：该参数控制太阳光源的体积。当该参数值增大时，会使阴影变得模糊。

阴影偏移：该参数可以控制对象与阴影之间的距离，较大的参数值将使阴影向光源方向产生偏移。

光子发射半径：该参数控制光子发射半径的大小。

排除：单击该按钮，将打开“排除/包含”对话框，可以指定太阳光照射或不照射的对象。

5.2 摄影机的基础知识

在 3ds Max 中摄影机是用于调整观察场景视角的重要工具，用户通过摄影机可以很方便地从各个角度观察场景，而且摄影机自身还带有很多模拟真实角度的特效，同时摄影机角度、焦距、视图以及摄影机本身的移动，可以制作出浏览动画的效果，对整个图像效果或动画的影响非常大。

5.2.1　摄影机的参数调整

单击控制面板下的 /按钮，即可进入摄影机创建界面，如图 5.28 所示。其下共有两种摄影机类型可供选择：一种是目标摄影机；另一种是自由摄影机。需要说明的是，在 3ds Max 系统中，这两种摄影机的控制参数可以说是相同的，它们之间的差别仅仅在于目标摄影机有两个控制点（也就是多了一个控制层次），而自由摄影机只有一个控制点。摄影机的主要控制参数如图 5.29 所示，各参数的作用如下。

图 5.28　摄影机创建界面

镜头：用于模拟相机镜头焦距，效果图制作中一般设置在 25～40mm（人眼焦距为 43mm）。下面的“备用镜头”中列出一些常归镜头（如 50mm 镜头、135mm 镜头等）以供使用。

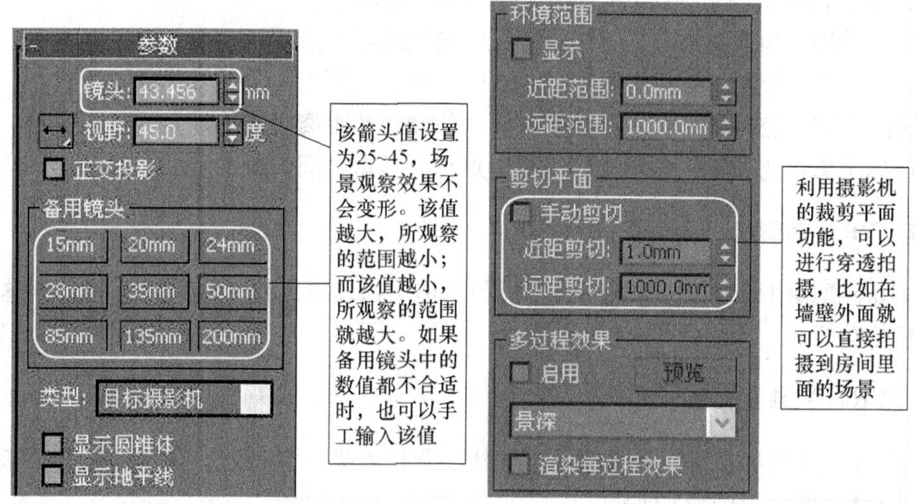

图 5.29　摄影机主要控制参数

视野：此参数定义通过摄影机在场景中看到的区域范围，单位是度。

镜头和视野是两个联动的、相互依存的参数项，两者间具有一定的换算关系，调节其中的任何一个参数，则另一个也会同时产生变化，因此得到的效果是一样的。

、、分别代表水平、垂直、双向 3 种方式，这是镜头的 3 种计算方法。这些方式对摄影机的效果影响较小。一般使用水平方式。

备用镜头：这里设置了 9 种常规镜头。图 5.30 是几种不同规格镜头下的画面效果及视野情况。

显示圆锥体：选择该项，会显示出摄影机锥形框。

显示地平线：选择该项，会在摄影机视图中显示出地平线。这一选项有助于在进行手动实景合成时，将场景对象与图片、照片等实景对齐。

显示：此项决定是否显示大气环境范围。

近距范围：定义摄影机的完全可见范围，在此范围内的场景对象受大气环境效果影响。

图 5.30　几种不同规格镜头下的画面效果及视野情况

远距范围：定义摄影机的不可见范围，即大气环境效果最强的区域。在此范围外的场景对象不可见。

在近距范围与远距范围之间的大气效果强度呈线形变化。

剪切平面：此选项组用于剖开模型，呈现模型对象的内部结构（即呈现剖面效果），是 3ds Max 摄影机的超现实功能，由以下 4 项具体控制。

手动剪切：勾选此选项，可使摄影机的剪切功能生效。

近距剪切：控制摄影机近距剪切平面的位置，此距离内的场景对象不可见。

远距剪切：控制摄影机远距剪切平面的位置，此距离之外的场景对象不可见。

目标距离：此项用于显示摄影机摄影点与目标点之间的距离。

5.2.2　VRay 摄影机

VRay 摄影机分为 VRay 穹顶摄影机和 VRay 物理摄影机。本节将分别介绍这两种摄影机的功能。

1. VRay 穹顶摄影机

VRay 穹顶摄影机可以用来渲染半球状的圆顶效果，当创建一架 VRay 穹顶摄影机后，其参数面板如图 5.31 所示。

图 5.31　VRay 穹顶摄影机参数面板

在参数面板中各个参数的含义如下所述。

翻转 X：该复选框用于将效果图沿 X 轴进行反转。

翻转 Y：该复选框用于将效果图沿 Y 轴进行反转。

fov：该数值框用于调整摄影机视角的大小。

2. VRay 物理摄影机

VRay 物理摄影机的功能与现实中摄影机的功能类似，包括光圈、快门、曝光和 ISO 感光度等调节功能，其参数面板如图 5.32 所示。

1）“基本参数”展卷栏

“基本参数”展卷栏用于控制 VRay 物理摄影机的类型、焦距、片门和扭曲等参数。

类型：VRay 物理摄影机内置了三种类型的摄影机，如图 5.33所示。其中照相机用来模拟一台常用的静态摄影机；

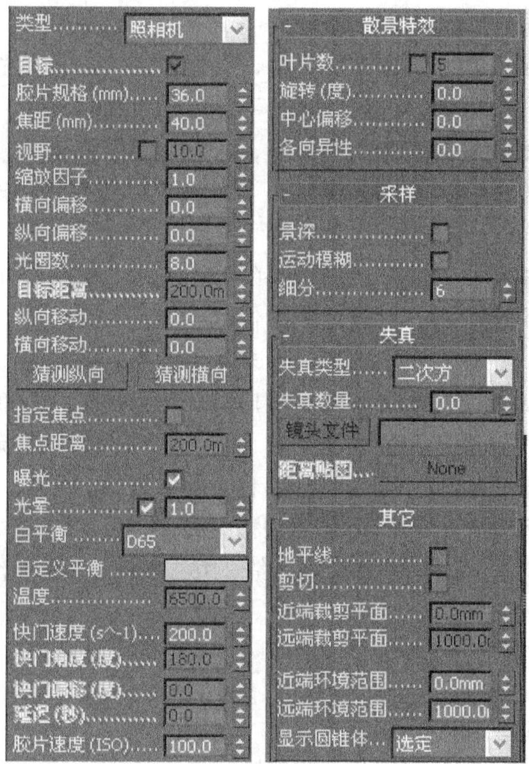

图 5.32　VRay 物理摄影机参数面板

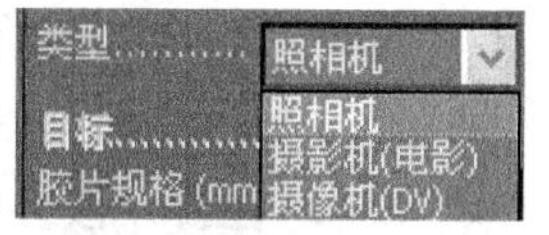

图 5.33　VRay 物理摄像机类型

摄影机（电影）用来模拟一台带圆形快门的电影摄影机；摄影机（DV）用来模拟一台带 CCD 矩形快门的摄影机。

目标：选中该复选框，表示摄影机带有目标点；取消选中该复选框，表示摄影机不具有目标点，即设置为自由摄影机。用户可以通过“目标距离”参数来控制目标点的位置。

胶片规格（mm）：此参数可以控制视野范围。值越小，视野越狭窄；值越大，视野越宽广。

温馨提示：胶片值越小，在视图中显示的片门就越小。胶片指的是镜头后一个与底片规格相符合的窗口，拍摄或放映时，每一个画格都要经过这个地方停一下再走，完整地接受曝光后再投影出去。

焦距（mm）：用来控制摄影机的焦距。值越大，视野范围越小；值越小，视野范围越大。

缩放因子：该参数用于控制摄影机视图的缩放，决定图像的远近程度。值越大，图像显示越近；值越小，图像显示越远。

光圈数：此参数用于决定光圈的大小。值越小，摄影机的透光性就越好，最终渲染的图像就越亮；值越大，摄影机的透光性就越差，最终渲染的图像就越暗。

纵向移动：通过纵向移动距离的设置，使摄影机在纵向方向上对两点透视进行校正或变形。

横向移动：通过横向移动距离的设置，使摄影机在横向方向上对两点透视进行校正或变形。

温馨提示：光圈的大小和景深也有关系，大光圈景深小，小光圈景深大。

指定焦点：选中该复选框后，可以进行手动调焦设置。

焦点距离：该参数用于决定焦点的位置，控制焦距的大小。

曝光：该参数用于防止强制曝光设置，当取消选中该复选框时，摄影会产生曝光，相当于闪光灯功能。

光晕：用于模拟摄影机中由于超出镜头的光圈或因为镜头遮光罩产生的晕光效果。

白平衡：通过白平衡设置，可以控制图像的色温。

温馨提示：所谓白平衡，就是在不同的光线条件下，调整好红、绿、蓝三原色的比例，使其混合后成为白色，使摄影机能在不同的光照条件下得到准确的色彩还原。

快门速度：用于控制曝光时间的长短。此参数值越大，快门越快，曝光时间越短，图像越暗；值越小，快门越慢，曝光时间越长，图像越亮。

快门偏移：主要用于控制快门角度的偏移距离。

胶片速度（ISO）：用来控制图像对光线的敏感度。值越大，图像越亮；值越小，图像越暗。

温馨提示：在光照十分充足的情况下，如天气晴好的户外，可以选用较小的 ISO 值；在光照度十分低的情况下，如较暗的室内可选择较大的 ISO 值。

2）“散景特效”展卷栏

“散景特效”展卷栏用于控制图像焦外成像的散景效果。

温馨提示：焦外成像的特点是：除焦点外，整个画面都是扩散的、模糊的，清晰的和不清晰的像之间没有明显的边缘。

叶片数：光圈叶片数设置，默认值为 5，值越大焦外物体越模糊。

旋转（度）：该参数用于控制虚化部分的虚化角度。

中心偏移：该参数控制物体虚化部分的中心偏移距离。

各向异性：该参数控制物体虚化部分在各个方向上的变化程度。

3）“采样”卷展栏

“采样”卷展栏用于控制图像的各种模糊属性，即景深、运动模糊及模糊的精度等。

景深：该参数用于控制是否产生景深效果，该复选框处于选中状态，焦点前后将变得模糊。

运动模糊：该参数用于控制动态物体产生模糊的效果，而且运动物体的模糊程度和快门的速度有直接的关系，快门越慢，模糊程度越厉害。

细分：控制模糊的采样细分，值越高，图像的品质就越高，渲染时间就越长。

5.2.3 摄影机的视图控制

3ds Max 系统中提供了一系列摄影机视图导航控制按钮，以方便用户调控摄影机视图，这些控制按钮位于 3ds Max 界面的右下角，如图 5.34 所示。要使用摄影机导航控制按钮，应先在场景中架设一台摄影机，并激活摄影机视图。

推拉用于改变摄影机与目标对象的距离，有三种推拉方法。

推拉摄影机：用于通过调整摄影机位置来改变与目标对象的距离。

推拉目标：通过改变摄影机的目标点来调整摄影机的视距。

推拉摄影机＋目标：通过同时改变摄影机位置以及目标点的方法来改变摄影机与目标对象的距离。

视野：此工具可改变摄影机画面的视野和透视。视野值越大，则透视越大，反之越小。它与上述推拉工具的区别在于：视野工具在改变画面内容的同时会改变透视，而推拉工具则不会改变透视。

透视：用于改变摄影机视图中的透视，但不会使摄影机视图中的画面内容发生变化。这是一个实用的微调工具。

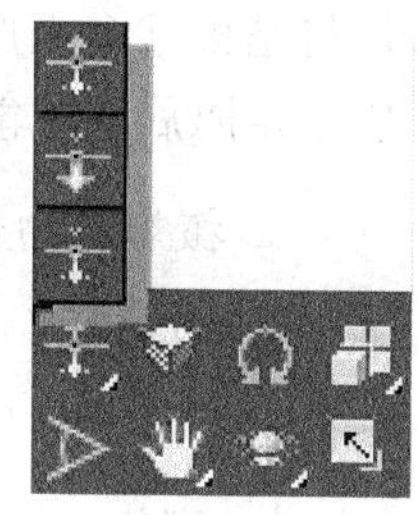

图 5.34　控制按钮

平移：即摇镜头。用于使摄影机视图发生平移（摄影机的摄像点与目标点同时移动）。

侧滚：使摄影机与目标点的连线为旋转轴进行旋转，画面会产生倾斜，在效果图制作中较少使用。

环游：配合鼠标的移动，使摄影机环绕目标点作水平或者垂直运动。主要用于调整摄影机与目标对象间的角度。

5.2.4　摄影机的设置原则与技巧

1. 摄影机的设置原则

1）根据画面构图进行调节

调节摄影机的焦距、位置、角度等控制项，可确定表现对象在画面中的位置、角度、空间透视以及在画面中的比例等，用户可通过系统提供的摄影机调节项，得到所需画面构图。

2）保存视图画面

在 3ds Max 中，正视图（顶视、前视、左视等）和透视图是无法保存视图设置的，比如在透视图中调节好所需构图画面后，若不小心按下视图控制按钮中的（所有视图最大化显示选定对象）或（最大化显示选定对象），则透视图画面会发生缩放变化，再也不能通过“撤销”命令恢复到变化前的状态。而与此相对照，设置了摄影机视图后，只要保存了文件，则视图的画面设置也就保存了下来，它不会受（缩放区域）、（所有视图最大化显示选定对象）等命令的影响，而且在有时不小心改变了画面构图后，还可通过“撤销”命令重新恢复。

3）影响场景模型的制作量及分布

在效果图制作中，我们遵循这样一个原则：凡是在摄影机视野以外的模型都不予制作。因为建筑效果图是一种静止画面效果，当我们规划好所要表现的场景角度后，应该马上统计出哪些模型在摄影机视野以内，哪些在视野之外（即在最终效果图画面中根本就看不到），对于那些在效果图画面中看不到的物体一律不予建造。这样就可以减少模型制作量，相应地也就减少了灯光调节时的反应时间，提高了制作效率。

4）影响灯光设置效果

在效果图制作中，一般要先设定摄影机之后再进行灯光的正式设置和调整，以调节画面的明暗比例关系，在场景对象、灯光、摄影机三者间的任何一个因素发生变化，则最终结果就会相应发生改变。更重要的是场景对象的高光受视角的影响极大，只有摄影机设定以后，才能着手调节所需高光效果。

2. 摄影机的设置技巧

在 3ds Max 静帧建筑室内外效果图中，摄影机视点的选择非常重要，将决定着图面内容和渲染效果。摄影机视点的位置与角度有两个主要因素，即视距和视高。

1）视距

视距就是视点与观察对象之间的距离。要找到合适的视点位置，首先必须确定合适的视距，过偏、过远、过近均不会获得理想的效果。过偏、过远会使视角增大，极易产生失真现象。只有当视距合适，才能使画面正常，消除失真现象。视距远（不是偏离正常构图的过远），则易于产生平坦、舒缓的透视效果。视点选择一般选在中心画面偏左或偏右，否则画面构图呆板，如图 5.35 和图 5.36 所示。

图 5.35 过偏、过远会使视角增大，构图较偏，画面极易失真

图 5.36 视点一般选在中心画面偏左或偏右的位置

2）视高

视高是视点距地面的高度。这和人体的平均高度 1.5～1.7m 是一致的，选择这样一个高度观察场景对象，透视真实、客观。但有时这样的视高会在画面中形成视平线等分表现主题的现象，从而使画面构图及透视轮廓呆板，如房子平均每层的高度大都在 3m 左右，因此遇到这种情况应降低视高或偏移相机。

总之，在确定视点高度时，应根据具体场景的画面要求整体考量。比如在表现特殊地形、高地建筑时应降低视点，以仰视透视方式表现建筑主体。而在表现大场景以及建筑物与环境之间的关系时，一般会提高视点，以俯视透视方式表现建筑主体（如常见的鸟瞰图）。

5.3 效果图渲染的相关知识

5.3.1 渲染的基本设置

1. 渲染设置

按下 “渲染场景” 按钮时，可以打开 “渲染场景” 设置面板，渲染场景设置面板及其各参数展开后如图 5.37 所示。

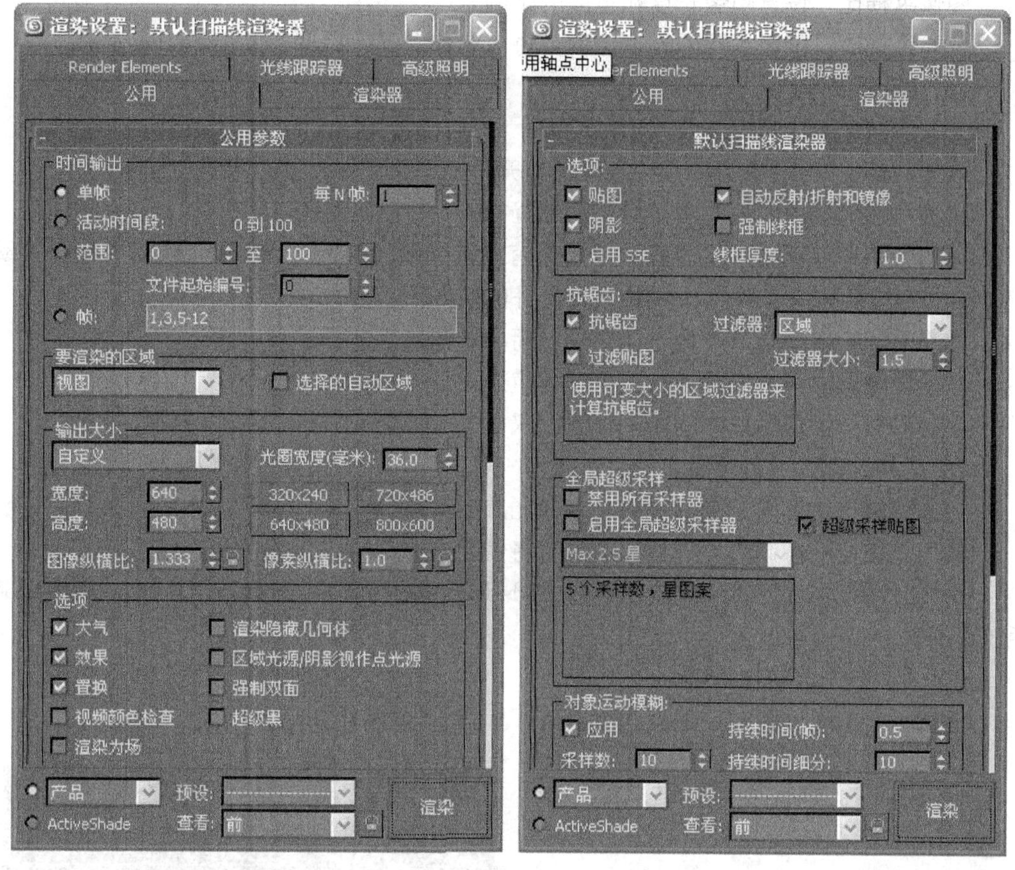

图 5.37　渲染场景设置面板及其参数

对于一般用户来讲，公用参数与默认扫描线渲染器两项参数比较常用一些，下面分别对其中的一些常用参数进行讲解。

1）“公用参数”卷展栏

(1)“时间输出”组。

单帧：只对选取视图和选取帧数的单一画面进行渲染。

活动时间段：对当前活动的时间段进行渲染，当前时间段来自屏幕下方时间滑块的显示。

范围：手动设置渲染的范围。

帧：特殊指定单帧或时间段进行渲染，单帧用“,”号隔开，时间段之间用“-”连接。

间隔帧数：设置间隔多少帧进行渲染，对于较长时间的动画，可以使用这种方式来简略观察动作是否完整。

文件起始序号：用于设置起始帧保存时文件的序号。对于逐帧保存的图像，它们会按照自身的帧号增加文件序号。

输出大小：用于选择渲染图像的尺寸大小。四个固定尺寸按钮根据当前尺寸类型的不同而不同。也可以在“宽度”和“高度”输入框中直接输入要渲染图像的尺寸。

图像纵横比：设置图像长度和宽度的比例。

像素纵横比：设置像素的长宽比例。将该参数调高或调低，会引起图像变形。

(2)“选项”组。

大气：对场景中的大气效果进行渲染。

效果：对“渲染/效果”菜单命令所打开的对话框中设置的效果进行渲染。

置换：选择该项，将对所有应用贴图置换的对象进行渲染。

视频颜色检查：用于检查图像中是否有像素的颜色超过了 NTSC 制或 PAL 制的阈值，如果有，将对它们作标记或转化为允许的范围值。

渲染为场：使动画渲染为电视的场，而不是帧。

渲染隐藏对象：对隐藏的对象也进行渲染。

强制双面：强制场景中的所有对象以双面方式渲染。

(3)“高级照明”选项组。

该选项组用于设置渲染时使用的高级光照属性。

使用高级照明：选中复选框，渲染时将使用光追踪器或光能传递。

需要时计算高级照明：选中复选框，3ds Max 将根据需要计算光能传递，如图 5.38 所示。

(4)“渲染输出”选项组。

该组主要用于设置渲染输出的路径等，如图 5.39 所示。

图 5.38 高级照明选项组

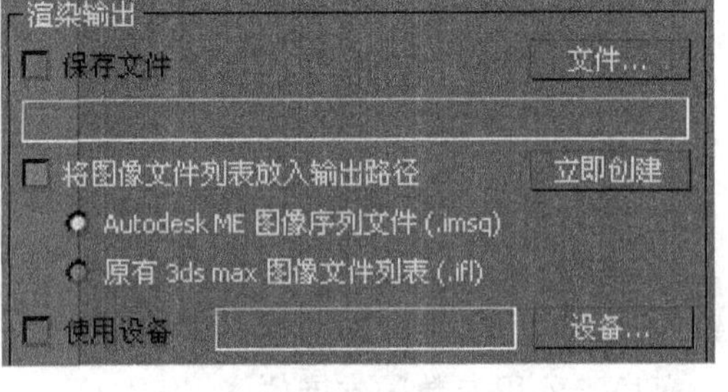

图 5.39 渲染输出选项组

文件：用于设置文件输出的路径以及格式等项目。

设备：用于选择图像的输出设备。

2)“默认扫描线渲染器”卷展栏

(1)“选项”组。

贴图：当取消该复选框的选择时，将会在渲染时忽略材质中的贴图设置，只以颜色进行渲染，因而加快渲染的速度。

阴影：当取消该选项的选择后，将在渲染时忽略所有灯光的投影设置，可用于效果测试，以加快渲染速度。

自动反射/折射和镜像：如果取消该选项的选择，将在渲染时忽略所有自动反射材质、自动折射材质以及镜面反射材质的跟踪计算，可用于场景测试，以加快渲染速度。

强制线框：选择该选项，将会强制场景中所有物体以线框方式渲染。

线框厚度参数控制线框的粗细。

(2) “抗锯齿” 组。

抗锯齿：对物体边缘进行抗锯齿处理，以消除锯齿边缘，产生光滑的边界。对于测试，可以将它关闭，以加快渲染速度。

过滤器：3ds Max 系统提供了 16 种过滤器，用户可以根据需要选用不同的过滤器，如图 5.40 所示。

过滤贴图：对贴图材质的图像进行过滤处理，以得到更真实、更优秀的效果。对于测试，可以将它关闭，以加快渲染速度。

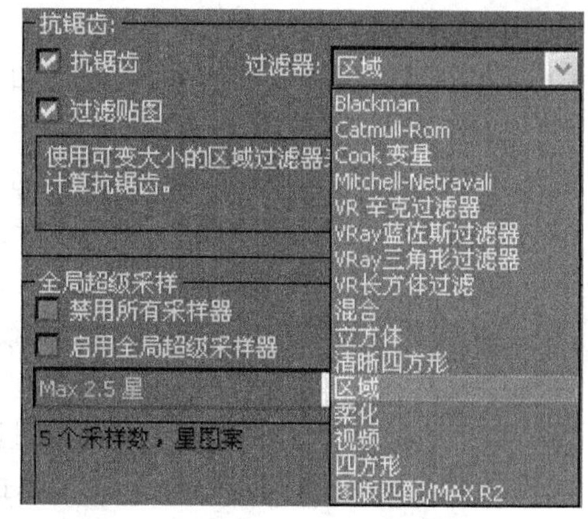

图 5.40　过滤器

物体运动模糊：设置物体运动模糊参数。

在制作运动模糊效果时首先要对物体进行指定，在“物体属性”对话框中（在物体上单击鼠标右键，在快捷菜单中选择“对象属性”命令打开“物体属性”对话框），左下角有运动模糊控制区域，默认为“无”，可以选择“对象”或“图像”两种方式之一。在这里指定后，渲染设置框中相应的参数才会发生作用。

应用：在打开该选项时，物体运动模糊有效，场景中只要是设置为“对象”模糊方式的物体，都会进行运动模糊处理，物体运动模糊是对物体前后帧的运动效果进行渲染，体现在同一帧中，它会在渲染的同时完成模糊计算。

持续时间（帧）：确定模糊虚影的长度，值越大，虚影越长，运动模糊越强烈。

采样数：设置模糊虚影是由多少个物体的重复拷贝组合而成，最大可以设置为 16。

持续时间细分：确定在模糊运算的持续时间中，物体有多少个拷贝要进行渲染，最大值为 16。

图像运动模糊：制作出物体快速移动时产生的模糊效果，它从渲染后的图像出发，对图像进行了虚化处理，模拟运动产生的模糊效果。这种方式在渲染速度上要快于物体运动模糊，而且得到的效果也更光滑均匀。

3）底部参数

在渲染设置面板底部有一组通用参数和按钮，主要用于实施“渲染”命令。

产品级/草图级/活动阴影：确定以哪种方式渲染结果，与工具栏中的、、（产品级/草图级/活动阴影）三种快速渲染工具相同。

视图：用于选择要进行渲染的视图，这里只提供当前屏幕中存在的类型，如果进行选择，相应的视图会被激活。

渲染：按下该按钮，将按以上设置进行渲染，如图 5.41 所示。

图 5.41　底部参数

2. 渲染输出

渲染是将最终作品渲染为静止的图像文件。尽管 3ds Max 是动画软件，但是它也可以产生分辨率非常高的静态图像。一般渲染静帧图像需要考虑以下几个因素：

根据场景内容的不同可以分别在两个地方进行渲染，场景渲染不可以渲染出视频合成器中的任何合成效果，一旦在视频合成器中进行了合成或者特效的添加，则必须进入视频合成器进行渲染输出。

最后输出图像的方式受图像尺寸和比例的影响，一般使用值为 1 的像素长宽比。

输出格式在整个过程之初，最后渲染之前，应确定需要使用什么样的格式。有时在后期软件中看见的画面很清晰，但打印出的图片有些模糊，这是因为在渲染输出时设置的参数不正确，与实际打印尺寸有差距。下面介绍如何设置输出参数。

如果要在场景中渲染，首先激活要渲染的视图，然后单击“渲染场景”按钮，在“公共参数”卷展栏中有很多基础渲染设置，包括时间输出、输出大小以及渲染输出文件保存设置。在“默认扫描线渲染器”框架的“抗锯齿”框架内有一个比较有用的设置，即“过滤器”选项。其中有几种过滤画质的方式，默认的是“区域”模式。作者经过对比发现，使用“Catmull-Rom”模式效果更好。

在默认状态下，“输出大小”的设置是“自定义”，它的输出尺寸默认值是 640×480，只能起预览画面的作用，不能成为打印尺寸，它的优点是渲染速度较快，如图 5.42所示。

作为最终输出的可打印尺寸，一般在“输出大小”框架内的下拉列表框中选择 35mm1.316∶1 全光圈（电影），其输出尺寸最大为 4096×3112，可打印 A3 以上的图纸，如图 5.43 所示。

图 5.42　输出大小设置

图 5.43　输出打印尺寸

对于图像文件的输出存储可以在两种情况下进行。

如果要在渲染前存储，需要在按下【渲染】按钮之前在渲染设置面板中进行，该方式对动画输出也有效。在渲染设置面板中单击“渲染输出”选项中的 文件... 按钮，在打开的对话框中设置文件保存的路径、名称和保存类型，如图 5.44 所示。

如果要在看到图像的效果并感觉满意后再进行存储，那么在虚拟帧缓存器左上角提供一个“保存图像”按钮来满足你的需求，如图 5.45 所示。

5.3.2　VRay 渲染器

1. VRay 渲染器的设置

每种渲染器安装后都有自己的模块，比如 Brazil 巴西渲染器，完全安装后可以在

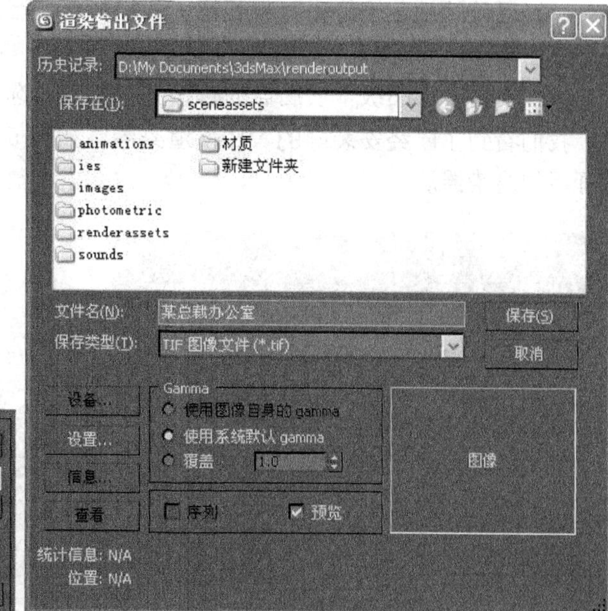

图 5.44　渲染输出路径

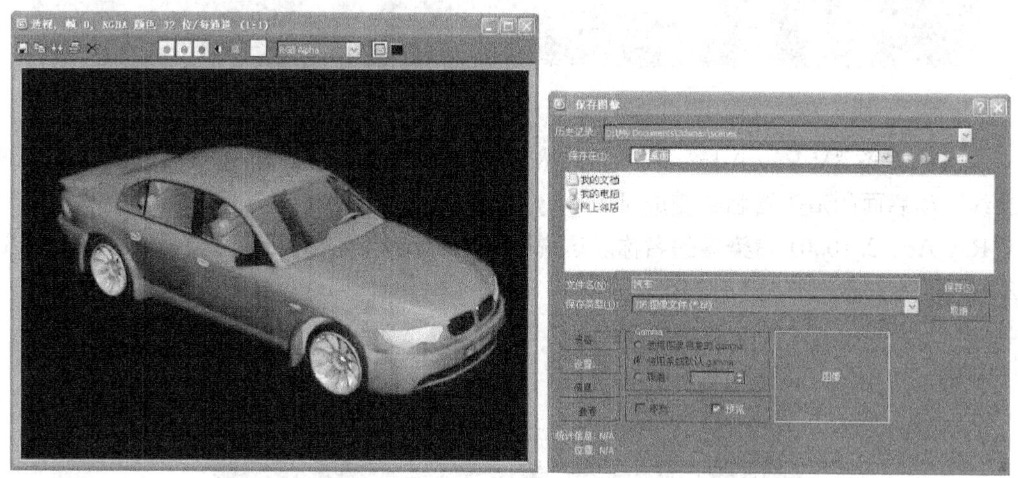

图 5.45　保存图像

3ds Max 很多地方找到它的身影：灯光建立面板、材质编辑器、渲染设置对话框和摄影机建立面板等。如果安装后不指定渲染器，则无法工作。VRay 渲染器的设置方法也是一样的。

首先已经正确安装了 VRay 渲染器，因为 3ds Max 在渲染时使用的是自身默认的渲染器“默认场景渲染器”，所以我们要手工设置 VRay 渲染器为当前渲染器。

(1) 在工具栏中单击按钮，打开“渲染场景：默认扫描线渲染器”对话框，此时对话框上提示的默认渲染器为“默认扫描线渲染器”。

我们现在需要在“公用”页面中的“指定渲染器”卷展栏中设置当前要工作的渲染器。

(2) 打开“指定渲染器”卷展栏，我们将看“产品级”当前工作的渲染器为“默认扫描线渲染器”，如图 5.46 所示。

(3) 单击“产品级”项后面的■按钮，弹出“选择渲染器”对话框。在这个对话框中，我们看到了已经安装好的 VRay 渲染器，如图 5.47 所示。这个对话框中显示了所有可用的渲染器。

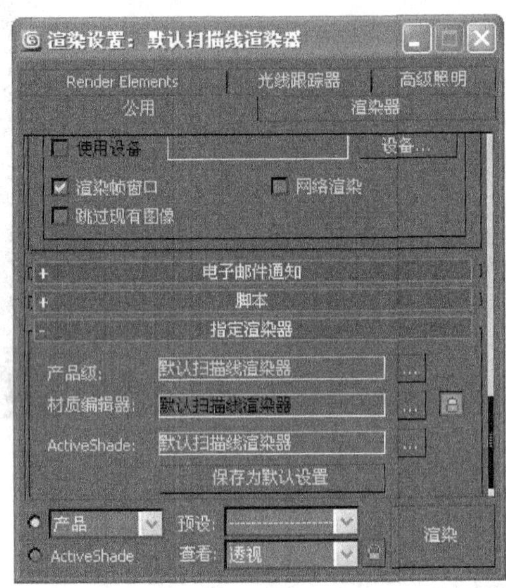

图 5.46　当前工作渲染器

图 5.47　“选择渲染器”对话框

(4) 选择“V-Ray Adv2.10.01”，然后单击 确定 按钮。此时我们可以看到“产品级”项后面的渲染器名称变成了 V-Ray Adv 2.10.01。对话框上方的标题栏也变成了 V-Ray Adv 2.10.01 渲染器的名称。这说明，3ds Max 目前的工作渲染器为 V-Ray Adv 2.10.01 渲染器，如图 5.48 所示。

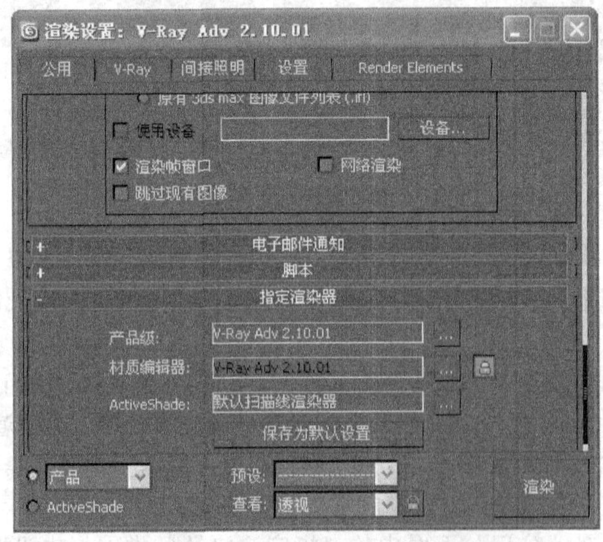

图 5.48　指定为 V-Ray Adv 2.10.01 渲染器

温馨提示：如果要设置回原来的渲染器，则单击 确定 按钮，在弹出的对话框中进行设置。其他所有渲染器的设置都是在这个对话框中进行的。

此时我们可以看到在 VRay 渲染器“渲染场景”对话框中共有 16 个卷展栏，如图 5.49所示。

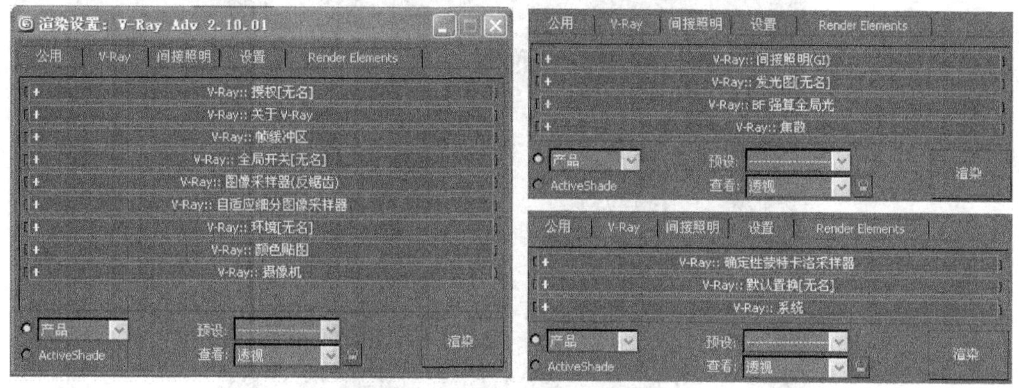

图 5.49　VRay 渲染器卷展栏

2. VRay 渲染器参数的设置

通过上文内容，我们知道在使用 VRay 渲染器之前，需要在 3ds Max 中“指定渲染器”卷展栏指定 VRay 渲染器，下面将介绍 VRay 渲染参数卷展栏。

1）“V-Ray∶∶授权”卷展栏

“V-Ray∶∶授权”卷展栏中主要显示 VRay 的授权信息，如图 5.50 所示。在默认情况下，授权信息存放的路径为“C:\Program Files\Common Files\ChaosGroup\vrlclient.xml”。

图 5.50　“V-Ray∶∶授权”卷展栏

2）“V-Ray∶∶关于 V-Ray”卷展栏

这个卷展栏中显示 VRay 的官方网站、VRay 的版本型号及 VRay 图标等，如图 5.51所示。

3）“V-Ray∶∶帧缓存”卷展栏

该卷展栏中包含图像的输出尺寸、保存图像文件和 G-buffer 图像文件等相关信息，在该卷展栏中可以设置 VRay 渲染器独立的图形帧渲染窗口，如图 5.52 所示。

图 5.51　关于 VRay 卷展栏

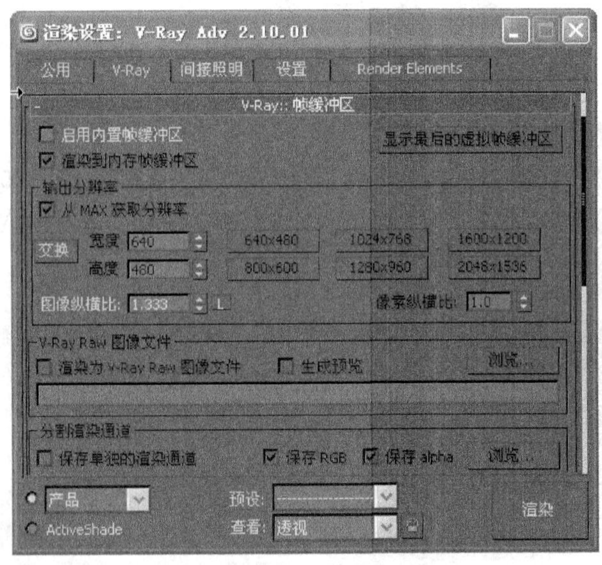

图 5.52　"V-Ray::帧缓存"卷展栏

设置 V-Ray 帧缓存参数的具体操作步骤如下所述：

(1) 在"V-Ray 帧缓冲区"卷展栏中选中"启用内置帧缓冲区"复选框，如图 5.53 所示。

(2) 在"渲染设置"对话框中单击"公用"选项卡，在"公用参数"卷展栏中取消选中"渲染帧窗口"复选框，如图 5.54 所示。

(3) 完成设置后就可以使用 VRay 自身的渲染窗口显示图像了。

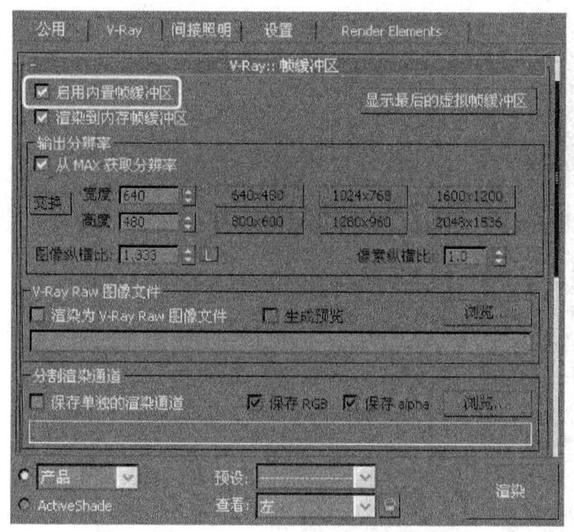

图 5.53 “V-Ray 帧缓存”卷展栏

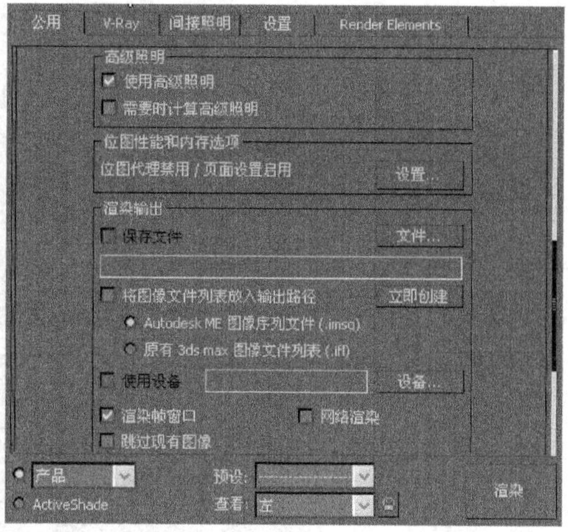

图 5.54 渲染帧窗口复选框

温馨提示：选中“启用内置帧缓冲区”复选框后，将使用 VRay 自身的渲染窗口进行渲染图像的显示；否则，使用 3ds Max 默认指定的渲染窗口进行渲染图像的显示。

当 V-Ray 的帧缓存窗口和 3ds Max 默认的渲染窗口同时存在时，在渲染过程中不会输出数据到 3ds Max 默认的渲染窗口中，但是为了节省内存，仍然应该关闭 3ds Max 的渲染窗口。

图像渲染结束后，在“V-Ray∷帧缓冲区”卷展栏中单击【显示上一次渲染图像】按钮，可以将之前渲染的图像在帧缓存窗口中显示出来。

(4) 在“V-Ray∷帧缓冲区”卷展栏中取消选中“从 MAX 获取分辨率”复选框，可以在下方设置渲染尺寸。

如果不取消选中该复选框，程序将从“公用”选项卡的“公用参数”卷展栏中的“输出大小”区域中获取图像渲染尺寸的信息。

(5) 在渲染图像之前，选中“渲染到内存帧缓冲区”复选框，可以将图像渲染到内存中，而 V-Ray 的帧缓存窗口也将显示出渲染图像以便调整。当未选中该复选框时，渲染图像将不会被保存在内存中，而直接保存到指定的硬盘路径中，并且渲染窗口也不会出现。

当用户对要渲染的图像确认无误时，可以取消选中“渲染到内存帧缓冲区”复选框，这样可以节约一定的内存资源，通常适用于大型场景的渲染，如图 5.55 所示。

(6) 用户还可以选中“渲染为 V-Ray Raw 图像文件”复选框，单击右侧的【浏览】按钮，在打开的对话框中指定渲染图像文件的存储路径即可，如图 5.56 所示。

所保存的 V-Ray Raw 图像文件的扩展名为“*.vrimg”，不能使用 Windows 的图像浏览器及 Photoshop 等程序进行查看，但可以在 3ds Max 菜单栏中选择“文件/查看图像文件”命令进行查看。

选中“保存分离渲染通道”复选框，并单击之后的【浏览】按钮，在打开的对话框中指定保存路径和文件名称，可以将 VRay 的反射、折射通道，高光通道和阴影通道等渲染元素保存到硬盘上。

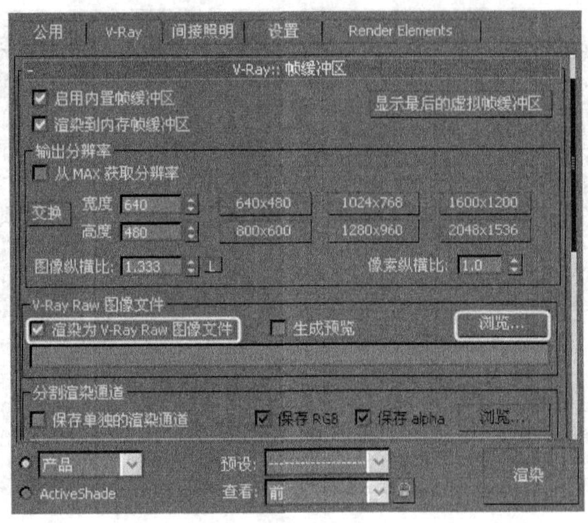

图 5.55 “渲染为 V-Ray Raw 图像文件”复选框

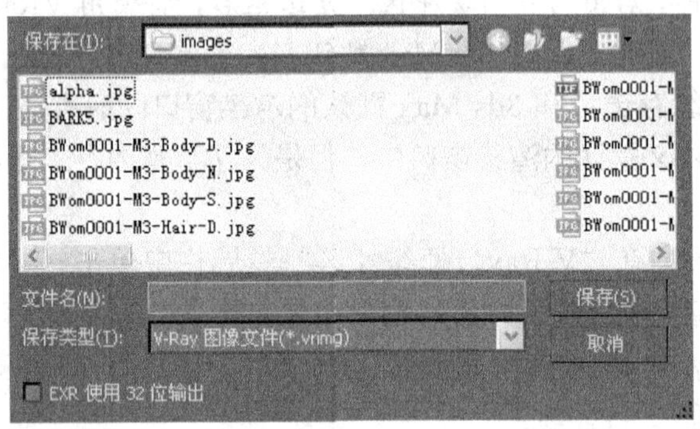

图 5.56 存储路径

3. “V-Ray∷全局开关”卷展栏

该卷展栏主要对场景中的几何体、灯光、材质和光线追踪等进行全局设置，如图 5.57所示。该卷展栏中各区域的主要功能如下所述。

“几何体”区域：主要控制是否开启场景中的置换效果和摄像机的强制背面消隐选项。在 VRay 中存在两种置换系统：一种是材质贴图通道中的置换贴图通道；另一种是施加于物体的“VRay 置换模式”修改器。

灯光：当该复选框处于未选中状态时，系统不会渲染任何手动设置的灯光，即使各灯光参数修改面板中的开关选项处于启用状态。复选框的控制范围不包括 3ds Max 的系统默认灯光。

默认灯光：该复选框控制是否在图像渲染时启用 3ds Max 的系统默认灯光。

当场景中未设置任何手动灯光时，使用系统默认灯光可以渲染出场景中对象的形状和颜色，但如果场景中手动设置了直接灯光对象，系统的默认灯光将自动关闭。

仅显示全局照明：该复选框处于选中状态时，渲染图像将只显示全局照明的光照效果。

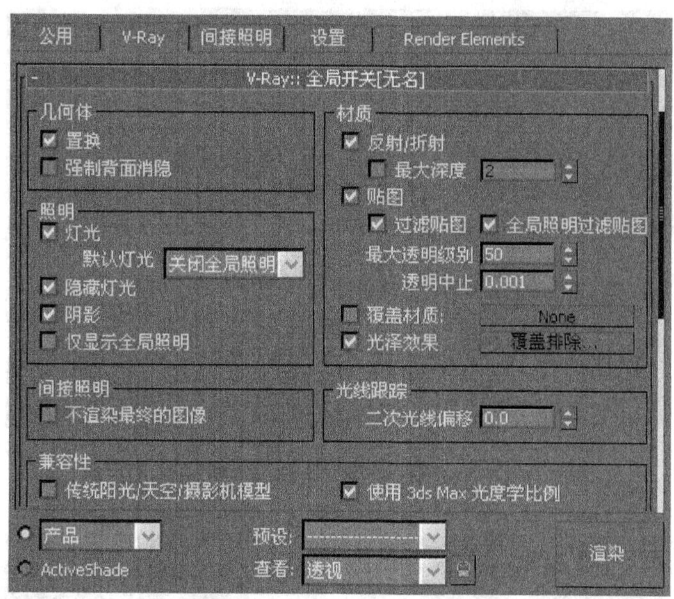

图 5.57 “V-Ray::全局开关”卷展栏

“间接照明”区域：用来控制间接照明的效果。

不渲染最终的图像：复选框控制是否渲染最终图像。当该复选框处于选中状态时，VRay 渲染器将只计算全局光照各个渲染引擎的光照贴图，而不渲染最终图像，通常用于计算图像尺寸较小的发光贴图和子贴图，这对减少渲染贴图文件所需的时间具有很大意义。

“材质”区域：主要用于控制对场景中对象材质的反射、折射及是否应用贴图过滤等进行设置。

反射/折射：该复选框用于控制在渲染图像时是否计算场景中材质的反射和折射效果。

贴图：该复选框控制在渲染时是否计算贴图通道中的程序贴图和纹理贴图，当“贴图”复选框处于未选中状态时，漫反射通道中的颜色将取代贴图进行显示。

覆盖材质：选中该复选框后，为场景中的所有对象指定的材质进行渲染。

温馨提示：在对场景中模型的合理性及太阳光照方向进行测试时，通常使用【覆盖材质】命令，这样可以节省对象材质反射、折射及贴图纹理等属性所耗费的渲染时间。选中【覆盖材质】复选框后，如果没有在后面的【无】按钮中手动指定材质，将自动按照 3ds Max 的标准材质进行覆盖。

“光线跟踪”区域：主要用来纠正光线跟踪计算时由于模型原因所导致的计算错误。

4. “V-Ray::图像采样器（反锯齿）”卷展栏

“V-Ray::图像采样器（反锯齿）”卷展栏主要用于控制采用何种图像采样方式和抗锯齿过滤器对场景进行二维图像渲染，如图 5.58 所示。

“图像采样器”区域：在该区域中包含三种采样器，分别是固定采样器、自适应确定性蒙特卡洛采样器和自适应细分采样器，如图 5.59 所示。

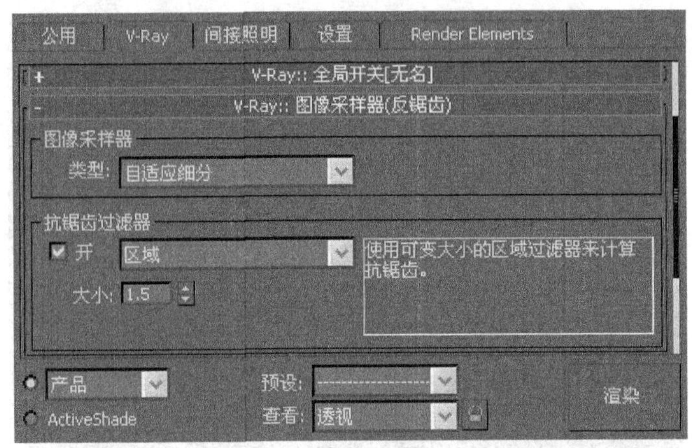

图 5.58 “V-Ray∷图像采样器（反锯齿）”卷展栏

图 5.59 “图像采样器”区域

固定采样器是 VRay 图像采样控制器中最简单的一种，对每个像素使用固定的样本数量。该采样方式可以兼顾渲染图像的品质和消耗的渲染时间，适合场景中存在大量模糊效果的情况。

自适应确定性蒙特卡洛采样器根据每个像素和它相邻像素的亮度差异来产生不同的样本数量，也就是说，在拥有大量细节变化的区域使用较高的图像采样，而在较为平坦的区域采用较低的图像采样。这在很大程度上优化了所占用的系统资源，同样意味着相对于其他采样器而言它能够以较少的渲染时间取得相同的图像效果。

自适应细分采样器是一种高级采样器，针对模糊效果较少的场景能够用较少的时间取得与其他采样器同样的品质，但对于具有大量模糊的场景就不适合了，其表现相同的图像品质会消耗更多的时间。

“抗锯齿过滤器”区域：该区域用于控制场景中的材质贴图过滤方式。在下拉列表框中提供常用的抗锯齿过滤方式，如图 5.60 所示。

5. “V-Ray∷自适应细分图像采样器”卷展栏

“V-Ray∷自适应细分图像采样器”卷展栏是用得最多的采样器，对于模糊和细节要求不太高的场景，它可以得到速度和质量的平衡。在室内效果图的制作中，这个采样器几乎可以适用于所有场景，如图 5.61 所示。

最小比率：决定每个像素使用样本的最小数量。值为 0 意味着一个像素使用一个样本，−1 意味着每两个像素使用一个样本，−2 则意味着每四个像素使用一个样本，采

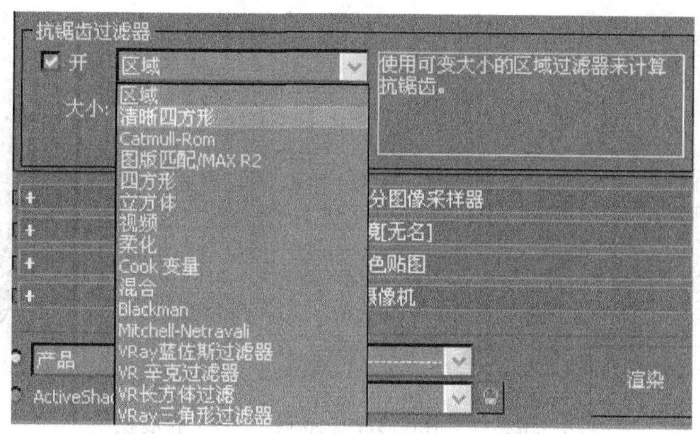

图 5.60　“抗锯齿过滤器”区域

图 5.61　“V-Ray∷自适应细分图像采样器”卷展栏

样值越大效果越好。

最大比率：决定每个像素使用样本的最大数量。值为 0 意味着一个像素使用一个样本，1 意味着每个像素使用 4 个样本，2 则意味着每个像素使用 8 个样本，采样值越大效果越好。

温馨提示：通常情况下最小比率为−1、最大比率为 2 时就能得到较好的效果，如果要得到更好的质量可以设置最小比率为 0、最大比率为 3，或者最小比率为 0、最大比率为 2，但渲染时间会很长。

颜色阈值：表示像素亮度对采样的敏感度的差异。值越小效果越好，所花时间也会较长，值越高效果越差边缘颗粒感越重。一般设为 0.1 可以得到清晰平滑的效果。

随机采样：略微转移样本的位置以便在垂直线或水平线条附近得到更好的效果。建议勾选“对象轮廓”，勾选时表示采样器强制在物体的边进行高质量超级采样而不管它是否需要进行超级采样。

法线阈值：勾选将使超级采样取得好的效果。

6. “V-Ray∷间接照明（GI）”卷展栏

“V-Ray∷间接照明（GI）”卷展栏主要控制间接光照计算引擎和具体的参数调整，默认情况下，间接照明（GI）计算处于关闭状态，在该卷展栏中选中“开”复选框后，才能在图像渲染过程中加入间接光照计算，如图 5.62 所示。

该卷展栏中主要参数如下。

“全局照明焦散”区域：该区域主要控制由间接光照产生的反射和折射焦散效果。其中“反射”复选框决定间接光照照射到具有反射属性的材质表面所产生的焦散效果；“折射”复选框决定间接光照穿过透明物体是否产生光线聚集的效果。

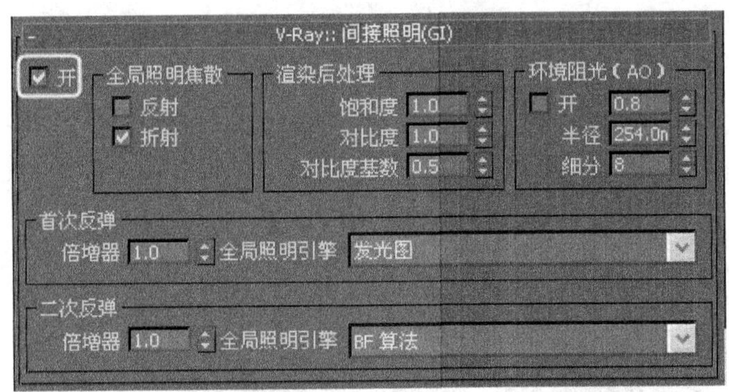

图 5.62 “V-Ray∷间接照明（GI）”卷展栏

“渲染后处理”区域：该区域主要用于在最终渲染前对间接照明进行调整，包括调整饱和度和对比度等。

“首次反弹”区域：该区域主要用来控制间接光照的初次反弹强度及进行计算所使用的渲染引擎。

“二次反弹”区域：该区域主要用来控制间接光照的二次反弹强度及进行计算所使用的渲染引擎。

倍增器：该参数控制光线初次反弹的倍增值，参数值越大则场景越亮，反之亦然。

全局照明引擎：该参数用于计算光线初次反弹的渲染引擎，提供了四种方式，即发光图、光子图、BF 算法和灯光缓存，如图 5.63 所示。

图 5.63 全局照明引擎

7. “V-Ray∷发光图”卷展栏

“V-Ray∷发光图”卷展栏用于控制“发光图”光线计算引擎的各种参数，如图 5.64 所示。

该卷展栏中主要参数如下。

“当前预置”区域：该区域提供了八种系统预设的计算模式，用户可以根据制作需要选择相应的计算模式，如图 5.65 所示。

“基本参数”区域：该区域主要用于对与“发光贴图”光线计算引擎有关的各项参数进行调整。

最小比率：该参数控制光线首次传递的采样数量，主要针对图像中比较平坦的区域，当最小比率值比较小时，样本在平坦区域的数量比较少，渲染时间也比较短。

温馨提示：通常情况下应该保持最小比率值为负值，这样全局光照可以快速计算出图像中平坦的区域，当该参数值等于或大于 0 时，发光贴图的计算将比直接光照计算慢，并占用较多的系统内存。

最大比率：该参数控制光线传递的最终采样数量，主要针对图像中细节丰富的区域。

半球细分：该参数决定光照采样的质量，参数值越高则采样质量越好，而花费的渲染时间越长；反之，参数值降低则可能会在渲染图像中出现斑块。

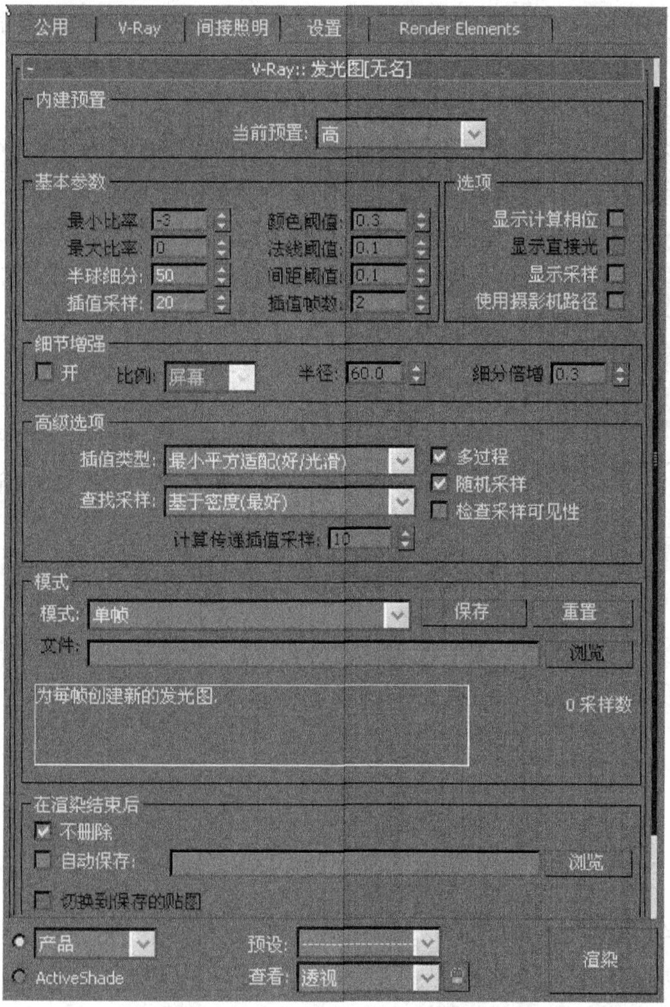

图 5.64　“V-Ray::发光图”卷展栏

插值采样：该参数控制用于插值计算的全局光照样本的数量，较大的参数值将得到较模糊的细节，而较小的参数值将得到锐利的细节，但也可能会导致斑块的产生。

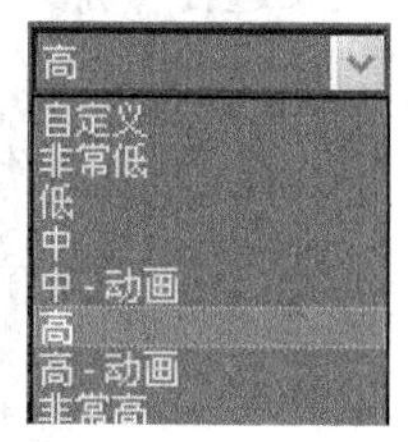

图 5.65　当前预置区域

显示计算相位：该复选框控制在计算过程中是否显示样本。选中该复选框后，发光贴图的计算过程会显示在帧缓存窗口中，虽然这样会占一定的内存资源并导致渲染速度减慢，但同时也会对用户的判断起到帮助作用，用户可以根据需要自行选择。

显示直接光：该复选框在默认情况下为关闭状态，当选中“显示计算状态”复选框后，该复选框才被激活。启用“显示直接光”复选框后，在显示计算状态时将只显示直接光照的计算过程。

“细节增强”区域：该区域用于在最终渲染时对发光贴图进行“准蒙特卡洛”处理，添加更好的细节。默认情况下，该区域中的“开”复选框为未选中状态。该区域专门用于对场景中的细节区域进行增强运算。

“高级选项”区域：该区域主要用于设置对样本的相似点使用哪种插补方式及样本的查找方式等。

“模式”区域：该区域提供了发光贴图的不同使用模式。

“模式”下拉列表框中提供了八种可供选择的发光贴图模式，用户可以根据场景渲染的需要来进行选择，如图 5.66 所示。其中在“单帧”模式下，VRay 会单独计算每一帧图像的光照贴图，所有之前计算的光照贴图都将被删除。在“从文件”模式下，每个单独帧的光照贴图都是同一张图像，而在渲染开始前，可以导入已经保存好的光照贴图，这样在渲染过程中将不再重新计算光照贴图。

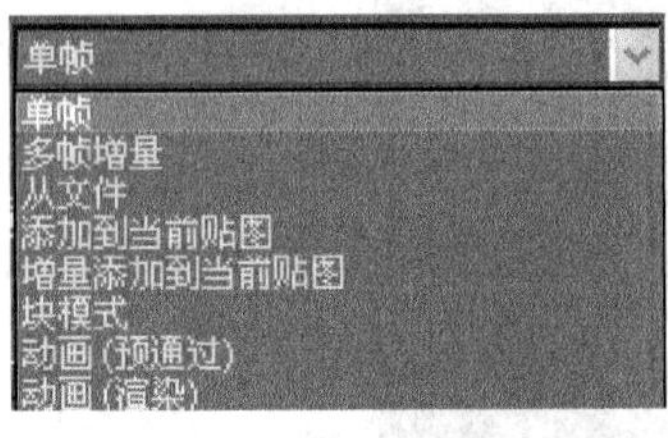

图 5.66 “模式”下拉列表框

保存：该按钮用于将发光贴图保存在硬盘上。

重置：该按钮用于清空内存中的发光贴图。

浏览：在“从文件”模式下，单击该按钮，可以选择存储在硬盘上的发光贴图来进行最终图像的渲染。

“在渲染结束后”区域：该区域主要用于控制在渲染结束后如何处理内存中的发光贴图。

不删除：当该复选框处于选中状态时，VRay 渲染器会在渲染结束后将光照贴图保存在内存中，否则该光照贴图会被自动删除，而内存将会被清空。

自动保存：当该复选框处于选中状态时，光照贴图会在渲染结束后自动保存在所指定的硬盘目录下。

在选中“自动保存”复选框的情况下，“切换到保存的贴图”复选框才会被激活，选中该复选框，将自动使用最新渲染的发光贴图来进行图像渲染。

8. “V-Ray::焦散”卷展栏

“V-Ray::焦散”卷展栏主要控制光线穿过物体时光的折射产生的明亮的光斑效果，默认情况下，焦散计算处于关闭状态，在该卷展栏中选中“开”复选框后，才能在图像渲染过程中加入焦散计算，如图 5.67 所示。

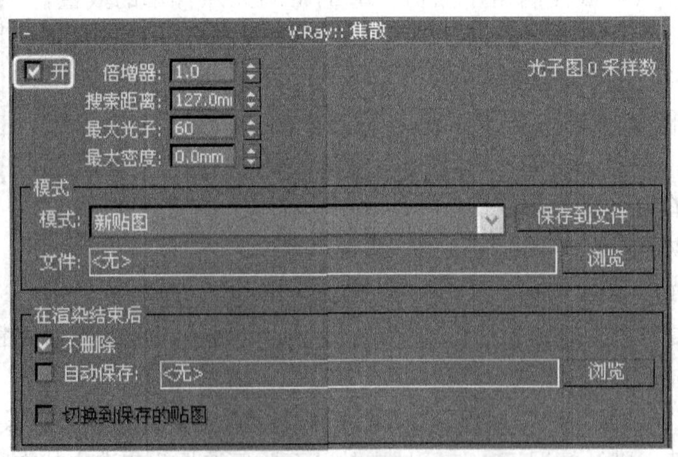

图 5.67 “V-Ray::焦散”卷展栏

倍增器：控制焦散的强度，它是一个全局控制参数，对场景中所有产生焦散特效的光源都有效。值越大，焦散效果越明亮，但它会对场景中所有产生焦散的灯光物体进行增效，太大对场景有一定的影响。要将散焦控制面板里的倍增值调到一个较大的值（如 10000），灯光才有比较明显的散焦效果，值越高焦散的效果越亮。

温馨提示：这个参数与局部参数的效果是叠加的。

搜索距离：当 VRay 追踪撞击在物体表面某些点的某一个光子时，会自动搜寻位于周围区域同一平面的其他光子，实际上，这个搜寻区域是一个中心位于初始光子位置的圆形区域，其半径就是由这个搜寻距离确定的。值减小就会产生明显的光斑；值增大，渲染速度会明显下降，但焦散效果会更加真实。

最大光子：控制焦散效果的清晰和模糊，数值越大，越模糊。当 VRay 追踪撞击在物体表面某些点的某一个光子时，也会将周围区域的光子计算在内，然后根据这个区域内的光子数量来均分照明。如果光子的实际数量超过最大光子数的设置，VRay 也只会按照最大光子数来计算。较小的值不易得到焦散效果；较大的值又易产生模糊。

最大密度：这个参数用于控制光子贴图的分辨率（或者说占用的内存）。VRay 需要随时存储新的光子到光子贴图中，如果有任何光子位于最大密度指定的距离范围内，它将自动开始搜寻，如果当前光子贴图中已经存在一个相配的光子，VRay 会增加新的光子能量到光子贴图中；否则，VRay 将保存这个新光子到光子贴图中，使用这个选项在保持光子贴图尺寸易于管理的同时发射更多的光子，从而得到平滑的效果。0 表示使用 VR 内部确定的密度，较小的值会让焦散效果更锐利。

模式：控制发光贴图的模式。

新贴图：选用这种模式时，光子贴图将会被重新计算，其结果将会覆盖先前渲染过程中使用的焦散光子贴图。

保存到文件：允许导入先前保存的焦散光子贴图来计算。

不删除：当勾选时，在场景渲染完成后，VRay 会将当前使用的光子贴图保存在内存中，否则这个贴图会被删除，内存被清空。

自动保存：激活后，在渲染完成后，VRay 自动保存使用的焦散光子贴图到指定的目录。

切换到保存的贴图：在“自动保存”勾选时才被激活，它会自动促使 VRay 渲染器转换到“从文件”模式，并使用最后保存的光子贴图来计算焦散。

9. “V-Ray∷环境”卷展栏

该卷展栏主要用于对环境颜色和贴图、反射/折射颜色和贴图进行指定，如图 5.68 所示。

“全局照明环境（天光）覆盖”区域：该选区域可以对 3ds Max 的环境设置进行替代，并可以结合使用环境光和天光贴图。

温馨提示：当选中该区域中的“开”复选框后，可以打开 VRay 的环境光，同时 3ds Max 的环境光照设置将不再起作用，但 3ds Max 的“环境和效果”对话框中所指定的背景贴图仍将起作用。

“反射/折射环境覆盖”区域和“折射环境覆盖”区域：这两个区域用于在计算场景

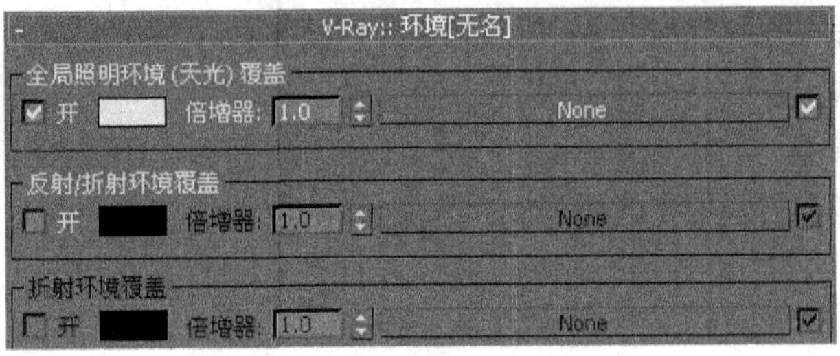

V-Ray:: 环境[无名]
全局照明环境（天光）覆盖
开 倍增器: 1.0 None
反射/折射环境覆盖
开 倍增器: 1.0 None
折射环境覆盖
开 倍增器: 1.0 None

图 5.68 “V-Ray∷环境”卷展栏

中的反射/折射时替代 3ds Max 自身的环境设置。

10. “V-Ray∷确定性蒙特卡洛采样器”卷展栏

“V-Ray∷确定性蒙特卡洛采样器”卷展栏主要用于确定获取什么样的样本，最终哪些样本被光线追踪，如图 5.69 所示。

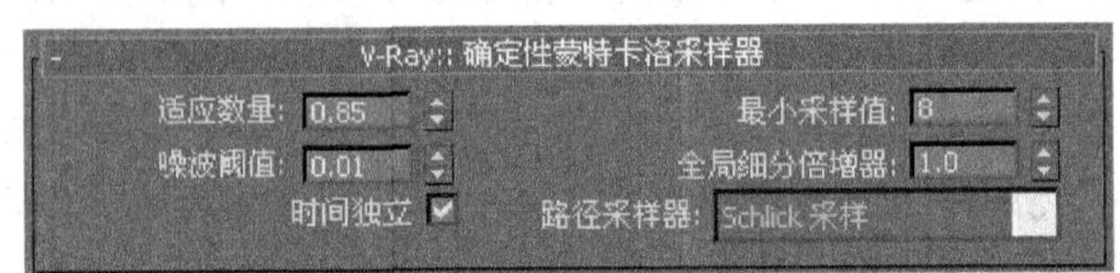

图 5.69 “V-Ray∷确定性蒙特卡洛采样器”卷展栏

适应数量：控制早期终止应用的范围，值为 1.0 意味着在早期终止算法被使用之前被使用的最小可能的样本数量。值为 0 则意味着早期终止不会被使用。测试时设置为 0.85，最终出图时可设为 0.7～0.85。

最小采样值：确定在早期终止算法被使用之前必须获得的最少样本数量。较高的取值将会减慢渲染速度，但同时会使早期终止算法更可靠。

噪波阈值：在评估一种模糊效果是否足够好时，控制 VRay 的判断能力。在最后的结果中直接转化为噪波。较小的取值意味着较少的噪波、使用更多的样本以及更好的图像品质。测试时可设置为 0.01，最终出图时可设为 0.002～0.005。

全局细分倍增器：在渲染过程中这个选项会倍增任何地方任何参数的细分值。你可以使用这个参数来快速增加或减少任何地方的采样品质。

11. “V-Ray∷颜色贴图”卷展栏

“V-Ray∷颜色贴图”卷展栏主要用于控制场景中灯光的衰减方式和色彩的不同模式，如图 5.70 所示。

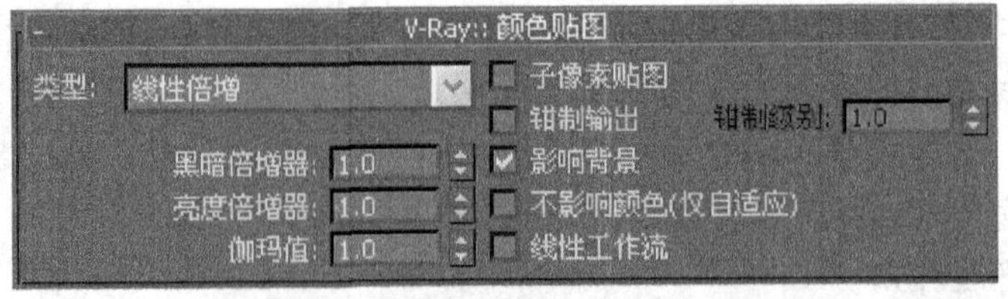

图 5.70 “V-Ray∷颜色贴图”卷展栏

“类型”下拉列表框：在该展卷栏中的“类型”下拉列表框中提供了不同的曝光类型，分别是线性倍增、指数、HSV 指数、强度指数、伽玛校正、强度伽马和莱因哈德模式，如图 5.71 所示。

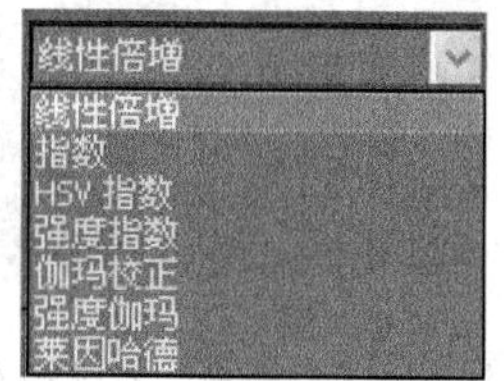

图 5.71　“类型”下拉列表框

黑暗倍增器：该参数用于对场景中处于暗部区域的明暗度进行调整，参数值越大，场景中的暗部区域越亮。

亮度倍增器：该参数用于对场景中处于亮部区域的明暗度进行调整，参数值越大，场景中的亮部区域越亮。

伽玛值：该参数用于对图像亮度伽玛值进行调整。

子像素贴图：该复选框处于选中状态时，可以提高渲染图像的品质，如果同时选中“钳制输出”复选框，可以减少图像出现的杂点。

影响背景：该复选框用于控制曝光模式是否对背景产生影响。

12. “V-Ray∶∶摄像机”卷展栏

“V-Ray∶∶摄像机”卷展栏主要控制场景中的光影效果如何体现在显示窗口和渲染图像中，可以分别对摄像机类型、景深效果和运动模糊效果进行调整，其参数面板如图 5.72 所示。

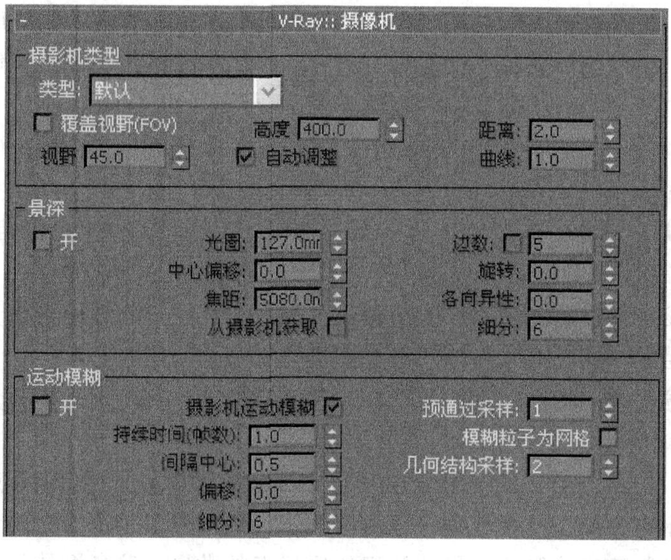

图 5.72　“V-Ray∶∶摄像机”卷展栏

温馨提示：“VRay 摄像机”是 VRay 系统中的摄像机特效功能，它主要包括摄像机类型、景深效果和运动模糊效果。这些效果只针对 3ds Max 的标准摄像机类型产生作用，对于 VRay 物理摄像机类型不起作用。

“摄像机类型”区域：该区域用于设置摄像机的类型、摄像机的视角及摄像机的高度等参数。

类型：该下拉列表框提供了七种摄像机类型，分别是默认、球形、圆柱（点）、圆柱（正交）、盒、鱼眼和变形球（旧式）类型，如图 5.73 所示。

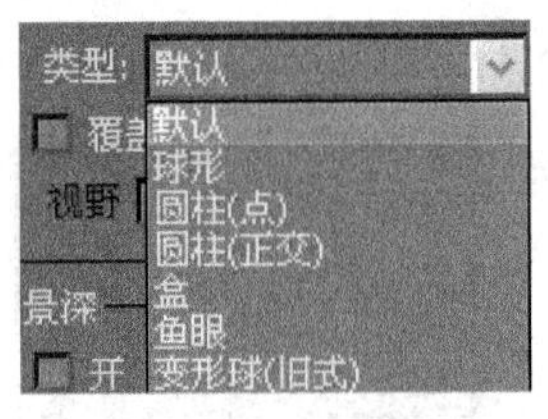

图 5.73 “类型”下拉列表框

覆盖视野：选中该复选框后，可以替代 3ds Max 默认的摄像机视角，通过“视野”参数的调整可以将视野范围扩大到 360°。

高度：在选择“圆柱（正交）”摄像机后，“高度”数值框被激活，它用于调整摄像机的高度。

距离：该参数用于使用“鱼眼”摄像机来模拟将标准摄像机对准完全反射球体的效果，参数值越大，则镜头距离反射球越远。

自动调整：该复选框用于控制“鱼眼”和“变形球（旧式）”摄像机。当该复选框处于选中状态时，系统会自动计算“距离”参数值，并将渲染图像的扭曲直径匹配到图像的宽度上。

曲线：该参数仅针对于“鱼眼”摄像机，当参数值为 1 时，相当于标准鱼眼摄像机的效果，参数值越小，图像的扭曲程度越大。

“景深”区域：该区域主要用于使摄像机视角下的渲染图像呈现出真实摄像机镜头中的景深效果。

光圈：该数值框主要用来控制摄像机光圈的大小。“光圈”参数值越大，景深效果越明显，模糊程度越剧烈；反之，“光圈”参数值越小，景深效果越弱。

中心偏移：该参数用来控制模糊中心所在的位置。当该参数值为 0 时，物体边界可以均匀向两侧产生模糊；当该参数值为正值时，模糊中心的位置偏向物体内部；当该参数值为负值时，模糊中心的位置偏向物体外部。

焦距：该参数用来控制摄像机焦点所在的位置，以焦点所在位置为中心，距离越远景深效果越明显。

从摄像机获取：该复选框处于选中状态时，焦点将根据摄像机目标点的位置来确定。

边数：该参数通过设置多边形的边数来模拟真实环境中物理摄像机光圈的多边形形状。未选中其后的复选框时，将以圆形光圈进行操作。

旋转：该参数在“边数”后的复选框选中时被激活，可以用来模拟光圈多边形形状的旋转效果和角度。

各向异性：该参数用于调整图像在水平方向和垂直方向上的模糊程度。当该参数值为正值时，在水平方向上产生模糊；当该参数值为负值时，在垂直方向上产生模糊。

细分：该参数用来控制产生景深效果的采样点的数量。该参数值越大，景深效果的品质越高；参数值越小，会导致图像中出现颗粒。

“运动模糊”区域：该区域主要用于设置场景中运动物体的渲染图像效果，通过参数调节，可以模拟根据运动方向和速度所产生的不同程度的运动模糊效果。选中“开”复选框后，该区域中的其他参数将被激活。

持续时间（帧数）：该参数用于控制物体运动模糊图像每一帧的持续时间，参数值越大则模糊效果越明显。

间隔中心：该参数用来控制运动模糊的时间间隔中心。

偏移：该参数用于控制运动模糊的偏移，参数值为 0 时不产生偏移，参数值为正值时沿运动方向的反方向偏移，参数值为负值时沿运动方向的正方向偏移。

细分：该参数用于控制运动模糊图像的品质。

预通过采样：该参数控制运动模糊在不同时间段上的采样数。

模糊粒子为网格：该复选框处于选中状态时，粒子运动对象在进行运动模糊计算时将按照网格物体的方式进行。

几何结构采样：该参数用于在旋转物体的运动模糊计算时调整模糊边缘的形状。

13. “V-Ray∷默认置换”卷展栏

“V-Ray∷默认置换”卷展栏主要是让用户控制使用置换材质而没有使用 VRay Displacement Mod 修改器的物体的置换效果，如图 5.74 所示。

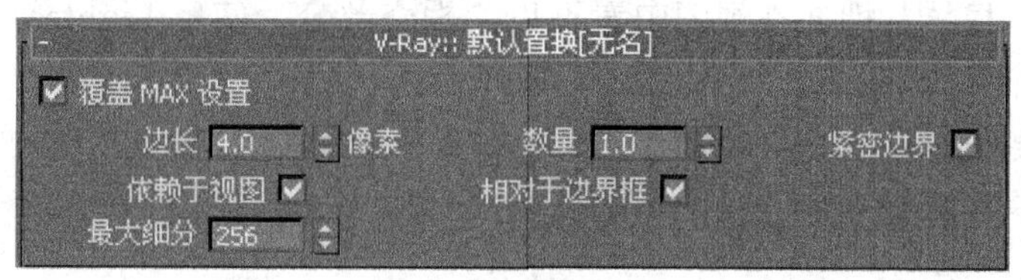

图 5.74 “V-Ray∷默认置换”卷展栏

“覆盖 MAX 设置”勾选时，VRay 将使用其内置的微三角置换来渲染具有置换 max 材质的物体。反之，将使用标准的 3ds Max 置换来渲染物体。当使用贴图下的置换一定要打开，否则不会起效果。

边长：用于确定置换的品质，原始网格的每一个三角形被细分为许多更小的三角形，这些小三角形的数量越多就意味着置换具有更多的细节，同时减慢渲染速度，增加渲染时间，也会占用更多的内存，反之亦然。

依赖于视图：勾取后，“边长度”像素为单位来决定一个次三角形边的最大长度值，1.0 表示在屏幕上显示时每个次三角形的最长边大约为 1 个像素，当取消勾选，“边长度”的次三角形最大边长度就按世界单位来确定。

最大细分：控制由原始网格的三角形细分出来的次三角形的最大数量。实际上，次三角形的最大数量是由这个参数的平方来决定的，如默认是 256，表示从原始三角形产生的次三角形最大数量是 256×256=65536。不推荐将此值设得过高。

5.3.3 优化效果图渲染速度

1. VRay 渲染器的优势

VRay 渲染器是采用全局照明直接计算方式和光照贴图的方式来制作照片级的效果图。比 Lightscape 软件的单帧渲染能力更强，渲染质量也更好。

VRay 渲染器在效果图的渲染方面有以下两点优势。

1）渲染速度快

VRay 的核心是 Quasi-Monte Carlo（简称 QMC）算法，即蒙特卡洛算法，其渲染速度比 Lightscape 要快很多。对于同样画质的天光渲染图像，VRay 的渲染速度可以比 Lightscape 渲染器快 30%以上。

VRay 渲染器的全局照明中附加了一个“光照贴图”功能，该功能可以将全局照明的计算数据以贴图的形式来渲染，通过智能分析、缓冲和插补既快又好地达到全局照明的效果。

温馨提示：VRay 中的间接照明主要通过计算 GI 采样达到。这些光照贴图是 VRay 预先计算 GI 采样的特殊缓存。在渲染过程中，当 VRay 需要某个特殊的 GI 采样时，它通过插补最近储存在光照贴图中的预先计算的 GI 采样来计算，一旦计算完毕，光照贴图可以保存到文件以备后续渲染之用。这对摄影机漫游动画非常有用，同时 VRay 光线的采样也能储存在光照贴图中。

2）相交面无阴影和光斑

Lightscape 渲染器是以 Radiosity 算法为核心的，当模型有相交的表面时，会出现光泄露的现象。墙体和地面在视图中看不见的相交部分，使用 Lightscape 渲染出来后，边角会出现阴影和黑斑。

VRay 渲染器使用的是全局照明技术，此技术可以智能化地识别模型和模型之间的相交面，并且只计算可见面的受光影响。

2. 效果图渲染小技巧

3ds Max 场景文件的渲染速度直接关系着效果图制作效率（效果调节及出图等）。下面是一些优化渲染速度的小技巧：

（1）渲染前最好将其他打开的程序和软件关掉，并重启一次计算机，再进入 3ds Max 中执行渲染。

（2）场景模型的创建应分主次繁简，重点结构及近处物体模型相对精细，而次要构件或远处物体模型则可以简化并赋予较为简单的材质。

（3）对于复杂场景，可采用将其分解为多个文件（空间位置要保持一致）的方法分开渲染，之后再在后期处理时将这些文件的渲染结果作为图层进行合成。

（4）对于一些只需要灰度图像的贴图通道（如凹凸、不透明等），一定不要使用彩色贴图。

（5）尽量使用聚光灯而不是泛光灯，因为泛光灯没有方向性，会计算出许多不需要的阴影。

（6）尽量使用阴影贴图类型的阴影，它比光线追踪阴影渲染速度快。

（7）建议使用目标直射灯代替阳光。

（8）将场景中不参加光线追踪计算的物体排除掉。

（9）使灯光的衰减范围尽量小一些，以减少阴影的计算量。

小　结

本章主要学习了灯光和摄影机的基础知识，并介绍如何使用及控制灯光和摄影机。通过本章的学习，应掌握如何改变灯光和摄影机的参数，了解灯光阴影的类型，光影跟踪阴影和阴影贴图的区别。

效果图渲染是制作模型的最后一步操作，模型经过创建、编辑材质、设置灯光，最后都要通过渲染得到最终效果图。本章介绍了 VRay 渲染器的基本设置、渲染输出以及效果图制作中渲染速度优化的基础知识。通过本章的学习，读者可以将自己制作和编辑的模型渲染出图。

思考练习题

5.1　简述聚光灯的建立方法。

5.2　在视图中建立一个茶壶对象，分别使用目标聚光灯和目标平行光源进行照明，比较这两种灯光的区别。

5.3　自建一个场景，创建一个目标灯光，打开光源的阴影投射功能，分别采用不同的阴影投射方式，比较渲染效果之间的区别。

5.4　自建一个场景，在场景中架设一架目标摄影机，熟练掌握摄影机的参数设置和调整方法。

5.5　练习使用摄影机的剪切平面的功能，并理解视野和焦距的区别。

5.6　怎样对静帧效果图进行渲染参数设置?

5.7　如何设置光能传递参数?

5.8　如何提高效果图的优化渲染速度?

5.9　VRay 渲染器的参数如何设置?

第6章

标准间效果图表现实例

6.1 标准间模型制作及材质编辑

6.1.1 标准间设计分析及制作思路

标准间是酒店创造效益的主要部分，标准间设计不是一件容易的事，其设计要最大限度地体现到对客人的关怀，因为客人对房间的要求远比对大堂、餐厅的要求更细。标准间设计不好、不精、不方便，不仅对客人不好，也会降低酒店的档次。标准间设计一定要有创意，标准间里的颜色、款式、灯具、家具、艺术陈设最好使用客人未曾见过的，努力带给客人一个惊喜。比如，一个意想不到的别致的电视柜，一个软软的舒适的休息沙发，一组精美的大枕头，甚至一组插花，一个精巧的小书架。进入房间让客人感到惊喜的是富于异国情调或是某种历史、地域文化的创意，以及那些细致的，使用新材料、新工艺、新技术的设计，无论是空间造型，色彩组织，还是灯具、家私和艺术小品、五金制品，只要是打破常规、富于创新的，标准间的魅力和价值就会极大地显示出来，酒店也就会富有特色和备受赞誉，如图 6.1 所示。

图 6.1 标准间室内效果图

图 6.1 以明快色调为主，加上软装饰材料配衬，雅致而清新。图 6.1 中的用材和灯光设计对标准间气氛的营造起到了决定性的作用，顶棚的玻璃花饰效果清雅，使环境充满了轻松、愉快的氛围，而整体的色彩搭配效果也将空间的变化装饰得更丰富多彩。

在制作模型的过程中，要注意将图形转换为可编辑多边形并通过连接、挤出、倒角等命令对多边形进行修改。另外，合并家具、材质参数的调制、灯光设置和 VRay 渲染参数设置也是作图的重要内容。渲染出图后使用 Photoshop 软件对图片进行处理，使效果图锦上添花。

6.1.2　CAD 图形导入

1. 单位设置

(1) 选择菜单栏上的“自定义/单位设置”命令，在弹出的“单位设置”窗口中选择“显示单位比例/毫米”选项，如图 6.2 所示。

(2) 再单击“单位设置”窗口上的 系统单位设置 按钮，打开另一个“系统单位设置”窗口，在“系统单位比例”下拉列表中选择“毫米”，单击【确定】按钮，即可将系统单位设置为毫米，在此后的操作中各项数据也将单位显示为毫米，如图 6.3 所示。

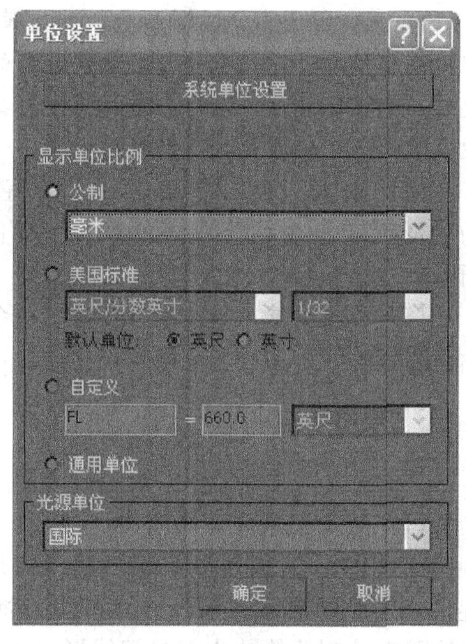

图 6.2　显示单位比例

图 6.3　系统单位比例

2. 导入 CAD 文件

(1) 单击菜单栏中 /“导入”命令，在弹出的“选择要导入的文件”对话框中，选择本书光盘/第 6 章/标准间.dwg 文件，然后单击 打开(O) 按钮，如图 6.4 所示。

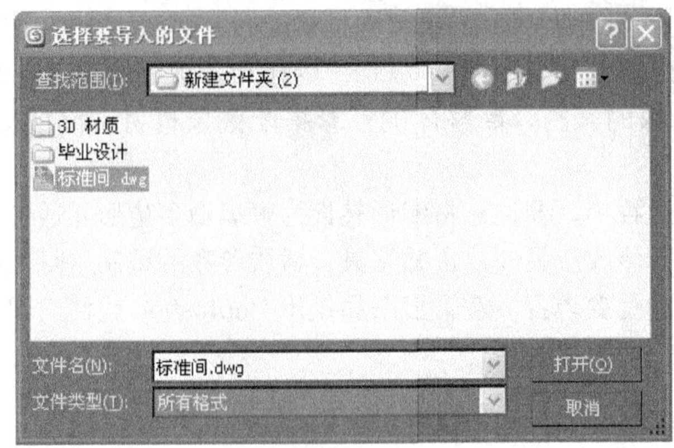

图 6.4 选择要导入的文件

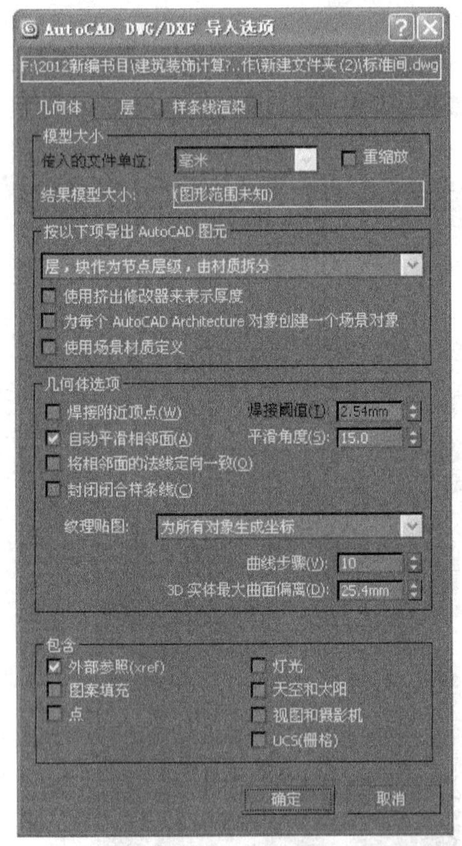

图 6.5 AutoCAD DWG/DXF 导入选项

(2) 在弹出的“AutoCAD DWG/DXF 导入选项”对话框中单击确定按钮，如图 6.5 所示。

(3) 此时客厅的 Auto CAD 图纸就导入到 3ds Max 中，效果如图 6.6 所示。

温馨提示：在用 Auto CAD 绘制的图纸进行建模时，可以先将平面图移动到原点（0，0）的位置，便于在 3ds Max 中控制建模位置，以提高建模速度。我们导入平面图的目的就是起到一个参照的作用，为在建立模型时提供方便，更能清楚地理解这个户型的结构。

(4) 按【Ctrl＋A】键，选择所有线形，为线形指定一个便于观察的颜色，如图 6.7 所示。

(5) 单击菜单栏中“组/成组”命令，单击确定按钮，如图 6.8 所示。

6.1.3 创建墙体和窗户造型

1. 创建墙体造型

(1) 激活顶视图，按【Alt＋W】键，将视图最大化显示。按【S】键将捕捉打开，捕捉模式采用2.5捕捉，捕捉方式采用顶点捕捉。

(2) 单击 / / 线 按钮，在顶视图中绘制墙体的内部封闭线形，如图 6.9 所示。

(3) 单击修改命令面板，从中选择“挤出”命令，在参数面板中将“数量”值设置为 3300，如图 6.10 所示。

(4) 单击鼠标右键，在弹出的右键菜单中选择“转换为/转换为可编辑多边形”命令，将墙体转化为可编辑的多边形，如图 6.11 所示。

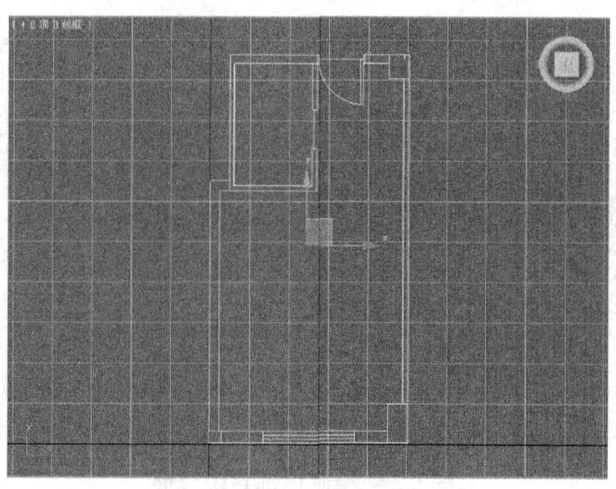

图 6.6　Auto CAD 图的导入

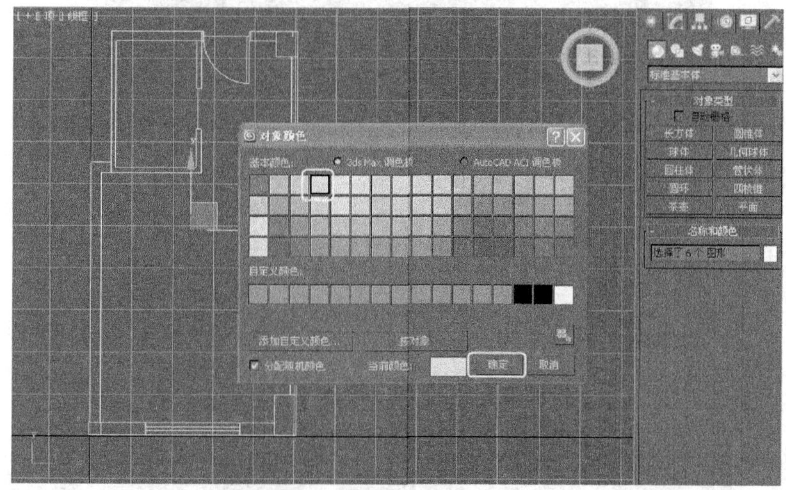

图 6.7　为线形指定一个颜色

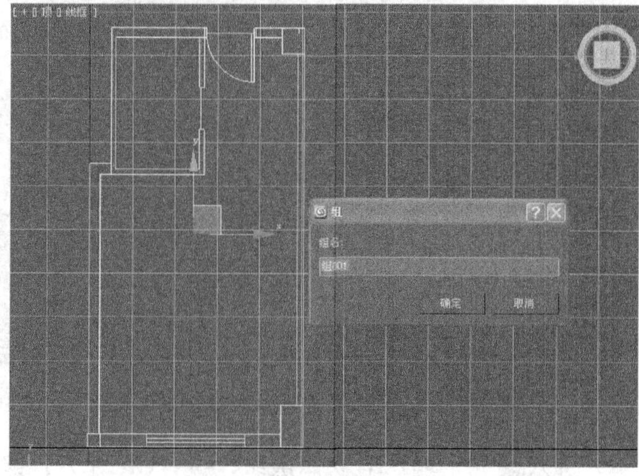

图 6.8　成组

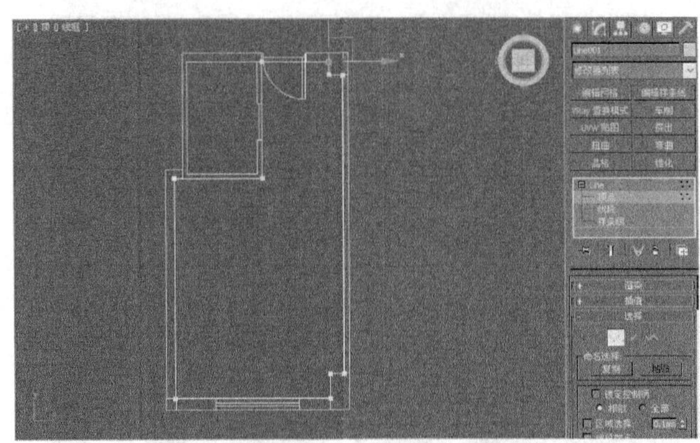

图 6.9　绘制内部封闭线形

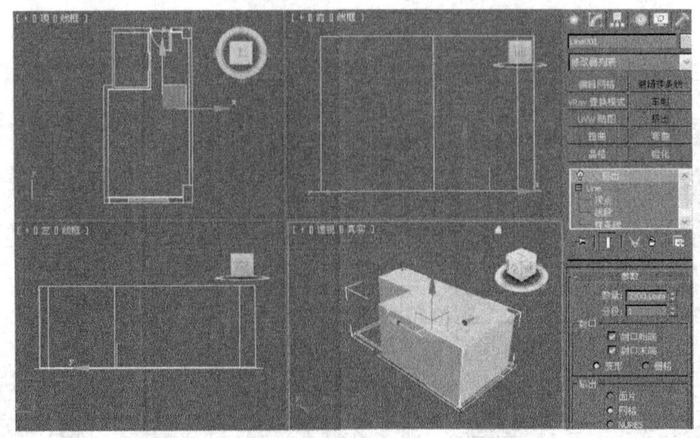

图 6.10　挤出

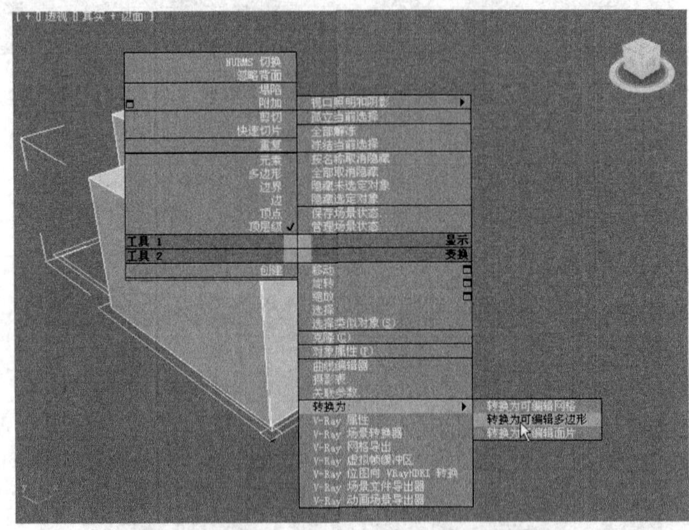

图 6.11　转换为可编辑多边形

(5) 按【5】键，进入 (元素) 子物体层级，按【Ctrl＋A】键，选择所有的元素，单击 翻转 按钮，将法线翻转过来，整个墙体就制作出来了，如图 6.12 所示。

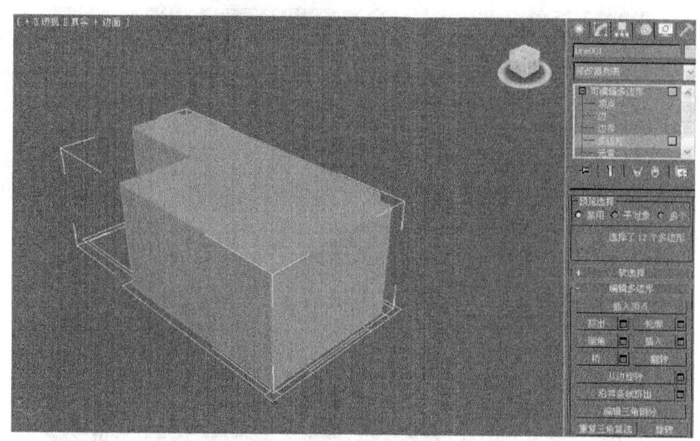

图 6.12　法线翻转

(6) 按【2】键，进入◁（边）子物体层级，选择主题墙位置的上面和下面的两条边，单击“编辑边”卷展栏下 连接 右侧的小按钮■，在弹出的对话框中将“分段”设置为 2，单击☑按钮，如图 6.13 所示。

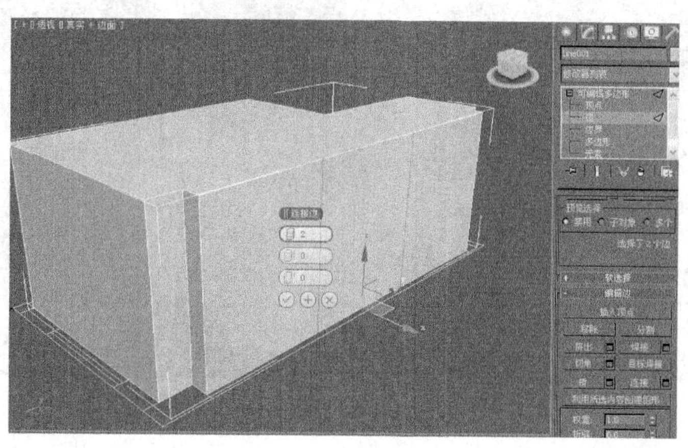

图 6.13　垂直分段

(7) 按住【Ctrl】键，再选择两侧和中间的边。单击“编辑边”卷展栏下 连接 右侧的小按钮■，在弹出的对话框中将“分段”设置为 1，单击☑按钮，水平增加 1 条段数，如图 6.14 所示。

(8) 按【1】键，进入∴（顶点）子物体层级，在顶视图中用移动工具调整点的位置（根据设计要求进行调整），移动顶点的时候用捕捉比较准确，如图 6.15 所示。

(9) 按【4】键，进入■（多边形）子物体层级，在透视图中选择中间的面，单击“编辑多边形”卷展栏下 挤出 右侧的小按钮■，将挤出的高度设置为－300（即凸出墙的深度为 30cm），单击☑按钮，如图 6.16 所示。

(10) 再用同样的方法创建出门和窗户造型，效果如图 6.17 所示。

(11) 为了方便观察，可以对墙体进行消隐。在透视图中选择墙体，单击鼠标右键，在弹出的右键菜单中选择“对象属性”命令，在弹出的“对象属性”对话框中将“背面消隐”选项勾选，此时墙体里面的空间就可以看得很清楚了，如图 6.18 所示。

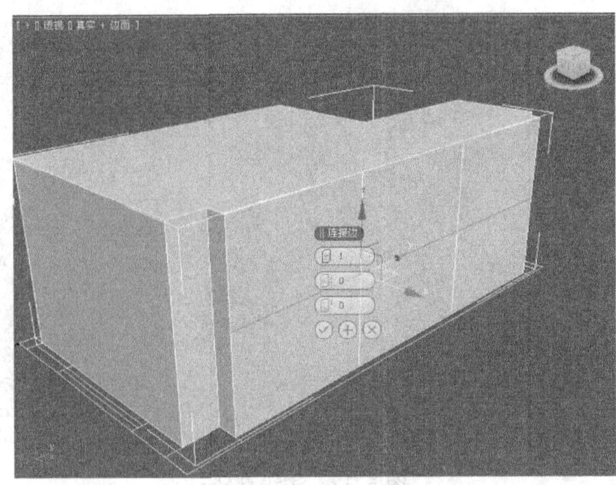

图 6.14 水平分段

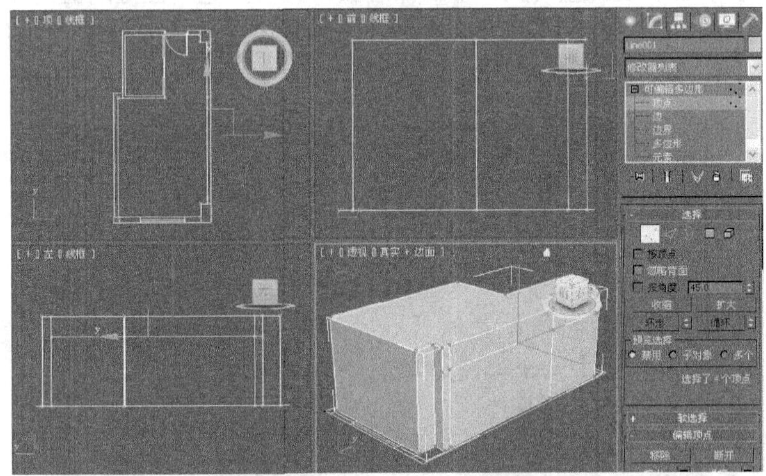

图 6.15 移动顶点

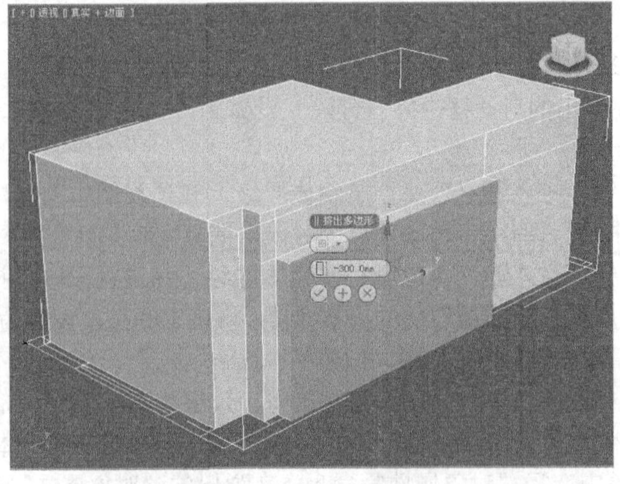

图 6.16 挤出选择的面

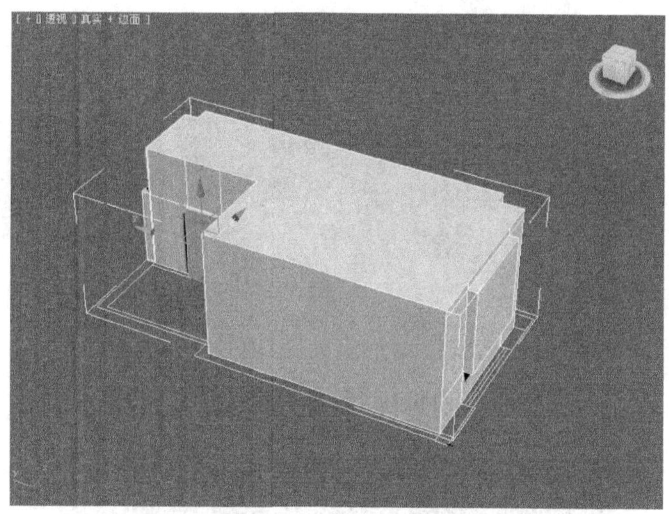

图 6.17　用同样的方法创建出门和窗户造型

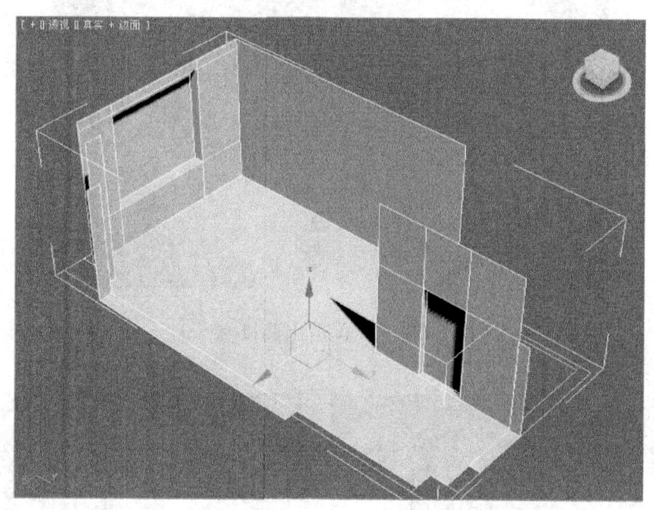

图 6.18　背面消隐

（12）按【2】键，进入（边）子物体层级，选择主题墙位置的上面和下面的两条边，单击“编辑边”卷展栏下连接右侧的小按钮，在弹出的对话框中将“分段”设置为 4，单击按钮，如图 6.19 所示。

（13）进入（顶点）子物体层级，用移动工具调整点的位置。按【4】键，进入（多边形）子物体层级，选择中间的两个面，单击“编辑多边形”卷展栏下挤出右侧的小按钮，将挤出的高度设置为 50，单击按钮，如图 6.20 所示。

（14）进入（边）子物体层级，选择其中一凸墙上面和下面的两条边，单击“编辑边”卷展栏下连接右侧的小按钮，在弹出的对话框中将“分段”设置为 20，单击按钮，如图 6.21 所示。

（15）进入（多边形）子物体层级，在凸墙上隔一个选一个，单击“编辑多边形”卷展栏下挤出右侧的小按钮，将挤出的高度设置为－20，单击按钮，如图 6.22 所示。

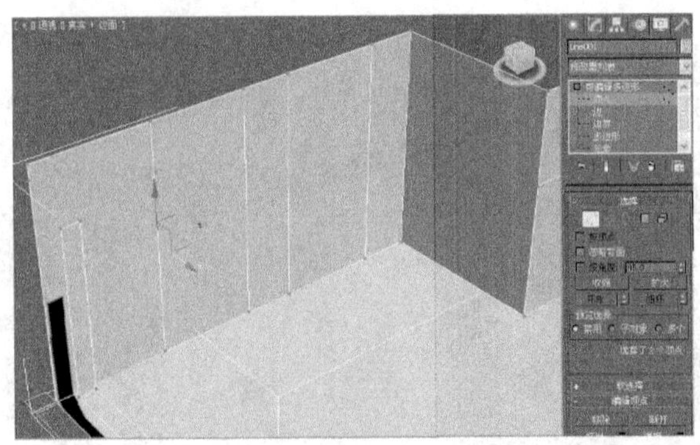

图 6.19 设置分段参数

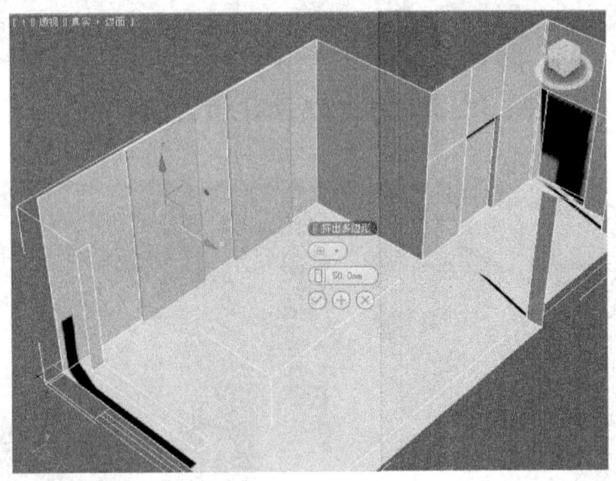

图 6.20 设置挤出高度（一）

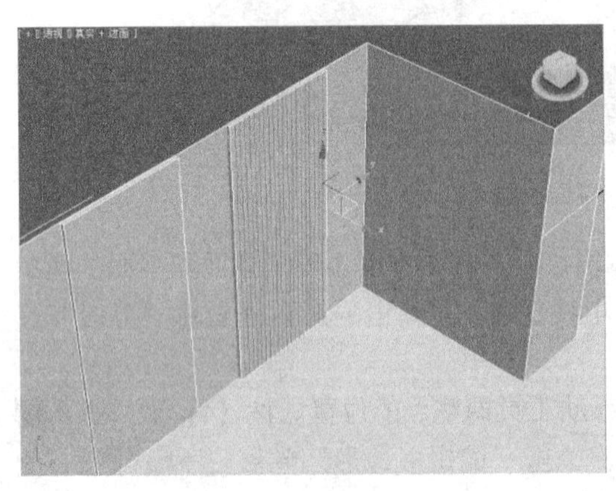

图 6.21 将分段设置为 20

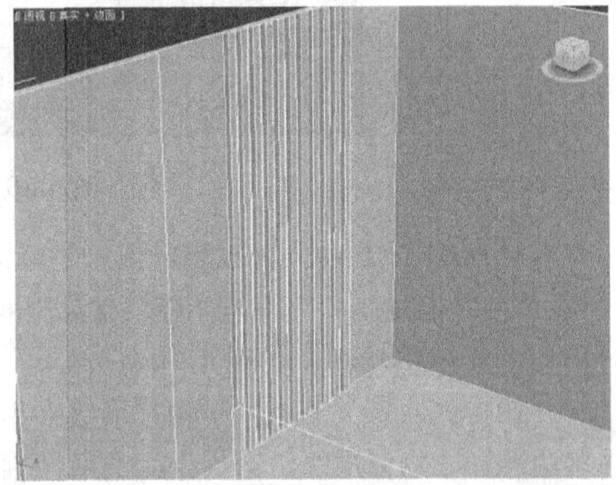

图 6.22 设置挤出高度（二）

(16) 用同样的方法创建出另一凸墙造型，效果如图 6.23 所示。

2. 创建窗户造型

(1) 将窗户的大面分离出来，墙体隐藏起来。垂直增加 2 条段数，如图 6.24 所示。

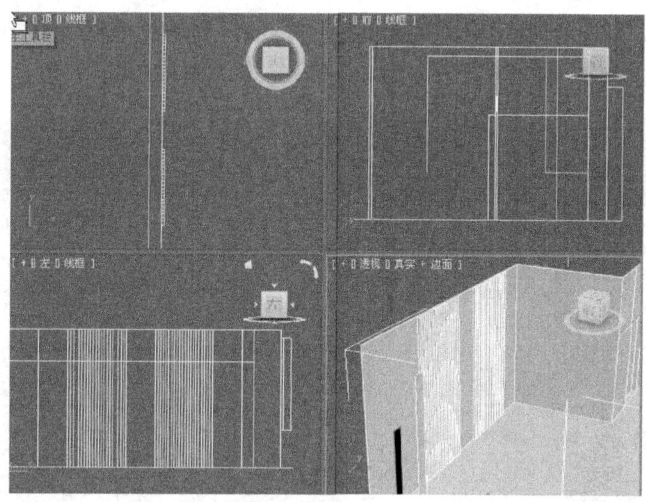

图 6.23　同样的方法创建出另一凸墙造型

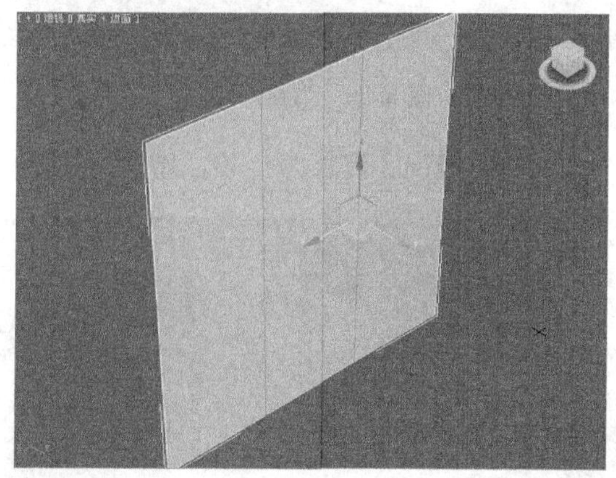

图 6.24　垂直增加 2 条段数

（2）按【1】键，进入 （顶点）子物体层级，在顶视图中用移动工具调整点的位置（根据设计要求进行调整），如图 6.25 所示。

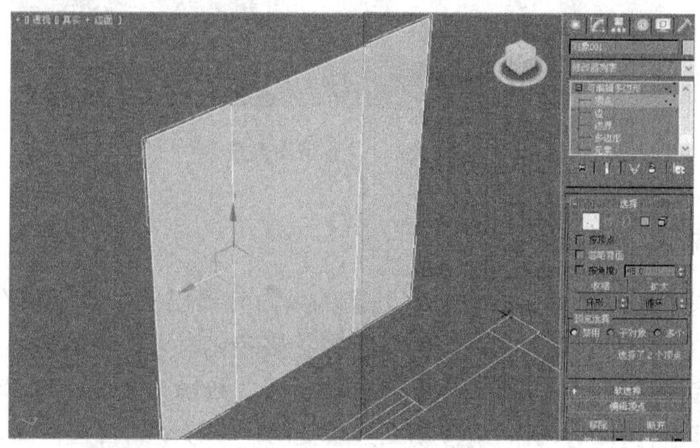

图 6.25　移动顶点

(3) 选择窗户中间的垂线，单击 切角 右侧的小按钮，在弹出的对话框中输入 30，单击✓按钮。为窗户中间的垂直线切角 30，最后为四周的边切角 60，如图 6.26 所示。

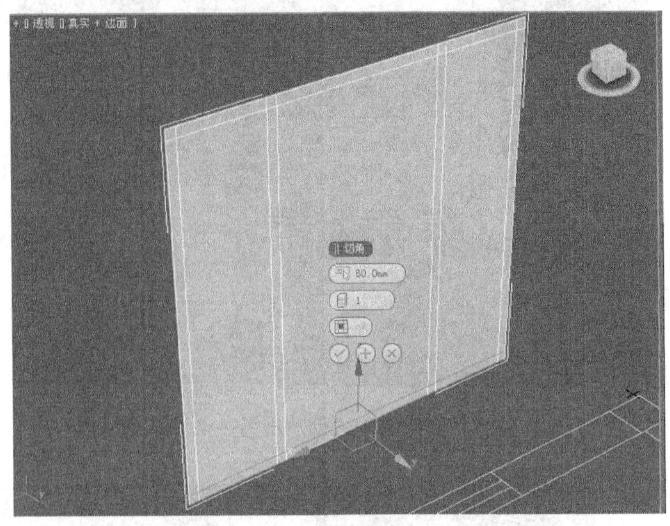

图 6.26 为窗户切角

(4) 对中间的 3 个大面进行挤出，高度为－60，如图 6.27 所示。

图 6.27 设置挤出高度

3. 其他造型

(1) 在主题墙上创建花格。先将主题墙的大面分离出来。单击 / / 矩形 按钮，在左视图中绘制两个矩形并进行结合，将花格转化为可编辑的多边形。单击修改命令面板，从中选择“挤出”命令，在参数面板中将“数量”值设置为 30。

(2) 按住键盘【Shift】键。用移动工具复制，并移动到合适位置，效果如图 6.28 和图 6.29 所示。

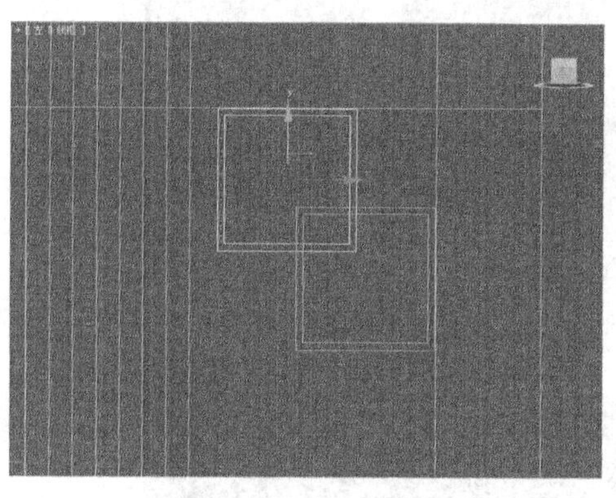

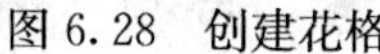

图 6.28　创建花格

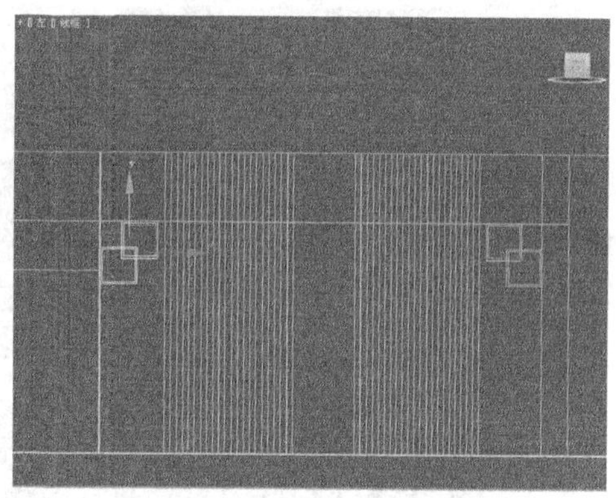

图 6.29　复制花格

（3）单击 / / 矩形 按钮，在左视图中绘制两个矩形并进行结合。单击修改命令面板，从中选择“挤出”命令，在参数面板中将“数量”值设置为 300。用移动工具复制，并移动到合适位置，效果如图 6.30 所示。

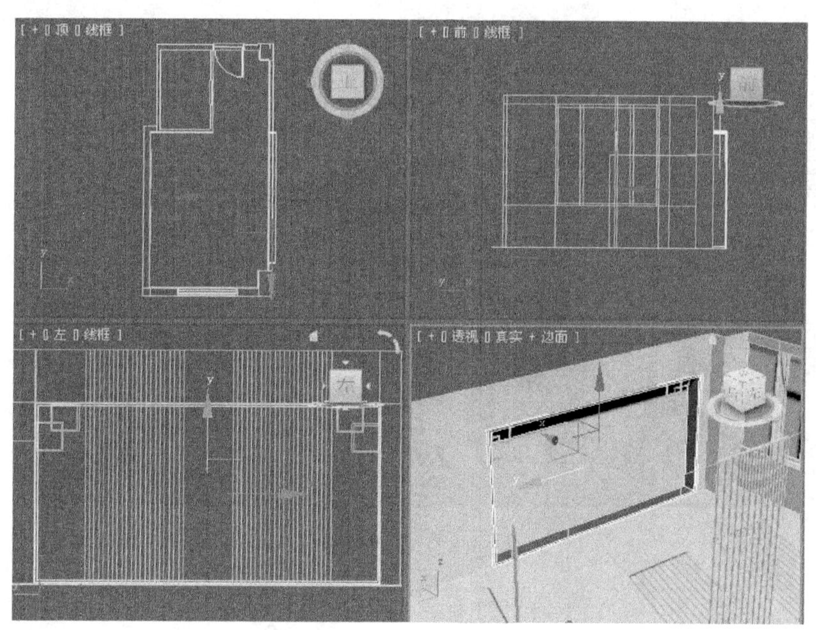

图 6.30　绘制矩形

（4）创建踢脚板。按【Alt＋W】键，将顶视图最大化。按【S】键将捕捉打开，捕捉模式采用捕捉，捕捉方式采用顶点捕捉。

（5）单击 / / 线 按钮，在顶视图中沿墙体绘制内部封闭线形。单击堆栈器中的图标，选择样条线，再单击“几何体”卷展栏下的 轮廓 按钮，给出适当轮廓值。单击修改命令面板，从中选择“挤出”命令，在参数面板中将“数量”值设置为 150。用移动工具复制，并移动到合适位置，如图 6.31 所示。

（6）创建窗帘盒。单击 / / 矩形 按钮，按照设计要求在顶视图创建矩形。单击按钮，在修改器列表中选择“挤出”命令，将“数量”值设置为 200，使用移动

图 6.31　创建踢脚板

工具拖动到合适位置，如图 6.32 所示。

图 6.32　创建窗帘盒

6.1.4　创建吊顶造型和筒灯模型

1. 创建吊顶造型

(1) 进入（边）子物体层级，选择靠卫生间和门的顶面边，单击“编辑边”卷展栏下 连接 右侧的小按钮，在弹出的对话框中将【分段】设置为 1，单击按钮。进入（顶点）子物体层级，在左视图中用移动工具调整点的位置。

(2) 在透视图中用（多边形）子物体层级选择面，单击“编辑多边形”卷展栏下 挤出 右侧的小按钮，将挤出的高度设置为 400，单击按钮，如图 6.33 所示。

(3) 用前面学过的方法创建出空调口造型，效果如图 6.34 所示。

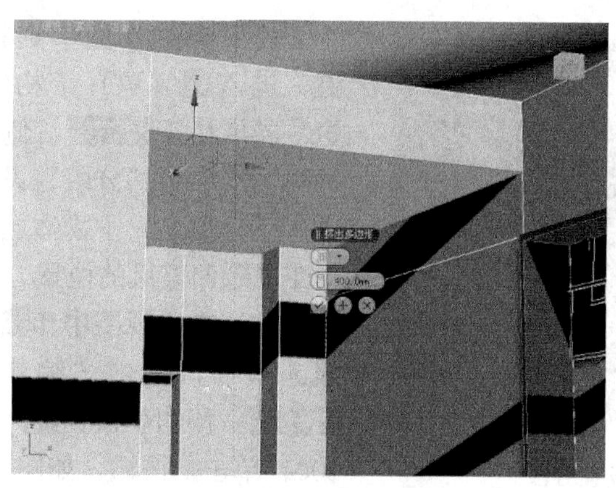

图 6.33　创建靠卫生间和门的吊顶

图 6.34　创建空调口造型

(4) 先将顶面的大面分离出来。按【1】键，进入 (顶点) 子物体层级，单击“编辑顶点”卷展栏下 移除 按钮，移除部分顶点，如图 6.35 所示。

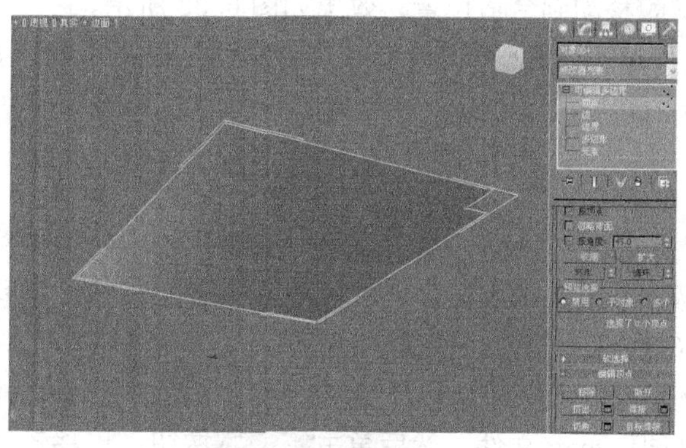

图 6.35　移除部分顶点

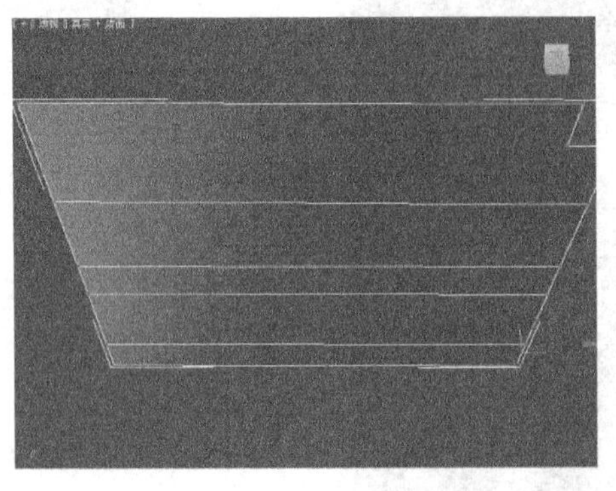

图 6.36 设置分段

(5) 在透视图中选择两边的边。按【2】键，进入 (边) 子物体层级。单击“编辑边”卷展栏下连接右侧的小按钮，在弹出的对话框中将“分段”设置为 4，单击按钮。进入 (顶点) 子物体层级，在顶视图中用移动工具调整点的位置，如图 6.36 所示。

(6) 在透视图中用 (多边形) 子物体层级选择面，单击“编辑多边形”卷展栏下挤出右侧的小按钮，将挤出的高度设置为 100，单击按钮，如图 6.37 所示。

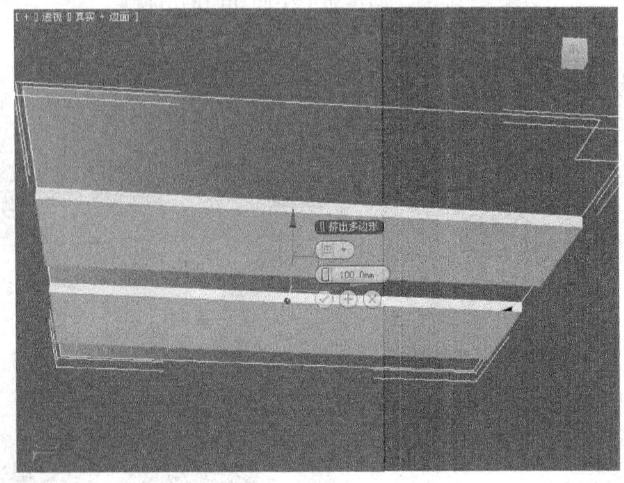

图 6.37 向下挤出

2. 创建筒灯造型

(1) 单击 / / 圆柱体按钮，在顶视图中绘制一个半径为 126、高度为 500 的圆柱体。

(2) 单击 / / 圆环按钮，在顶视图中绘制一个半径 1 为 150、半径 2 为 24 的圆环。用移动工具移动到合适位置，效果如图 6.38 所示。

(3) 按住键盘【Shift】键。根据设计要求用移动工具复制，并移动到合适位置，效果如图 6.39 所示。

6.1.5 合并模型

(1) 单击菜单栏中 / “导入/合并” 命令，在弹出的“合并文件”对话框中选择随书光盘/第 6 章/床及床头柜.max 文件，然后单击打开(O)按钮。用移动工具移动到合适位置，效果如图 6.40 所示。

(2) 单击菜单栏中 / “导入/合并” 命令，在弹出的“合并文件”对话框中选择随书光盘/第 6 章/电视柜.max 文件，然后单击打开(O)按钮。用移动工具移动到合适位置，效果如图 6.41 所示。

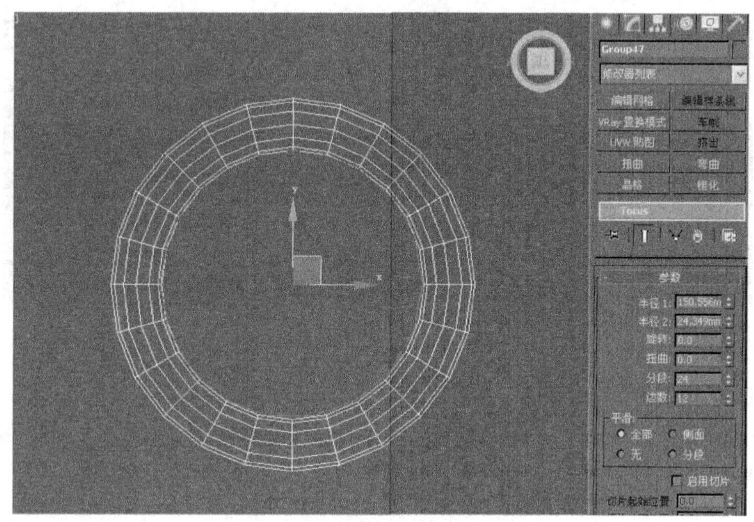

图 6.38　绘制圆环并移动

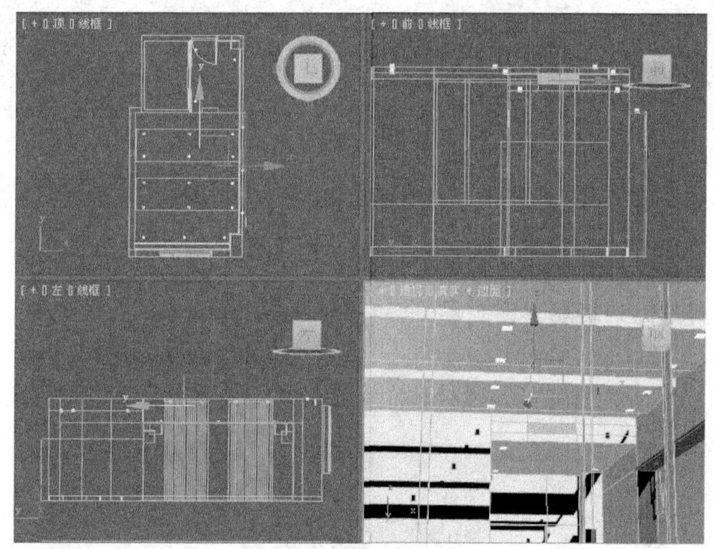

图 6.39　复制筒灯

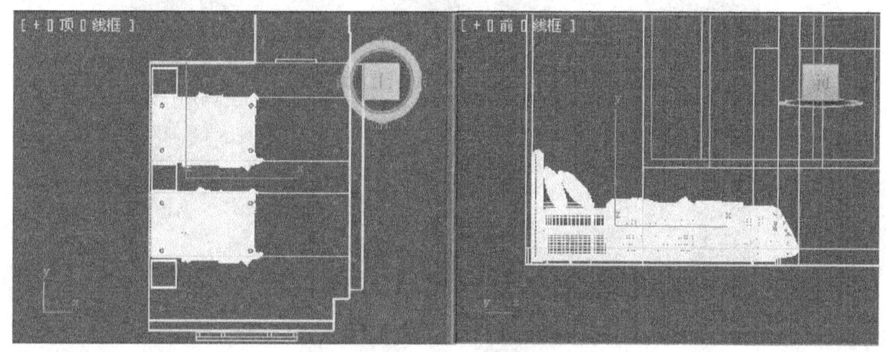

图 6.40　合并床及床头柜

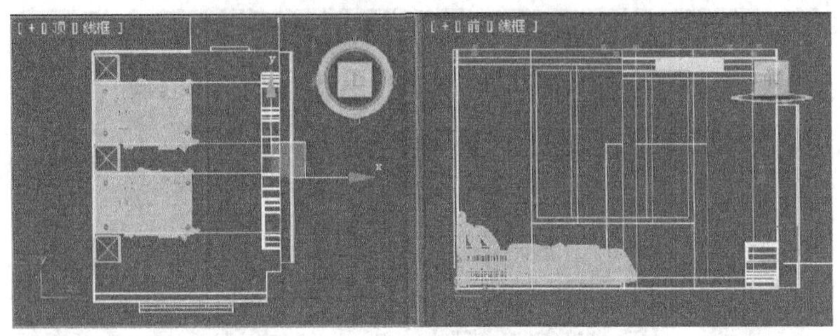

图 6.41　合并电视柜

(3) 单击菜单栏中 /“导入/合并”命令，在弹出的“合并文件”对话框中选择随书光盘/第 6 章/茶几和椅子.max 文件，然后单击打开(O)按钮。用移动工具移动到合适位置，效果如图 6.42 所示。

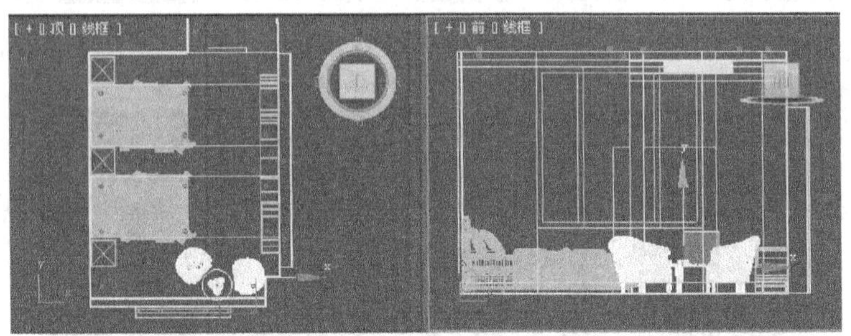

图 6.42　合并茶几和椅子

(4) 用同样的方法将随书光盘第 6 章中的“高背椅.max”、“桌子.max”、“电视.max”、“矮座.max”、“窗帘.max”、“落地灯.max”、“吊灯.max”、“室内植物.max”等文件合并，用移动工具移动到合适位置，效果如图 6.43 所示。

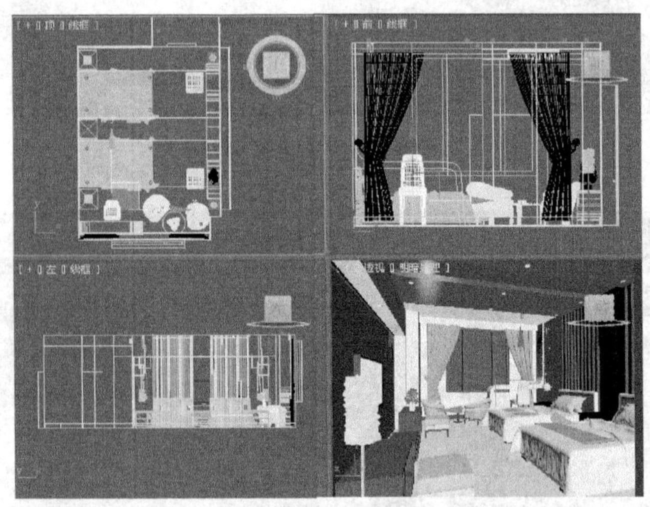

图 6.43　合并其他模型

(5) 将导入的 CAD 平面图删除。

（6）按【Ctrl+S】键，将文件保存为“标准间 . max”。

6.2　标准间材质的调制

6.2.1　乳胶漆材质的调制

因为后面将使用 VRay 进行渲染，所以在调制材质时应该将 VRay 指定为当前渲染器，不然将不能在正常情况下设置使用 VRay 的专用材质。

（1）按【F10】键，打开“渲染场景”对话框，然后将 VRay 指定为当前渲染器，如图 6.44 所示。

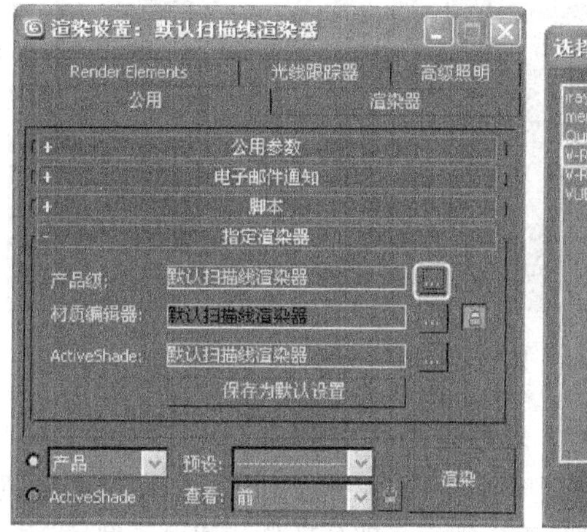

图 6.44　指定 VRay 渲染器

（2）按【M】键，打开“材质编辑器”，选择一个新的材质球，将其指定为 VR 材质，材质命名为“白乳胶漆”，“漫反射”设置为白色，如图 6.45 所示。将调制好的材质赋给分离的部分天花和墙面造型。

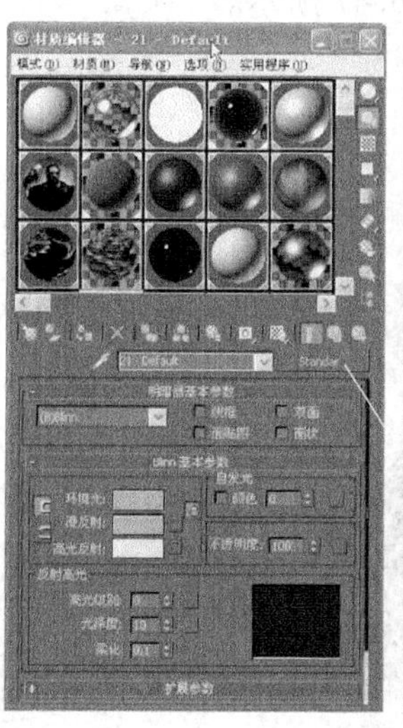

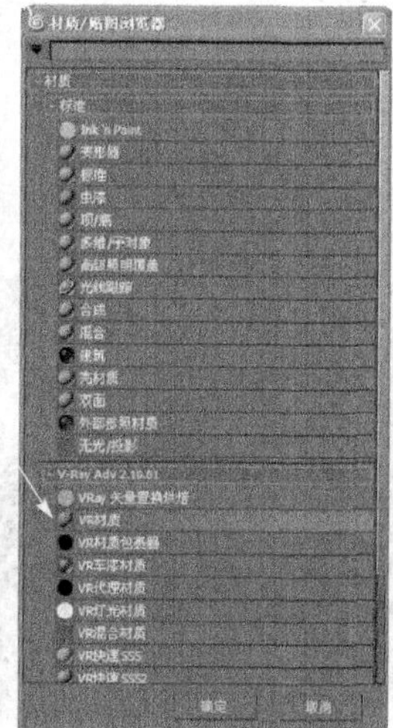

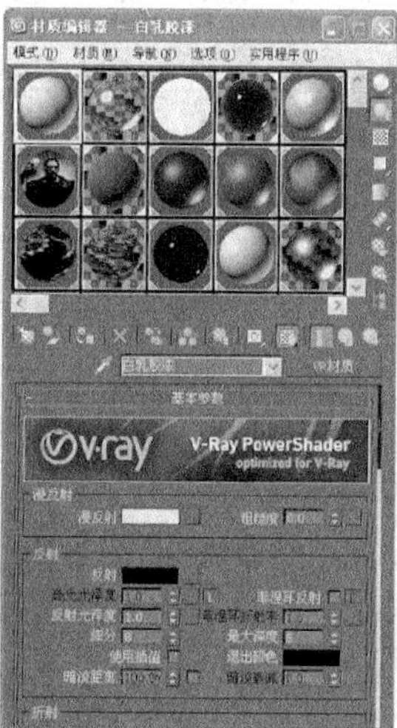

图 6.45　乳胶漆材质的参数

6.2.2 黑胡桃材质的调制

(1) 选择一个新的材质球，将其指定为 VR 材质，材质命名为“黑胡桃”。单击“漫反射”右侧的小按钮，选择“位图”，在弹出的“选择位图图像文件”对话框中选择随书光盘第 6 章/贴图/饰面木板黑胡桃 . bmp，参数设置如图 6.46 所示。

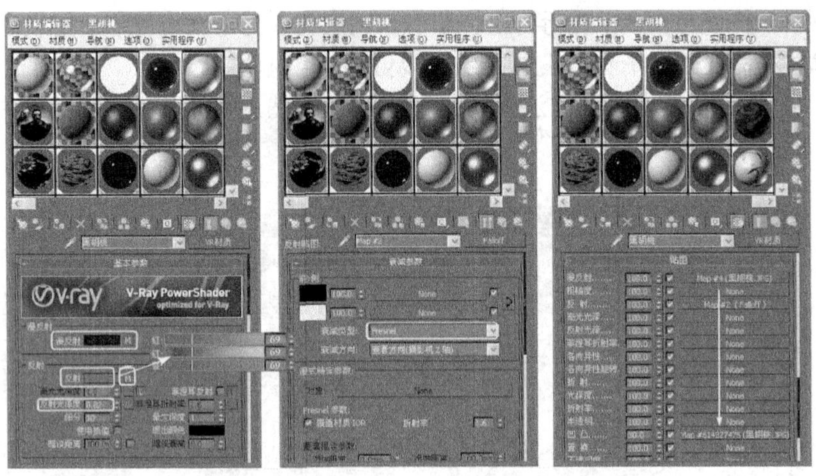

图 6.46 黑胡桃材质的参数

(2) 为了方便管理，将部分顶棚、墙面造型分离出来，为其施加一个“UVW 贴图”命令，在“贴图”选项组下选择“长方体”贴图方式，长、宽、高设置为 1600。单击按钮，将调制好的黑胡桃材质赋给电视柜、部分顶棚和墙面造型。

6.2.3 镜面花纹材质的调制

(1) 选择一个新的材质球，将其指定为 VR 材质，材质命名为“镜面花纹”，单击“漫反射”右侧的小按钮，选择“位图”，在弹出的“选择位图图像文件”对话框中选择随书光盘第 6 章/贴图/镜面花纹 . jpg，参数设置如图 6.47 所示。

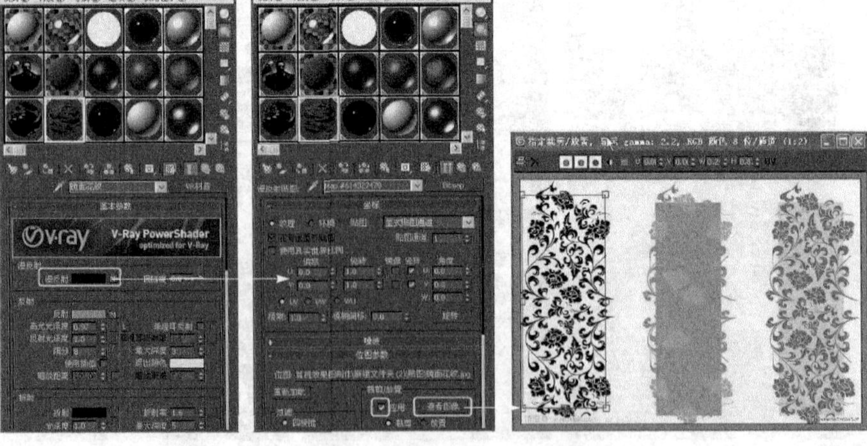

图 6.47 镜面花纹材质的参数

(2) 单击“反射”右侧的小按钮，选择“位图”，在弹出的“选择位图图像文件”对话框中选择随书光盘第 6 章/贴图/镜面花纹 .jpg，参数设置如图 6.48 所示。

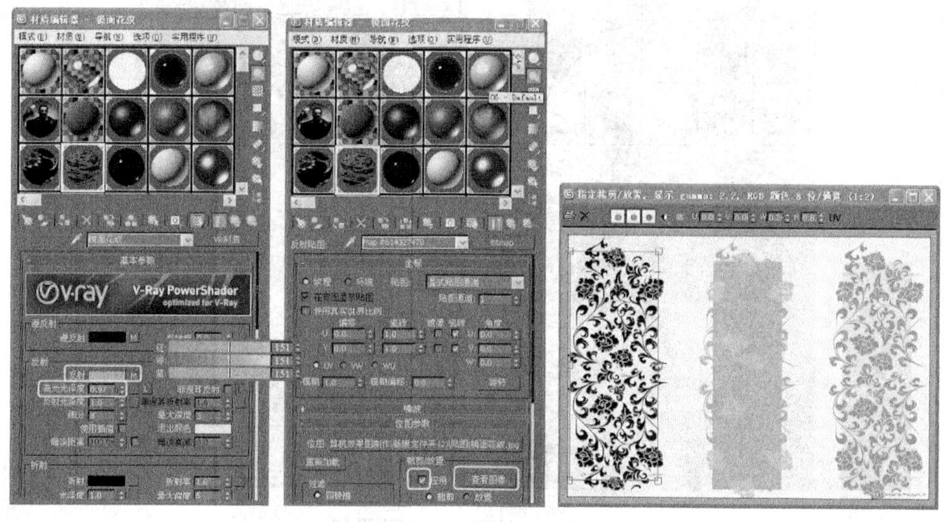

图 6.48　查看图像

(3) 在“贴图”卷展栏下将“漫反射”后的长按钮材质复制到下面的“凹凸”后的按钮上，并将“数量”值改为 10，参数设置如图 6.49 所示。

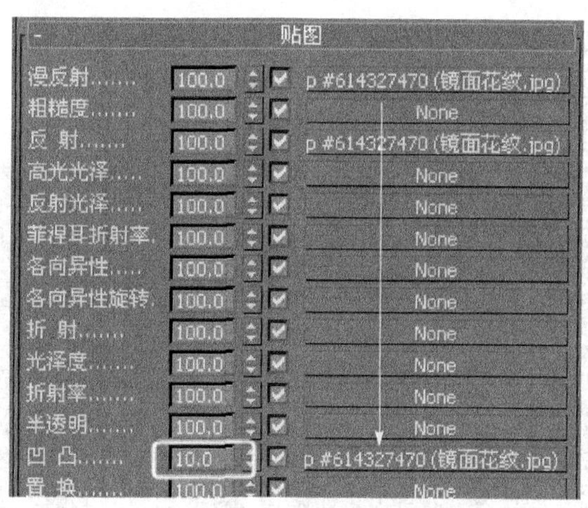

图 6.49　凹凸贴图复制

(4) 为其施加一个“UVW 贴图”命令，在“贴图”选项组下选择“长方体”贴图方式，长、宽、高设置为 500。单击按钮，将调制好的镜面花纹材质赋给分离的部分顶棚和墙面。

6.2.4　地毯材质的调制

(1) 选择一个新的材质球，将其指定为 VR 材质，材质命名为“地毯”，单击“漫反射”右侧的小按钮，选择“位图”，在弹出的“选择位图图像文件”对话框中选择随书光盘第 6 章/贴图/地毯 .jpg，参数设置如图 6.50 所示。

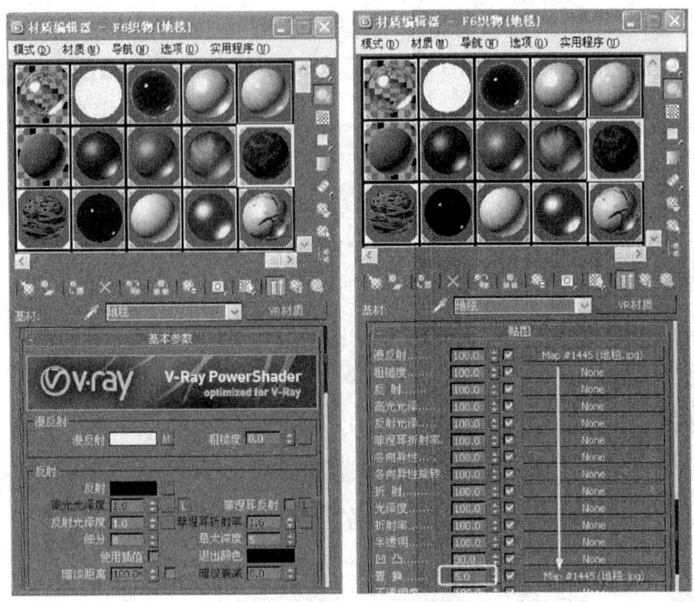

图 6.50　地毯材质参数设置

（2）单击 VR材质 按钮，在弹出的“材质/贴图浏览器”对话框中选择“VR 材质包裹器”，并设置参数，如图 6.51 所示。

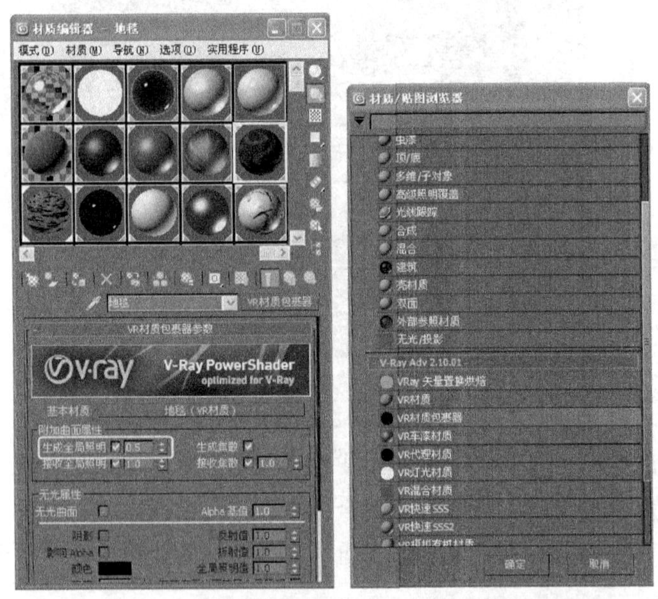

图 6.51　为当前材质增加一个 VR 材质包裹器

（3）为其施加一个“UVW 贴图”命令，在“贴图”选项组下选择“长方体”贴图方式，长、宽、高设置为 800。单击按钮，将调制好的地毯材质赋给分离的地面，如图 6.52 所示。

图 6.52 为地毯增加一个 UVW 贴图

6.2.5 主题墙壁纸材质的调制

(1) 选择一个新的材质球，将其指定为 VR 材质，材质命名为“壁纸”，单击“漫反射”右侧的小按钮，选择“位图”，在弹出的“选择位图图像文件”对话框中选择随书光盘第 6 章/贴图/壁纸 . bmp，参数设置如图 6.53 所示。

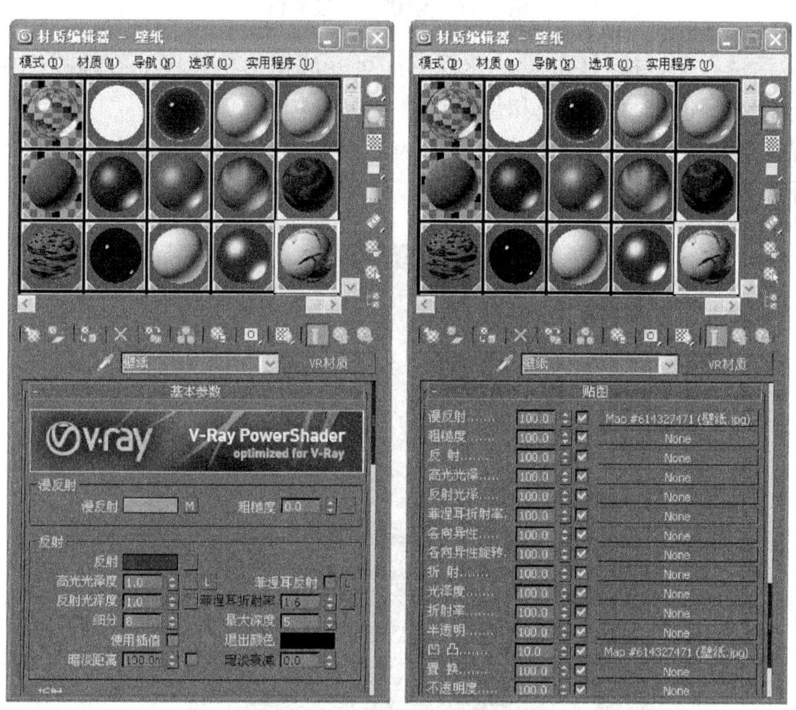

图 6.53 壁纸材质的参数设置

(2) 单击按钮，将调制好的壁纸材质赋给分离的主题墙面。

至此，所有的材质已经调制完成了。至于合并的物体，之前就已经赋给材质了。

6.3 摄影机的设置

(1) 单击“创建”命令面板中的 / / 目标 按钮，在顶视图中创建一架摄影机，将“参数”卷展栏下的“视野”参数改为 73，如图 6.54 所示。

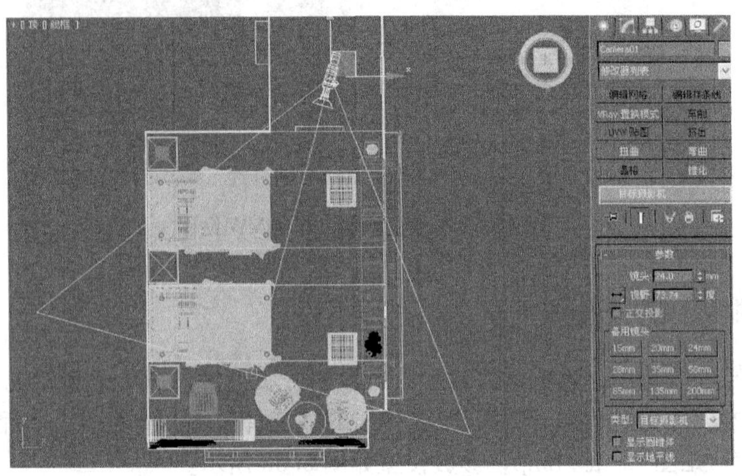

图 6.54 创建一架摄影机

(2) 激活透视图，按【C】键，透视图即可变成摄影机视图。在前视图中选择中间的蓝线，也就是同时选择摄影机和目标点。

(3) 在前视图中将摄影机移动到高度为 800 左右的位置，镜头设置为 24，效果如图 6.55 所示。

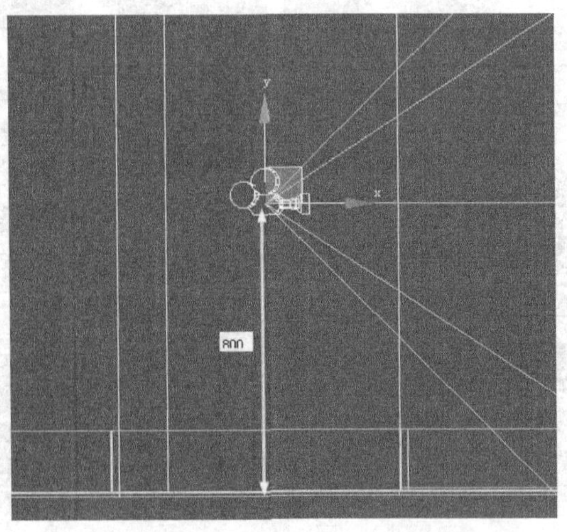

图 6.55 设置摄影机的高度

(4) 激活摄影机视图。右键单击左上角的摄影机文字，弹出下拉式菜单，选择“显示安全框”即可，如图 6.56 所示。

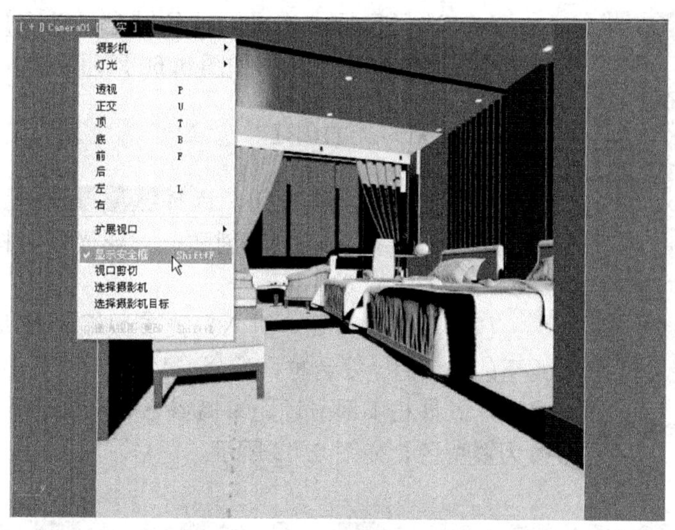

图 6.56　显示安全框的设置

(5) 按【Ctrl+S】键，将文件进行快速保存。

6.4　灯光的设置

将灯光分两个部分来设置，分别是室内的灯光照明和室外的日光效果。

6.4.1　筒灯灯光的创建

(1) 单击 / 按钮，选择 光度学 灯光，单击 目标灯光 按钮，在前视图中创建一盏点光源，将它移动到筒灯的位置，如图 6.57 所示。

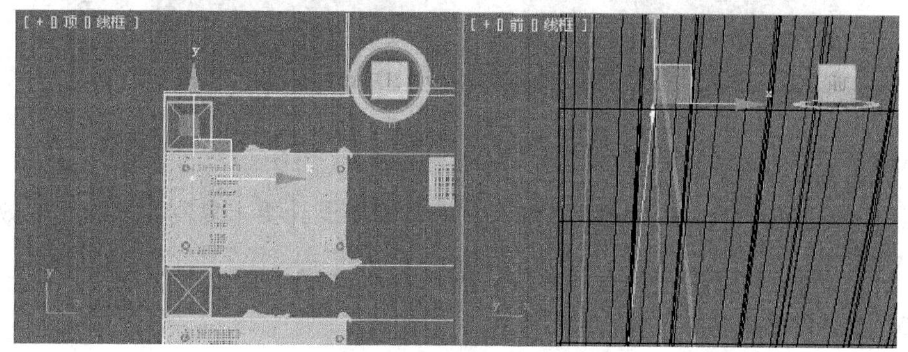

图 6.57　创建一盏点光源

(2) 单击 按钮，进入灯光参数编辑面板，打开“阴影”组下的“启用”复选框，选择“VRay 阴影”。在“常规参数”卷展栏下选择“灯光分布（类型）”组下的 光度学 Web 光域网分布方式，如图 6.58 所示。

(3) 拖动命令面板，进入“分布（光度学 Web）”卷展栏，点击 < 选择光度学文件 > 按钮，选择随书光盘第 6 章/光域网/TD-003.ies，将光域网文件导入到场景中。亮度调整为 20000，其他参数设置如图 6.59 所示。

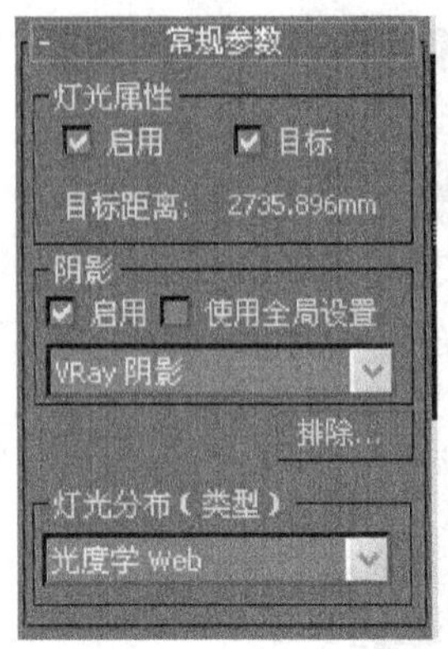

图 6.58 常规参数设置

(4) 选择目标点光源，按住键盘【Shift】键，根据设计要求复制，复制后的效果如图 6.60 所示。

6.4.2 台灯灯光的创建

(1) 单击 / 按钮，选择标准灯光，单击泛光灯按钮，在前视图中创建一盏泛光灯，将它移动到台灯的位置，如图 6.61 所示。

(2) 单击按钮，进入灯光参数编辑面板，打开“阴影”组下的“启用”复选框，选择“VRay 阴影”。在“强度/颜色/衰减”卷展栏下调节远距衰减参数，“倍增器”改为 3，颜色改为淡黄色，如图 6.62 所示。

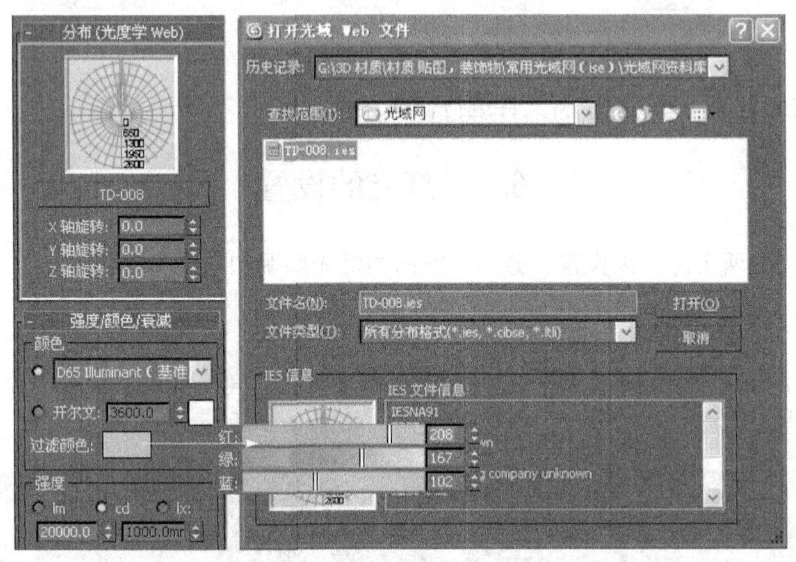

图 6.59 导入光域网文件

(3) 选择泛光灯，按住键盘【Shift】键，根据设计要求复制，复制后的效果如图 6.63所示。

6.4.3 室外灯光的创建

(1) 单击 / 按钮，选择标准灯光，单击泛光灯按钮，在左视图中创建一盏泛光灯，将它移动到合适位置，如图 6.64 所示。

(2) 单击按钮，进入灯光参数编辑面板，打开“阴影”组下的“启用”复选框，选择“VRay 阴影”。在“强度/颜色/衰减”卷展栏下调节远距衰减参数，“倍增器”改为 3，颜色改为灰白色，如图 6.65 所示。

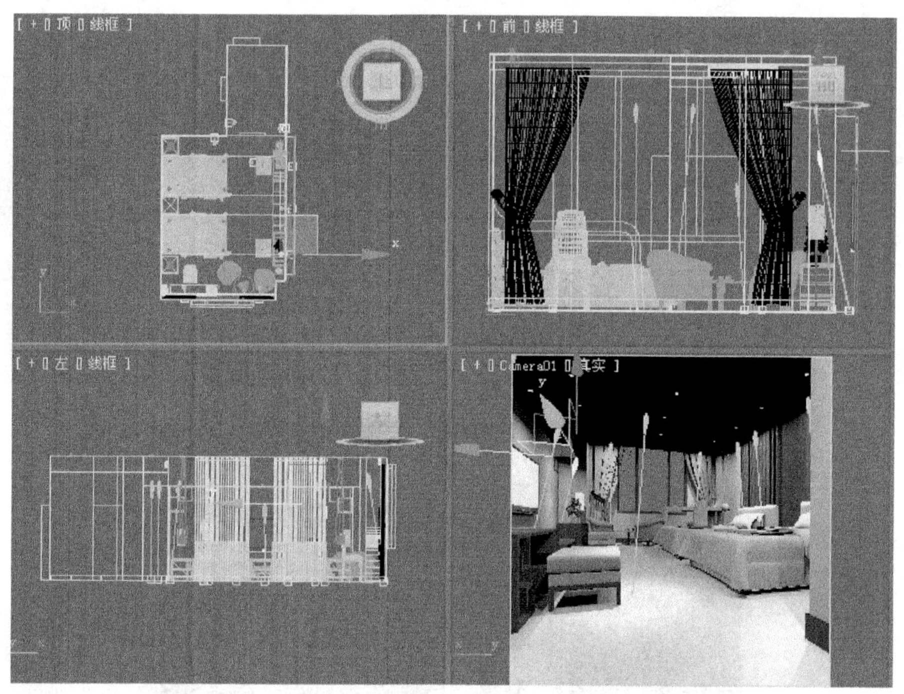

图 6.60　复制筒灯

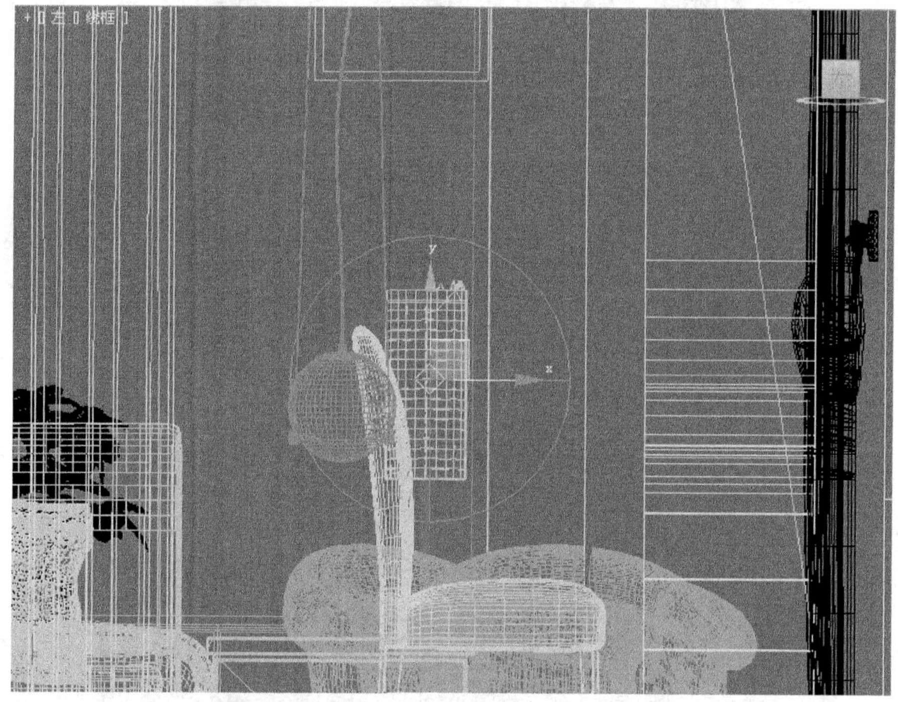

图 6.61　创建一盏泛光灯

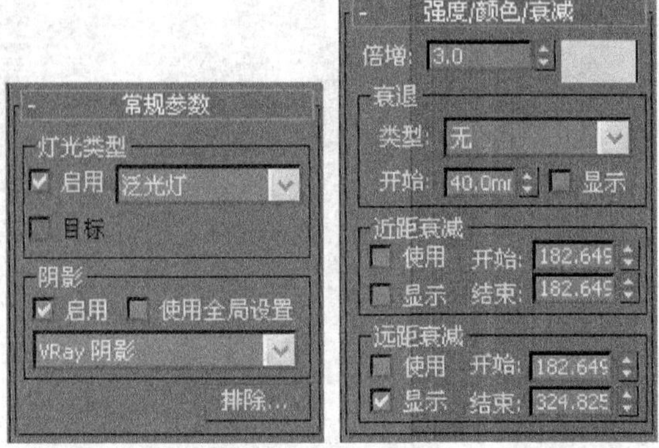

图 6.62 “强度/颜色/衰减”卷展栏参数调整（一）

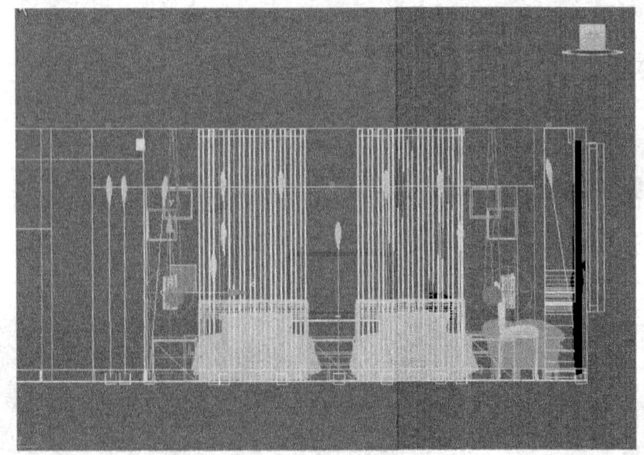

图 6.63 复制后的效果

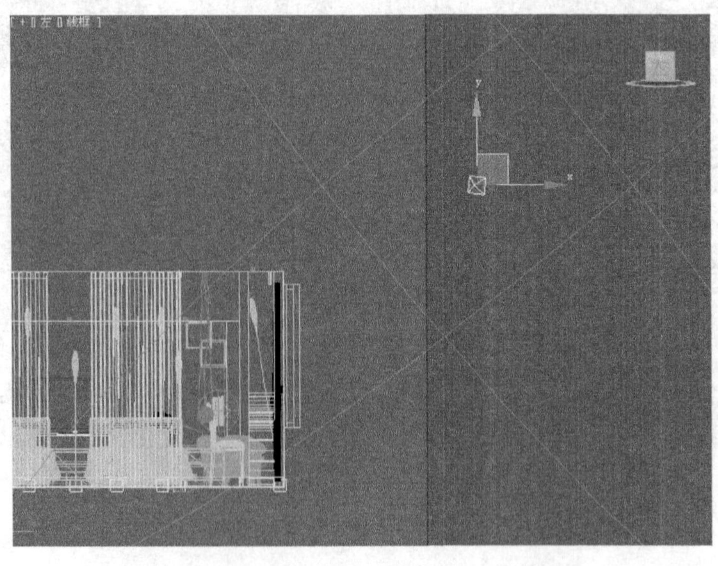

图 6.64 创建一盏室外泛光灯

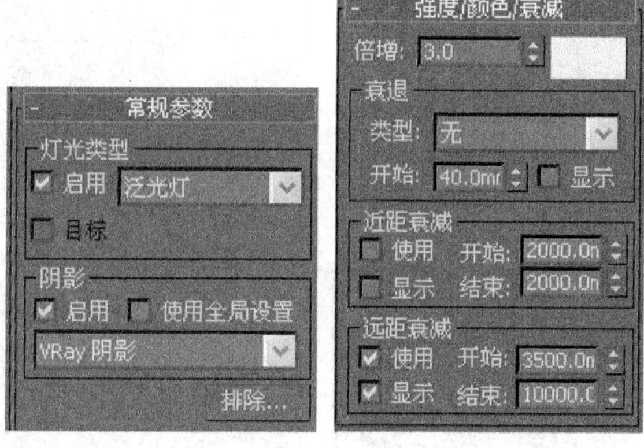

图 6.65　“强度/颜色/衰减”卷展栏参数调整（二）

6.5　设置 VRay 渲染参数

当场景中的摄影机和灯光已经设置完成后，就需要设置一个简单的渲染参数来快速渲染，观看效果。

(1) 按【8】键，打开“环境和效果”对话框，调整背景的颜色为淡白色，如图 6.66所示。

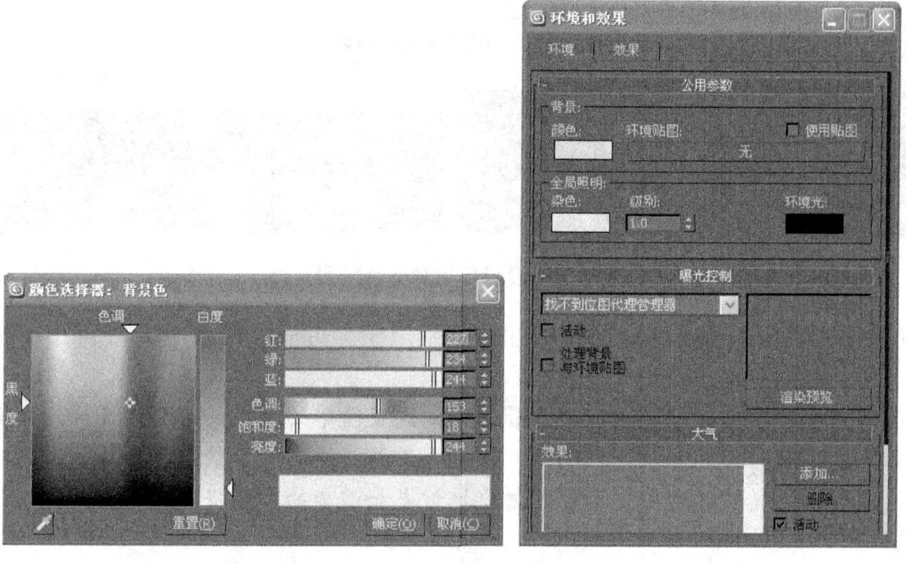

图 6.66　打开“环境和效果”对话框

(2) 按【F10】键，在打开的“渲染场景”对话框中，选择“渲染器”选项卡，设置全局开关、图像采样器、间接照明、发光图和灯光缓存的参数，如图 6.67所示。

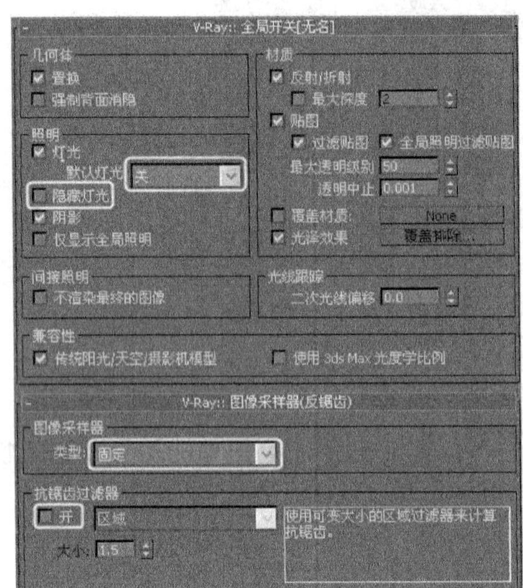

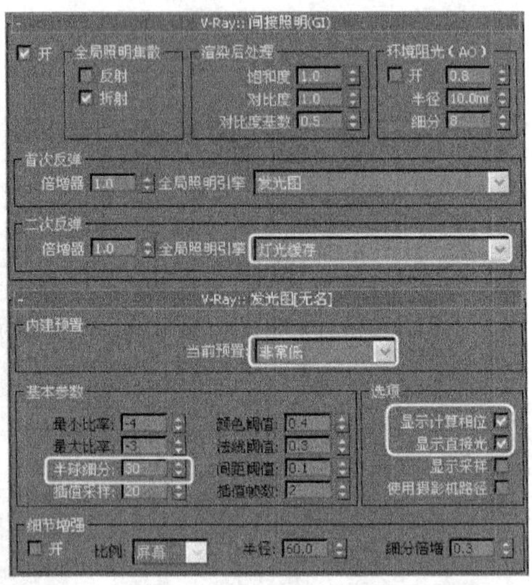

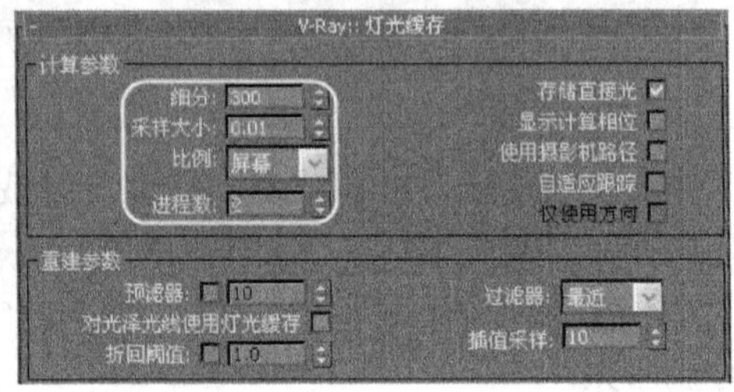

图 6.67 渲染场景对话框参数调整

(3) 再设置环境和颜色贴图参数，如图 6.68 所示。

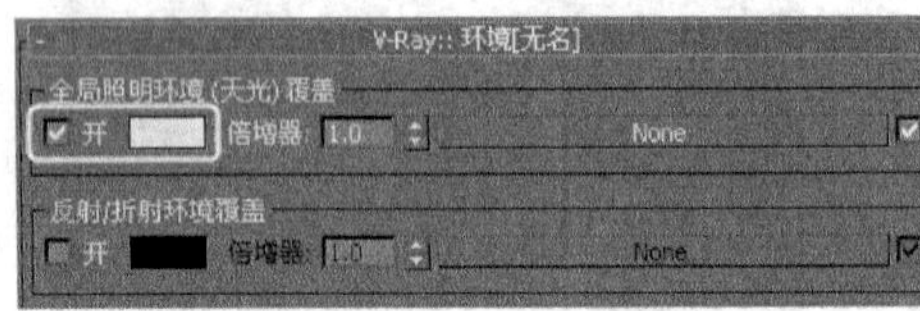

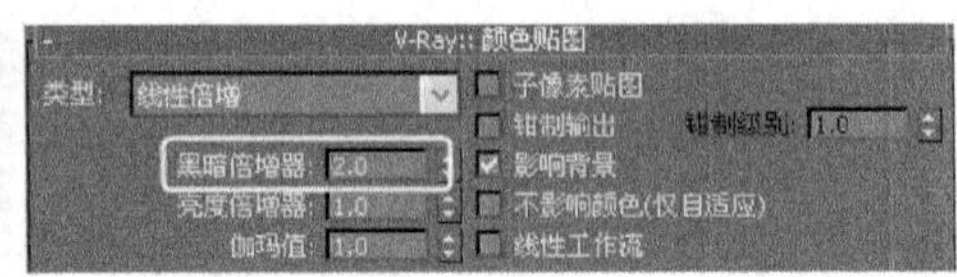

图 6.68 设置环境和颜色贴图参数

(4) 设置完成参数后单击按钮，开始渲染。可以先将尺寸设置得小一些，如 320×320。渲染的效果如图 6.69 所示。

温馨提示：在进行渲染测试时，最好先来设置简单的参数，这样渲染的速度会快很多，如果发现有问题，可以进行调整，最后再设置一些高的参数进行渲染。如果感觉满意了，就可以设置最终的渲染参数，需要把灯光和渲染的参数提高，来得到更好的渲染效果。

(5) 重新设置按【F10】键，在打开的“渲染场景”对话框中，选择“渲染器”选项卡，设置图像采样器、发光图和灯光缓存的参数，如图 6.70 所示。

(6) 单击“公用”选项卡，设置输出的尺寸为 2000×2000，如图 6.71 所示。

(7) 单击按钮，最终的效果如图 6.72 所示。

(8) 单击（保存位图）按钮，将渲染后的图进行保存，文件名为“标准间 .tif”文件。

图 6.69　渲染效果

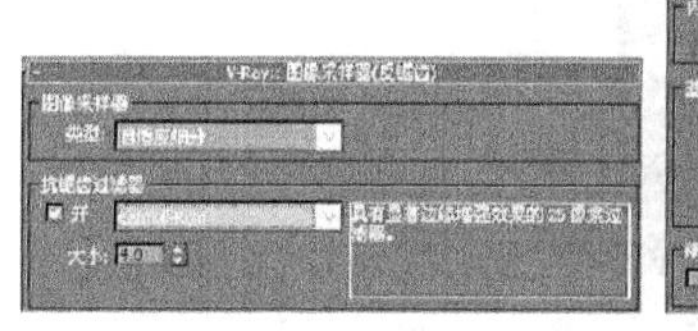
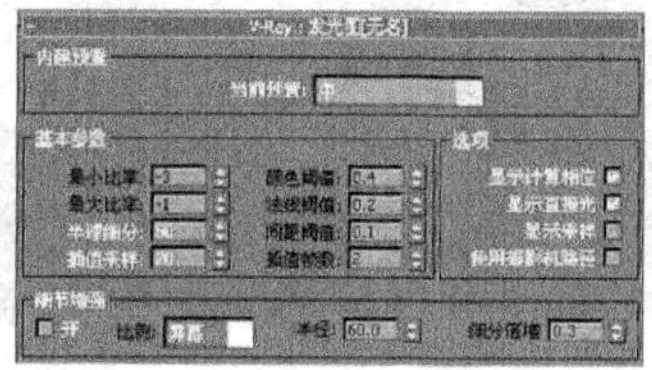
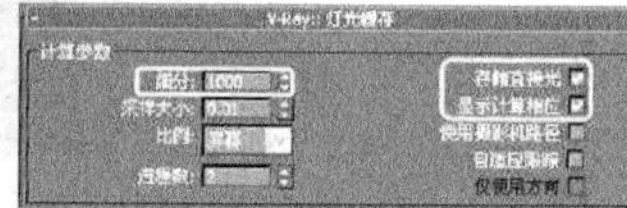

图 6.70　再次调整渲染场景对话框参数

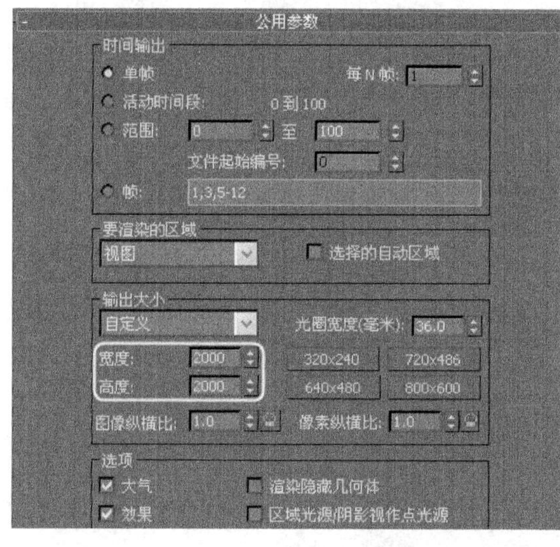

图 6.71　输出尺寸设置

图 6.72　最终渲染效果

(9) 按【Ctrl+S】键，将文件进行快速保存。

6.6 效果图后期处理

6.6.1 画面大小的调整

1. 打开文件

(1) 在 Photoshop 软件中打开随书光盘中第 6 章中“标准间 . tif”。

(2) 用工具面板中的剪切工具对画面的比例及整个画面构图进行调整，调整后的效果如图 6.73 所示。

图 6.73 剪切构图

2. 改变画面分辨率

单击下拉式菜单“图像”下的“图像大小”，弹出“图像大小”对话框，把“宽度”改为 80cm，“高度”改为 65cm，“分辨率”改为 150，其他为默认，如图 6.74 所示，单击 好 按钮。

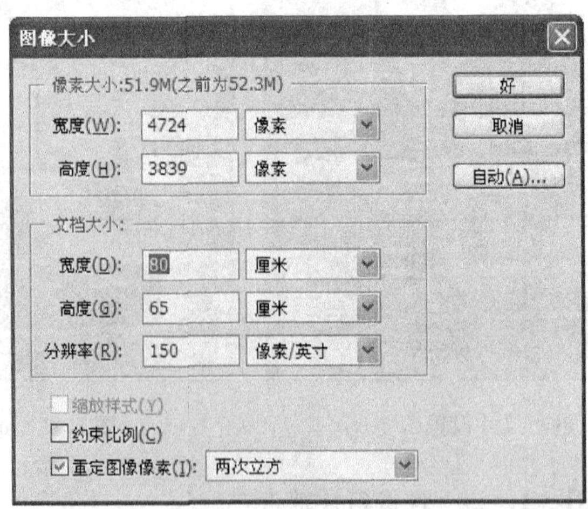

图 6.74 改变画面分辨率

6.6.2　图像调整

1. 曲线调整

单击“图像/调整/曲线调整”，通过“曲线调整”命令可以改变画面明度，如图 6.75 所示。

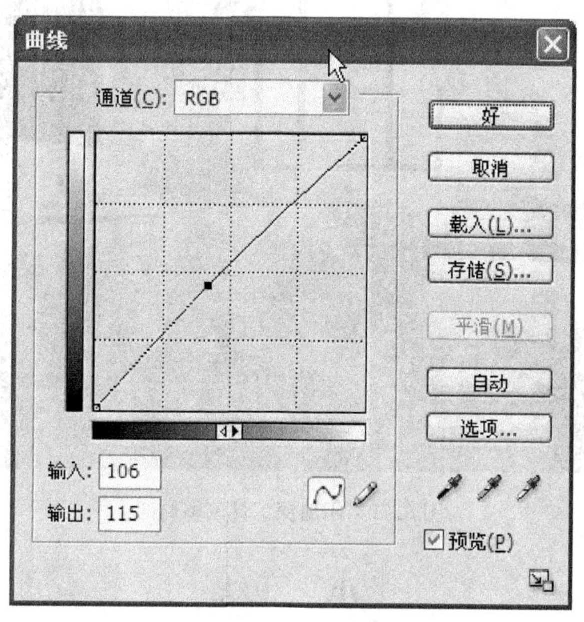

图 6.75　曲线调整

2. 亮度/对比度调整

利用“亮度/对比度”调整命令修改画面的对比度。次命令较为单纯。可利用它对图像进行亮度及对比度的分别调整，调整后的参数如图 6.76 所示。

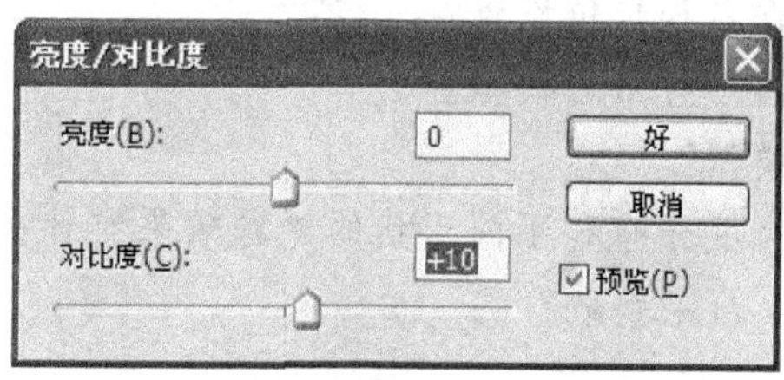

图 6.76　亮度/对比度调整

3. 图像局部修改

用工具面板中多边形套索工具对部分物体选择，然后用加深工具调整，调整后的效果如图 6.77 所示。

图 6.77　用加深工具调整局部

小　　结

通过本章的学习，应了解标准间效果图的制作流程、光度学灯光控制的基本方法。但是要制作一张高品质的效果图只了解这些还远远不够，更重要的是要多观察生活。经常有人提问灯光应该怎么打？答案很简单，生活中是怎样的，就怎样去打。事实上，认真观察，用审美的眼光去体会，才是完成一张好图的前提与基础。

思考练习题

6.1　如何创建新文件名和单位设置？

6.2　参照实例制作筒灯与吊灯模型。

6.3　如何调用家具模型？

6.4　光域网文件对亮度分布和不同形状的光源效果有什么影响？

6.5　如何设置 VRay 渲染参数？

6.6　如何使用加深工具？

第7章 卧室效果图表现实例

7.1 卧室模型制作及材质编辑

7.1.1 卧室设计分析及制作思路

卧室是住宅中最私密、最安宁和最具心理安全感的空间，其基本功能有睡眠、休闲、梳妆、盥洗、储藏和视听等，其基本设施配备有双人床、床头柜、衣橱或专用衣帽储藏间、专用卫生间、休息椅、电视柜、梳妆台等。本章将介绍卧室室内效果图的制作，如图7.1所示。从提供的成品图中可以看出，卧室设计属于混搭式风格，通过不同风格、不同材质、不同色彩、图案、织物和饰品混合组合在一起，从而混合搭配出完全个性化的风格，散发着浓郁的时代文化气息。无论背景的主题墙还是具有时代特征的灯具、床及床头柜，都能彰显出该空间的温馨之感。

图7.1 卧室效果图

卧室的设计要求与酒店的标准间有所不同，以顾客为主的标准间大多以中性色调为主，但卧室的设计则多以暖色调为主。暖色调能够很好地渲染室内氛围，它可通过墙面、地面以及各种软装饰、灯饰体现出来。因此，本案无论从设计角度还是从制作角度都较好把握了这一重要特点。

在制作卧室的模型过程中，要注意先将AutoCAD图形导入到3ds Max中冻结起来，然后创建长方体并转换为可编辑多边形，进行建立模型、合并家具、调制材质、设置灯光和 VRay 渲染出图。在制作过程中，通过“连接”、“挤出”、“倒角”等命令对多边形进行修改来创建模型，通过 VR 材质为模型赋予材质，创建摄像机，设置目标点光源和 VRay 灯光等，最后运用 Photoshop 软件对卧室渲染图片进行后期处理。

7.1.2 CAD 图形导入

1. 单位设置

(1) 选择菜单栏上的“自定义/单位设置”命令，在弹出的“单位设置”窗口中选择“显示单位比例/毫米”选项，如图 7.2 所示。

(2) 再单击“单位设置”窗口上的 系统单位设置 按钮，打开另一个“系统单位设置”窗口，在“系统单位比例”下拉列表中选择“毫米”，单击【确定】按钮，即可将系统单位设置为毫米，在此后的操作中各项数据也将单位显示为毫米，如图 7.3 所示。

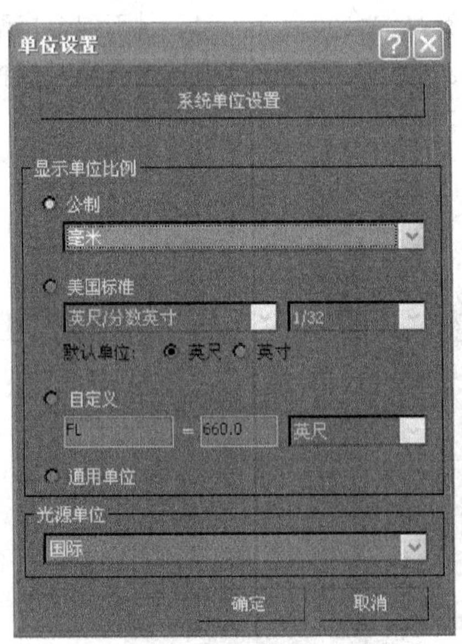

图 7.2 “系统单位设置”

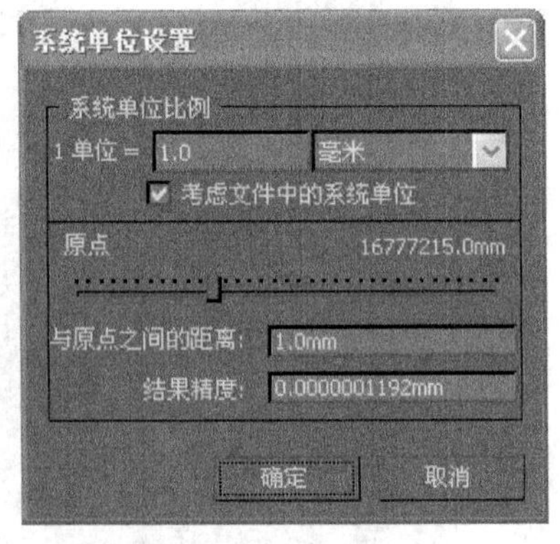

图 7.3 “系统单位比例”

2. 导入 CAD 文件

(1) 将随书光盘第 7 章的卧室 .dwg 文件导入到场景中，如图 7.4 所示。

(2) 按【Ctrl+A】键，选择所有线形，单击菜单栏中“组/成组”命令，使卧室的图形成为一组。

(3) 选择所有图形，单击鼠标右键，选择“冻结当前选择”命令，将图形进行冻结起来，这样在后面的操作中就不会选择和移动图形。

可以发现冻结之后的图形是灰颜色，看不太清楚，为了方便观察，可以将冻结物体的颜色改变一下。

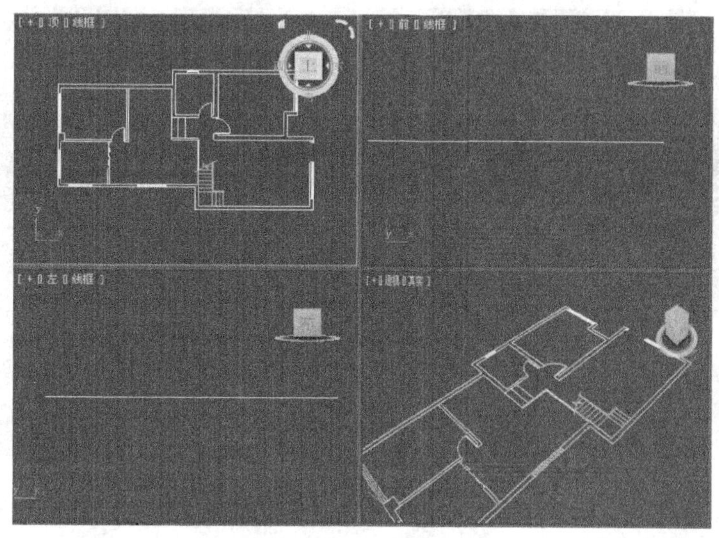

图 7.4　导入 CAD 文件

(4) 单击菜单栏中“自定义 /自定义用户界面”命令，在弹出的“自定义用户界面”对话框中，选择“颜色”选项卡，在“元素”右侧的下拉列表框中选择“几何体”，在下面的列表框中选择“冻结”，单击“颜色”右侧的色块，在弹出的“颜色选择器”对话框中调整一种便于观察的颜色，单击立即应用颜色按钮，如图 7.5 所示。此时，冻结图纸的颜色就变成所调整的颜色。

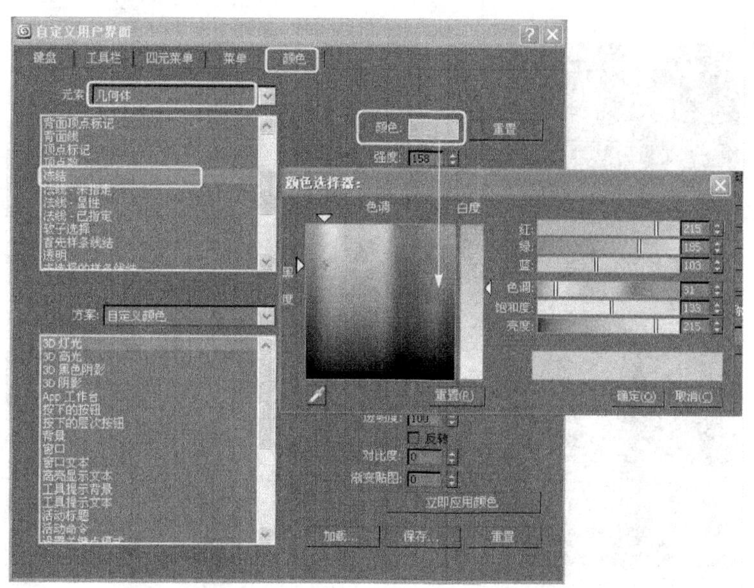

图 7.5　调整图纸的颜色

(5) 单击按钮，将鼠标放在上面右击，在弹出的“栅格和捕捉”对话框中设置“捕捉”及“选项”的设置，如图 7.6 所示。

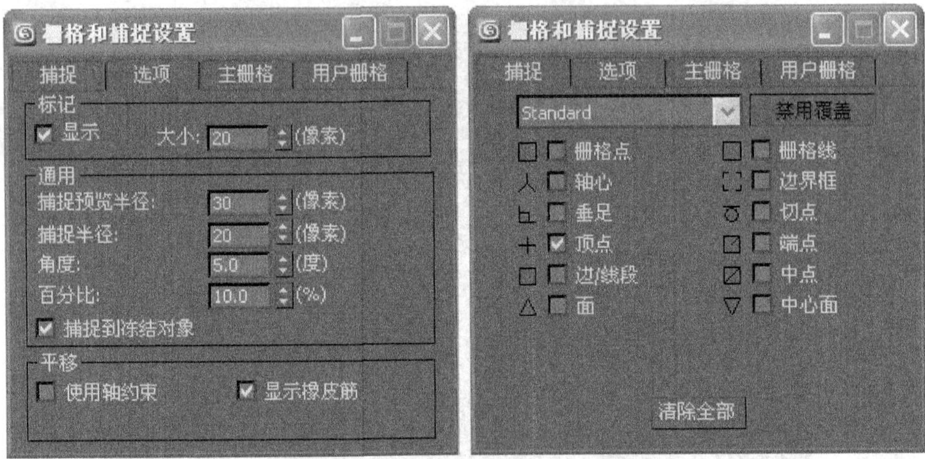

图 7.6 “栅格和捕捉”对话框参数设置

7.1.3 创建墙体和窗户造型

1. 创建墙体造型

(1) 激活顶视图，按【Alt+W】键，将视图最大化显示。按【S】键将捕捉打开，捕捉模式采用 2.5 维捕捉，捕捉方式采用顶点捕捉。

(2) 单击 / / 线 按钮，在顶视图中绘制墙体的内部封闭线形，如图 7.7 所示。

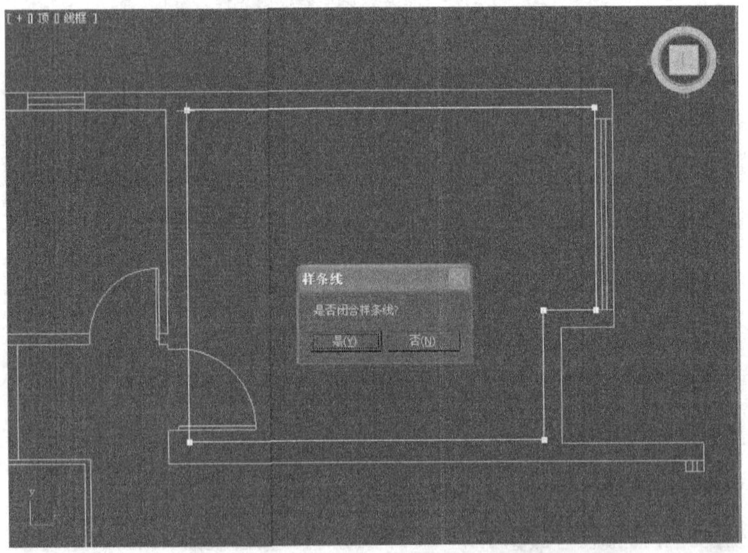

图 7.7 绘制墙体的内部封闭线形

(3) 单击修改命令面板，从中选择“挤出”命令，在参数面板中将“数量”值设置为 2700（即房间的层高为 2.7m）。为了便于观察，可以按【F4】键，显示墙体的结构线框。在透视图中被挤出的线形周围出现一个白色支架，可以通过快捷键【J】进行显示与否的切换，如图 7.8 所示。

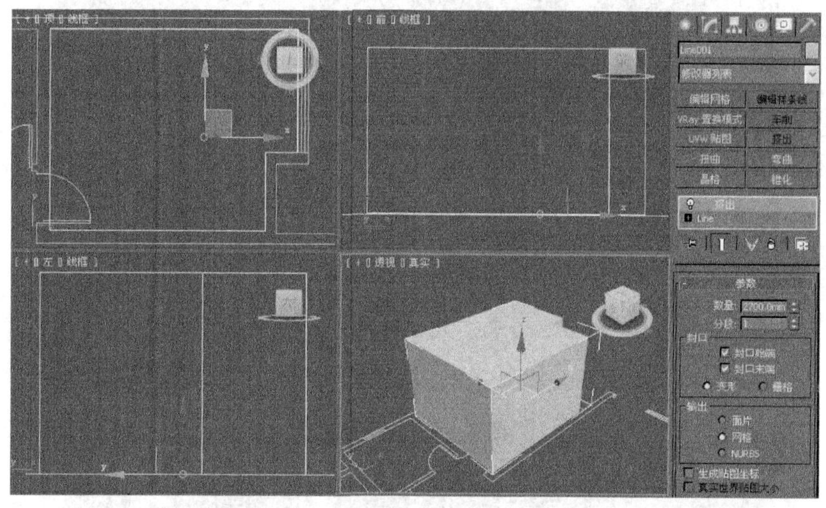

图 7.8 挤出线形

(4) 单击鼠标右键，在弹出的右键菜单中选择“转换为 / 转换为可编辑多边形”命令，将墙体转化为可编辑的多边形，如图 7.9 所示。

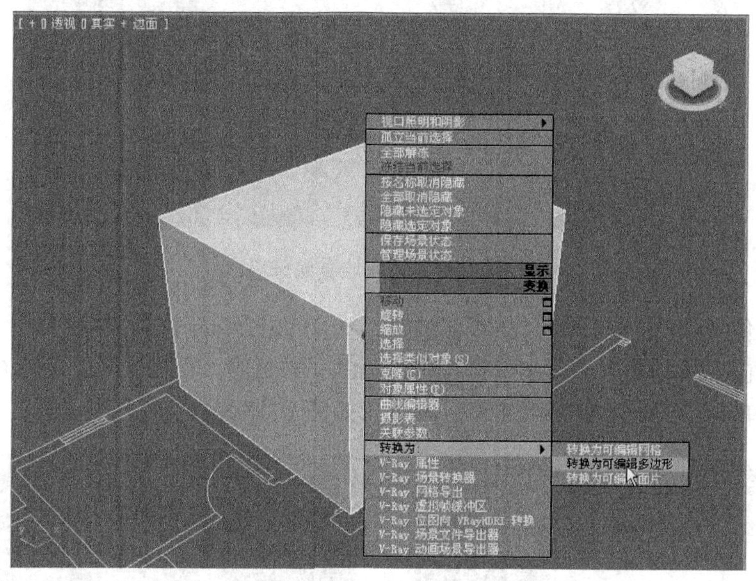

图 7.9 转换为可编辑多边形

(5) 按【5】键，进入 (元素) 子物体层级，按【Ctrl+A】键，选择所有的元素，单击 翻转 按钮，将法线翻转过来，整个墙体就被制作出来，如图 7.10 所示。

(6) 按【2】键，进入 (边) 子物体层级，选择主题墙位置的上面和下面的两条边，单击“编辑边”卷展栏下 连接 右侧的小按钮，在弹出的对话框中将“分段”设置为 2，单击按钮，如图 7.11 所示。

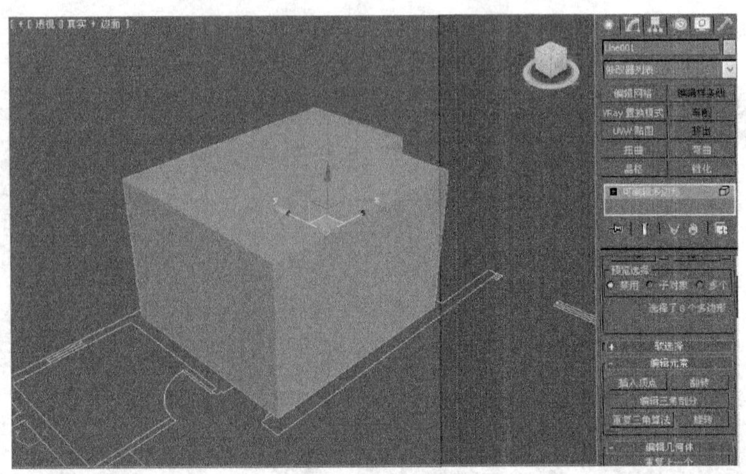

图 7.10 法线翻转

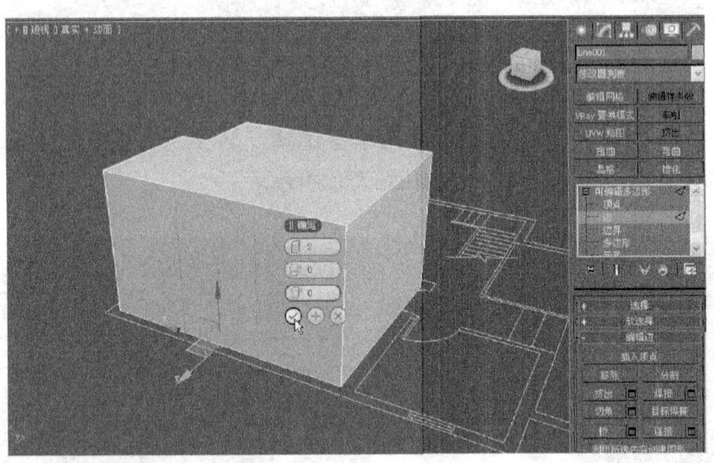

图 7.11 主题墙竖向分段

(7) 按住【Ctrl】键，再选择两侧的边，如图 7.12 所示。

(8) 单击“编辑边”卷展栏下 连接 右侧的小按钮，在弹出的对话框中将“分段”设置为 2，单击按钮，水平增加 1 条段数，如图 7.13 所示。

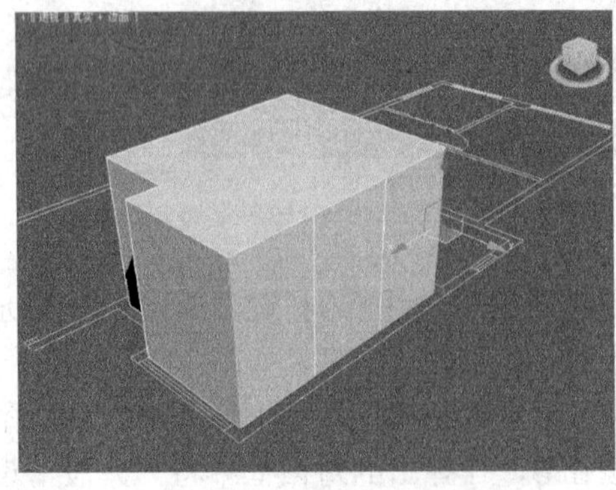

图 7.12 再选择两侧的边

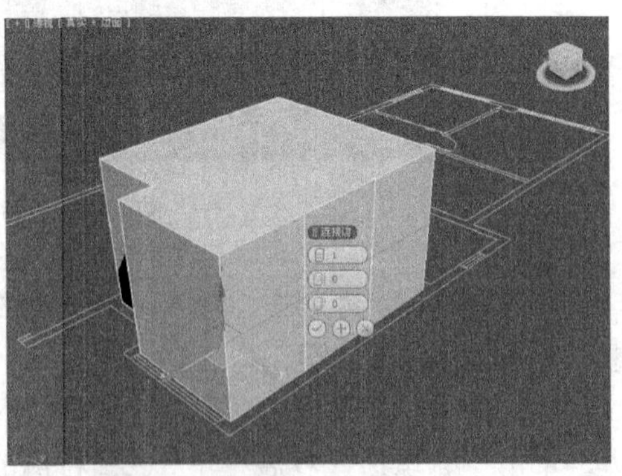

图 7.13 水平分段

(9) 按【1】键，进入 (顶点) 子物体层级，在顶视图中用移动工具调整点的位置 (根据设计要求进行调整)，移动顶点时用捕捉比较准确，如图 7.14 所示。

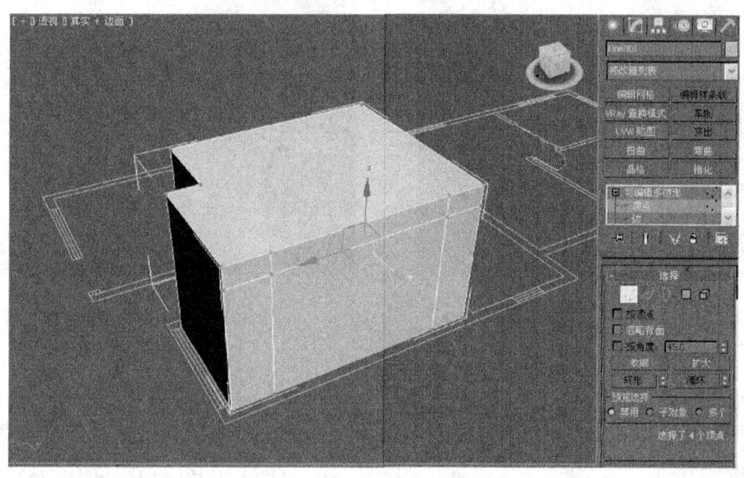

图 7.14　移动顶点

(10) 按【4】键，进入 (多边形) 子物体层级，在透视图中选择中间的面，单击“编辑多边形”卷展栏下 挤出 右侧的小按钮 将挤出的高度设置为－100 (即凸出墙的深度为 10cm)，单击后面的加号，使中间的面再挤出－100，单击 按钮，如图 7.15 所示。

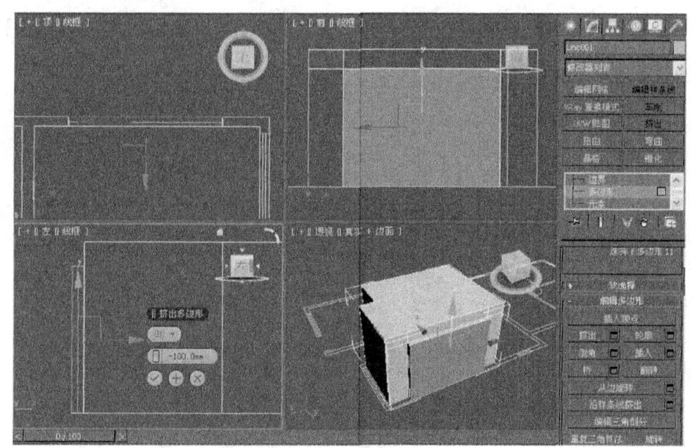

图 7.15　挤出选择的面

(11) 制作反光灯槽。在透视图中用 (多边形) 子物体层级选择中间第二次挤出上面，单击“编辑多边形”卷展栏下 挤出 右侧的小按钮 ，将挤出的高度设置为－100，单击 按钮，如图 7.16 所示。

(12) 用 (多边形) 子物体层级选择左右面，单击“编辑多边形”卷展栏下 挤出 右侧的小按钮 ，将挤出的高度设置为－100，单击 按钮，如图 7.17 所示。

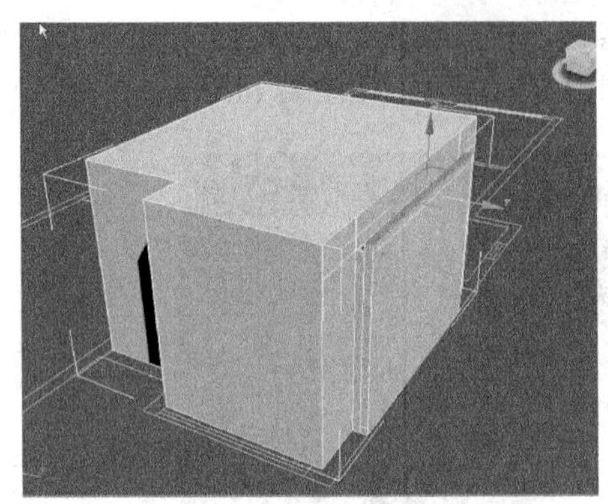

图 7.16 挤出反光灯槽的上面

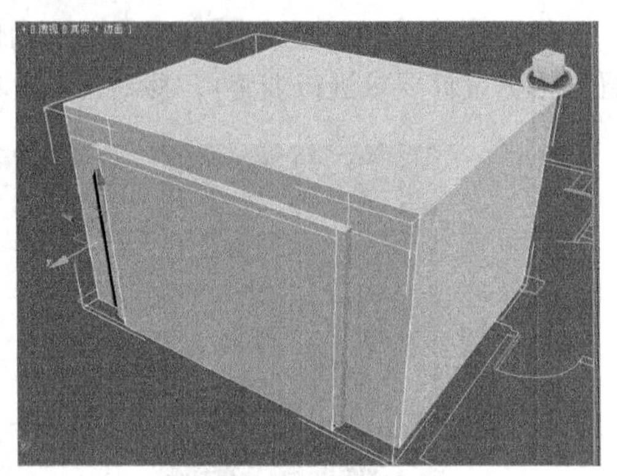

图 7.17 挤出反光灯槽的左右面

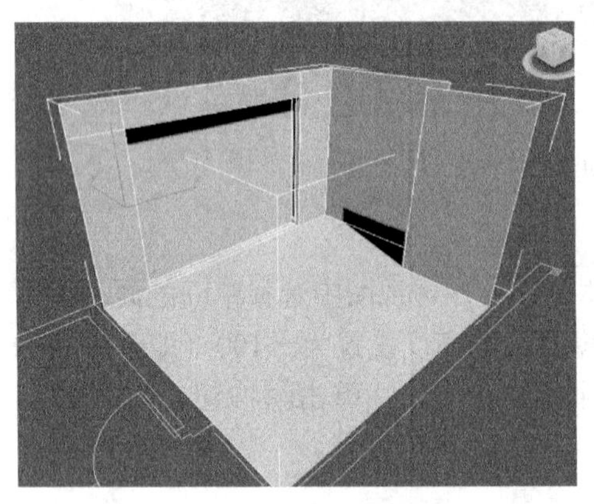

图 7.18 背面消隐

(13) 为了方便观察，我们可以对墙体进行消隐。在透视图中选择墙体，单击鼠标右键，在弹出的右键菜单中选择“对象属性”命令，在弹出的“对象属性”对话框中将“背面消隐”选项勾选，此时墙体里面的空间就可以看得很清楚了，如图 7.18 所示。

(14) 打开捕捉，捕捉方式采用顶点捕捉。单击 / / 线 按钮，在前视图中绘制矩形。单击鼠标右键，将矩形转化为可编辑的多边形，如图 7.19 所示。

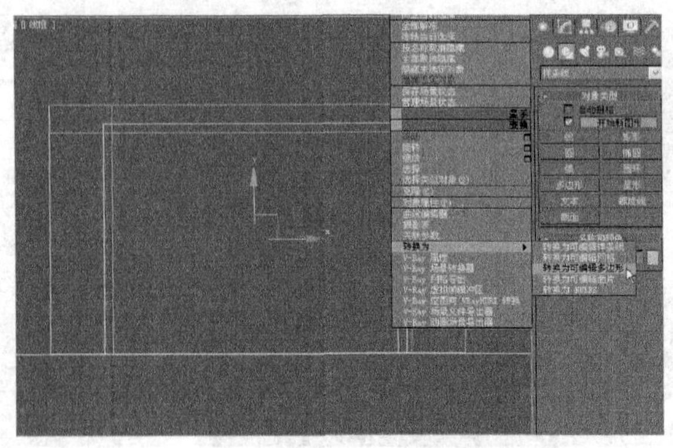

图 7.19 将矩形转化为可编辑的多边形

(15) 按【2】键，进入 (边) 子物体层级，选择矩形左、右两条边，单击“编辑边”卷展栏下 连接 右侧的小按钮，在弹出的对话框中将“分段”设置为 6，单击按钮，如图 7.20 所示。

(16) 按【4】键，进入 (多边形) 子物体层级，在前视图中选择矩形最上面的面。单击“编辑多边形”卷展栏下 倒角 右侧的小按钮，将倒角的高度设置为 10，轮廓设置为－10，单击后面的加号 3 次，单击按钮，如图 7.21 所示。

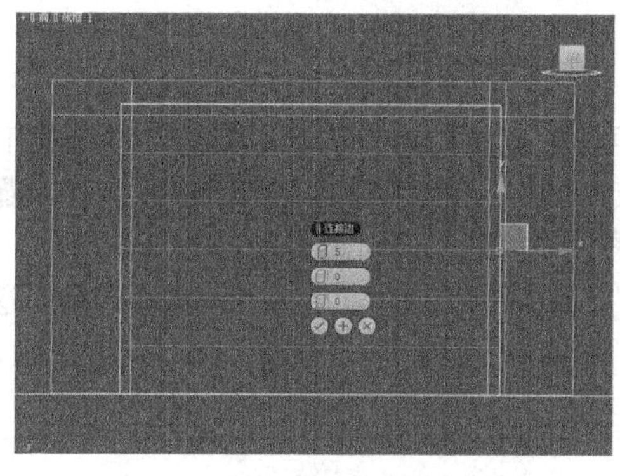

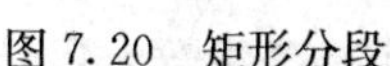

图 7.20　矩形分段

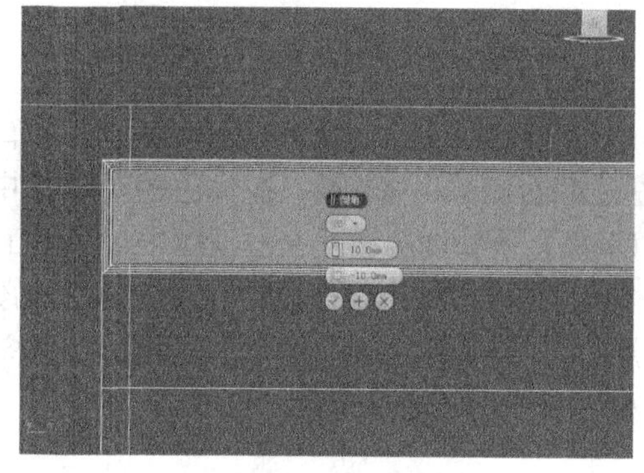

图 7.21　矩形倒角

(17) 用同样的方法创建出其他造型，用移动工具移动到合适位置，效果如图 7.22 所示。

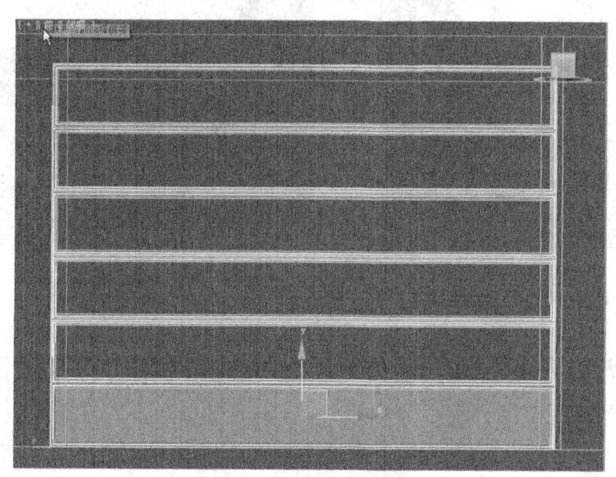

图 7.22　创建出其他造型

(18) 单击 / / 线按钮，在前视图中绘制封闭线形。从“修改”命令面板中选择“挤出”命令，将“数量”值设置为 120。用移动工具移动到合适位置，效果如图 7.23 所示。

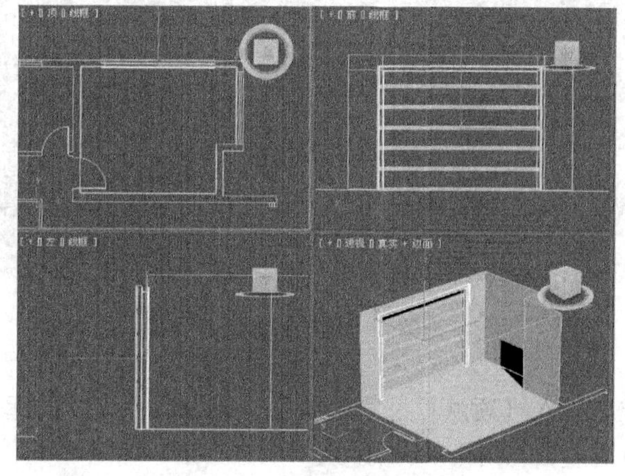

图 7.23　挤出封闭线形

2. 创建窗户造型

(1) 进入 (边) 子物体层级，选择墙面左右两条边，单击“编辑边”卷展栏下 连接 右侧的小按钮，在弹出的对话框中将“分段”设置为 2，单击按钮。进入 (顶点) 子物体层级，在左视图中用移动工具调整点的位置，如图 7.24 所示。

(2) 在透视图中用 (多边形) 子物体层级选择中间的面，单击“编辑多边形”卷展栏下 挤出 右侧的小按钮，将挤出的高度设置为 －200，单击 按钮，如图 7.25 所示。

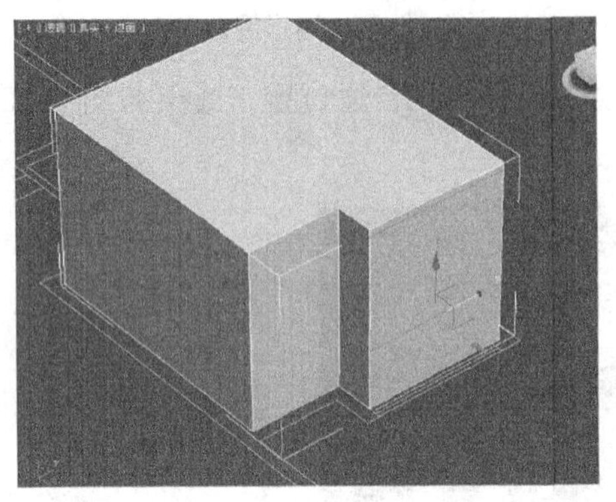

图 7.24 窗户分段

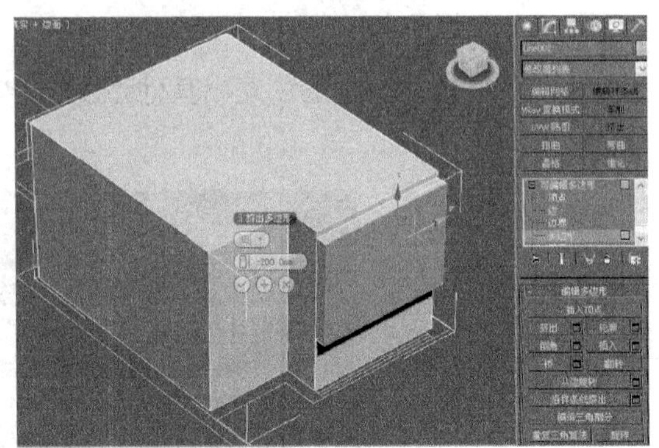

图 7.25 挤出

(3) 将窗户的大面分离出来，墙体隐藏起来。水平增加 1 条段数，在下面的面垂直增加 2 条段数，如图 7.26 所示。

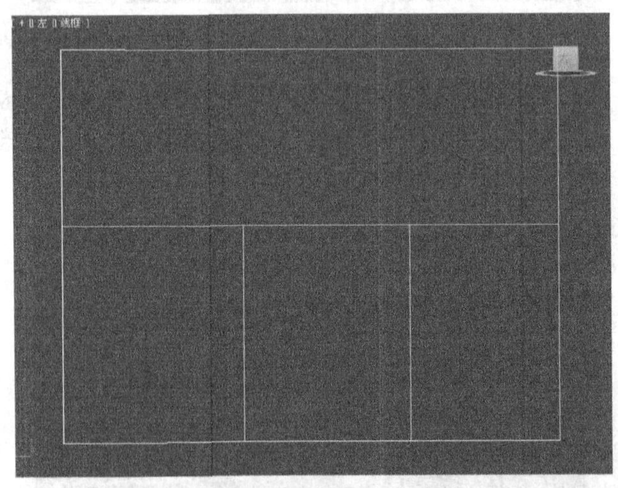

图 7.26 水平增加 1 条段数，垂直增加 2 条段数

(4) 按【1】键，进入 (顶点) 子物体层级，在左视图中用移动工具调整点的位置 (根据设计要求进行调整)，如图 7.27 所示。

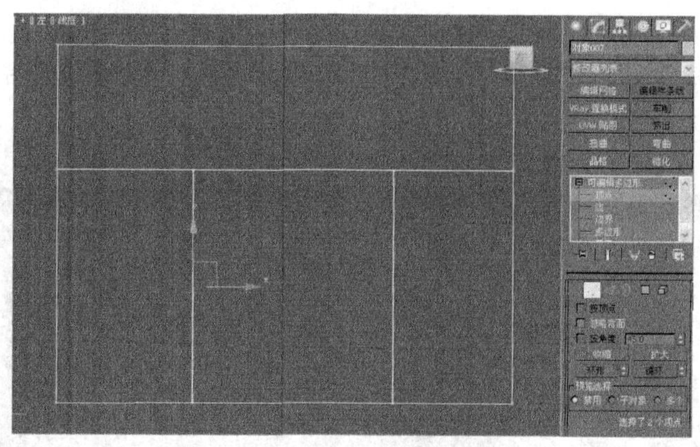

图 7.27　移动顶点

(5) 选择窗户中间的横线，单击 切角 右侧的小按钮，在弹出的对话框中输入 30，单击☑按钮。为窗户中间的垂直线切角 30，最后为四周的边切角 60，如图 7.28 所示。

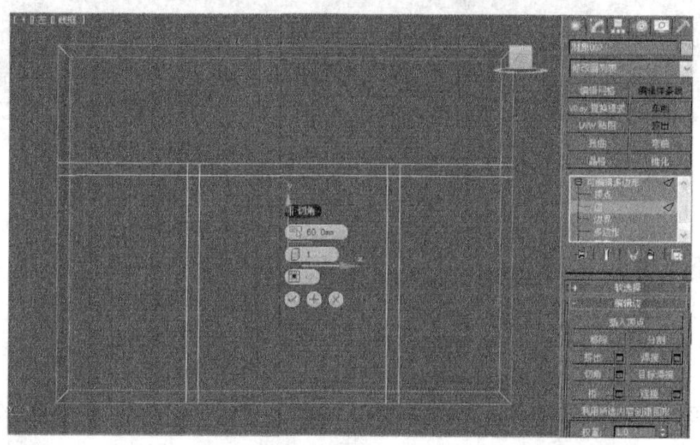

图 7.28　为窗户垂直线和四周的边切角

(6) 对中间的 4 个大面进行挤出，高度为－60，如图 7.29 所示。

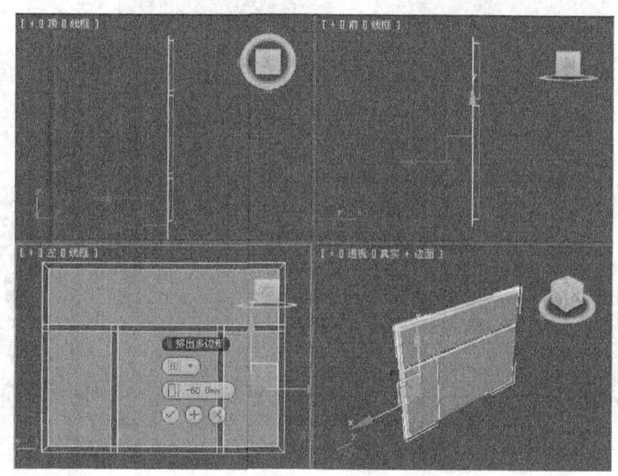

图 7.29　对中间的 4 个大面进行挤出

（7）单击[icon]/[icon]/[矩形]按钮，在左视图中绘制两个封闭线形。从修改命令面板中选择“挤出”命令，将“数量”值设置为220。用移动工具移动到合适位置，效果如图7.30所示。

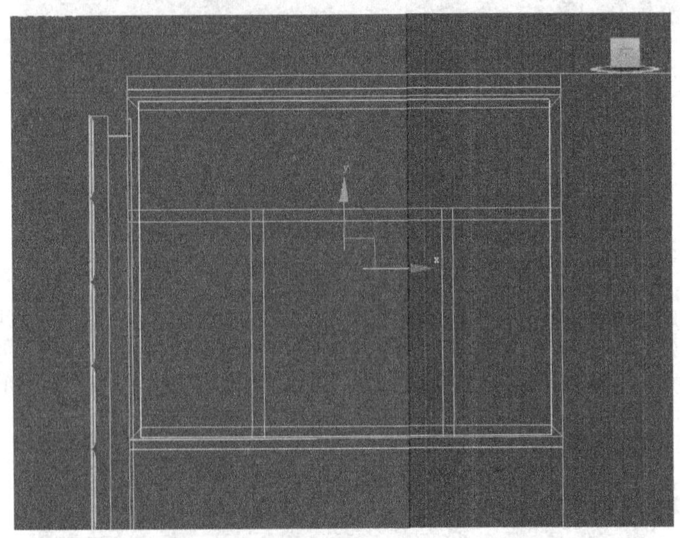

图7.30　绘制两个封闭线并挤出

7.1.4　创建吊顶造型和筒灯模型

1. 创建吊顶造型

（1）在顶视图中用“线”命令绘制出天花的造型，转换为可编辑的多边形。为绘制的线形施加一个“挤出”命令，“数量”设置为100，用移动工具移动到合适位置，如图7.31所示。

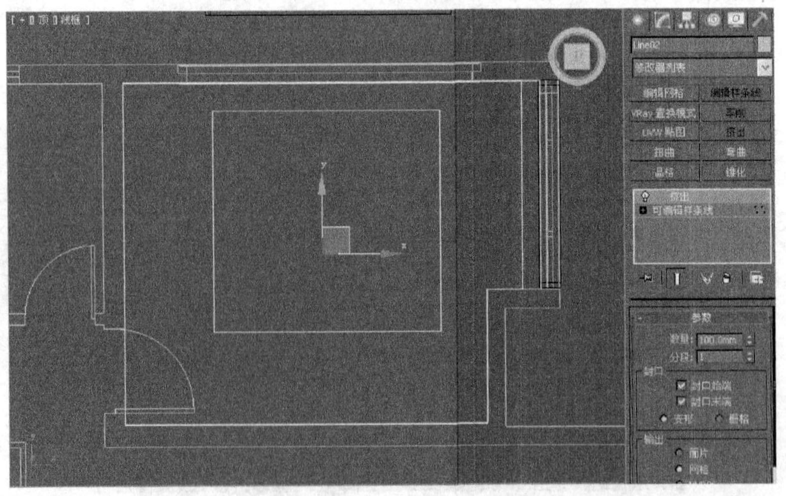

图7.31　绘制天花造型

（2）用同样的方法制作出灯槽造型，用移动工具移动到合适位置，效果如图 7.32 所示。

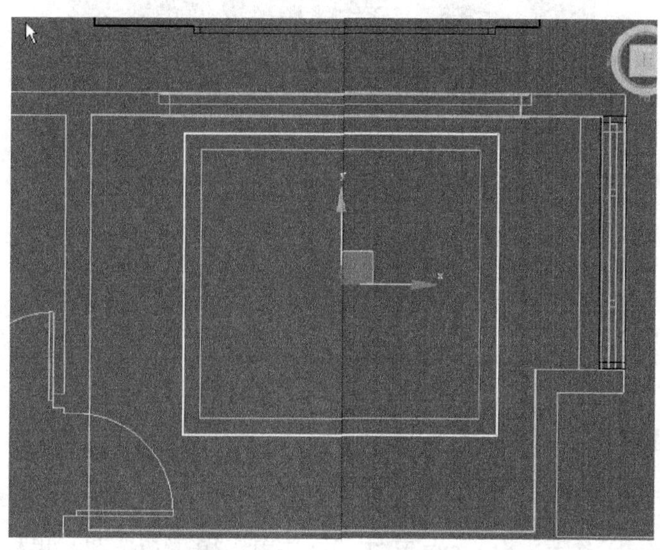

图 7.32　制作灯槽造型

2. 创建筒灯造型

（1）单击 / / 圆 按钮，在顶视图中绘制一个半径为 40 的圆形。从修改命令面板中选择“挤出”命令，将“数量”值设置为 3。用移动工具移动到合适位置，效果如图 7.33 所示。

（2）单击 / / 圆环 按钮，在顶视图中绘制一个半径 1 为 43、半径 2 为 4 的圆环。用移动工具移动到合适位置，效果如图 7.34 所示。

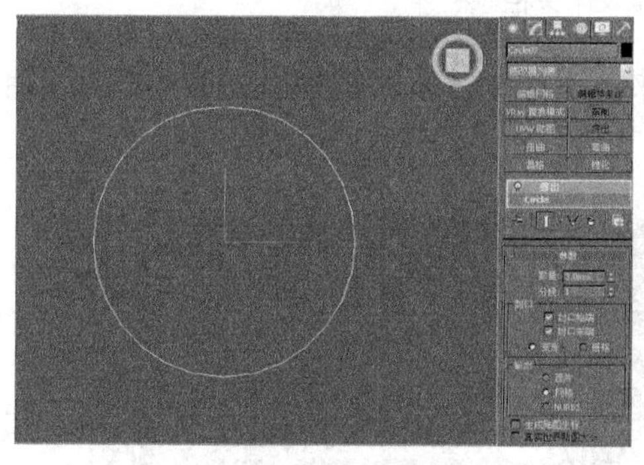

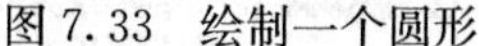

图 7.33　绘制一个圆形

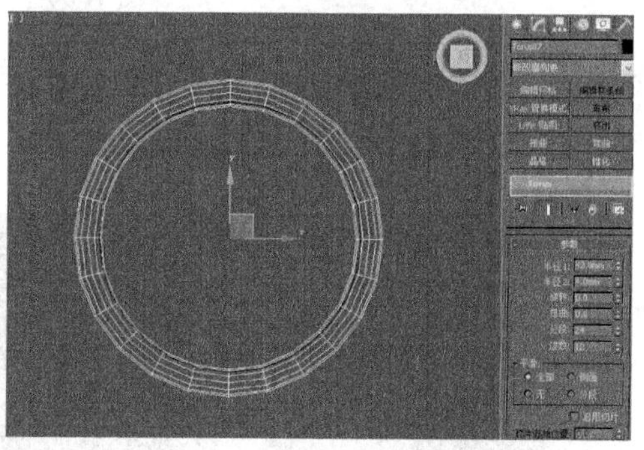

图 7.34　绘制一个圆环

（3）按住键盘【Shift】键。用移动工具复制，并移动到合适位置，效果如图 7.35 所示。

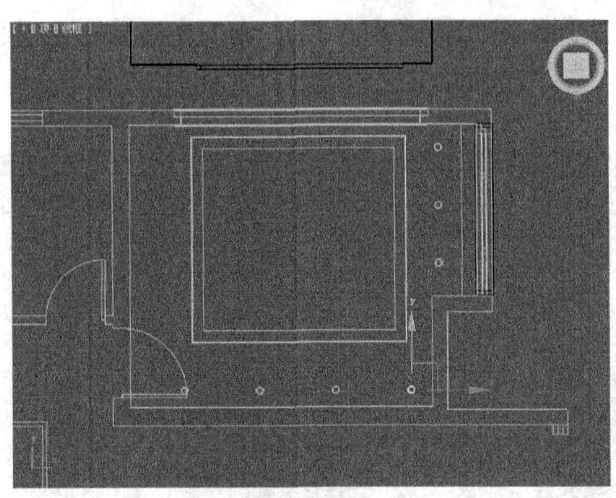

图 7.35 复制并移动

7.1.5 合并模型

(1) 单击菜单栏中 /"导入/合并" 命令，在弹出的 "合并文件" 对话框中选择随书光盘/第 7 章/床及床头柜.max 文件，然后单击 打开(O) 按钮。用移动工具 移动到合适位置，效果如图 7.36 所示。

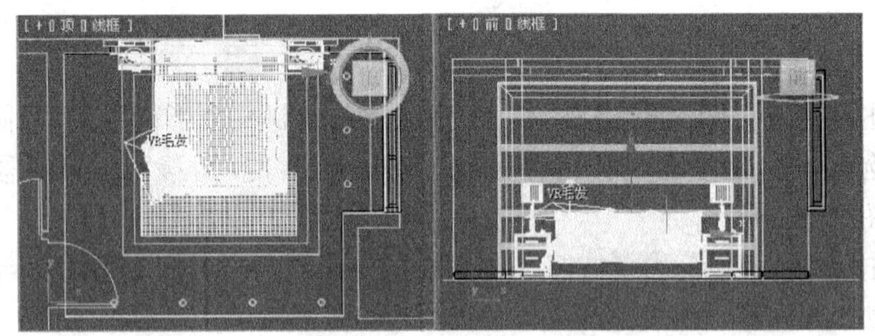

图 7.36 合并床及床头柜

(2) 用同样的方法将灯具和窗帘合并进来，用移动工具移动到合适位置，效果如图 7.37 所示。

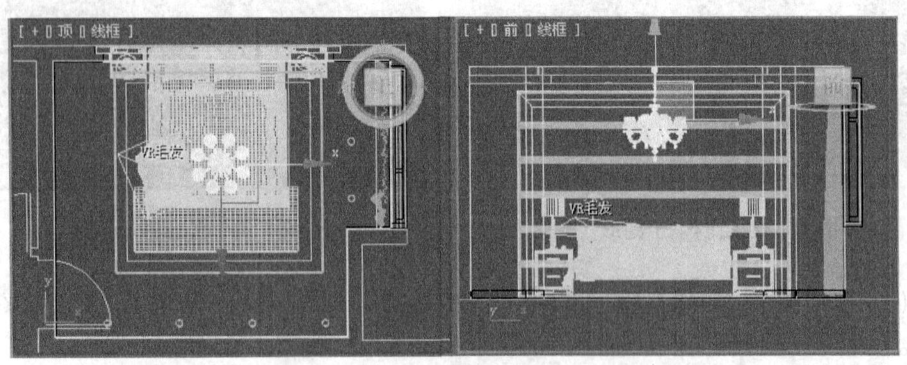

图 7.37 将灯具和窗帘合并

(3) 将导入的 CAD 平面图删除。

(4) 按【Ctrl+S】键，将文件保存为“卧室 . max”。

7.2　卧室材质的调制

7.2.1　乳胶漆材质的调制

因为后面我们将使用 VRay 进行渲染，所以在调制材质时，应该将 VRay 指定为当前渲染器，不然将不能在正常情况下设置使用 VRay 的专用材质。

(1) 按【F10】键，打开“渲染场景”对话框，然后将 VRay 指定为当前渲染器，如图 7.38 所示。

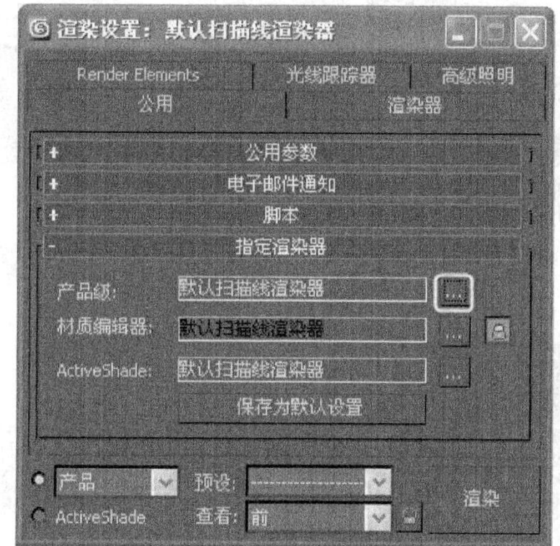

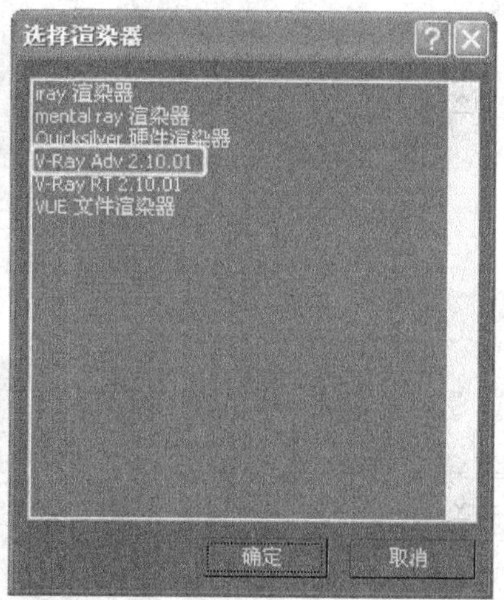

图 7.38　将 VRay 指定为当前渲染器

(2) 按【M】键，打开“材质编辑器”，选择一个新的材质球，将其指定为 VR 材质，材质命名为“白乳胶漆”，“漫反射”设置为白色，如图 7.39 所示。将调制好的材质赋给天花、吊顶造型。

(3) 在“材质编辑器”中选择一个新的材质球，将其指定为 VR 材质，材质命名为“淡黄乳胶漆”，参数的设置与“白乳胶漆”基本一样，就是将“漫反射”的颜色调整为淡黄色即可。将制好的“淡黄乳胶漆”材质赋给墙面。

7.2.2　软包布纹材质的调制

(1) 选择一个新的材质球，将其指定为 VR 材质，材质命名为“软包布纹”，单击“漫射”右侧的小按钮，选择“位图”，在弹出的“选择位图图像文件”对话框中选择随书光盘第 7 章 /贴图 /软包布纹 . jpg，如图 7.40 所示。

(2) 单击按钮，为其施加一个“UVW 贴图”命令，在“贴图”选项组下选择长方体贴图方式，长、宽、高设置为 800。单击按钮，将调制好的软包布纹材质赋给主题墙背景墙。

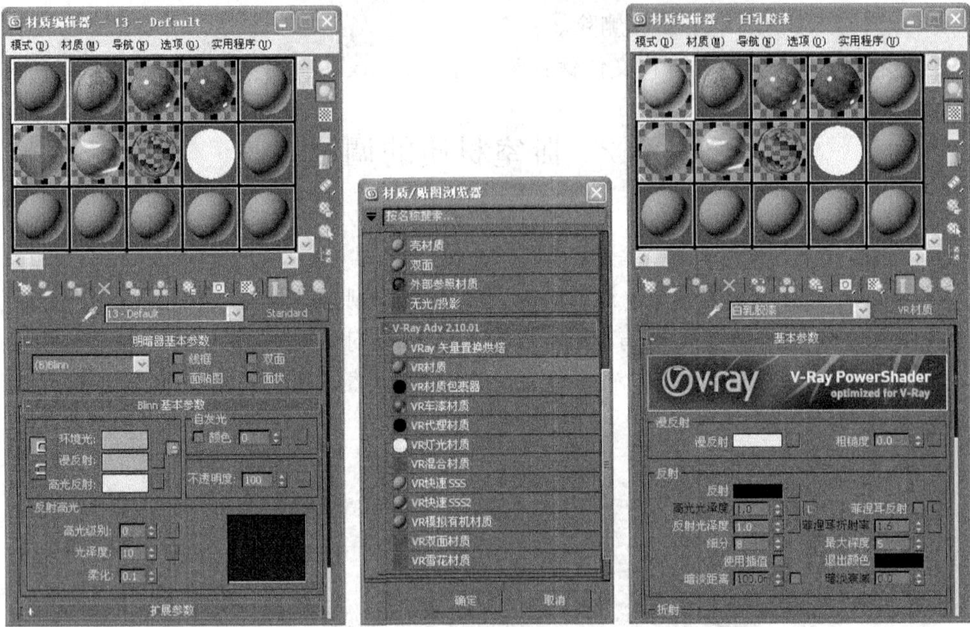

图 7.39　白乳胶漆材质参数设置

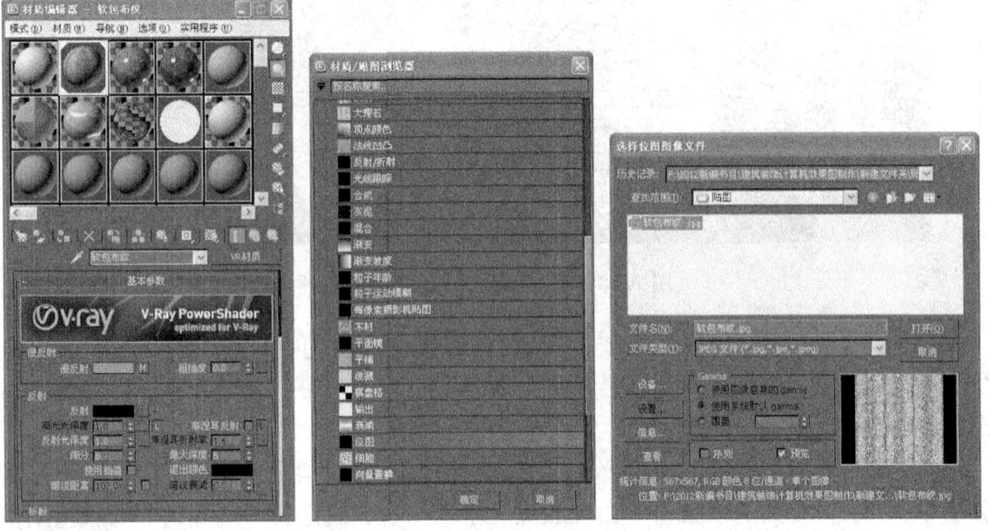

图 7.40　软包布纹材质参数设置

7.2.3　木地板材质的调制

(1) 选择一个新的材质球，将其指定为 VR 材质，材质命名为“木地板”。单击“漫反射”右侧的小按钮，选择“位图”，在弹出的“选择位图图像文件”对话框中选择随书光盘第 7 章/贴图/木地板 . jpg，参数设置如图 7.41 所示。

(2) 为了方便管理，将地面分离出来，为其施加一个“UVW 贴图”命令，在“贴图”选项组下选择长方体贴图方式，长、宽、高设置为 1400。将调制好的木地板材质赋给地面。

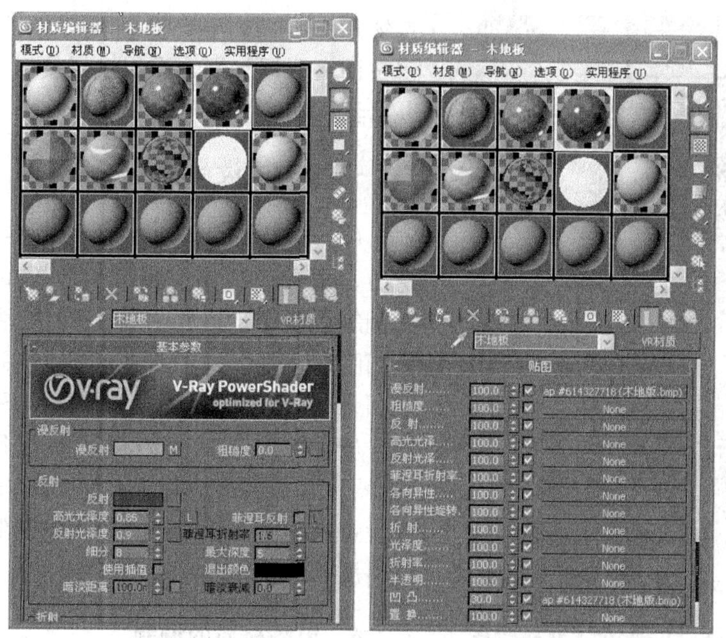

图 7.41　木地板材质参数设置

7.2.4　饰面木板黑胡桃材质的调制

(1) 选择一个新的材质球，将其指定为 VR 材质，材质命名为“饰面木板黑胡桃”，单击“漫反射”右侧的小按钮，选择“位图”，在弹出的“选择位图图像文件”对话框中选择随书光盘第 7 章/贴图/饰面木板黑胡桃 . bmp，参数设置如图 7.42 所示。

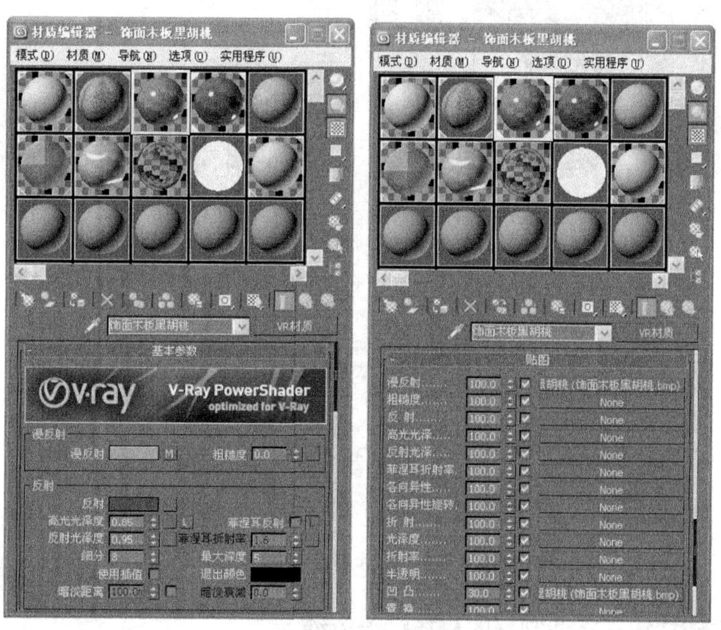

图 7.42　黑胡桃材质参数设置

(2) 单击按钮，为其施加一个“UVW 贴图”命令，在“贴图”选项组下选择长

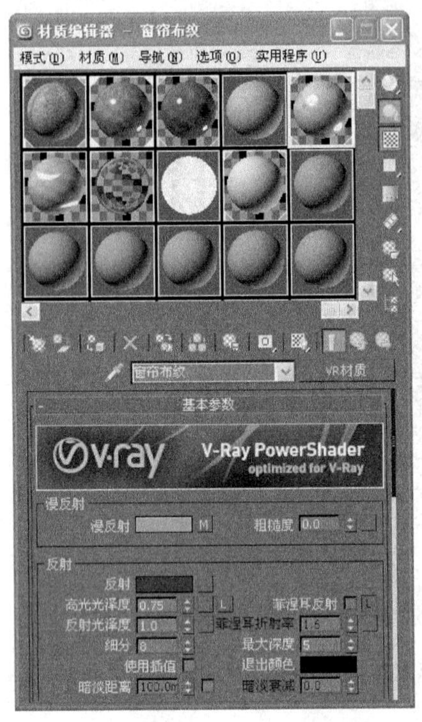

图 7.43　窗帘布纹材质参数设置

方体贴图方式，长、宽、高设置为 1400。单击按钮，将调制好的黑胡桃材质赋给踢脚板、主题墙套和窗套。

7.2.5　窗帘布纹材质的调制

(1) 选择一个新的材质球，将其指定为 VR 材质，材质命名为“窗帘布纹”，单击“漫反射”右侧的小按钮，选择“位图”，在弹出的“选择位图图像文件”对话框中选择随书光盘第 7 章/贴图/窗帘布纹 .jpg，参数设置如图 7.43 所示。

(2) 为其施加一个“UVW 贴图”命令，在“贴图”选项组下选择长方体贴图方式，长、宽、高设置为 500。单击按钮，将调制好的窗帘布纹材质赋给窗帘。

7.2.6　窗纱材质的调制

(1) 选择一个新的材质球，将其指定为 VR 材质，材质命名为“窗纱”，参数设置如图 7.44 所示。

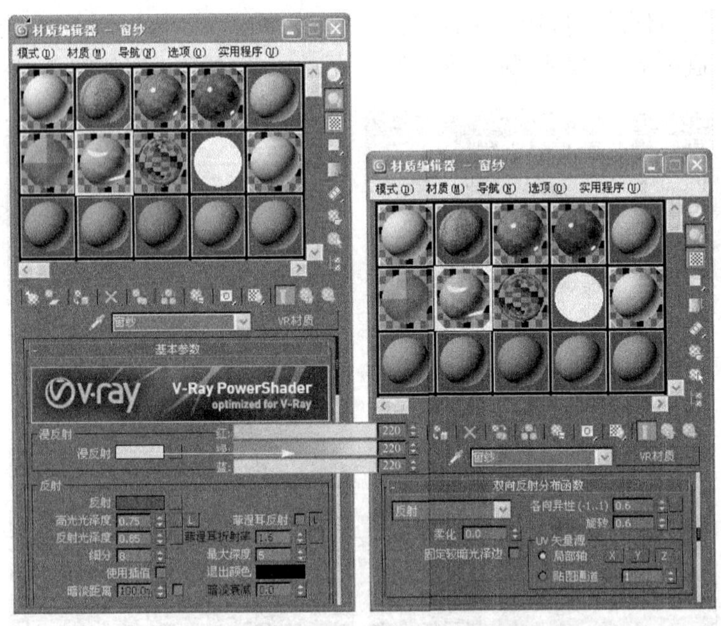

图 7.44　窗纱材质参数设置

(2) 单击按钮，将调制好的材质赋给窗纱。

(3) 调制一种玻璃材质赋给窗玻璃。

至此，所有的材质已经调制完成了。至于合并的物体，之前就已经赋给材质了。

7.3　摄影机的设置

（1）单击创建命令面板中的 / / 目标 按钮，在顶视图中创建一架摄影机，将“参数”卷展栏下的“视野”参数改为 65，如图 7.45 所示。

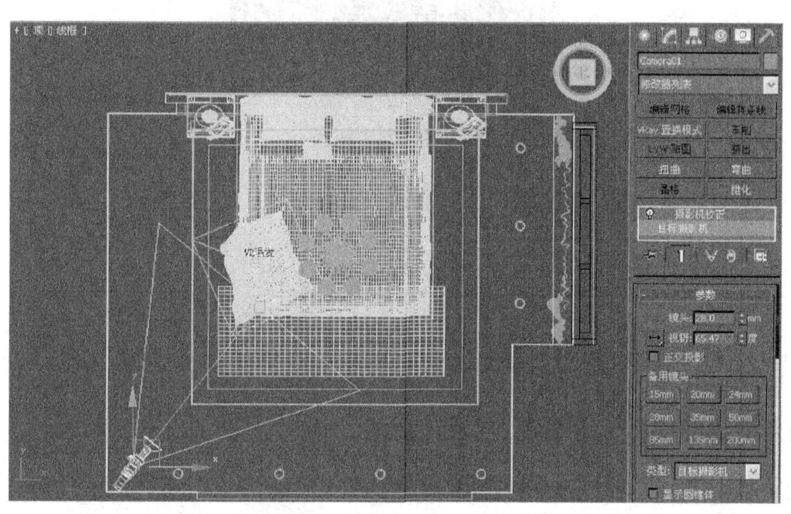

图 7.45　创建一架摄影机

（2）激活透视图，按【C】键，透视图即可变成摄影机视图。在前视图中选择中间的蓝线，也就是同时选择摄影机和目标点。

（3）在前视图中将摄影机移动到高度为 800 左右的位置，镜头设置为 28，效果如图 7.46 所示。

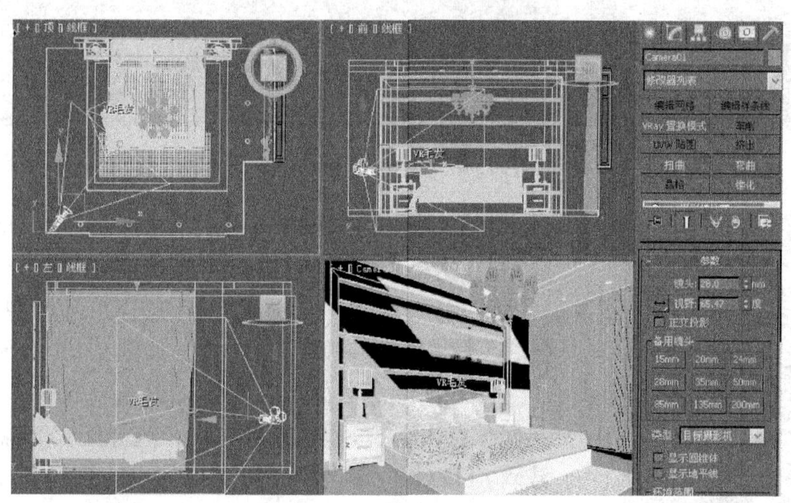

图 7.46　移动摄影机的高度

（4）单击菜单栏“修改器 /摄影机 /摄影机校正”，选中堆栈器中的“摄影机校正”，调整“2 点透视校正”卷展栏下的“数量”参数，如图 7.47 所示。

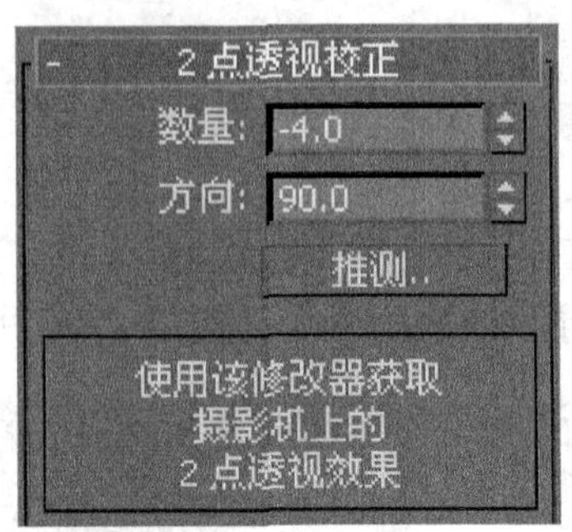

图 7.47　摄影机校正

(5) 按【Ctrl+S】键，将文件进行快速保存。

7.4　灯光的设置

将灯光分两个部分来设置：室内的灯光照明和室外的日光效果。

7.4.1　筒灯灯光的创建

(1) 单击 / 按钮，选择光度学灯光，单击目标灯光按钮，在前视图中创建一盏点光源，将它移动到筒灯的位置，如图 7.48 所示。

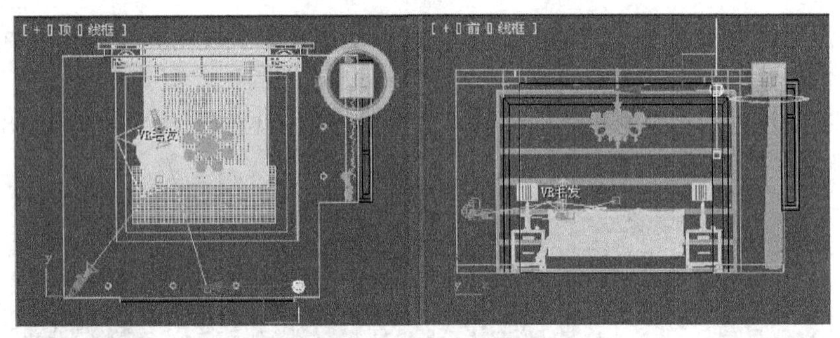

图 7.48　创建一盏点光源

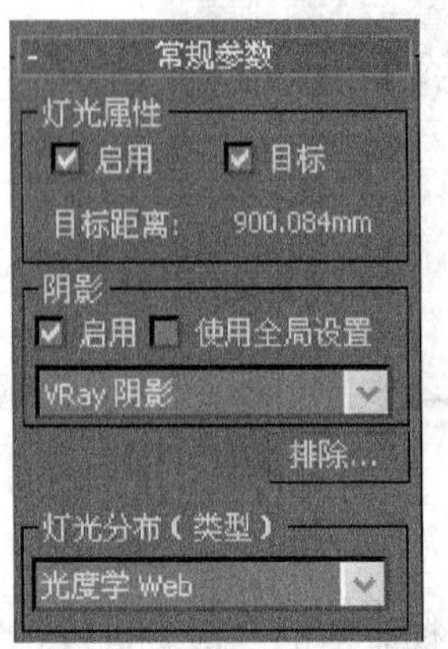

图 7.49　常规参数

(2) 单击按钮，进入灯光参数编辑面板，打开"阴影"组下的"启用"复选框，选择"VRay 阴影"。在"常规参数"卷展栏下选择"灯光分布（类型）"组下的光度学 Web光域网分布方式，如图 7.49 所示。

(3) 拖动命令面板，进入"分布（光度学 Web）"卷展栏，点击<选择光度学文件>按钮，选择配套光盘第 7 章/光域网/TD-008.ies，将光域网文件导入到场景中。亮度调整为 1000，其他参数设置如图 7.50 所示。

(4) 选择目标点光源，按住键盘【Shift】键，在顶视图中用实例方式复制六盏，复制后的效果如图 7.51 所示。

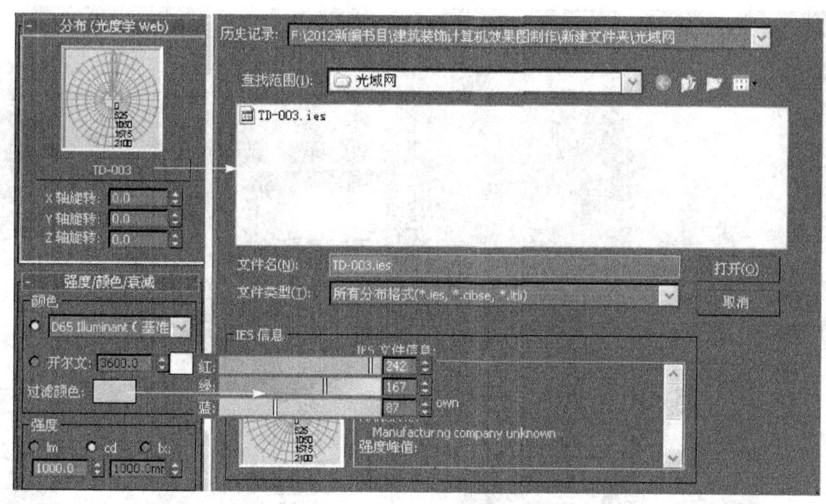

图 7.50　导入光域网文件

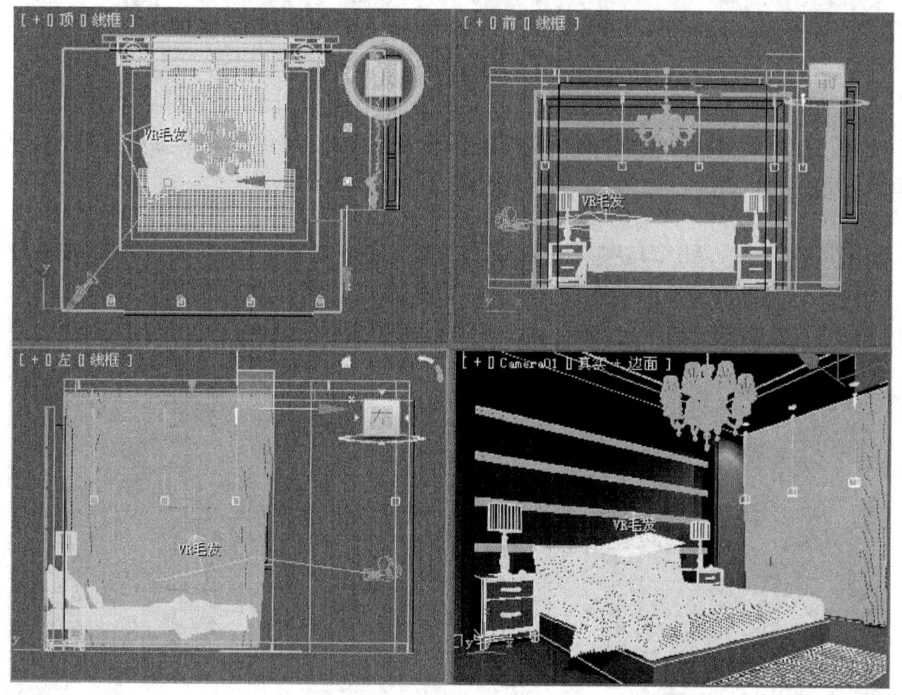

图 7.51　复制筒灯

7.4.2　反光灯槽的创建

1. 顶棚反光灯槽的创建

(1) 单击 / 按钮，选择VRay灯光，单击VR灯光按钮，在顶视图创建一盏 VR 灯光，调整一下参数，将它移动到灯槽的位置，如图 7.52 所示。

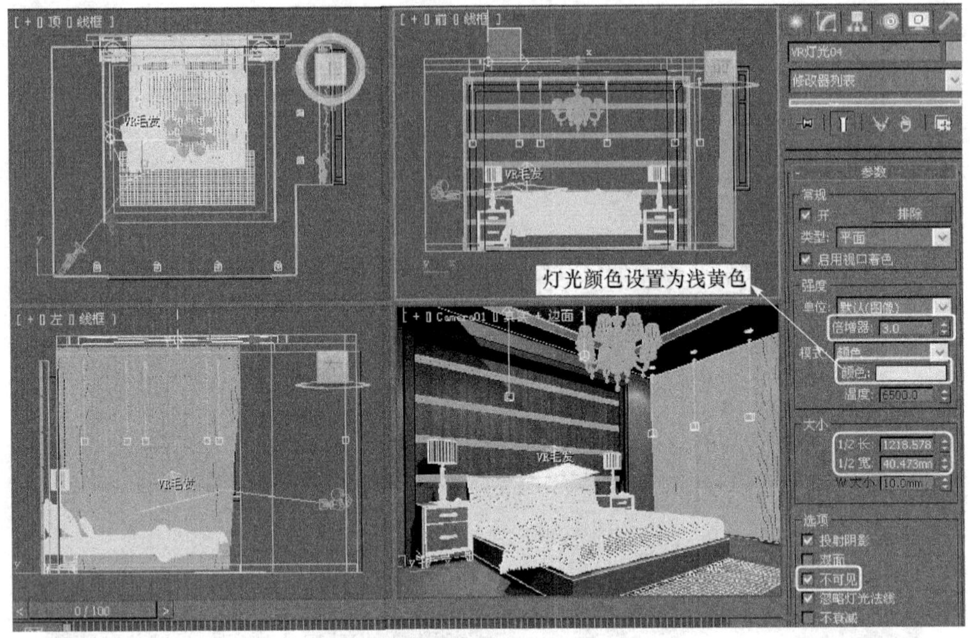

图 7.52　创建顶棚反光灯槽

(2) 用镜像工具在顶视图沿 Y 轴镜像复制一盏，再用旋转复制的方式复制两盏，长度可以用缩放工具进行缩放，最终的效果如图 7.53 所示。

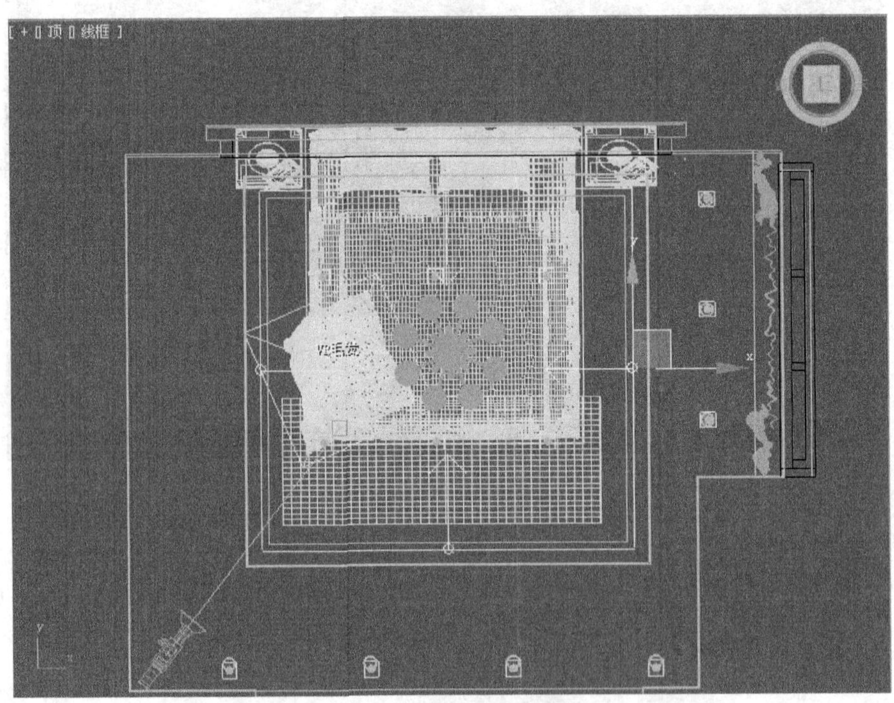

图 7.53　镜像复制

2. 主题墙反光灯槽的创建

(1) 单击 / 按钮，选择 VRay 灯光，单击 VR灯光 按钮，在前视图创建一盏 VR 灯光，调整一下参数，将它移动到灯槽的位置，如图 7.54 所示。

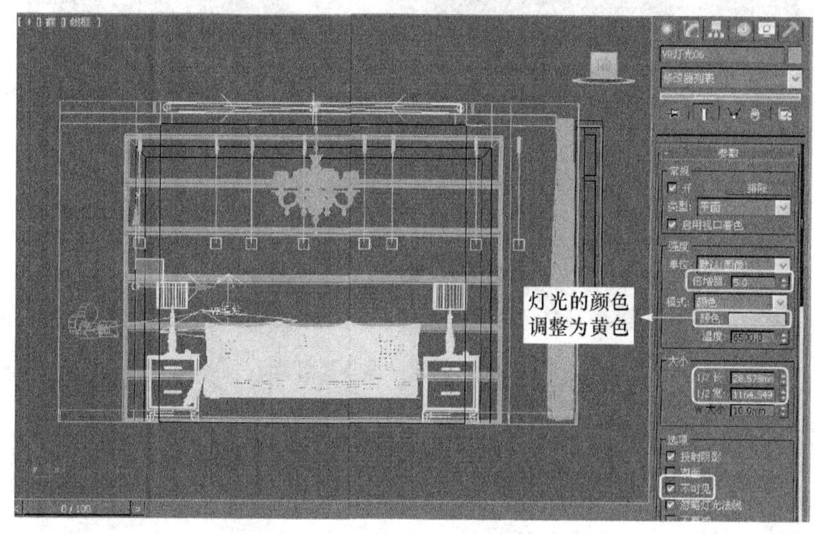

图 7.54 主题墙反光灯槽的创建

(2) 用镜像工具在顶视图沿 X 轴镜像复制一盏，再用旋转复制的方式复制两盏，长度可以用缩放工具进行缩放，最终的效果如图 7.55 所示。

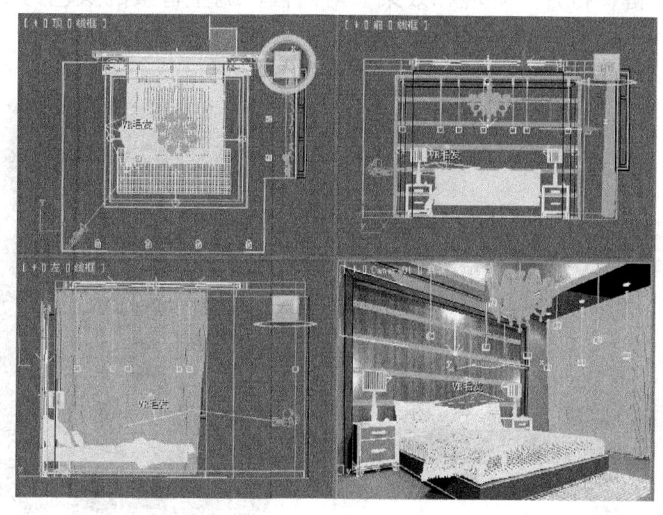

图 7.55 旋转复制

7.4.3 室外日光的创建

在前视图中窗户的位置创建一盏 VR 灯光，来模拟天空光，亮度设置为 8，颜色设置为浅蓝色，参数的设置及灯光位置如图 7.56 所示。

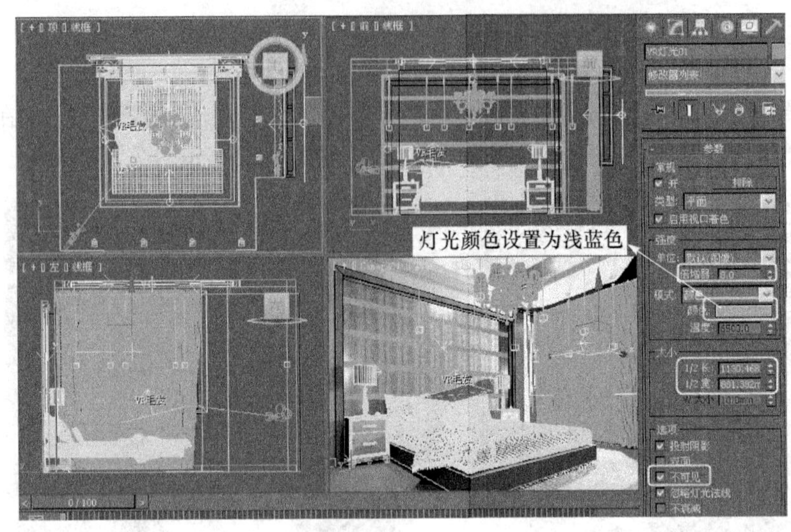

图 7.56　创建一盏 VR 灯光

7.5　设置 VRay 渲染参数

7.5.1　设置简单的 VRay 渲染参数

当场景中的摄影机和灯光已经设置完成后，就需要设置一个简单的渲染参数来快速渲染，观看效果。

(1) 按【8】键，打开“环境和效果”对话框，调整背景的颜色为白色，如图 7.57 所示。

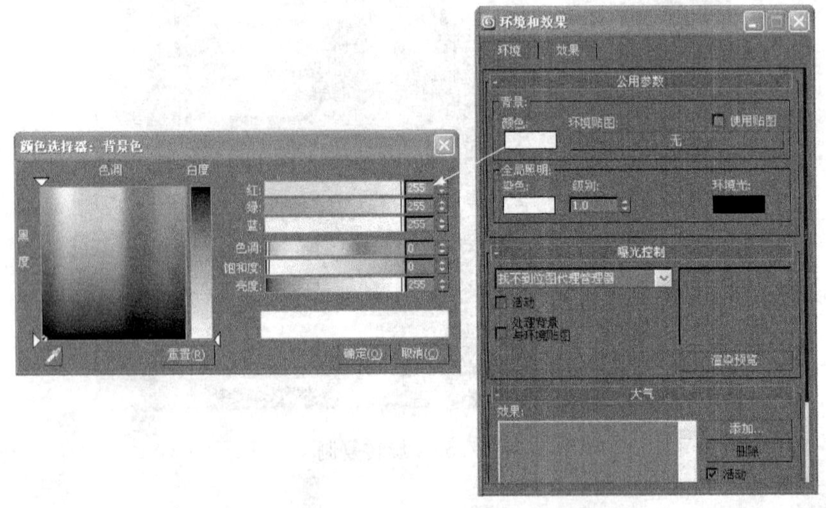

图 7.57　设置环境和效果对话框的参数

(2) 按【F10】键，在打开的“渲染场景”对话框中选择“渲染器”选项卡，设置全局开关、图像采样器、间接照明和发光图的参数，如图 7.58 所示。

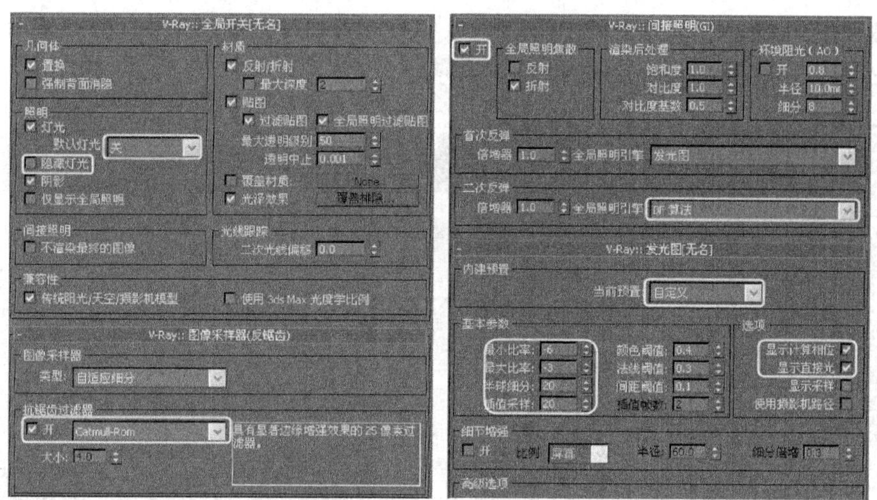

图 7.58　“渲染场景”对话框参数设置

(3) 再设置一下环境和颜色贴图参数，如图 7.59 所示。

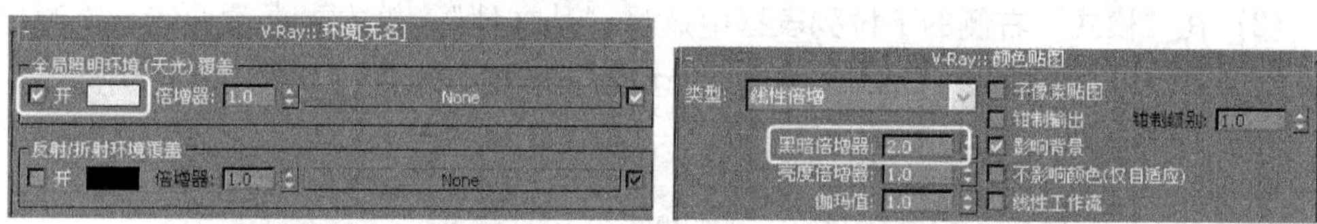

图 7.59　设置环境和颜色贴图参数

(4) 设置完成参数后单击渲染按钮，开始渲染。可以先将尺寸设置得小一些，320×240 就可以了，渲染的效果如图 7.60 所示。

图 7.60　渲染效果

7.5.2　保存光子图

(1) 如果感觉满意了，就可以将光子图保存起来。在“发光图”卷展栏中单击保存按钮，在弹出的“保存发光图”对话框中选择一个路径，命名为“卧室发光图.vrmap”，单击保存按钮，如图7.61所示。

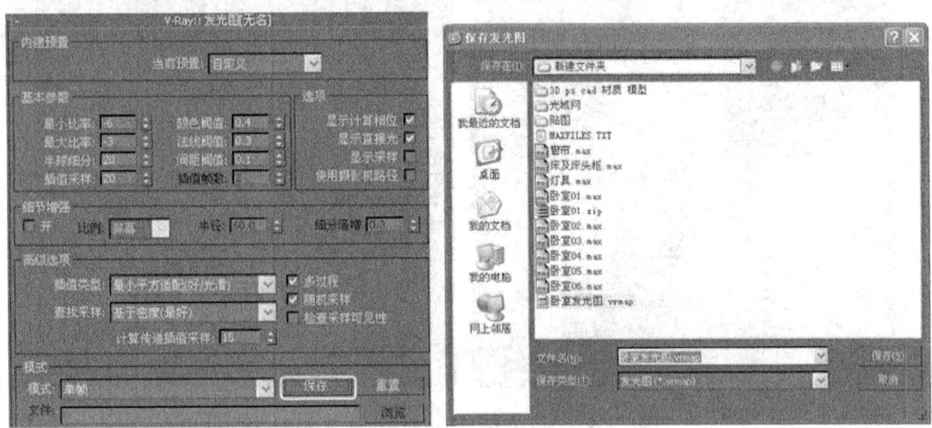

图7.61 保存光子图

(2) 在“模式”右侧的下拉列表框中选择“从文件”，单击浏览按钮，在弹出的对话框中选择刚才保存的“卧室发光图.Vrmap”文件，如图7.62所示。

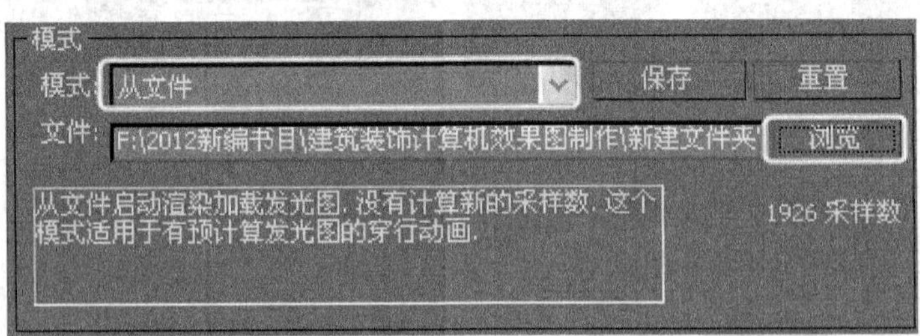

图7.62 保存光子图路径

7.5.3 高质量的VRay渲染参数设置

(1) 调整一下“V-Ray::发光图”卷展栏下的参数，提高渲染质量，如图7.63所示。

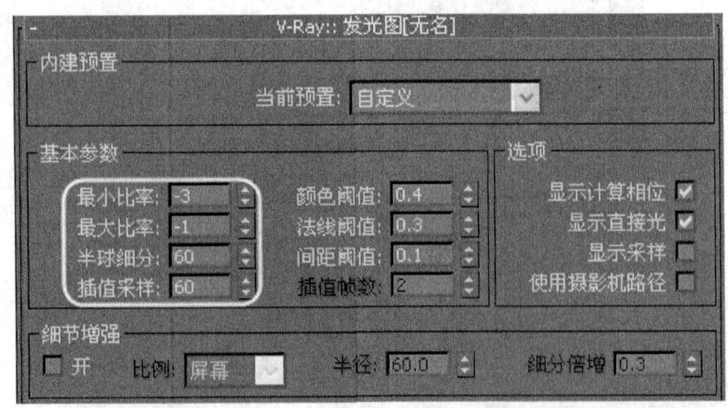

图7.63 设置渲染参数

(2) 单击“公用”选项卡，设置输出的尺寸为 1500×1500，单击按钮，如图 7.64 所示。

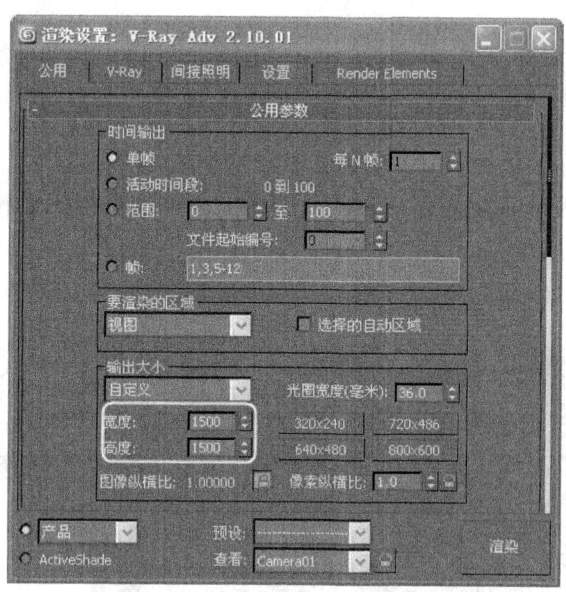

图 7.64　设置输出尺寸

(3) 等待一段时间后就渲染完成了，最终的效果如图 7.65 所示。

图 7.65　最终效果

(4) 单击 (保存位图) 按钮，将渲染后的图进行保存，文件名为“卧室.tif”。

7.6 效果图后期处理

7.6.1 画面大小的调整

1. 打开文件

(1) 在 Photoshop 软件中打开随书光盘中第 7 章/卧室 . tif。

(2) 用工具面板中的 剪切工具，对画面的比例及整个画面构图进行调整，调整后的效果如图 7.66 所示。

图 7.66 剪切画面

2. 改变画面分辨率

单击下拉式菜单“图像”下的“图像大小”，弹出“图像大小”对话框，把“宽度”改为 80cm，“高度”改为 65cm，“分辨率”改为 150，其他为默认，如图 7.67 所示，单

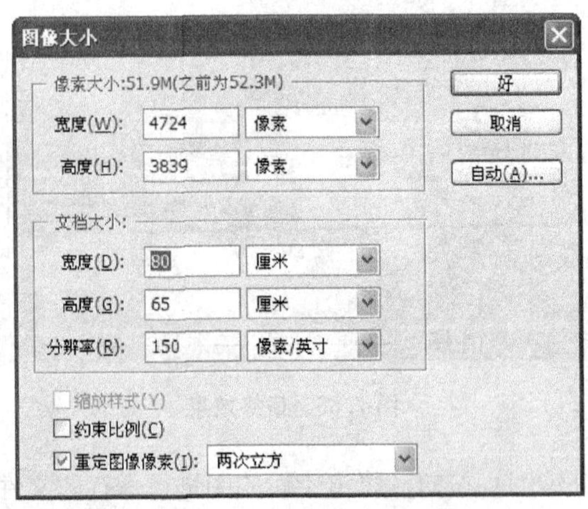

图 7.67 改变画面分辨率

击[好]按钮。

7.6.2　图像调整

1. 曲线调整

单击“图像/调整/曲线调整”，通过“曲线调整”命令可以改变画面明度，如图 7.68 所示。

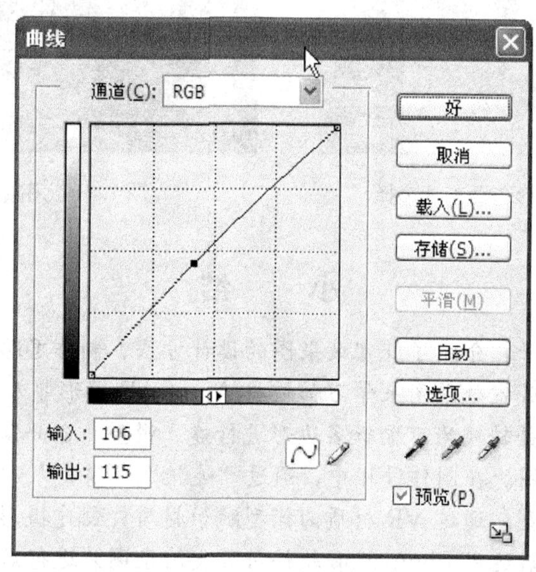

图 7.68　曲线调整

2. 亮度/对比度调整

利用“亮度/对比度”调整命令修改画面的对比度。此命令较为单纯，可利用它对图像进行亮度及对比度的分别调整。调整后的参数如图 7.69 所示。

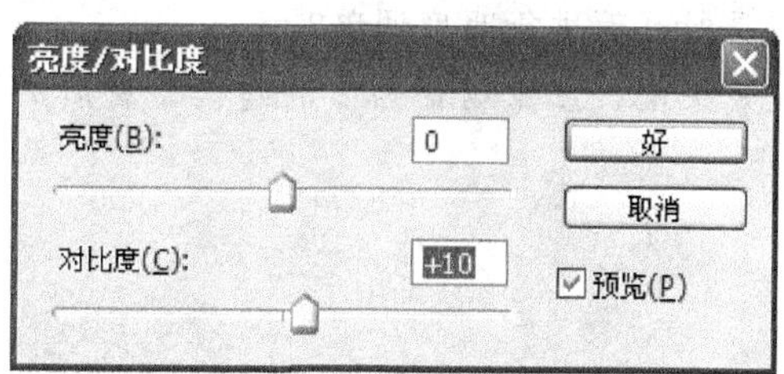

图 7.69　亮度/对比度调整

3. 图像局部修改

用工具面板中多边形套索工具对主题墙灯槽选择，如图 7.70 所示。然后用减淡工具调整，调整后的效果如图 7.71 所示。

图 7.70　用多边形套索工具选择

图 7.71　用减淡工具调整

小　　结

本章以卧室为例子，介绍了卧室效果图的设计方法、制作思路、表达技巧以及表现程序。本例通过制作卧室效果图来学习如何将 AutoCAD 图形导入到 3ds Max 中冻结起来，然后创建长方体并转换为可编辑多边形进行建立模型、合并家具、调制材质、设置灯光和 VRay 渲染出图。在制作过程中，通过“连接”、“挤出”、“倒角”等命令对多边形进行修改来创建模型，通过 VR 材质为模型赋予材质，创建摄影机，设置目标点光源和 VRay 灯光等，最后运用 Photoshop 软件对卧室渲染图片进行后期处理。相信读者通过本例的学习能够了解并掌握卧室效果图的设计和制作要领。

思考练习题

7.1　如何将图形转换为可编辑多边形?

7.2　如何设置 VRay 灯光?

7.3　亮度/对比度调整对效果图有什么影响?

7.4　怎样用减淡工具对画面进行明度调整?

7.5　表现一副卧室效果图，注意场景物体的建模、材质的贴图、灯光布局、渲染参数的设置以及后期处理。

第 8 章

某办公楼日景效果图表现实例

8.1　场景模型制作及材质编辑

8.1.1　办公楼设计分析及制作思路

办公楼是室外建筑中最常见的一种建筑类型，它们的外观造型和色彩的运用随地域的不同、文化和经济发展水平的差距而存在很大差异，它主要由办公室用房、公共用房、服务用房和设备用房等组成。办公建筑应根据使用要求、用地条件、结构选型等情况按建筑模数选择开间和进深，合理确定建筑平面，提高使用面积系数，并宜留有发展余地。本章中所创建的办公楼是某一企业厂区办公用房，效果如图 8.1 所示，功能构成主要是企业部门办公室、会议室、展览室、职工餐厅等，结构布局合理，从而提高了利用率和生产效益。该楼主要采用框架结构，整个建筑材料则使用铝板和玻璃，使其既具有变化又和谐统一，表现出强烈的现代气息。

图 8.1　办公楼室外效果图

办公楼造型主要包括墙体造型、各类窗框造型、窗台造型、阳台造型、大门造型、平台及山墙等多种建筑构件。下面将办公楼造型分别进行讲解。对于一些重复性的、相似性的建筑构件，则采用直接省略或调用成品文件的方法来完成。

在灯光设置上注意确定是上午还是下午，场景环境色主要以淡黄色和淡青色混合色调为主，根据表现的不同，在色调上的调整也不相同，需要从整体效果出发。由于建筑的明暗对比比较强烈，所以显得阴影比较暗，但暗部绝不是一片漆黑。一幅成功的建筑效果图会把建筑的每个细节都表现得很清楚，所以在建筑阴影部分也能看到建筑细部。要做到这些要求并不容易，在制作过程中不仅需要制作者细心，更需要有耐心。

本章中的实例选用了一个真实的工程项目，目的是让读者真正了解制作效果图的一些技巧，缩短理论与实践的距离。

8.1.2 主体模型制作及材质编辑

1. 单位设置

(1) 选择菜单栏上的“自定义/单位设置”命令，在弹出的“单位设置”窗口中选择“显示单位比例/毫米”选项，如图 8.2 所示。

(2) 再单击“单位设置”窗口上的 系统单位设置 按钮，打开另一个“系统单位设置”窗口，在“系统单位比例”下拉列表中选择“毫米”，单击【确定】按钮，即可将系统单位设置为毫米，在此后的操作中各项数据也将显示为毫米单位，如图 8.3所示。

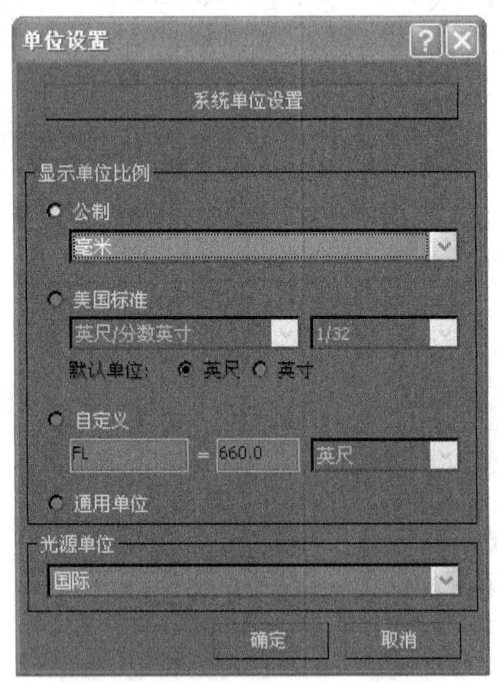

图 8.2 系统单位设置

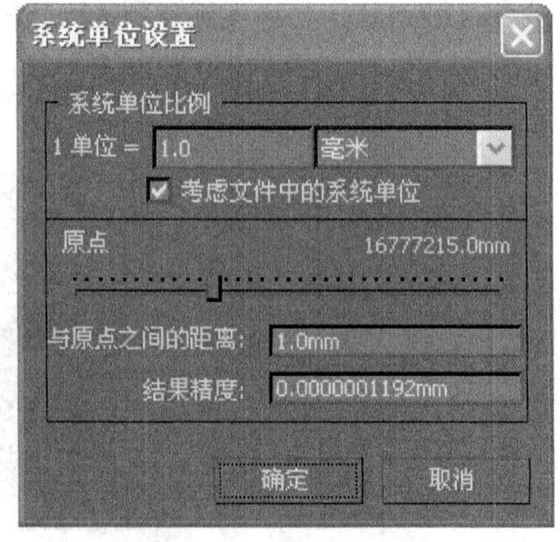

图 8.3 系统单位比例

2. 制作建筑外围墙体

(1) 单击 / 长方体 按钮，在顶视图中画出长度为 240，宽度为 949，高度为 5100 的墙体，如图 8.4 所示。

(2) 单击 / / 长方体 按钮，在顶视图中画出长度为 32350，宽度为 240，高度为 5100 的墙体，如图 8.5 所示。

(3) 调制白色外墙漆材质。单击按钮，打开“材质编辑器”，在“Blinn 基本参数”卷展栏下将“漫反射”通道后颜色选择器的红、绿、蓝调制为 255，如图 8.6 所示。

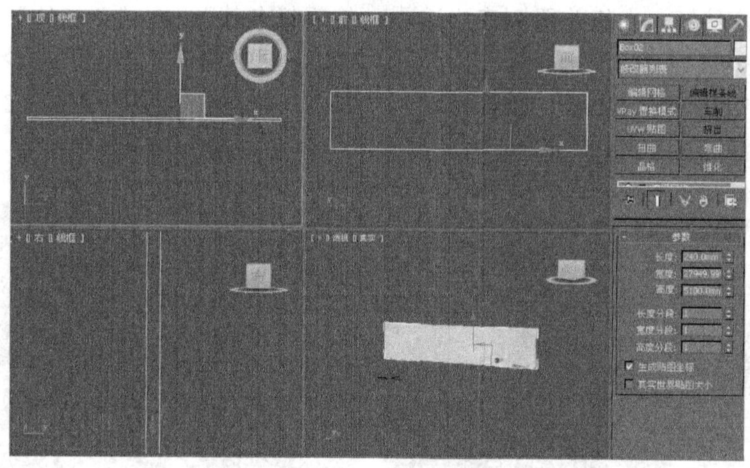

图 8.4　在顶视图中画出一面墙体

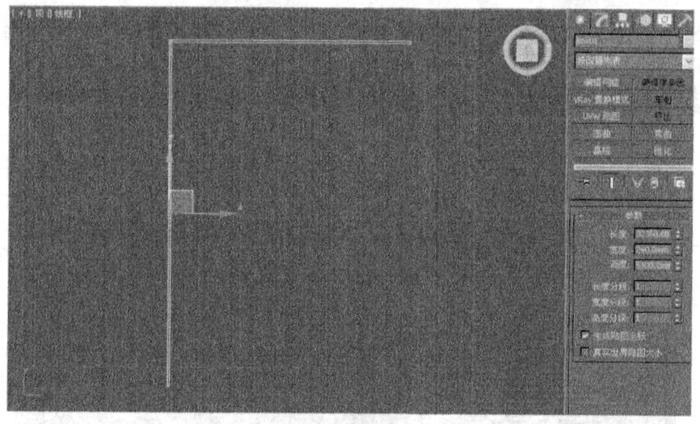

图 8.5　画出另一面墙体

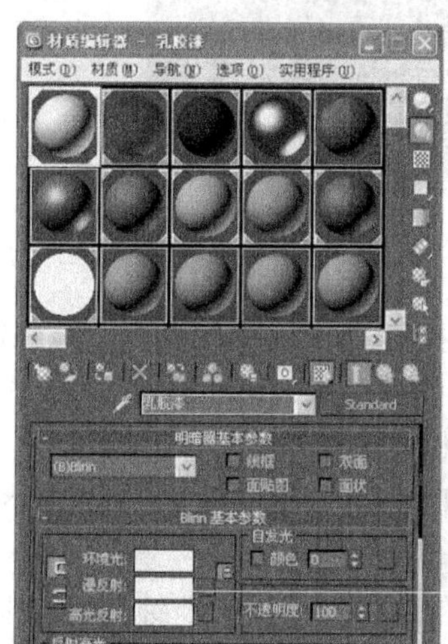

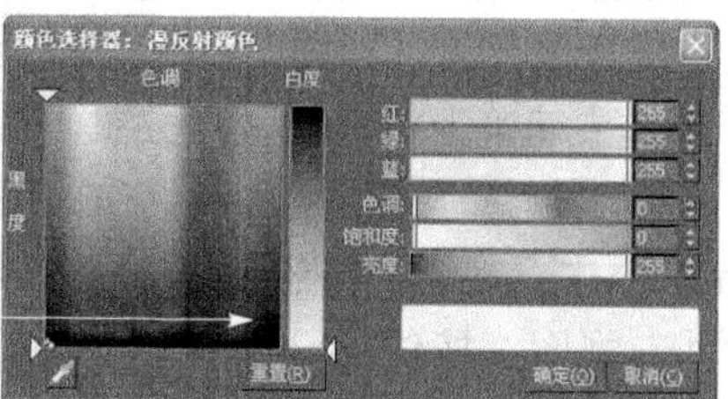

图 8.6　调制白色外墙漆材质

选中建筑墙体，单击按钮，将材质赋予该物体。

（4）单击 / / 线 按钮，按照设计要求在前视图中创建矩形，如图 8.7

所示。单击按钮，在修改器列表中选中“编辑样条线”，在“几何体”卷展栏下单击 附加 按钮，将图形附加在一起。在修改器列表中选择“挤出”命令，在参数面板中设置参数。选中左视图，使用移动工具沿 X 轴方向拖动到合适位置，如图 8.8 所示。

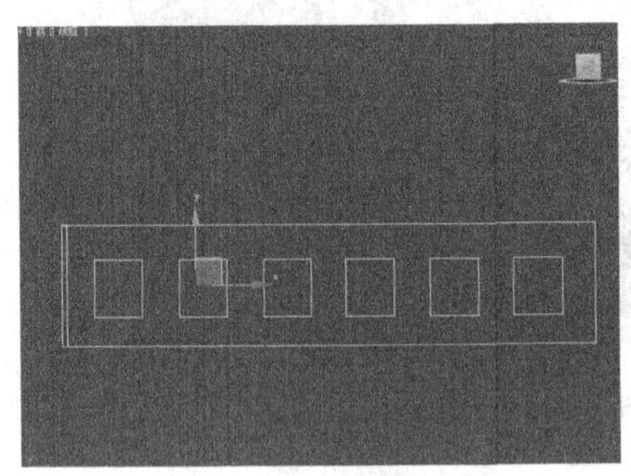

图 8.7　创建矩形

图 8.8　挤出并移动

（5）单击 / / 长方体 按钮，在前视图中画出一长方体作为建筑上檐，如图 8.9 所示。

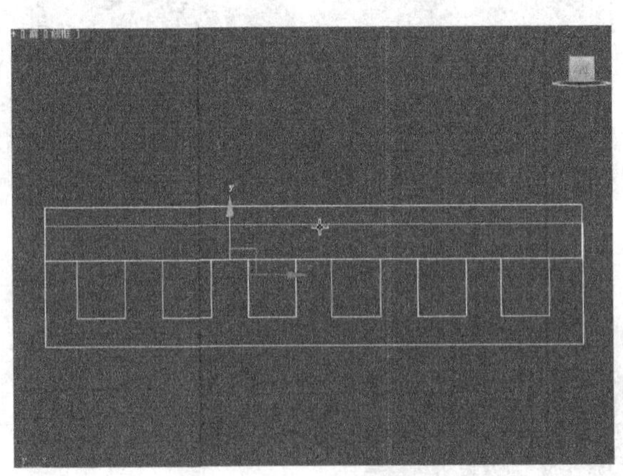

图 8.9　画出建筑上檐

（6）调制蓝色外墙漆材质。单击按钮，打开“材质编辑器”，在“Blinn 基本参数”卷展栏下将“漫反射”通道后颜色选择器的红、绿、蓝的参数分别进行调制，如图 8.10所示。选中建筑上檐，单击按钮，将材质赋予该物体。

（7）单击 / / 长方体 按钮，在前视图中画出一长方体作为建筑外墙立柱，如图 8.11 所示。单击按钮，将蓝色外墙漆材质赋予该物体。

（8）激活左视图，按住【Shift】键，使用移动工具沿 X 轴方向复制外墙立柱，按设计要求拖动到合适位置，如图 8.12 所示。

（9）选中一个柱体，按住【Shift】键，使用旋转工具进行旋转并复制，如图 8.13所示。

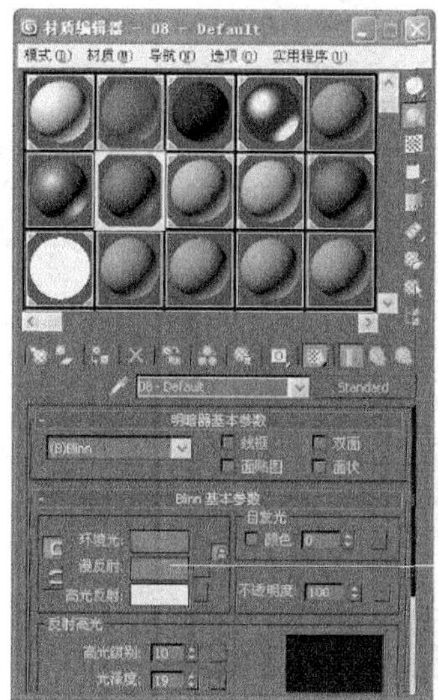

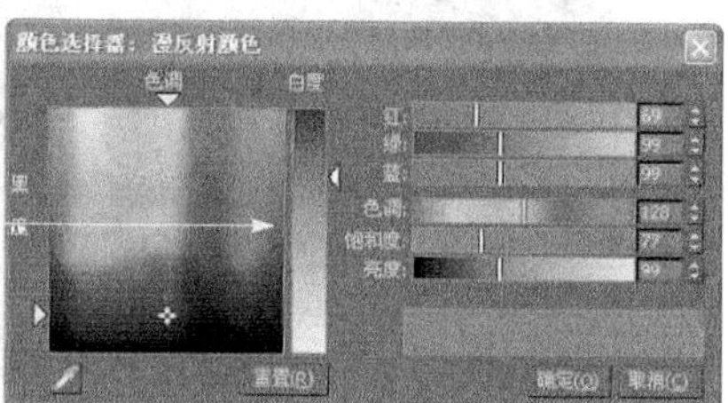

图 8.10　调制蓝色外墙漆材质

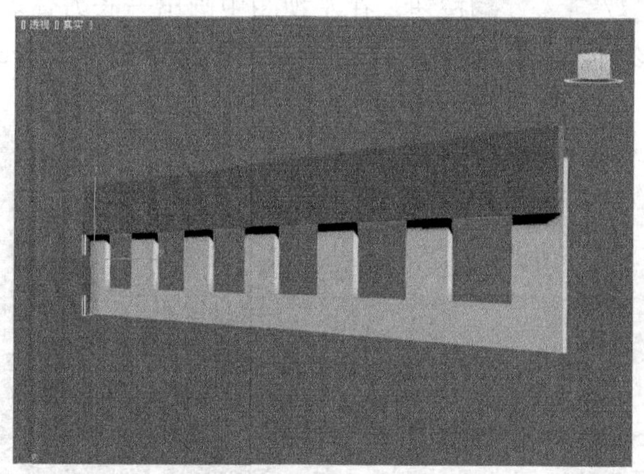

图 8.11　在前视图中画出一长方体作为建筑外墙立柱

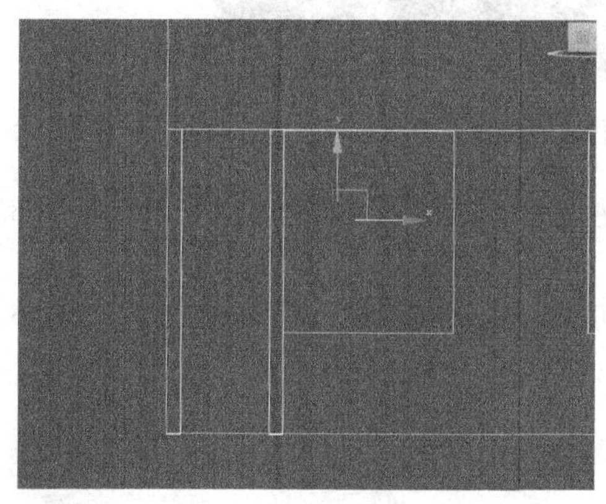

图 8.12　复制外墙立柱

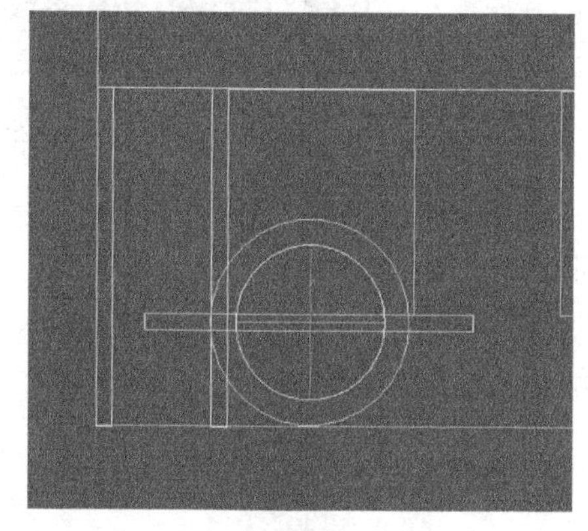

图 8.13　旋转并复制

(10) 单击 / 编辑网格 / 按钮，用“顶点”命令调整节点，并使用移动工具移动到合适位置，如图 8.14 所示。

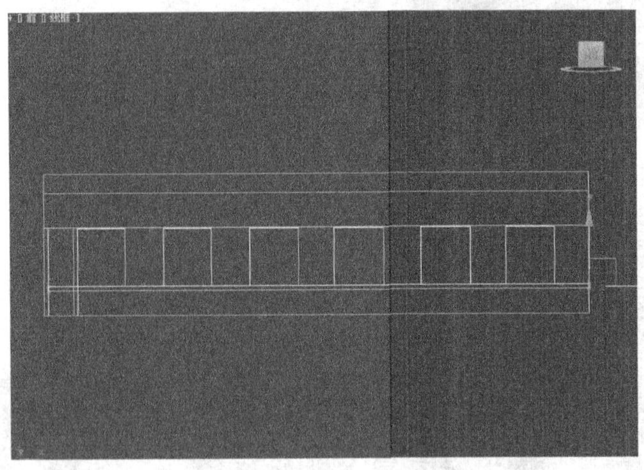

图 8.14 用“顶点”命令调整节点

(11) 单击 / / 长方体 按钮，在左视图中画出一长方体。单击按钮，将白色外墙漆材质赋予该物体，使用移动工具移动到合适位置，如图 8.15 所示。

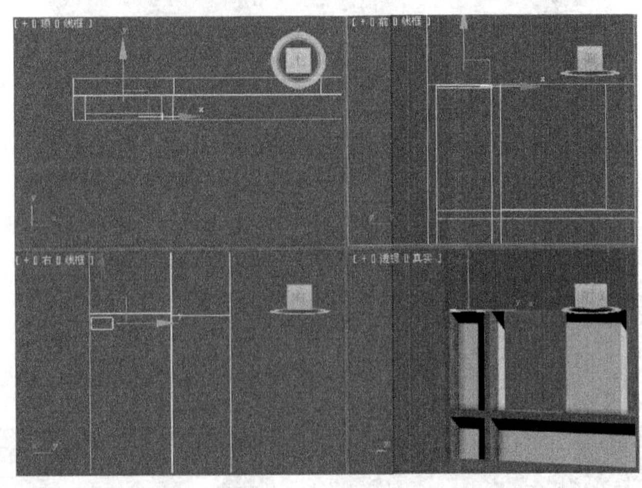

图 8.15 在左视图中画出一长方体

(12) 选中长方体，按住【Shift】键，使用移动工具进行移动并复制，如图 8.16 所示。

(13) 按住【Shift】键，根据窗口大小使用移动工具进行移动并复制，如图 8.17 所示。

3. 制作窗户

(1) 单击 / / 矩形 按钮，按照设计要求在前视图中创建矩形，如图 8.18 所示。

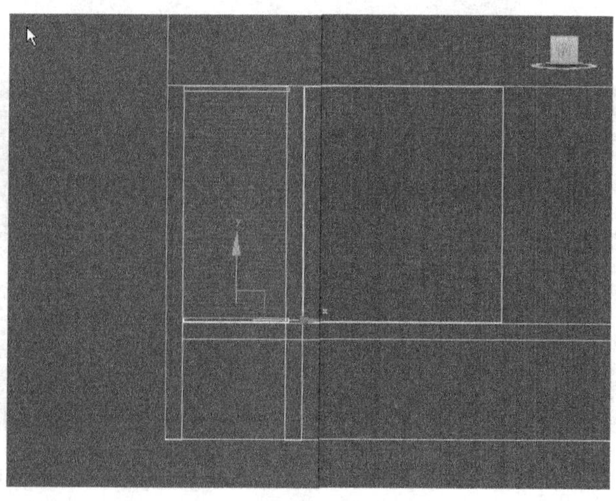

图 8.16　移动并复制（一）

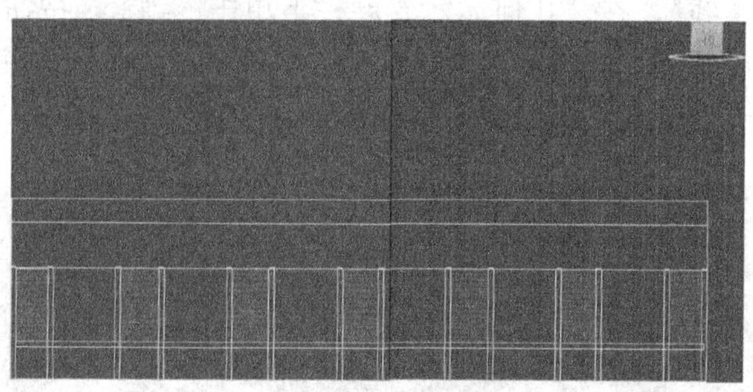

图 8.17　移动并复制（二）

（2）单击按钮，在修改器列表中选中“编辑样条线”，在“几何体”卷展栏下单击附加按钮，将图形附加在一起，如图 8.19 所示。

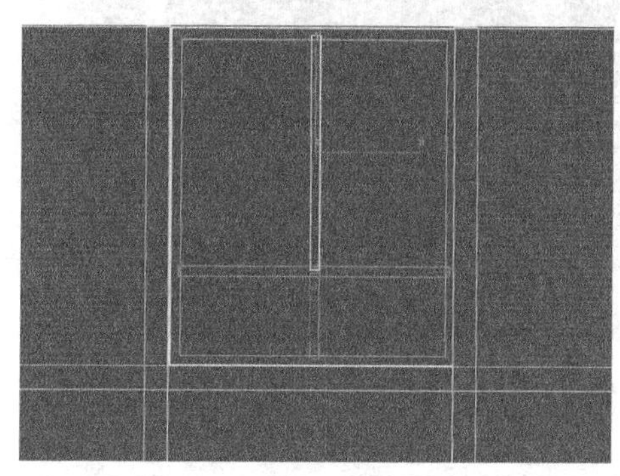

图 8.18　在前视图中创建矩形

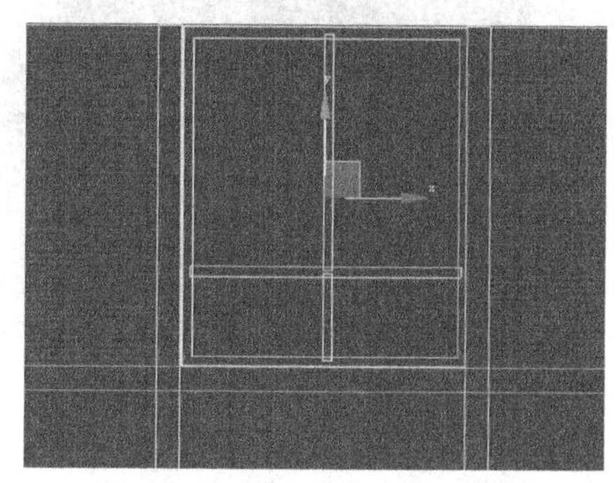

图 8.19　将图形附加在一起

（3）单击按钮，在堆栈器中选中“编辑样条线”下的“样条线”，在“几何体”卷展栏下单击按钮，将视窗图形选中，再单击布尔按钮，进行布尔运算，布尔运算后的效果如图 8.20 所示。

（4）单击按钮，在修改器列表中选择“挤出”命令，在参数面板中设置参数，使用移动工具拖动到合适位置，并赋予白色材质，如图 8.21 所示。

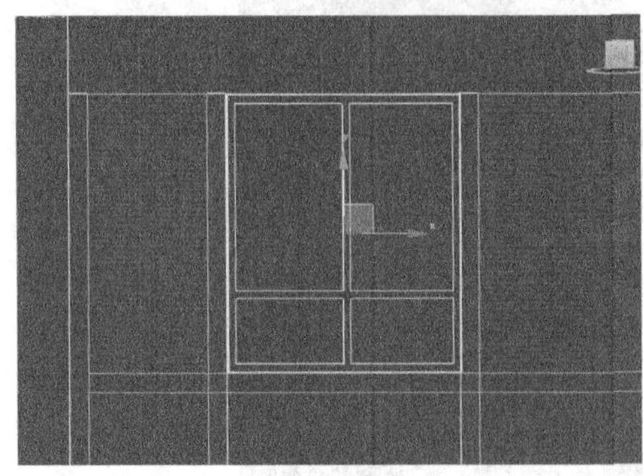

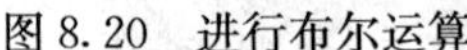

图 8.20 进行布尔运算

图 8.21 赋予白色材质

（5）单击 / / 矩形 按钮，在前视图中创建矩形。单击按钮，在修改器列表中选中“编辑样条线”，在“几何体”卷展栏下单击 附加 按钮，将图形附加在一起。在修改器列表中选择“挤出”命令，在参数面板中设置参数，使用移动工具拖动到合适位置，并赋予白色材质，如图 8.22 所示。

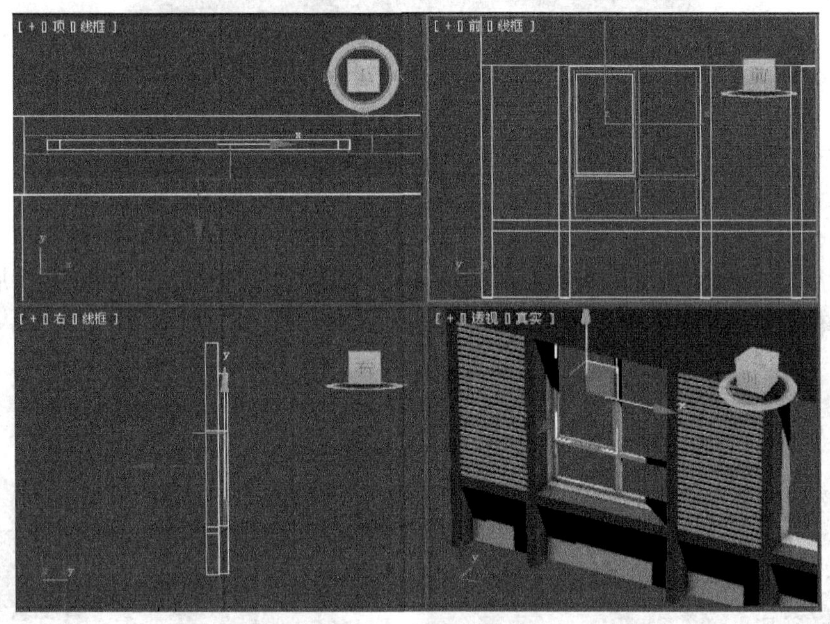

图 8.22 创建窗扇造型

（6）按住【Shift】键，使用移动工具进行移动并复制，如图 8.23 所示。

（7）单击 / / 长方体 按钮，在前视图中画出一长方体作为玻璃，使用移动工具移动到合适位置。

（8）调制玻璃材质。单击按钮，打开“材质编辑器”，在“Blinn 基本参数”卷展栏下将“漫反射”通道后颜色选择器的红、绿、蓝的参数分别进行调制，如图 8.24 所示。在“Blinn 基本参数”卷展栏下单击“漫反射颜色”后的 None 按钮，

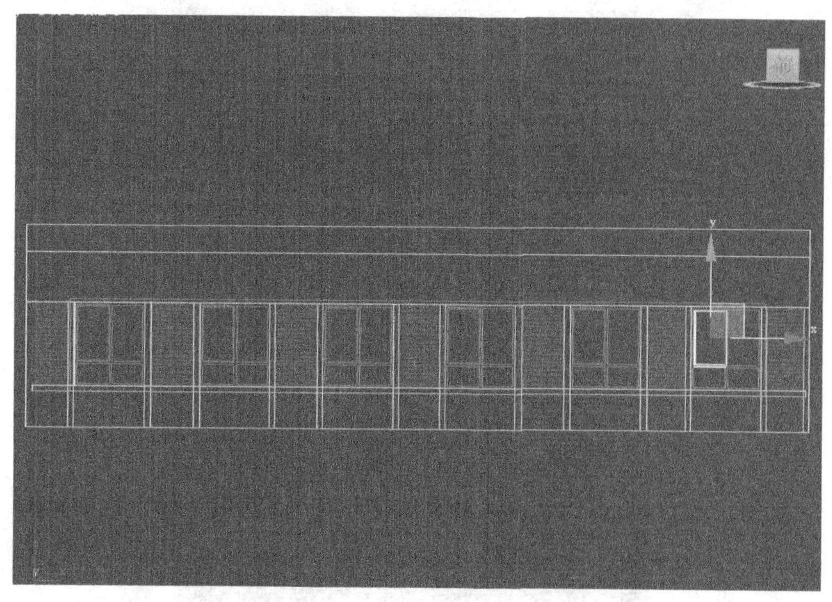

图 8.23　移动并复制（三）

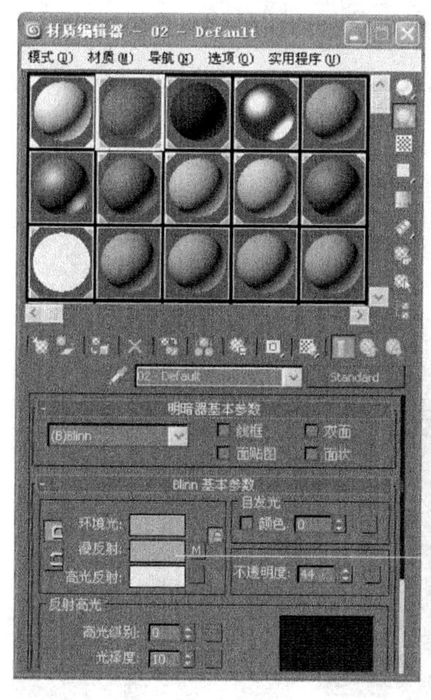
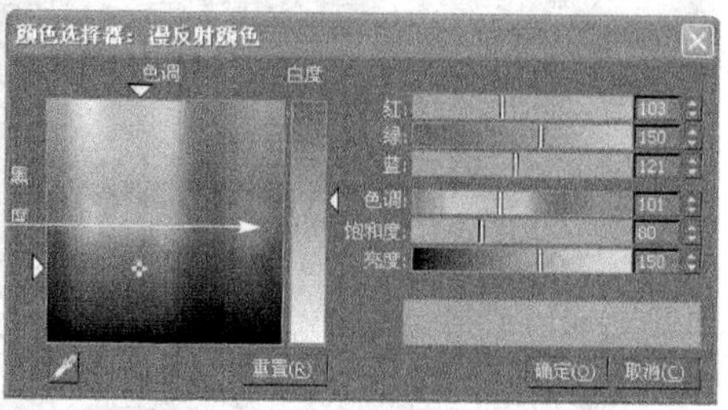

图 8.24　玻璃颜色参数调制

为玻璃添加材质文件，如图 8.25 所示。选中长方体，单击按钮，将材质赋予该物体。

4. 制作大门

(1) 单击 / / 矩形 按钮，在右视图中创建两个矩形。单击按钮，在修改器列表中选中“编辑样条线”，在“几何体”卷展栏下单击 附加 按钮，将图形附加在一起，在修改器列表中选择“挤出”命令，在参数面板中设置参数，使用移动工具拖动到合适位置，并赋予蓝色外墙漆材质，如图 8.26 所示。

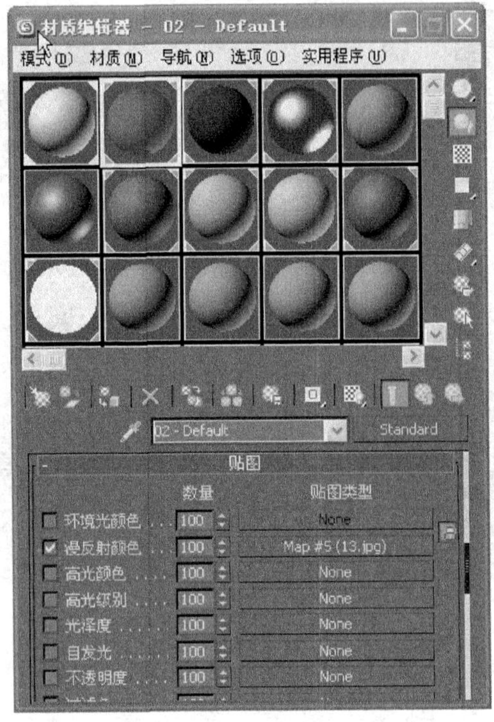

图 8.25 为玻璃添加材质文件

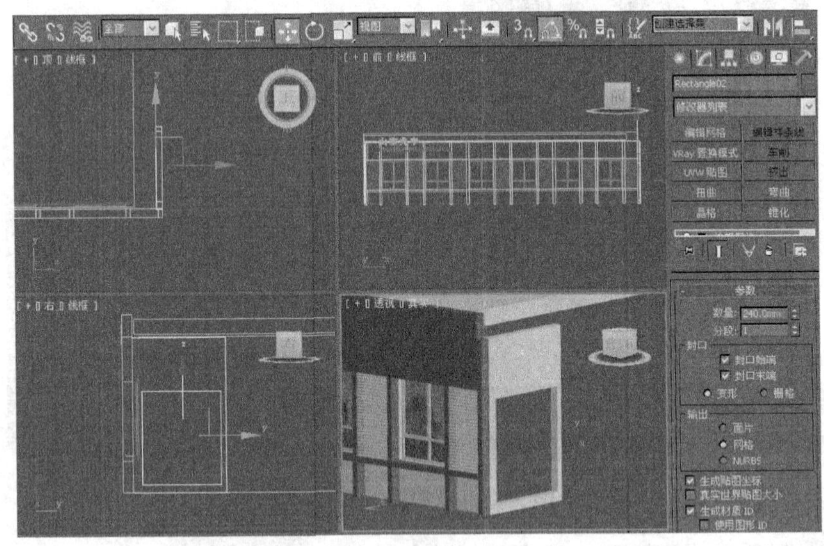

图 8.26 创建两个矩形

(2) 制作门框。单击 / / 线 按钮，按照设计要求在右视图中创建矩形。单击 按钮，在修改器列表中选中“编辑样条线”，在“几何体”卷展栏下单击 轮廓 按钮，将图形附加轮廓。在修改器列表中选择“挤出”命令，在参数面板中设置参数，使用移动工具 沿 Y 轴拖动到合适位置，如图 8.27 所示。

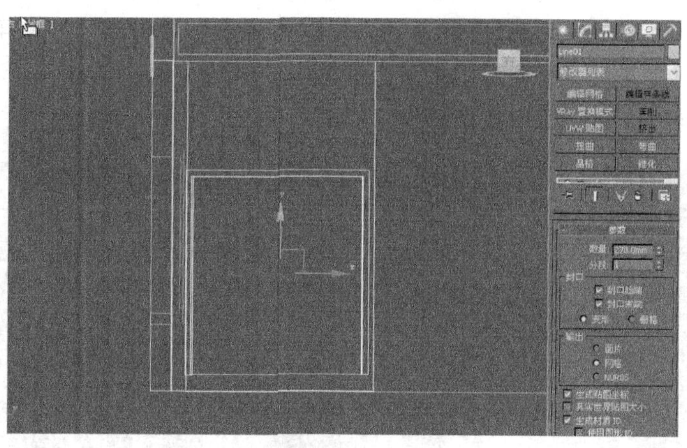

图 8.27　制作门框

(3) 调制不锈钢材质。单击按钮，打开“材质编辑器”，选择新的样本球，将明暗器属性定位“金属”，在“金属基本参数”卷展栏下将“环境光”和“漫反射”设置为灰白色，再将“高光级别”和“光泽度”分别设置为 120 和 60，如图 8.28 所示。

(4) 单击“贴图”卷展栏，打开“反射”贴图通道中的 None 按钮，从弹出的对话框中双击“光线跟踪”贴图类型，将“反射”贴图通道的“数量”值设置为 50，如图 8.29 所示。在视图中选择门框，将不锈钢材质赋予该物体。

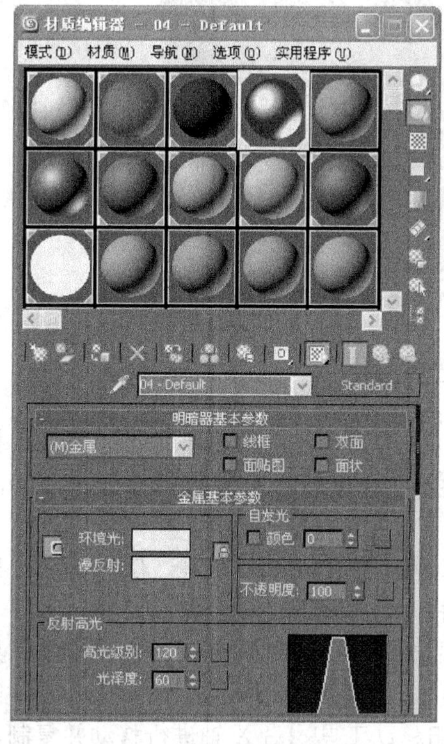

图 8.28　不锈钢颜色参数调制

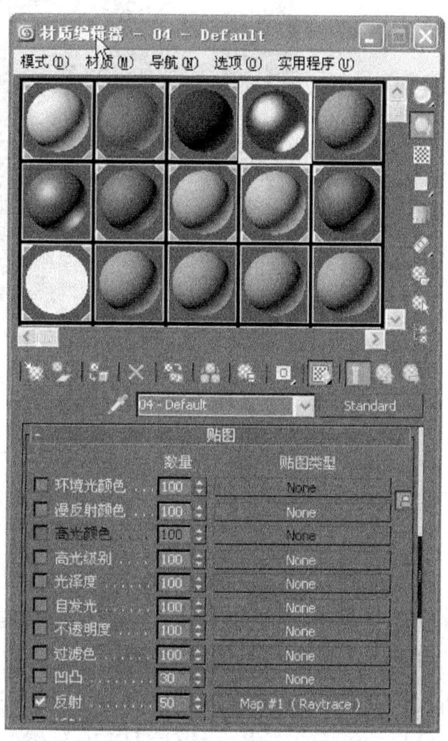

图 8.29　添加光线跟踪

（5）单击 / / 长方体 按钮，在右视图中画出一个长方体，使用移动工具移动到合适位置，将调制的不锈钢材质赋予该物体，如图 8.30 所示。

（6）再用同样方法制作出其他造型，如图 8.31 所示。

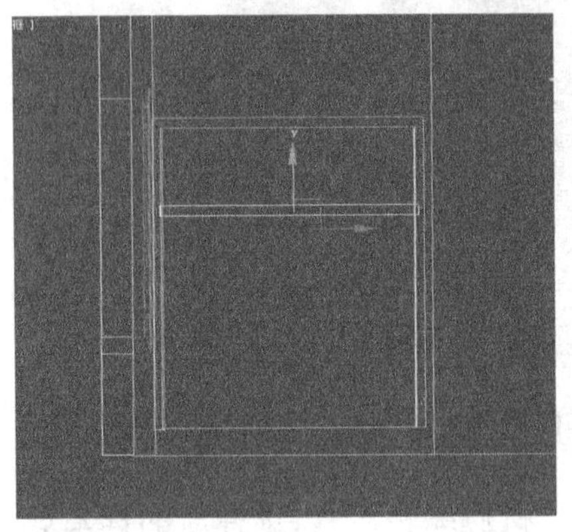

图 8.30 在右视图中画出一个长方体

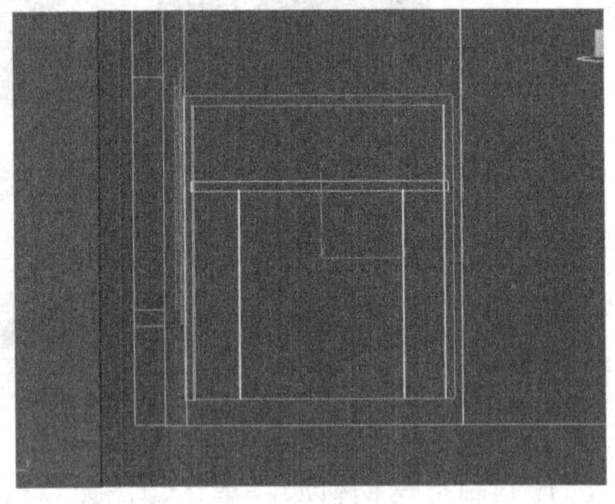

图 8.31 再用同样方法制作出其他造型

（7）制作扶手。单击 / / 线 按钮，在“渲染”卷展栏下将“在渲染中启用”和“在视口中启用”两项复选框选中，再将“厚度”参数进行调整，使用移动工具拖动到合适位置，如图 8.32 所示。

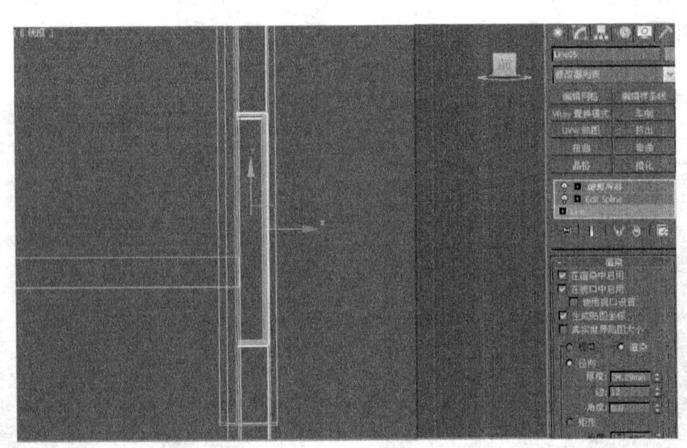

图 8.32 扶手造型的制作

（8）在修改器列表中选中“编辑样条线”，在“选择”卷展栏下单击按钮，将图形顶点选中。单击“几何体”卷展栏下的 圆角 按钮，在微调器中输入 100，如图 8.33所示。

（9）单击按钮，将不锈钢材质赋予该物体。按住【Shift】键，使用移动工具进行移动并复制，并使用镜像工具镜像复制扶手，如图 8.34 所示。

（10）单击 / / 长方体 按钮，在右视图中画出一个长方体，使用移动工具移动到合适位置，将调制的玻璃材质赋予该物体，如图 8.35 所示。

（11）将大门选中，按住【Shift】键，使用移动工具沿 X 轴进行移动并复制，如图 8.36 所示。

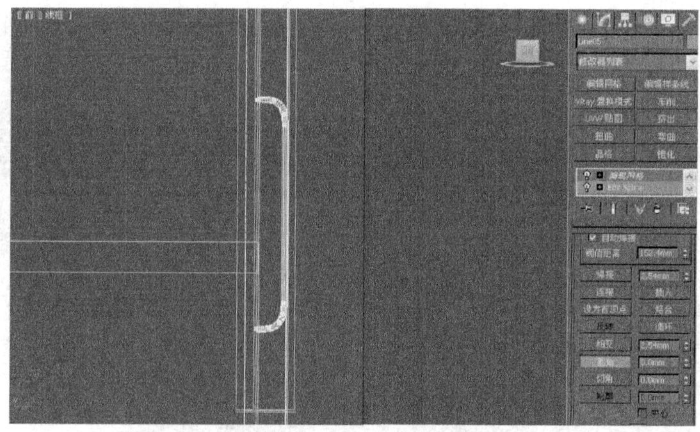

图 8.33　将扶手倒角

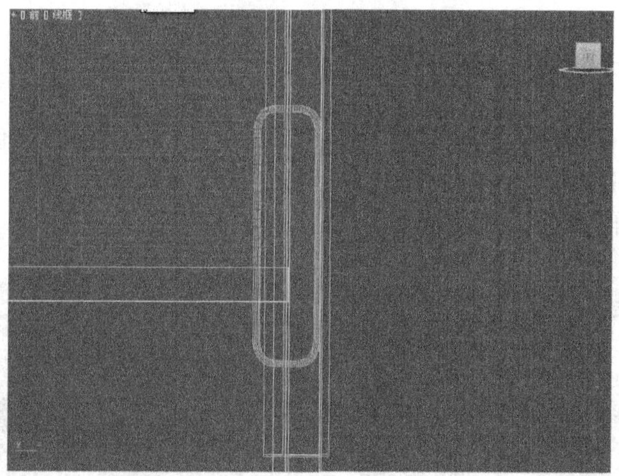

图 8.34　镜像复制

图 8.35　制作玻璃

图 8.36 移动并复制（四）

5. 制作地面和台阶

（1）单击 / / 长方体 按钮，在顶视图中画出一个长方体，使用移动工具移动到合适位置，将调制的白色材质赋予该物体，如图 8.37 所示。

（2）再用同样方法制作出其他造型，如图 8.38 所示。

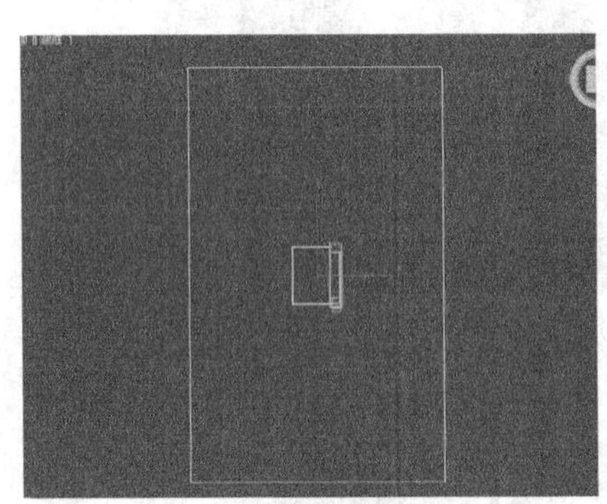

图 8.37 制作地面

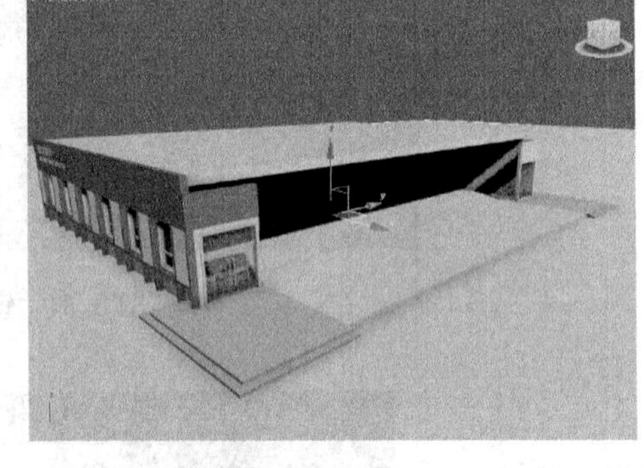

图 8.38 制作出其他造型

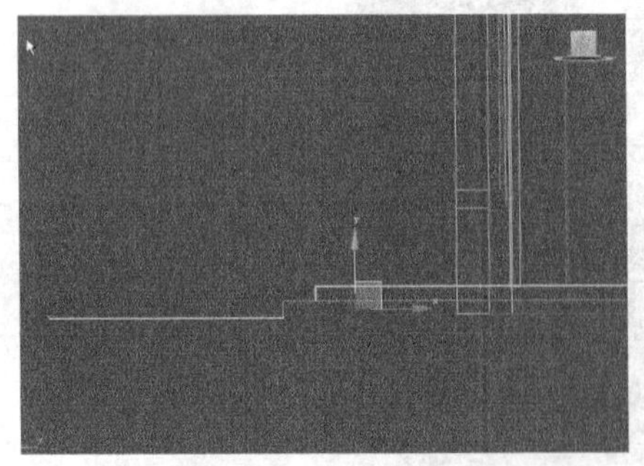

图 8.39 制作地毯

（3）制作地毯。单击 / / 线 按钮，按照台阶轮廓在右视图中创建线形。单击“几何体”卷展栏下的 轮廓 按钮，将图形附加轮廓，再用“挤出”命令挤出，使用移动工具拖动到合适位置，如图 8.39 所示。

（4）调制地毯材质。单击按钮，打开“材质编辑器”，在“Blinn 基本参数”卷展栏下将“漫反射”通道后颜色选择器的红、绿、蓝的参数分别进行调制，如图 8.40 所示。单击按钮，将材质赋予地毯。

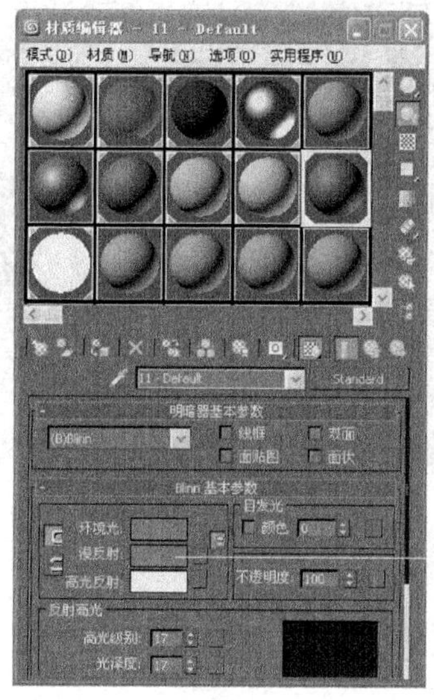

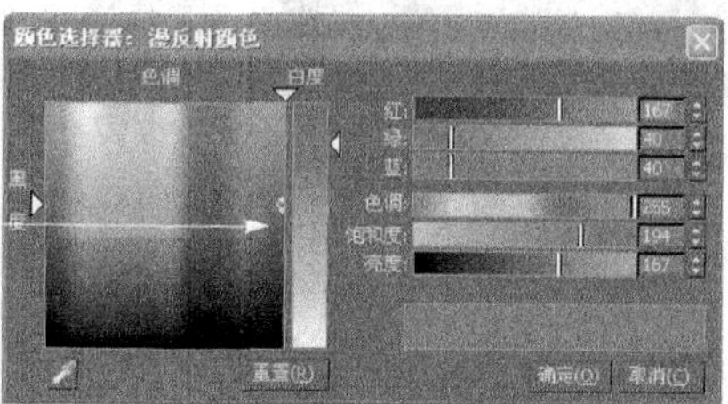

图 8.40 调制地毯材质

6. 制作屋顶造型

（1）单击 / / 长方体 按钮，在顶视图中画出一个长方体，使用移动工具移动到合适位置，将调制的白色材质赋予该物体，如图 8.41 所示。

（2）按住【Shift】键，使用移动工具沿 X 轴进行移动并复制，如图 8.42 所示。

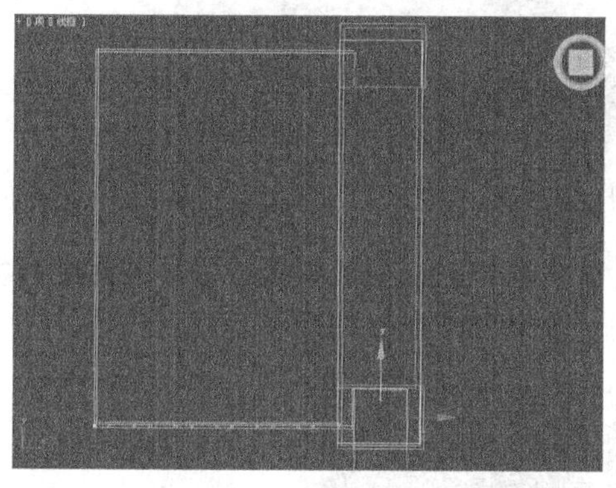

图 8.41 在顶视图画出一个长方体

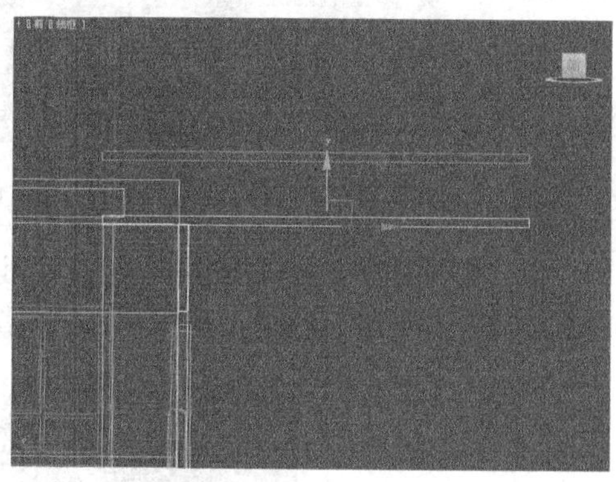

图 8.42 移动并复制（五）

（3）再用同样方法制作出其他造型，如图 8.43 所示。

（4）制作灯带。单击 / / 线 按钮，按照台阶轮廓在顶视图中创建线形。单击“几何体”卷展栏下的 轮廓 按钮，将图形附加轮廓，再用“挤出”命令挤出，使用移动工具拖动到合适位置，如图 8.44 所示。

（5）调制自发光材质。单击按钮，打开“材质编辑器”，在“Blinn 基本参数”卷展栏下调节各项参数，将“漫反射”通道后颜色选择器的红、绿、蓝的参数调制为 255，如图 8.45 所示。

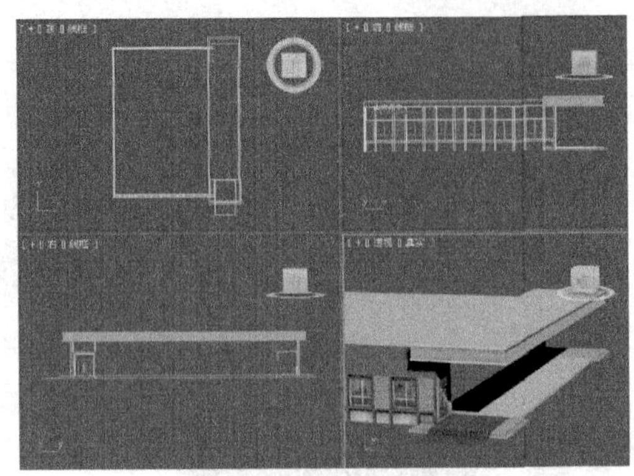

图 8.43　制作出其他造型

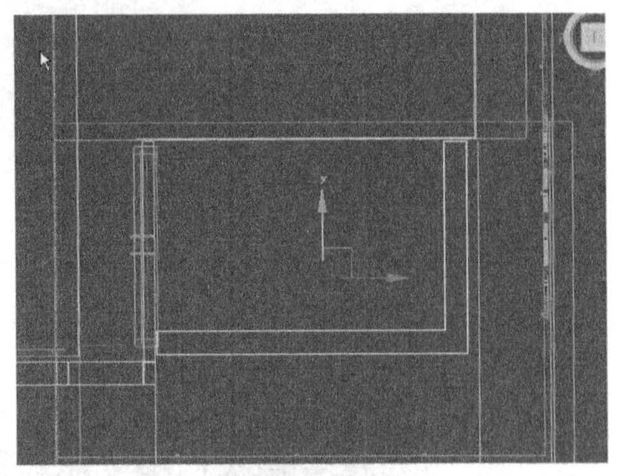

图 8.44　制作灯带

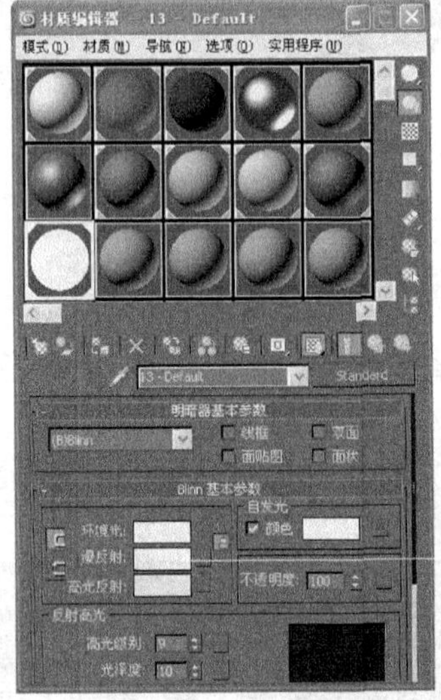

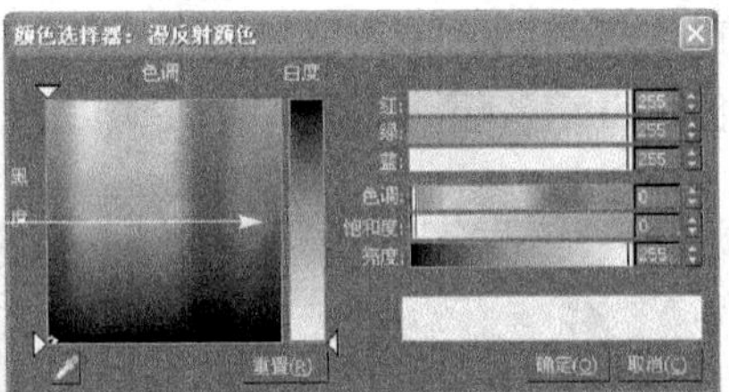

图 8.45　调制自发光材

(6) 单击 / / 圆柱体按钮，按照设计要求在顶视图中创建圆柱体，并赋予自发光材质。按住【Shift】键，使用移动工具进行移动并复制，如图 8.46 所示。

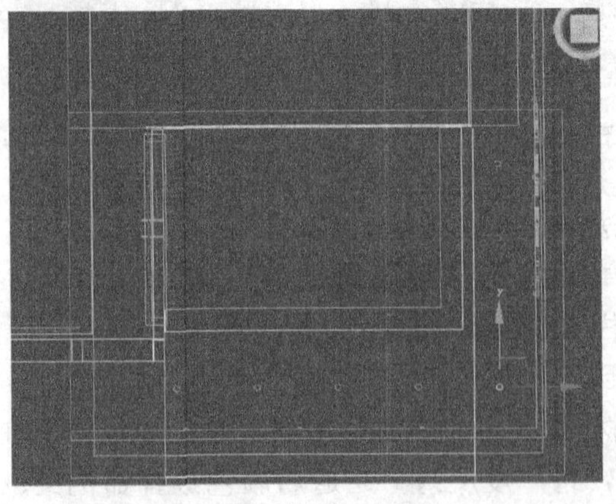

图 8.46　制作筒灯

7. 制作幕墙

(1) 单击 / / 长方体 按钮，在右视图中画出一个长方体，使用移动工具移动到合适位置，如图 8.47 所示。

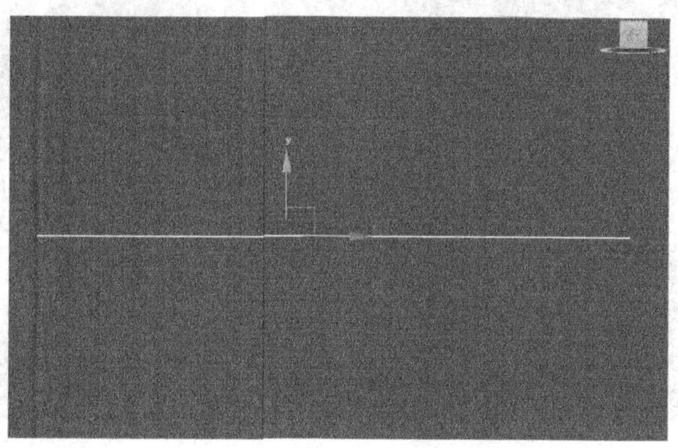

图 8.47　制作幕墙

(2) 调制黑色铸铁材质。单击按钮，打开“材质编辑器”，在“Blinn 基本参数”卷展栏下调节各项参数，将“漫反射”通道后颜色选择器的红、绿、蓝的参数调制为 34，如图 8.48 所示。单击按钮，将材质赋予该物体。

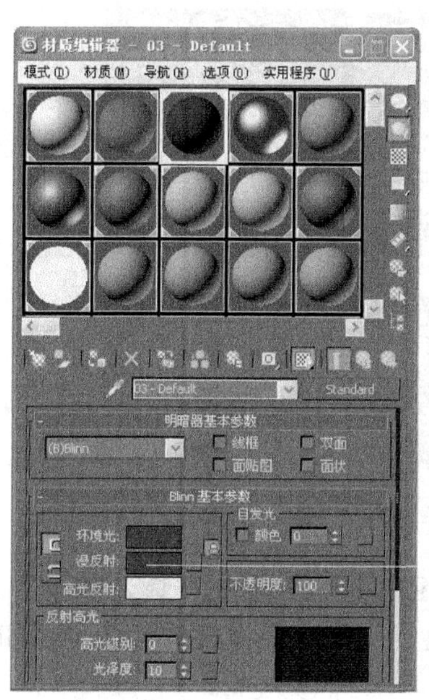

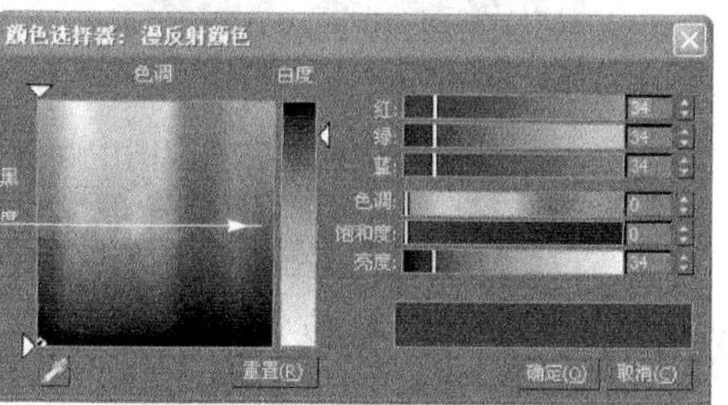

图 8.48　调制黑色铸铁材质

(3) 利用“复制”加“旋转”命令制作出其他幕墙骨料，并用“编辑网格”下的顶点工具进行修改，修改后的效果如图 8.49 所示。

(4) 单击 / / 长方体 按钮，在右视图中画出一个长方体作为玻璃，使用移动工具移动到合适位置，再利用“复制”加“旋转”命令制作出左右玻璃，单击按

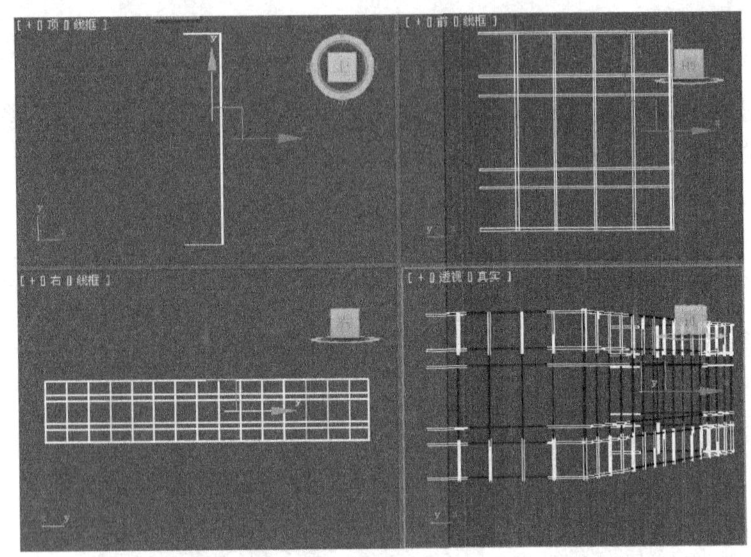

图 8.49　制作出其他幕墙骨料

钮，将调制好的玻璃材质赋予选择的物体。

(5) 单击按钮，选择“UVW 贴图”命令，在参数面板中设置参数，改变材质的纹理，效果如图 8.50 所示。

图 8.50　在右视图中画出一个长方体作为玻璃

(6) 单击 / / 长方体 按钮，在右视图中画出一个长方体，赋予白色材质，使用移动工具移动到合适位置，再利用“复制”命令制作出其他造型，如图 8.51 所示。

8. 制作柱体

单击 / / 圆柱体 按钮，按照设计要求在顶视图创建圆柱体，并赋予白色材质。按住键盘【Shift】键，使用移动工具复制圆柱体，并使用非均匀缩放工具进行二维缩放，赋予灰色材质，并将其移到合适的位置，其效果如图 8.52 所示。

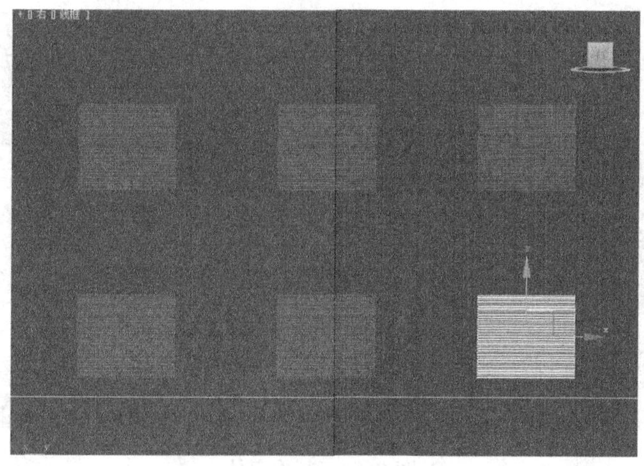

图 8.51　制作百叶

图 8.52　制作柱体

9. 制作字体

(1) 单击 / / 文本 按钮，在“参数”卷展栏中输入字体。在右视图中单击，并调节文字大小和字间距。单击按钮，在修改器列表中选择“挤出”命令，在参数面板中设置参数，并赋予红色材质，如图 8.53 所示。

(2) 用同样方法创建英文字母，效果如图 8.54 所示。

(3) 选中字体，按住键盘【Shift】键，使用移动工具加旋转工具复制字体，并移动到合适位置，赋予白色材质，如图 8.55 所示。

(4) 至此模型全部制作完成，起名“厂区办公楼”保存，如图 8.56 所示。

8.1.3　创建摄影机

(1) 单击 / / 目标 按钮，在顶视图中创建摄影机，在参数面板中设置摄影

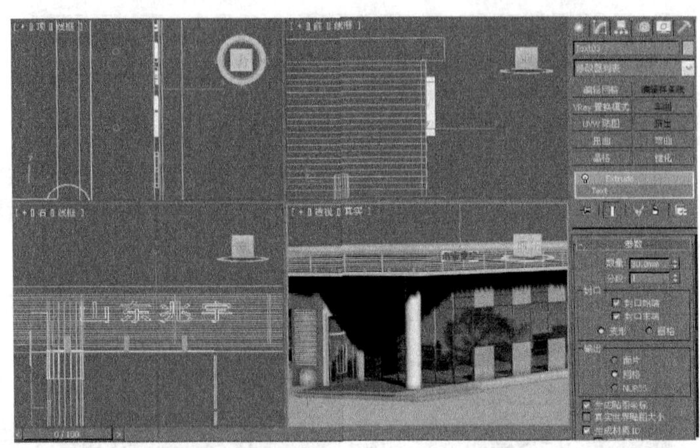

图 8.53　制作字体

图 8.54　创建英文字母

图 8.55　复制字体

图 8.56　保存模型

机的“视野”参数，如图 8.57 所示。

(2) 选择下拉式菜单“修改器 /摄影机 /摄影机校正”，对摄影机进行视角校正，如图 8.58 所示。

（3）使用移动工具调整摄影机的位置和视角，右键单击透视图，按键盘上的【C】键，将透视图转换为摄影机视图。

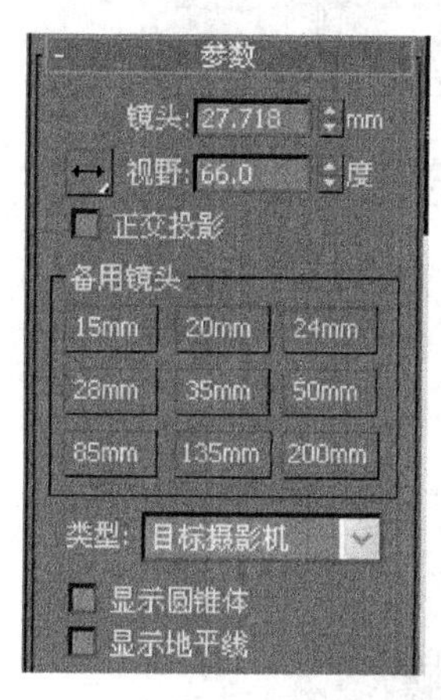

图 8.57　摄影机的视野参数

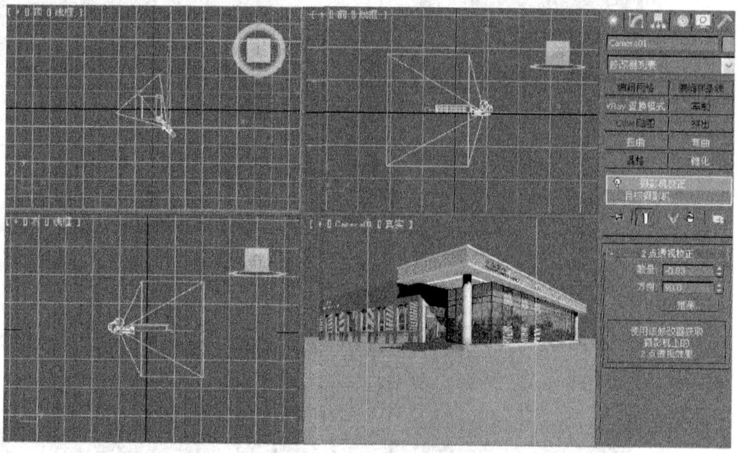

图 8.58　摄影机校正

8.2　设置照明光源

8.2.1　主光的设置

单击 / 按钮，选择 标准 下的 目标平行光 按钮，在视图中创建目标平行光，调制其参数，并使用移动工具调整其位置，如图 8.59 所示。单击修改命令面板，在“常规参数”卷展栏中选择“阴影”下的“启用”复选框，并选择阴影类型“光线跟踪阴影”，将“倍增器”后的“颜色选择器”打开设置参数，如图 8.60 所示。

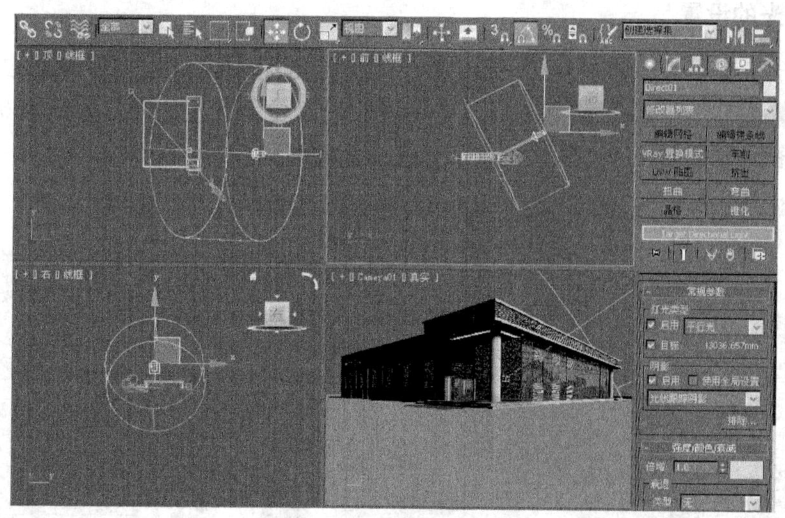

图 8.59　创建目标平行光

8.2.2　辅助光的设置

单击 / 按钮，选择 标准 下的 泛光灯 按钮，在视图中创建一盏泛

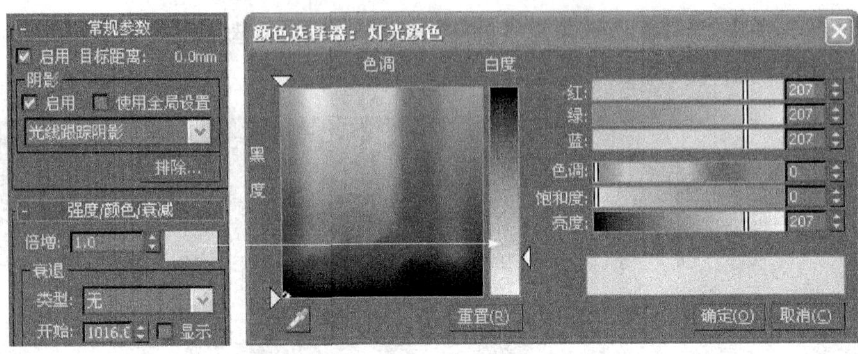

图 8.60 目标平行光的参数调整

光灯，并使用移动工具调整其位置。单击修改命令面板，将“倍增器”后的“颜色选择器”打开并设置参数，如图 8.61 所示。

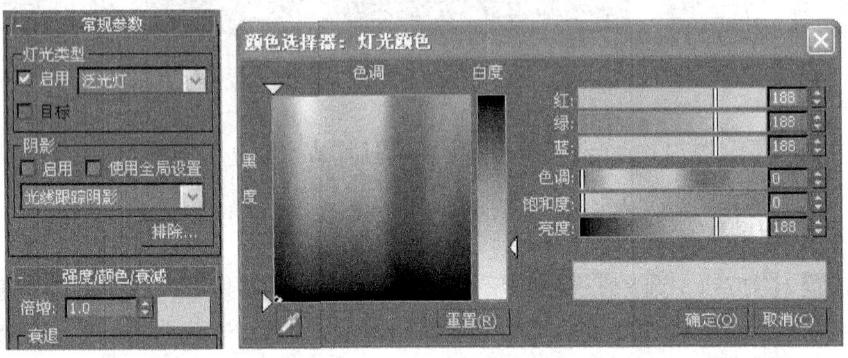

图 8.61 泛光灯的参数调整

8.2.3 天光的设置

“天光”主要用来模拟日光，能产生柔和阴影。单击 / 按钮，选择 标准 下的 天光 按钮，在视图中任意位置创建天光，如图 8.62 所示。

单击修改命令面板，修改其参数，如图 8.63 所示。

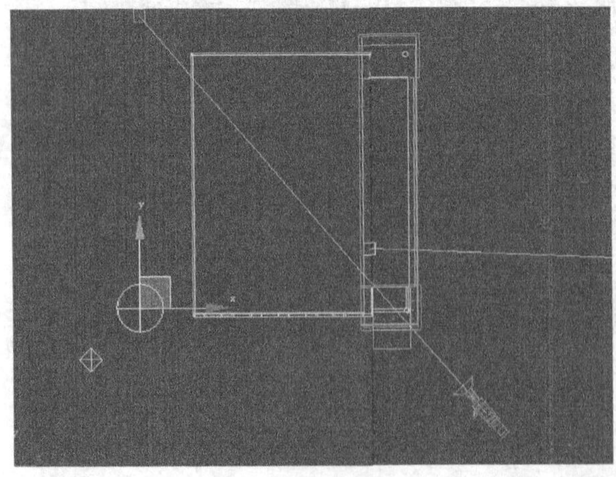

图 8.62 创建天光

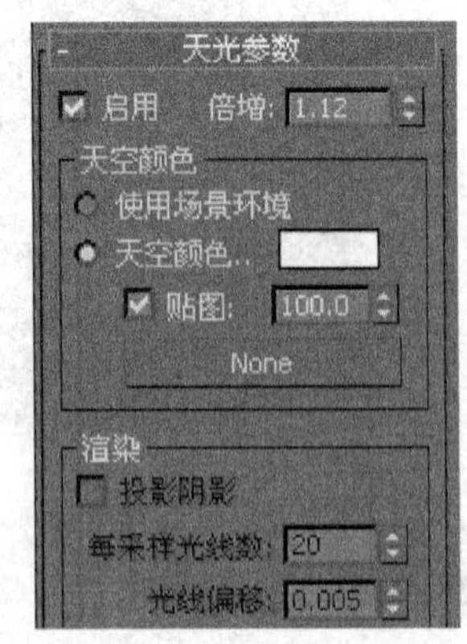

图 8.63 调整天光的参数

8.3　渲染参数的设定

8.3.1　光跟踪器参数设置

在使用“天光”时，必须运行“光跟踪器”插件，天空颜色的设置才会起作用。

单击菜单“渲染”/“高级照明”/“光跟踪器”，弹出“渲染场景”对话框，将“光线/采样数”调制为250，其他为默认，如图 8.64 所示。也可以单击“渲染场景”按钮，调出该对话框。

图 8.64　“渲染场景”对话框参数调整

8.3.2　渲染输出参数设置

（1）激活摄影机视图，单击“渲染场景”按钮。选择 公用 按钮下的“公用参数”，在“输出大小”选项组中将渲染输出尺寸设置为 3200×3200，如图 8.65 所示。

（2）将“默认扫描线渲染器”卷展栏下的“过滤器”改为 Catmull-Rom ，如图 8.66 所示。

（3）激活摄影机视图，单击 渲染 按钮进行渲染，效果如图 8.67 所示。

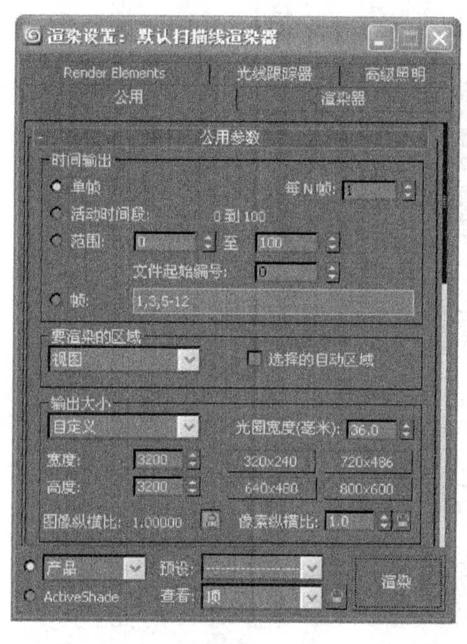

图 8.65　渲染输出尺寸设置

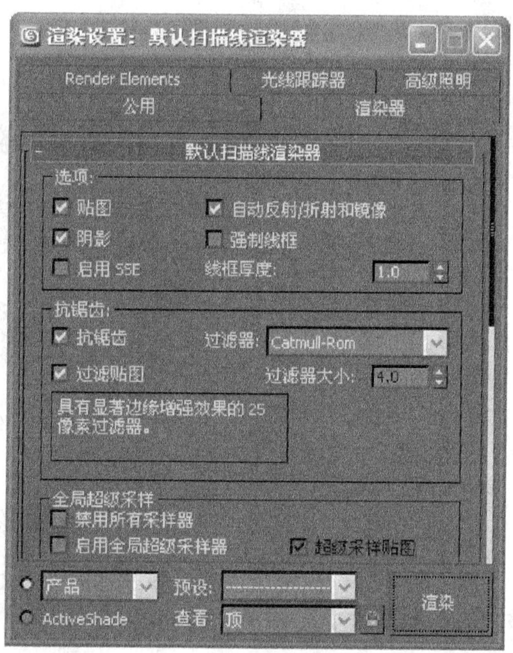

图 8.66　选择过滤器

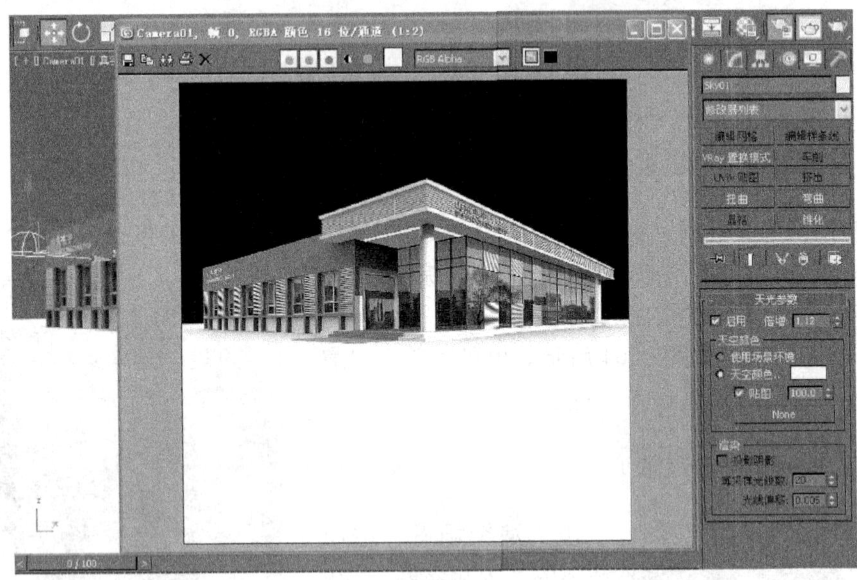

图 8.67 渲染效果

(4) 单击渲染窗口上的按钮，将渲染后得到的图片起名为“厂区办公楼”并进行保存，如图 8.68 所示。

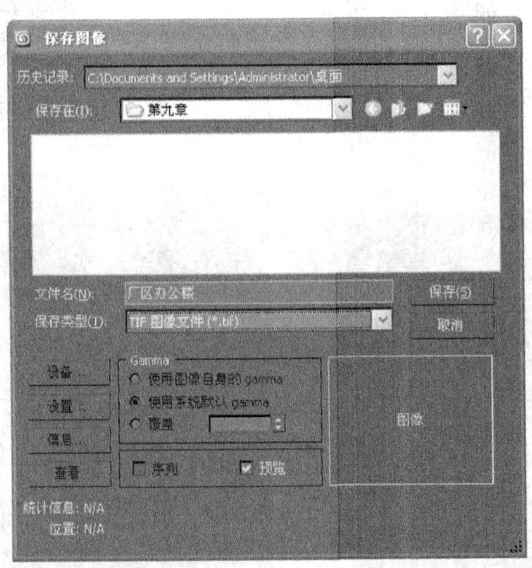

图 8.68 保存图像

8.4 效果图后期处理

8.4.1 画面大小的调整

1. 打开文件

(1) 在 Photoshop 软件中打开光盘中第 8 章厂区办公楼图片，如图 8.69 所示。

图 8.69　打开图片

(2) 用工具面板中的剪切工具，对画面的比例及整个画面构图进行调整，调整后的效果如图 8.70 所示。

图 8.70　剪切画面

2. 改变画面分辨率

单击下拉式菜单“图像”下的“图像大小”，弹出“图像大小”对话框，把“宽度”改为 80cm，“分辨率”改为 150，其他为默认，如图 8.71 所示，单击 好 按钮。

8.4.2　图像调整

1. 曲线调整

单击“图像/调整/曲线调整”，通过“曲线调整”命令可以改变画面明度，如图 8.72 所示。

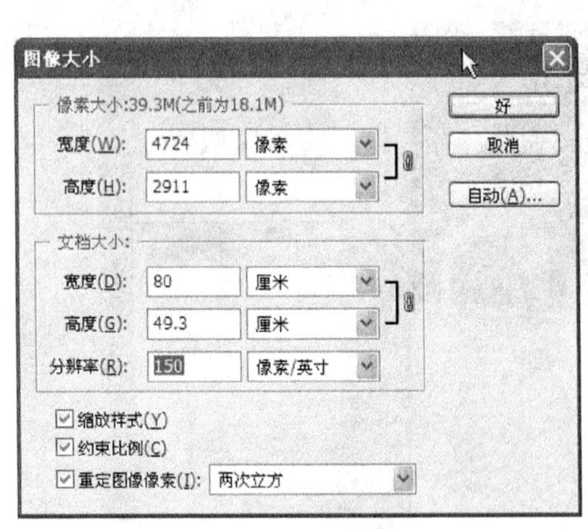

图 8.71　改变画面分辨率

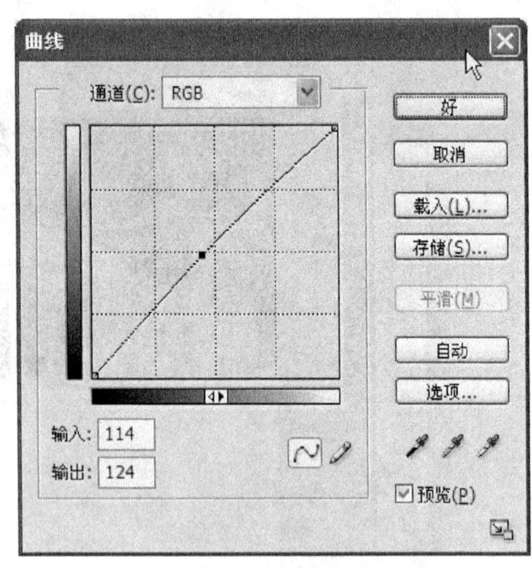

图 8.72　曲线调整

2. 亮度/对比度调整

利用“亮度/对比度”调整命令修改画面的对比度。此命令较为单纯，可利用它对图像进行亮度及对比度的分别调整。调整后的参数如图 8.73 所示。

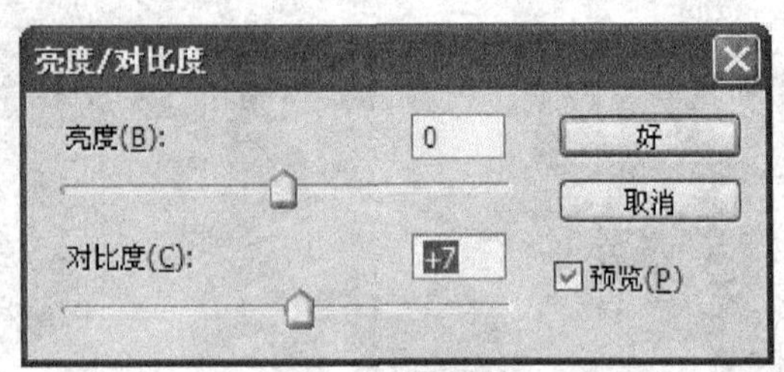

图 8.73　亮度/对比度调整

3. 图像局部调整

1）降低地面明暗

用工具面板中多边形套索工具对地面选择，如图 8.74 所示。再用吸管工具吸取暗色，然后用画笔工具调整，调整后的效果如图 8.75 所示。

2）修改图像大小

(1) 单击“图像/画布大小”，通过参数可以改变画面大小，如图 8.76 所示。改变后的效果如图 8.77 所示。

(2) 使用矩形选框工具将背景部分选中，用【Ctrl+T】变换工具改变大小，如图 8.78 所示。改变后的效果如图 8.79 所示。

8.4.3　配景处理

1. 添加背景

(1) 打开随书光盘第 8 章/图片/模板 . psd 文件，如图 8.80 所示。

图 8.74　选择地面

图 8.75　降低地面明暗

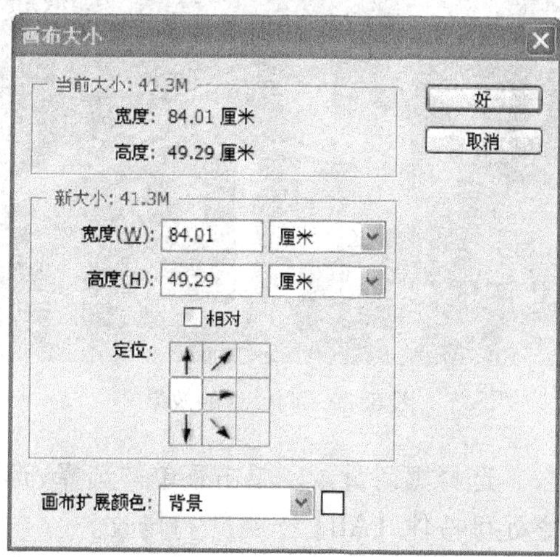

图 8.76　画布大小调整

图 8.77 调整后的效果

图 8.78 调整画面

图 8.79 调整后的效果

(2) 单击魔棒工具，选择黑色背景，单击菜单“选择/选取相似”命令，图像黑色全被选中，部分不妥之处可按住【Alt】+ 进行修改。

(3) 单击天空图片，用【Ctrl+A】键全选图片，然后用【Ctrl+C】键拷贝。单击所要修改图片，单击“编辑/粘贴内部”，将天空图片置入场景，产生一个新图层，

图 8.80　打开模板文件

用【Ctrl＋T】自由变换工具调整图像，调整后的效果如图 8.81 所示。

图 8.81　调整后的效果

2. 添加绿化

(1) 用移动工具将打开的背景图片树木拖拽到场景图像中产生一个新图层。调整树木比例，并将其放至合适位置，如图 8.82 所示。

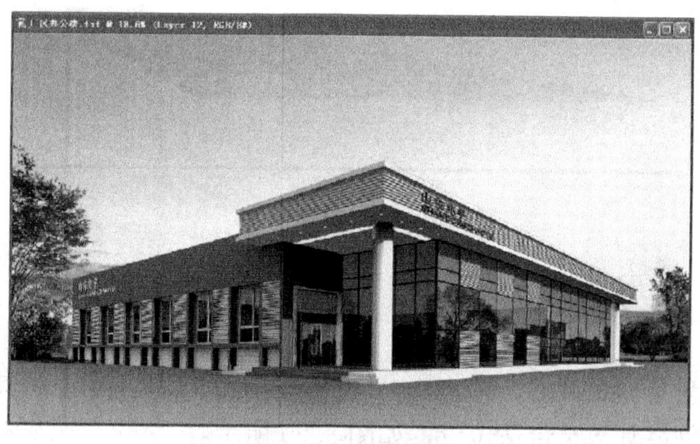

图 8.82　添加绿化

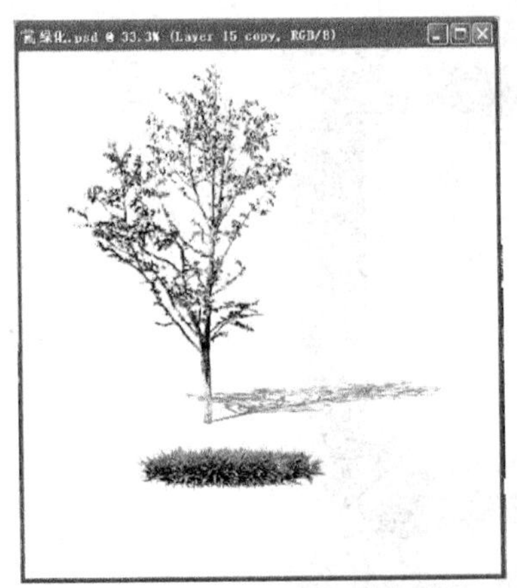

图 8.83　继续添加绿化

(2) 打开光盘第 8 章/图片/绿化.psd 文件，如图 8.83 所示。然后用移动工具将其拖放在场景图像中产生一个新图层。调整绿化比例，并将其放至合适位置，如图 8.84所示。

(3) 打开光盘第 8 章/图片/绿化.psd 文件，如图 8.85 所示。然后用移动工具将其拖放在场景图像中产生一个新图层，再用【Ctrl+T】自由变换工具调整图像，并将其放至合适位置，如图 8.86 所示。

3. 添加阴影

打开光盘第 8 章/图片/阴影.psd 文件，如图 8.87 所示。然后用移动工具将其拖放在场景图像中产生一个新图层，再用【Ctrl+T】自由变换工具调整图像，并将其放至合适位置，如图 8.88 所示。

图 8.84　添加绿化后的效果

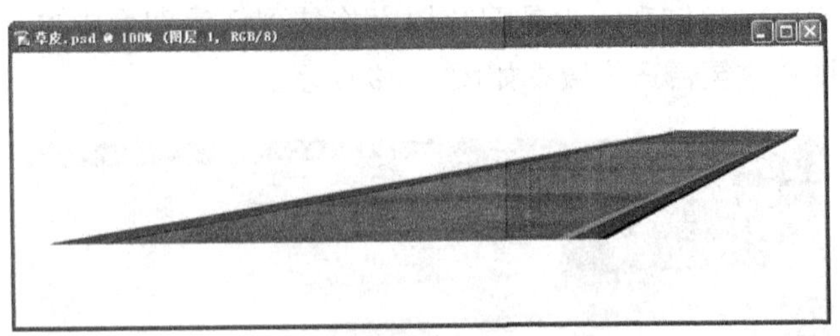

图 8.85　添加草坪

4. 添加汽车

打开随书光盘第 8 章/图片/汽车.psd 文件，如图 8.89 所示。将其拖放在场景文件中，调整汽车比例将其放至合适位置，如图 8.90 所示。

图 8.86　添加草坪后的效果

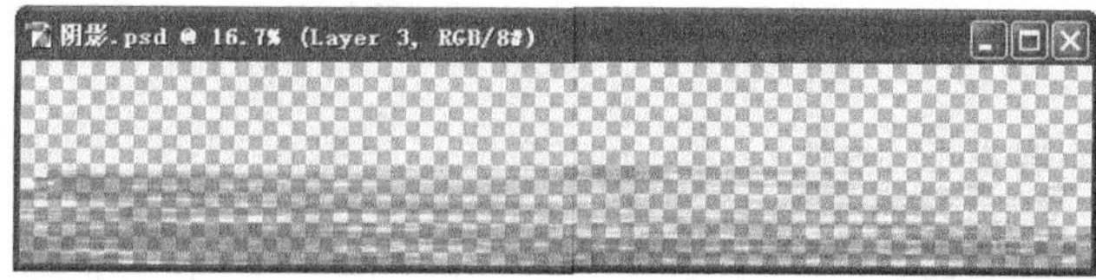

图 8.87　添加阴影

图 8.88　添加阴影后的效果

图 8.89　添加汽车

图 8.90　添加汽车后的效果

5. 添加人物

打开随书光盘第 8 章 /图片 /人物 . psd 文件，如图 8. 91 所示。调整其色彩、比例并制作阴影，将其放至合适位置，如图 8. 92 所示。

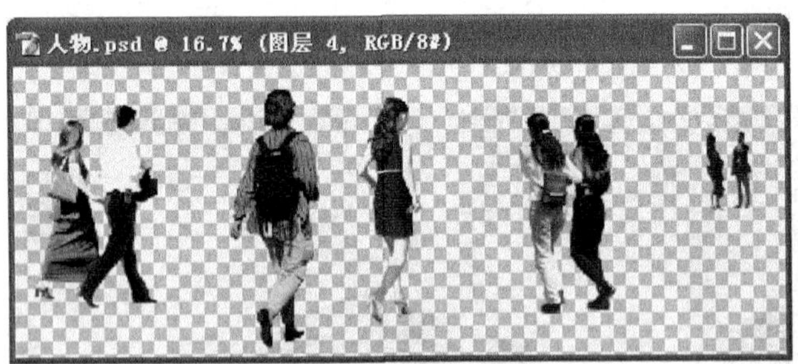

图 8.91　添加人物

图 8.92　添加人物后的效果

6. 添加鸽子

打开随书光盘第 8 章 /图片 /鸽子 . psd 文件，如图 8. 93 所示。然后用移动工具将鸽子拖放在场景天空中。调整其比例，并将其放至合适位置，如图 8.94 所示。

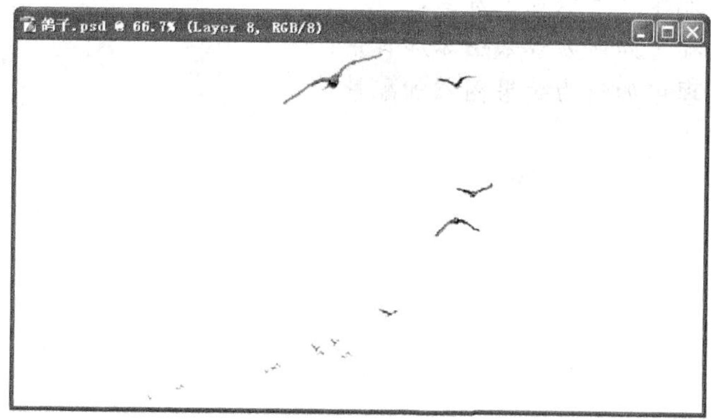

图 8.93　添加鸽子

图 8.94　添加鸽子后的效果

7. 存储文件

将处理好的图像另存为“厂区办公楼.psd”文件，作为备份文件，便于以后修改和整理。

小　　结

本章创作了一款具有现代感的厂区办公楼。通过制作这个办公楼的效果图，对室外效果图制作所涉及的各个方面都进行了较详细的介绍，包括效果图模型的制作、真实材质的编辑、摄影机的设置、灯光的常用布局方式、效果图的渲染输出以及使用 Photoshop 软件对效果图进行后期处理等的使用方法和制作技巧。通过本章的学习，读者能够对使用 3ds Max 2012 制作外观效果图有一个整体的认识，掌握一些常用的制作方法和应用技巧。

思考练习题

8.1　室外布光应遵循哪些原则？

8.2　室外布光的光源运用应注意哪些控制属性？

8.3　室外灯光布置一般包括哪些？

8.4　后期处理中如何为效果图添加背景？

8.5　后期处理中如何为效果图添加配景？

主要参考文献

刘波. 2008. 3ds Max/VRay印象灯光/材质/渲染技术精粹 [M]. 北京：人民邮电出版社.

刘欣乐，任守刚. 2009. 3ds Max室内环境效果图表现 [M]. 北京：北京理工大学出版社.

逯海勇. 2006. 建筑装饰计算机效果图制作 [M]. 北京：科学出版社.

史宇宏，陈玉蓉，史小虎. 2009. 3ds Max&VRay效果图表现方法与技巧 [M]. 北京：人民邮电出版社.

王波，谢成开. 2005. 室内外建筑效果图制作 [M]. 北京：清华大学出版社.

王玉梅，张波. 2008. 3ds Max9＋VRay效果图制作实战从入门到精通 [M]. 北京：人民邮电出版社.

炫飞影像. 2009. 3ds Max＋Lightscape＋VRay室内装饰设计艺术 [M]. 北京：电子工业出版社.

杨院院. 2008. 渲染传奇3ds Max家居设计实例精粹 [M]. 北京：电子工业出版社.